料理の科学
大図鑑

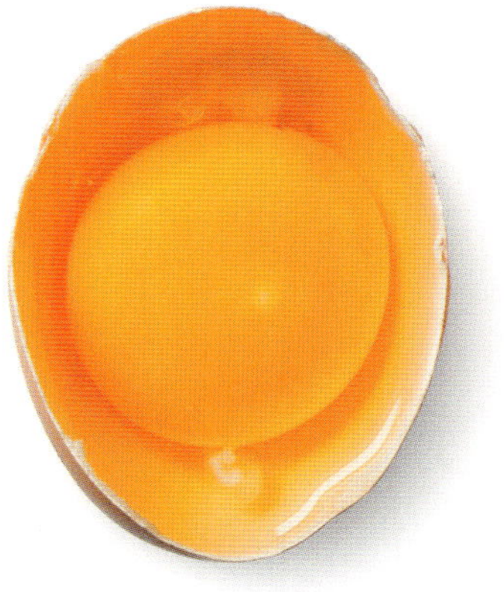

河出書房新社

料理の科学
大図鑑

スチュアート・ファリモンド
日本語版監修＝辻静雄料理教育研究所

DK
河出書房新社

DK
Penguin Random House

Original Title: THE SCIENCE OF COOKING

Printed and bound in China

For the curious
www.dk.com

もくじ

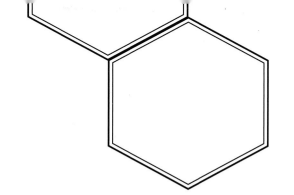

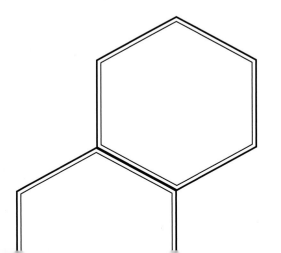

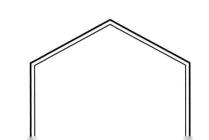

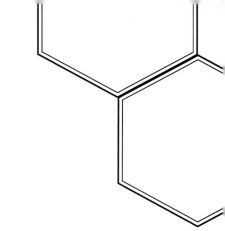

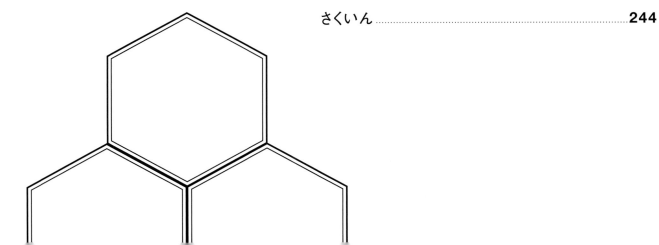

はじめに

誰かのために食事を準備することは、食べることよりも大きな充足感がある

料理は特別な技と考えられており、料理人たちは遠い昔から、その技が根づいた決まりごとや手順にしたがってきました。しかし、こうした「ルール」の多くは、創造性を失わせたり、抑えつけたりする方向にはたらくことがあります。習慣がしばしば間違っていることは、科学や論理的な考え方によって証明されています。例えば、豆は料理する前に何時間も水に漬ける必要はない。焼き上がったステーキは肉汁を閉じ込めるために休ませなくてもよい。肉をマリネ液に漬ける時間は、5時間ではなく、1時間にしたほうがおいしいなど。

この本では、料理についてのさまざまな難問を160以上集め、最新の科学に基づいて、有意義で実用的な答えを紹介しています。そこで明らかになるのは、科学はキッチンで毎日出会う不思議な現象を理解する手段になりうるということ。顕微鏡を使えば、黄色いスライムのような卵白を、泡立て器が雪のように白く、綿のようにふんわりしたメレンゲに変えるしくみが理解できます。また化学の知識が少しあれば、ステーキ肉を熱いグリルで焼くと、かたくて味のしない肉のかたまりが、食欲をそそる肉料理になる理由がわかります。

本書では、魅力的なイラストや図を使って、特に広く使われている料理の手順やテクニックを掘り下げるとともに、肉や魚、乳製品、スパイス、小麦粉、卵といった重要な食材にスポットライトをあてます。さらに、キッチンに最高の道具をそろえるためのガイドも用意しました。

日常的な言葉を使い、できるだけ専門用語を使わずに書くことで、読者であるあなたが、食品と料理の科学についての理解を深め、創造性のとびらを開けられるようにすることが筆者のねらいです。レシピにあるルールに束縛されずに料理をすれば、科学を使って新しい料理の発明や実験ができます。この本を読み終わったとき、読者の皆さんが、喜びと驚きに満ちた新しいやり方で料理をしてみたくなる、そしてそれができると感じられることを、心から願っています。

スチュアート・ファリモンド博士

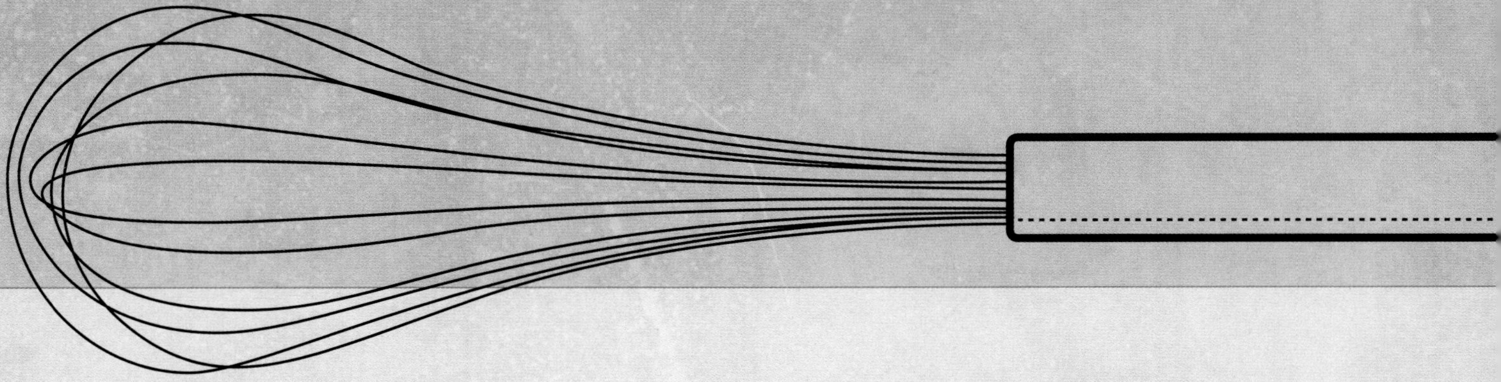

“読者であるあなたが、
食品と料理の科学についての理解を深め、
創造性のとびらを開けられるように
することが**筆者のねらい**です”

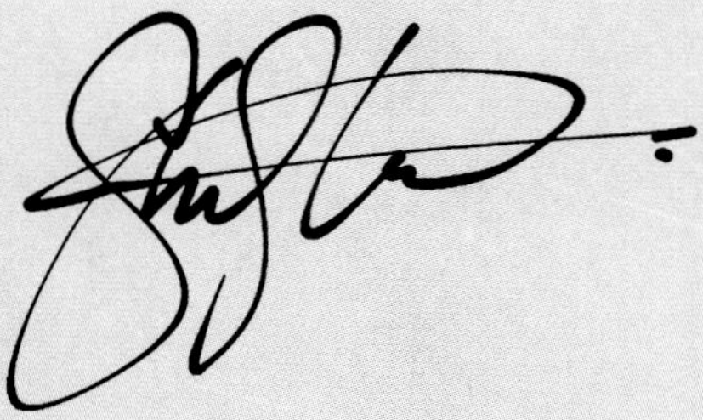

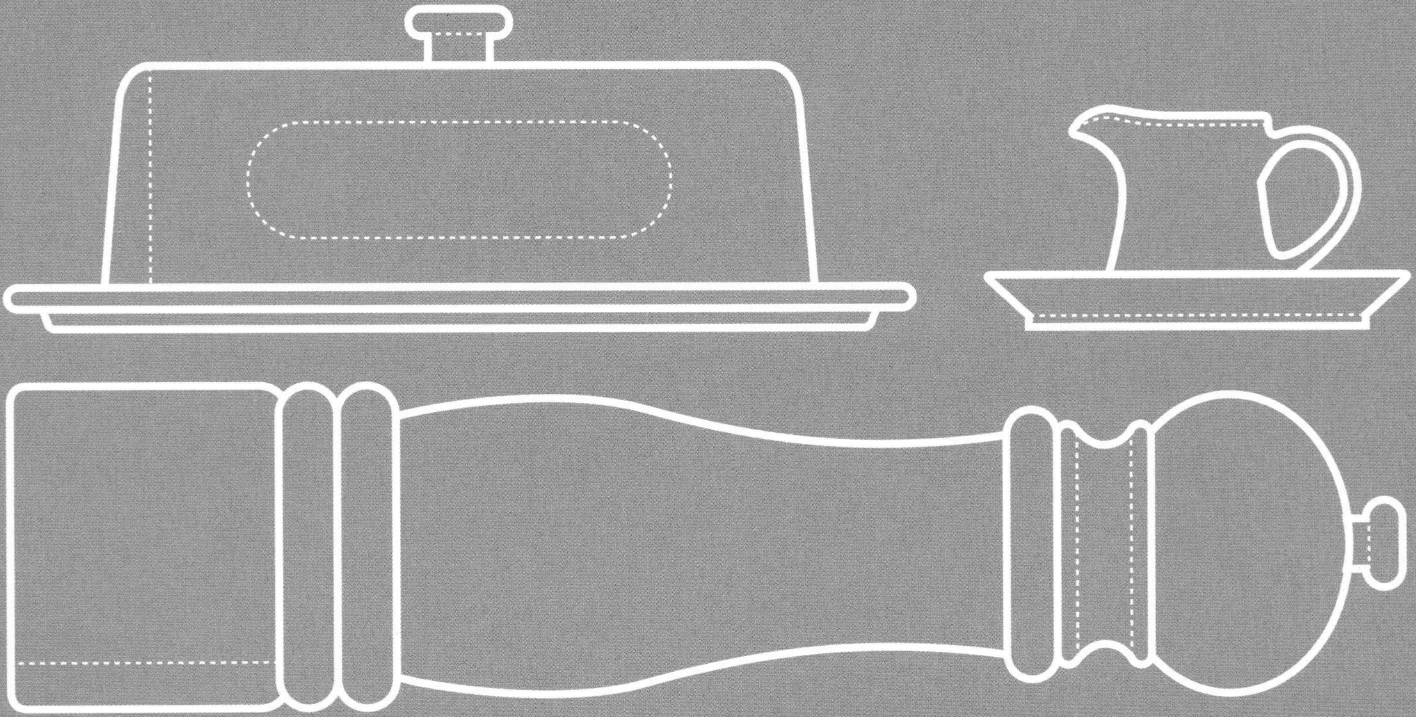

味と風味

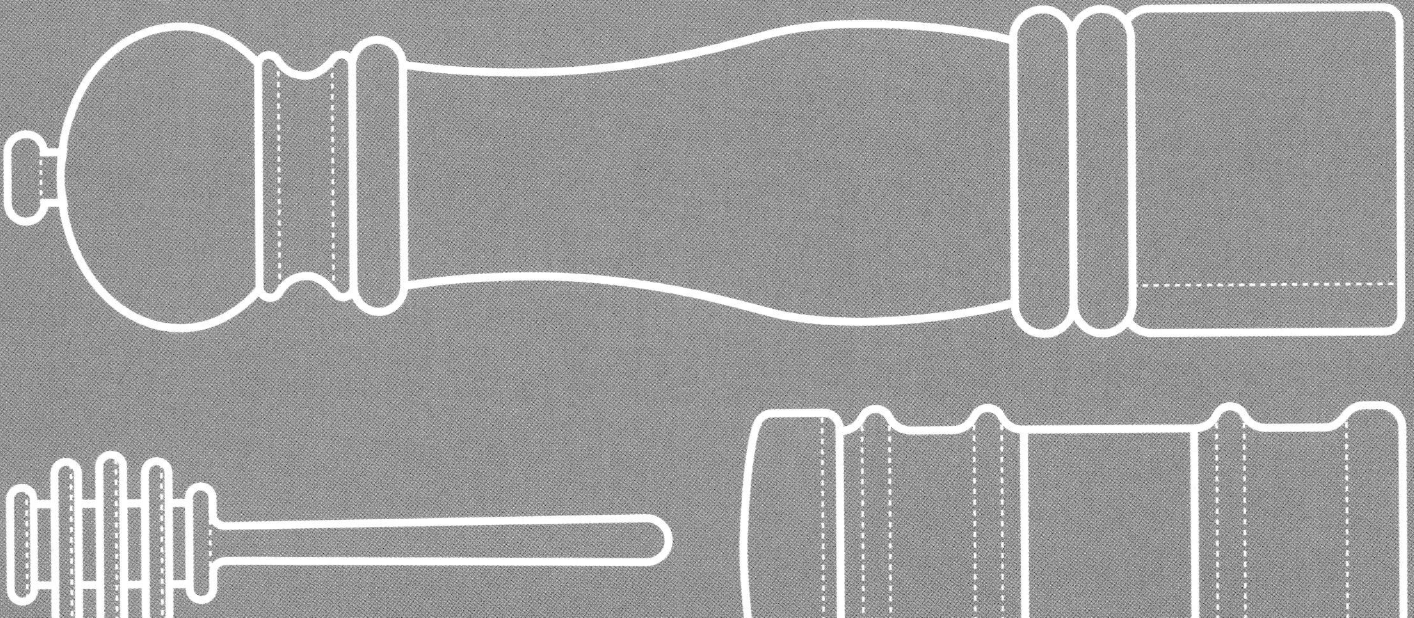

なぜ私たちは料理するのか?

料理することを単なる機能と考えるのは一面的である

料理する理由はいろいろだが、人間が生きていけるのは料理ができるおかげだ。食品は加熱すれば食べやすくなり、消化の時間も短縮される。私たちの祖先にあたる類人猿は、起きている時間の80%を食品の咀嚼《そしゃく》に使っている。製粉《せいふん》や裏ごし、乾燥、保存の方法を知ったことも、消化時間の短縮に役立った。しかし、食品をかみ砕く時間や消化する時間を減らし、考えごとや、そのほかの営みに夢中になる時間を増やせるようになったのは、100万年ほど前に、食品を火で料理する習慣が登場したからだ。現在、私たちが食事にかけている時間は、起きている時間の５%だ。料理には、これ以外にどんなメリットがあるのだろうか。

安全に食べる

加熱すると、細菌などの微生物の多くが死滅し、微生物が作る毒素の大部分も破壊される。生肉や生魚も安全に食べられるようになる。フィトヘマグルチニン（インゲン豆に含まれる致死《ちし》性の物質）のような植物由来の毒素も、加熱すれば破壊されるものが多い。

風味が増す

食品を加熱すると、すばらしい味になる。肉や野菜、パン、ケーキには焦げ目がつき、砂糖はカラメル化する。そしてハーブやスパイスは、閉じ込められていた風味が、メイラード反応（16~17ページ参照）によって放出される。

消化を助ける

肉の脂肪《しぼう》は溶け、かみ切れない結合《けつごう》組織は栄養豊富なゼラチンになる。タンパク質は、かたいコイル構造がほどけて、消化酵素で分解されやすい構造になる（これを「変性」という）。

デンプンを糊化《こか》させる

水を加えて加熱したときに、消化されにくいデンプンの粒が崩壊して、やわらかくなる現象を「糊化」という。カロリーをたっぷり含むデンプンの糊化により、野菜や、小麦粉などの穀粉は、腸で消化されやすくなる。

栄養素が放出される

食品を加熱してデンプンを分解しなければ、かなりの量の栄養が「レジスタントスターチ」（消化されないデンプン）に閉じ込められたままになる。また、加熱すれば、細胞内のビタミンやミネラルが放出されるので、体が吸収できる量も多くなる。

人と人との交わりを促《うなが》す

料理し、分け合うという習慣は、私たちの心にしみついており、家族や友人をひとつにしてくれる。他人と定期的に食事をすると健康になるという研究もある。

“食品を加熱すると**すばらしい味**になる。
閉じ込められていた風味が解き放たれ、新たな**食感**が生まれる”

風味が増す
消化を助ける
安全に食べる
人と人の交わりを促す
デンプンを糊化させる
栄養素が放出される

どのようにして味を感じるのか？

驚くほど複雑な味覚のしくみ

味にはいくつもの感覚がかかわっている。香りや食感、熱などが組み合わさって、全体としてひとつの印象を作り出している。

食品を口元に持っていくと、舌に届くより前に、香りが鼻から流れ込む。次に歯で食品をかむと、さらに香りが出てくる。口あたり（食感ともいう）は、食品をおいしく感じるかどうかの重要なポイントだ。香りを運ぶ粒《りゅう》子《し》は、口《こう》腔《くう》の奥にある嗅覚受容体に届くが、その感覚は舌からくるように感じられる。

甘味、塩味、苦味、酸味、うま味、脂《あぶら》味《み》を感じる味覚受容体（右ページ参照）が刺激されると、そのメッセージはいくつもの神経を通って脳に届く。熱い食べ物をかむと、温度が下がり、味を強く感じる。味覚受容体がもっとも活発になるのは、食品が30～35℃のときだ。

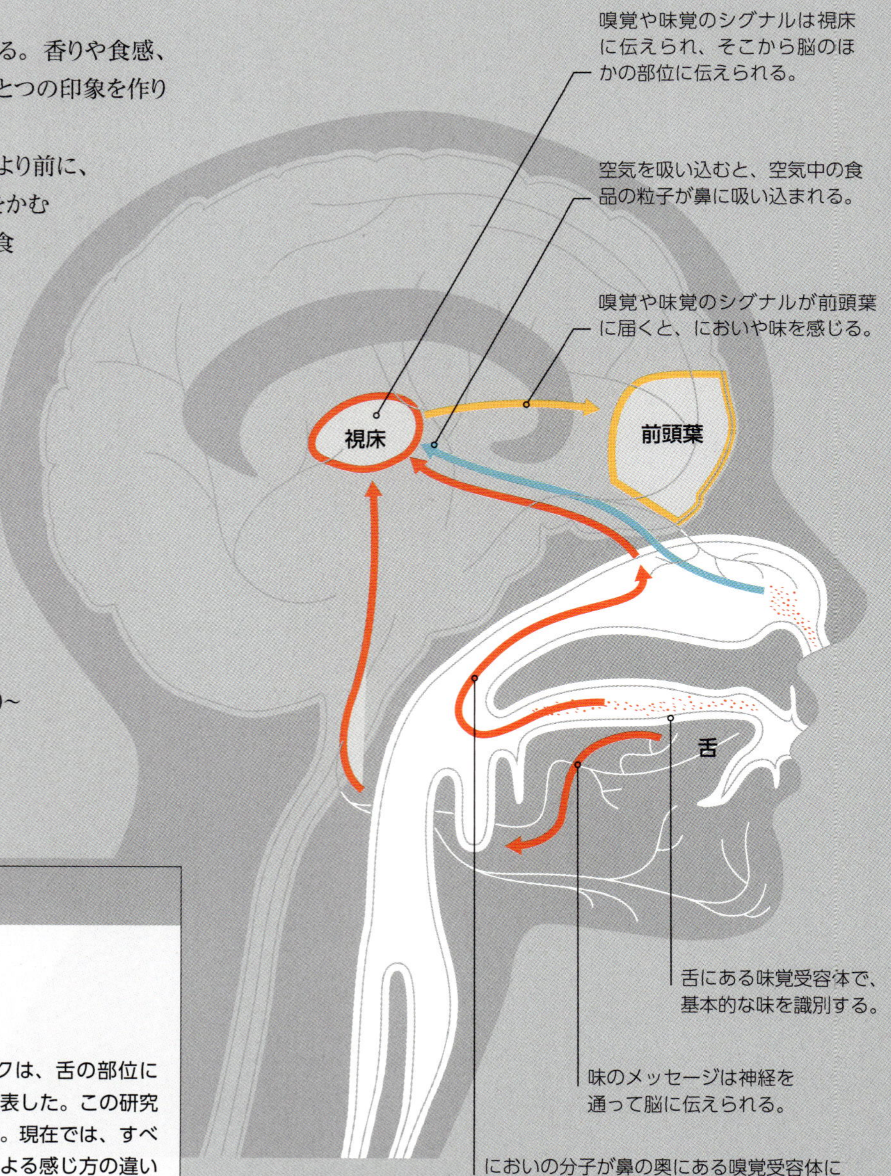
嗅覚や味覚のシグナルは視床に伝えられ、そこから脳のほかの部位に伝えられる。
空気を吸い込むと、空気中の食品の粒子が鼻に吸い込まれる。
嗅覚や味覚のシグナルが前頭葉に届くと、においや味を感じる。
視床
前頭葉
舌
舌にある味覚受容体で、基本的な味を識別する。
味のメッセージは神経を通って脳に伝えられる。
においの分子が鼻の奥にある嗅覚受容体に届くと、脳はこれを口で感じたと判断する。

味を伝える神経経路

料理の常識

《ウワサ》
舌は場所によって感じる味が異なる。

《ホント》
1901年、ドイツの科学者D.P.ヘーニックは、舌の部位によって強く感じる味が異なるという説を発表した。この研究をもとに、のちに「味覚地図」が作られた。現在では、すべての味が舌全体で感知されていて、場所による感じ方の違いは無視できる程度だと判明している。

塩味

塩味受容体はナトリウム（塩に含まれる）に反応する。ナトリウムは体内の塩分バランスを保つために重要な物質だ。

甘味

甘味受容体は、おもに糖に反応し、その食品が消化しやすいエネルギー源であることを知らせる。

酸味

酸味受容体が果物の酸を感知するのは、ビタミンC（アスコルビン酸）が含まれている証拠か、あるいは食物が腐りかけていることを知らせる。

苦味

苦味受容体は、体に害になる可能性の高いさまざまな天然毒性物質に反応して、体に危険な食品であることを知らせる。

脂味

ここ10年ほどの研究によって、味細胞は食品に含まれる脂肪分子を感知でき、その食品がエネルギーを豊富に含むことを示していることがわかってきた。

うま味

うま味受容体は、アミノ酸の一種であるグルタミン酸の刺激を受けて、風味のよい肉様の味を感知する。アミノ酸があれば、食品にタンパク質が含まれることになる。

加熱した食品は、なぜおいしい？

分子の変化が香りや風味を生み出す

1912年、フランスの医学研究者ルイ・カミーユ・マイヤールは、調理科学に長く影響を与えることになる、ある発見をした。アミノ酸（タンパク質を作る材料）と糖の反応を分析したところ、タンパク質を含む食品（肉やナッツ、穀物、多くの野菜）は140℃程度になると、複雑な反応が始まることがわかったのだ。

この分子レベルの変化は現在、「メイラード反応」と呼ばれている（メイラードはマイヤールの英語読み）。加熱すると褐《かっ》色《しょく》になり、香気を生み出す食品はいろいろとあるが、そのプロセスはメイラード反応で説明できる。高温で焼いたステーキ、カリカリした魚の皮、香ばしいパンの皮、ローストしたナッツや焙煎《ばいせん》したスパイスの香りはすべてメイラード反応による。アミノ酸と糖という２つの成分の相互作用が、それぞれの食品に特有の魅力的な香りを生み出す。メイラード反応を理解していれば、料理をするうえでいろいろと便利だ。肉や魚の漬け汁に、果糖の多いハチミツを加えれば、メイラード反応が活発になる。砂糖を煮詰めて、そこにクリームを注ぐと、乳タンパク質と糖のはたらきで、バタースコッチやカラメルの風味が生まれる。パイやタルトなどの表面に卵を塗れば、タンパク質のはたらきで褐色の皮ができる。

メイラード反応

タンパク質を作る材料であるアミノ酸は、近くにある糖分子（肉にも微量の糖が含まれる）と結合して新しい物質になる。新たな分子はぱっと広がり、ほかの分子と衝突して、結合や分離、変形を繰り返す。その過程で生まれる新たな物質には、褐色の物質も含まれ、多くが香りを運ぶ。温度が高いほど変化は生じやすい。実際の風味や香りは、食品に特有なタンパク質と糖の組み合わせによって変わる。

反応前

140℃未満

何が起こっているのか

調理の開始

糖の分子とアミノ酸が反応するのにじゅうぶんなエネルギーを得るには、約140℃になる必要がある。表面に水分があると、食品の温度が水の沸点（100℃）以上にならないので、メイラード反応を引き起こすには、乾式加熱（焼く、炒めるなど）で表面の水分を取り去る必要がある。

分子レベルの変化

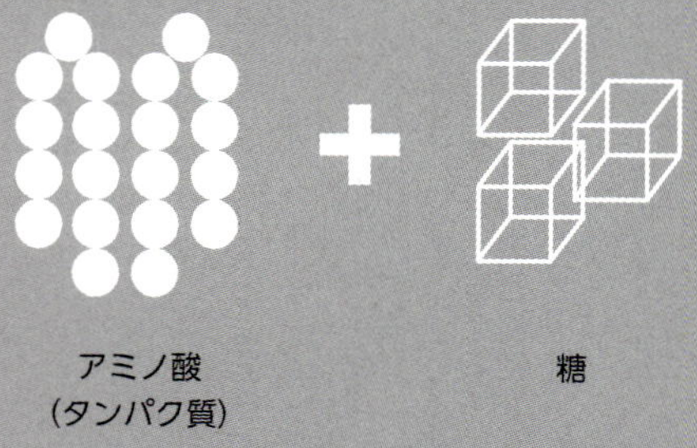

140°C

メイラード反応は
140℃前後で始まり、
風味や香りが増す。

メイラード反応の進行中			反応後
140〜160℃			180℃以上

140℃

タンパク質を含む食品がメイラード反応により褐色になり始める。これは「褐変反応」とも呼ばれるが、色の変化がすべてではない。熱によって、タンパク質と糖が衝突して融合し、風味や香気をもたらすさまざまな物質を作り出す。

150℃

メイラード反応がさらに活発になる。食品の温度が150℃になると、風味分子が生成される速度は140℃のときの２倍になり、より複雑な風味や香りが加わる。

160℃

分子の変化は続き、いっそう魅力的な風味や香りが生まれる。風味の高まりはこの温度がピーク。麦芽やナッツ、肉、カラメルのような風味が次々と生まれる。

180℃以上

熱分解という別の分子変化が始まる。食品は焦げ始めて、香りは失われ、苦い風味が残る。炭水化物やタンパク質、脂肪は分解されて、体に有害な可能性のある物質になる。食品から目を離さず、焦げる前に火からおろすこと。

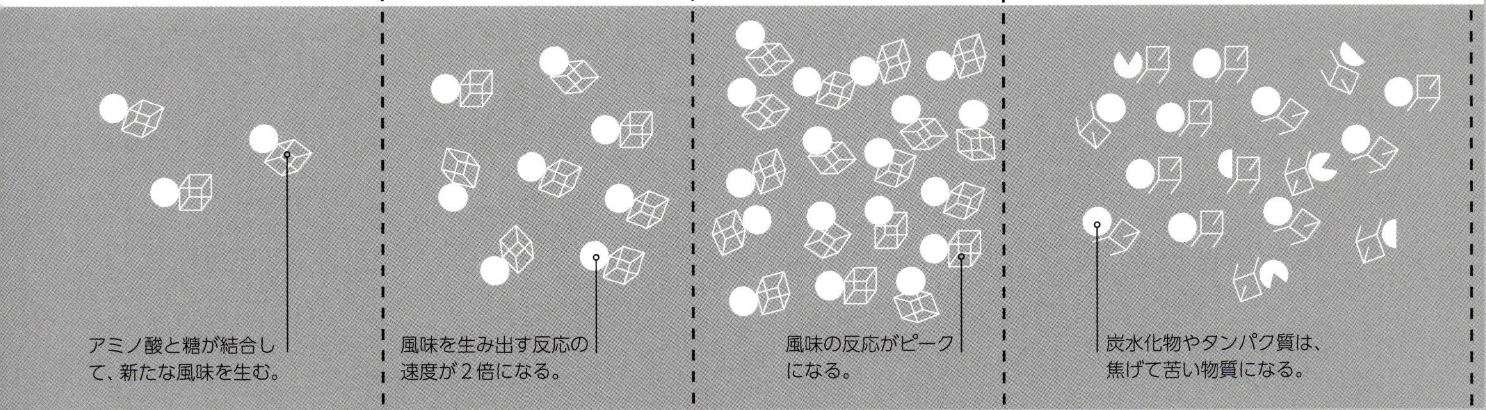
アミノ酸と糖が結合して、新たな風味を生む。
風味を生み出す反応の速度が２倍になる。
風味の反応がピークになる。
炭水化物やタンパク質は、焦げて苦い物質になる。

風味に相性があるのはなぜ？

共通の風味化合物が多いと相性がよい

食品にはそれぞれ、特徴的な風味化合物が含まれる。風味化合物とは、食品の香りや刺激性、味を決める化学物質だ。風味化合物には多くの種類があり、その名称や化学式には、エステル（果物の風味）、フェノール（ツンとする風味）、テルペン（花やかんきつ類の風味）、ピリッとする硫黄《いおう》を含む分子などが含まれている。最近まで、おいしいと感じられる食品の組み合わせは試行錯誤《しこうさくご》で見つけるものだったが、実験的なシェフが増えたことで、フードペアリングという新しい「科学」が生まれている。研究者は、いろいろな食品に含まれる風味化合物のカタログを作り、昔から相性がよいとされている食品には共通の風味化合物が多いことを確かめた。一方で、意外な食品の相性がよいこともわかっている。とはいえ、この説では食品の食感は説明できていない。またアジアやインドの料理には、スパイスの組み合わせに風味化合物の共通性がほとんどないので、この説はあてはまらない。

右のページでは、牛肉とほかの食品の相性を、風味化合物の共通性から見ていこう。線が太いほど、共通の風味化合物が多い。

色の説明

- 肉
- 穀物
- スパイス
- 魚介類
- 野菜類
- アルコール類
- 卵・乳製品
- 植物由来製品

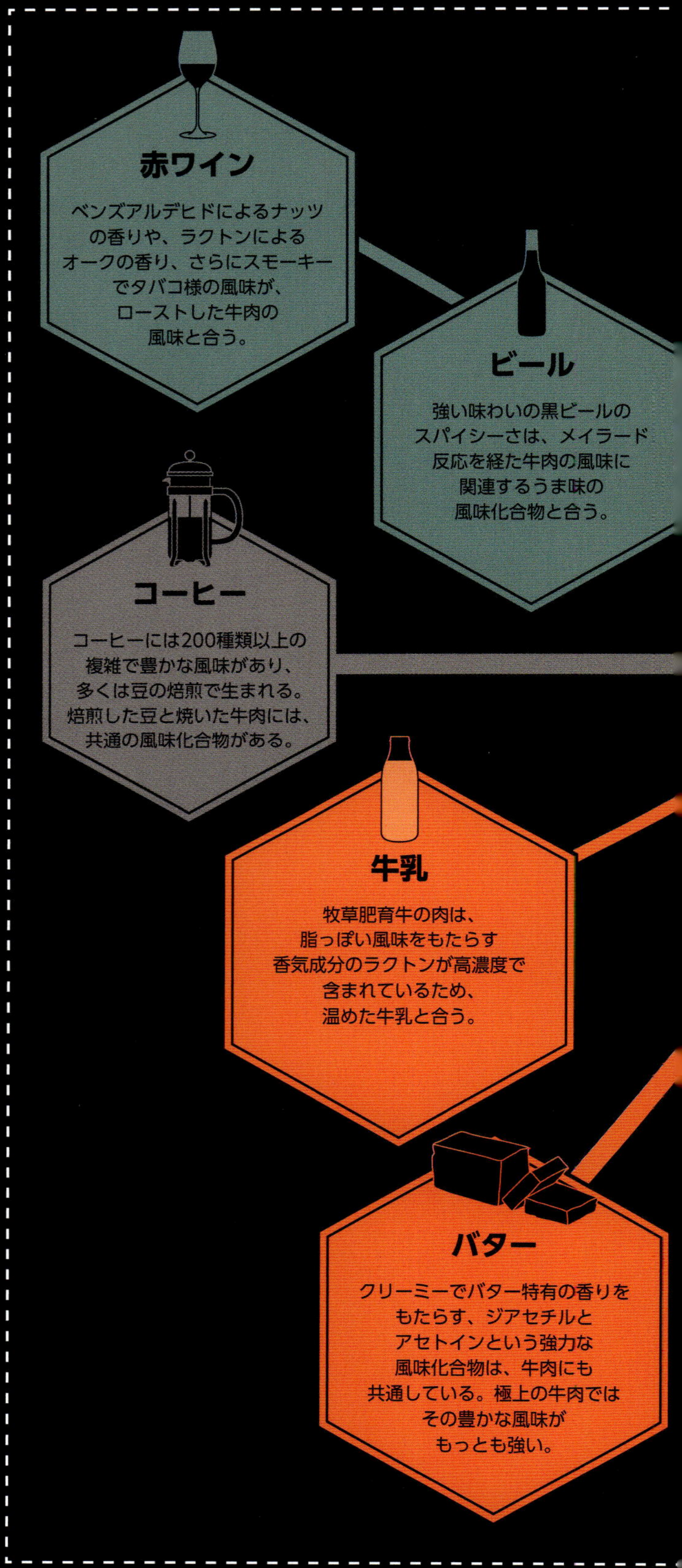
赤ワイン
ベンズアルデヒドによるナッツの香りや、ラクトンによるオークの香り、さらにスモーキーでタバコ様の風味が、ローストした牛肉の風味と合う。
ビール
強い味わいの黒ビールのスパイシーさは、メイラード反応を経た牛肉の風味に関連するうま味の風味化合物と合う。
コーヒー
コーヒーには200種類以上の複雑で豊かな風味があり、多くは豆の焙煎で生まれる。焙煎した豆と焼いた牛肉には、共通の風味化合物がある。
牛乳
牧草肥育牛の肉は、脂っぽい風味をもたらす香気成分のラクトンが高濃度で含まれているため、温めた牛乳と合う。
バター
クリーミーでバター特有の香りをもたらす、ジアセチルとアセトインという強力な風味化合物は、牛肉にも共通している。極上の牛肉ではその豊かな風味がもっとも強い。

牛肉

牛肉をローストすると、肉らしいにおい、ブイヨン、草や土のようなにおい、そしてスパイスのようなにおいが生まれる。分析の結果、牛肉は、ほかの食品と共通の風味化合物がもっとも多い食材だと判明した。

紅茶

摘んだ茶葉の乾燥、発酵《はっこう》、加熱のプロセスで生まれる、紅茶のスモーキーな風味化合物は、ローストした牛肉の風味とよく合い、さらに強める。

小麦

小麦粉のパンのこんがり焼けた皮と、ローストした牛肉は、香りのよい風味化合物がいくつも重なっている。共通する数十種類の化合物のうち、メチルプロパナールには麦芽《ばくが》様のにおいがある。またピロリンには、肉と小麦に共通する、土にも似た、こんがりと焼けたポップコーン様のにおいがある。

タマネギ

褐色になるまで加熱したタマネギには、硫黄を含む風味化合物が何種類もあり、同じ化合物が加熱した牛肉にも含まれている。

フェネグリーク

カレーのような香りは、ソトロンという化学物質によるもの。少量のソトロンはメープルシロップの風味がする。同じ化合物がローストした牛肉にも含まれる。フェネグリークの葉をソースに加えたり、焙煎してスパイスにし、牛肉に加えると、風味が強まるとともに、スパイシーで花のような香りが加わる。

ピーナッツバター

ピーナッツバターを作る際、加熱したり、砕いたりすると、ナッツ様の風味と、こんがり焼けたスモーキーな香りが生まれる。これらの風味は牛肉と相性がよい。

エダマメ

エダマメは、みずみずしい風味のマメだが、牛肉のナッツ様の香りと共通するところもある。

卵

加熱すると、卵黄に含まれる脂肪が分解されて、青臭く、草のような香りのヘキサナールや、脂っぽく揚げたような香りのデカジエナールなどの新しい風味化合物になる。どちらの化合物も加熱した牛肉にも含まれる。

キャビア

魚卵は牛肉と驚くほど相性がよいが、タンパク質や脂肪が豊富なキャビアは、グルタミン酸由来のうま味がたっぷりだ。そのうえ、肉のような香気成分のアミンも含んでいる。

ニンニク

食欲をそそるニンニクの風味は、硫黄を含む風味化合物によって運ばれる。そのなかには、肉様の「生肉」に似た風味のものもある。

キノコ

うま味のあるグルタミン酸（グルタミン酸塩）が豊富なキノコ類は、加熱すると、硫黄を含む肉様の風味化合物を生成する。

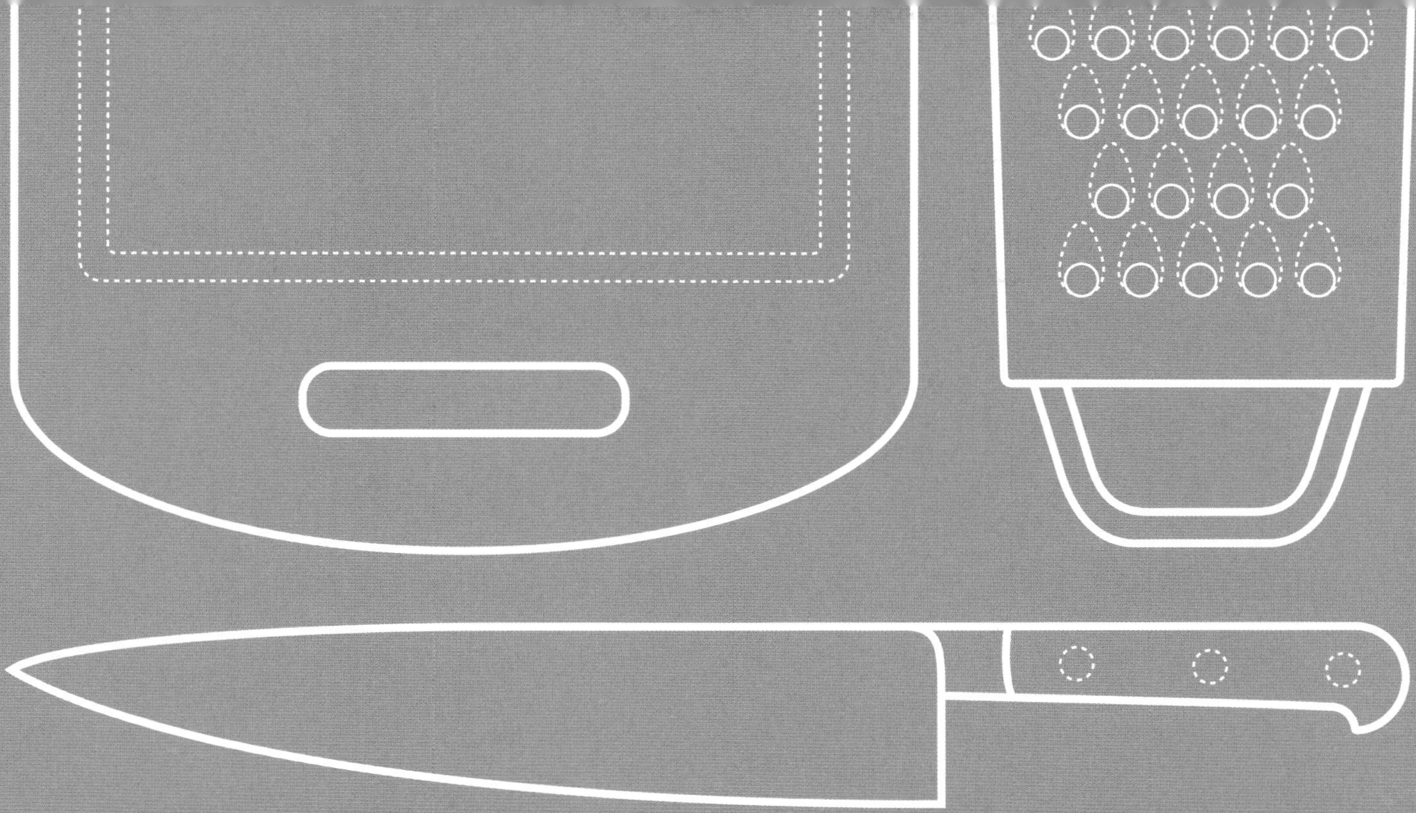

調理道具

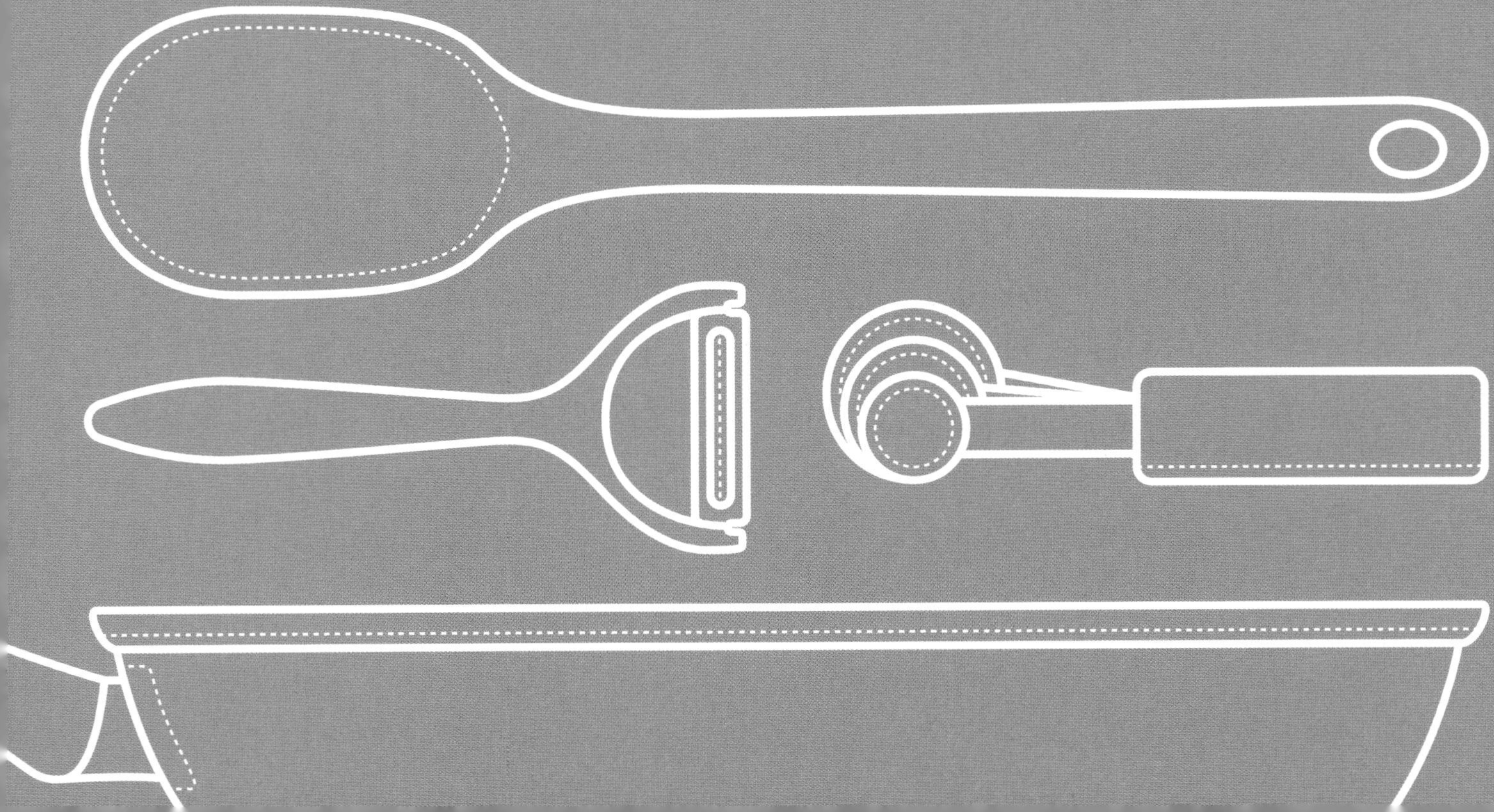

刃がついた部分は「ベベル」という。ベベルの厚みは1mmの数分の1になる。

包《ほう》丁《ちょう》の基本

よい包丁が数本あれば たいていの料理ができる

包丁の製造法

包丁は、プレス成形か鍛造《たんぞう》のどちらかで製造される。もっとも広く売られているのは軽いプレス成形の包丁で、平らな鋼材《こうざい》を打ち抜いて作る。鍛造包丁は、金属をたたき、加熱し、冷やして作られる。鍛造すると、金属原子は微細な結晶になり、より耐久性の高い「きめの細かい」金属になる。ここでは、持っておきたい基本的な包丁を紹介する。

炭素鋼

鉄と炭素だけを混ぜた金属（ほかの鋼鉄では炭素以外の元素も入っている）。きちんと手入れすれば、ステンレスより切れ味が長持ちするが、さびやすいため、きちんと洗って乾かし、油を塗るなど、入念なメンテナンスが必要。

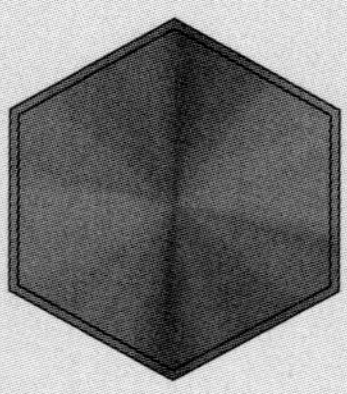

ステンレス

鉄と炭素にクロムを加えて、弾力性を高め、さびにくくしてある。高品質なステンレスはきめが細かいため、切れ味がよくなり、ほかの金属と組み合わせれば耐久性が高まる。研ぎやすく、丈夫で、さびにくいので、家庭での料理にもっとも適している。

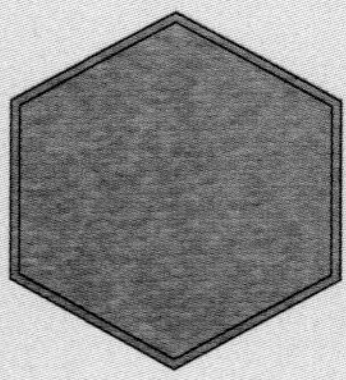

セラミック

とても鋭く、軽量でかたいため、肉を切るのにぴったり。通常はジルコニアでできていて、カミソリのように鋭い刃がついている。さびないが、研ぐのは難しい。鋼材のように曲がらないので、骨にあたったり、床に落としたりすると簡単に折れたり、欠けたりする。

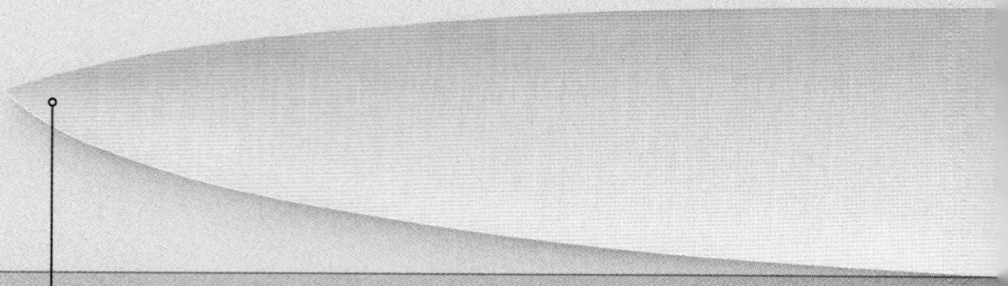

できるだけ薄く切るために使うので、牛刀より薄くなければならない。

波刃ナイフ

用途

皮がかたいパンやケーキ、皮が薄くてすべすべしたトマトなどの食品を正確に切り分けたい場合に。

選ぶときのポイント

刃渡りが長く、柄が持ちやすく、波刃が深く、とがっているもの。

柄は、素材よりも、しっかりと握りやすいことのほうが大切。

ブレードが柄に挟まれた部分を「タング」といい、柄の端まである場合と、途中までの場合がある。前者のほうが頑丈で、長持ちする。

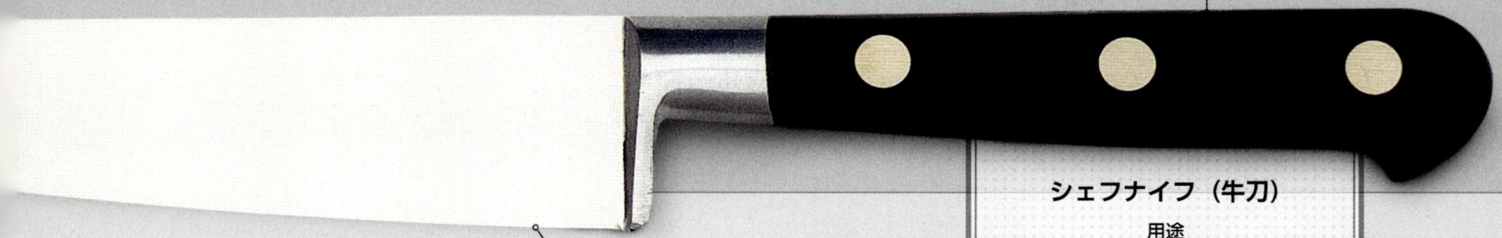

シェフナイフ（牛刀）

用途

大きなかたまり肉の薄切りや角切り、解体に。腹の部分でニンニクをつぶす。

選ぶときのポイント

柄が手にフィットし、重すぎないもの。骨から肉を切り分けるのにじゅうぶんな重さがあり、バランスのよいものがよい。

カーブが大きい刃は、前後の動きによって細かく刻むことができる。カーブが小さい刃はスライスに向いている。

ペティナイフ

用途

薄切りや皮むき、果物の芯を取るなど。細かい作業にも。

選ぶときのポイント

ブレードが薄く、先端に向かってカーブしているもの。刃が平らで、まな板とぴったり接するものがよい。

鍛造のブレードは、先端に向かって次第に薄くなる。プレス成形のブレードは、刃渡り全体で厚みが変わらない。

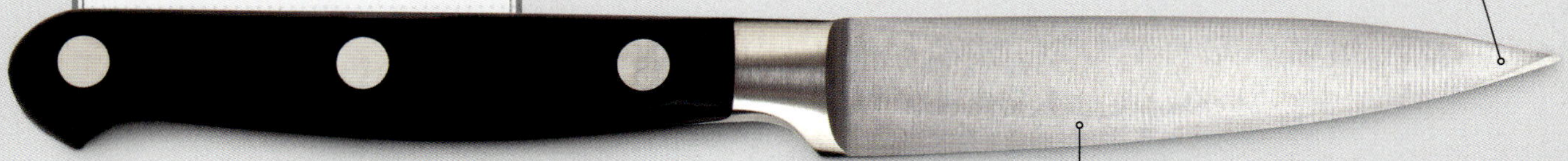

短い刃渡り（6～10cm）は細かい作業がしやすい。

ブレードの幅が柄の近くで広くなっているのは「ボルスター」と呼ばれ、鍛造された金属であることを示している。

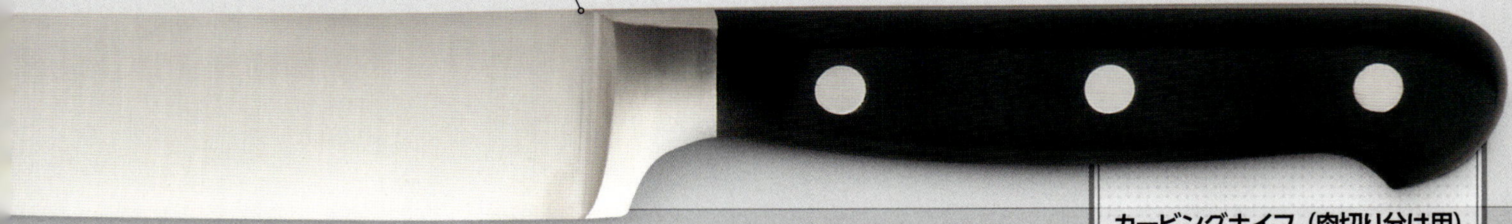

カービングナイフ（肉切り分け用）

用途

大きなかたまり肉を切り分ける。

選ぶときのポイント

先端がとがっていて、刃が長くて薄く、鋭いもの。刃を前後に動かして切るのではなく、スライスするので、牛刀よりもカーブが少ないものを選ぶ。

波刃の数が40以下で、刃の薄いものがよい。波刃が少ないほうが、皮を切りやすく、大きな力をかけられる。

ノコギリのような先端が、狭い部分に大きな力をかけ、表面に穴を開ける。次に波刃が裂け目に入り込み、食品をスライスする。

20cmのソースパンは、米やパスタ、スープ、シチュー、だし汁など、量が多い料理に。
ステンレス・アルミのクラッド鍋は、手入れが簡単で、熱効率がよい。
18cmのソースパンは少量の料理や野菜をゆでるのに向いている。

鍋とフライパンの基本

よい鍋選びは料理の成功への近道である

鍋やフライパンの素材も料理の仕上がりに影響するが、厚みも重要だ。厚いものほど、火の熱が均等に伝わる。

カーボンスチール（炭素鋼）や鋳鉄《ちゅうてつ》など腐食しやすい金属は、使用前に、油を塗って焼く作業を繰り返すことで、表面に黒さびを作り、焦《こ》げつきを防ぐ必要がある。これを「シーズニング」という。ノンスティック加工のフライパンは樹脂《じゅし》でコーティングしてあるが、このコーティングは260℃以上になると劣化する。

ステンレス

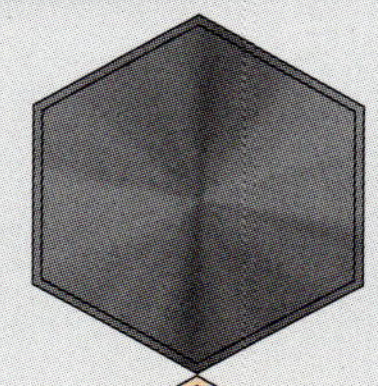

重くて耐久性があり、毎日使うソースパン（片手鍋）に向いているが、熱が伝わりにくく（アルミか銅をステンレスで挟んだクラッド鍋は別）食品が焦げつきやすい。表面に光沢があるので、ソース作りのときに、ソースに色がつくのがわかりやすい。

銅

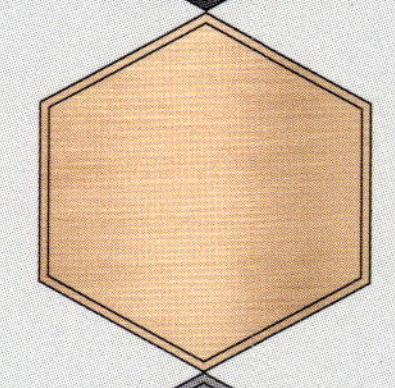

底の厚い銅の鍋は、重くて高価だが、熱を伝えやすいので、温度の変化によく反応する。酸で腐食するが、食品の色が変わったり、金属の味が残ったりすることがないよう、通常は表面がコーティングされている。とても重く、ソテーパンや中華鍋には不向き。

アルミニウム

すばやく熱を伝え、温度変化によく反応するが、火からおろすと急速に冷める。とても軽いので、フライパンやソテーパン、ソースパン向き。アルマイト加工がしてあれば、表面にコーティングがあるので、酸性の食品と反応しない。

カーボンスチール製は頑丈で、熱によく反応する。

中華鍋

用途

強火で炒める。蒸す。たっぷりの油で揚げる。

選ぶときのポイント

底が薄く、しっかりした長めの持ち手があるもの。カーボンスチール製が最適。シーズニングをするには、古い油の膜を洗い落としてから、黒くなるまで焼き、油を引いて煙を立たせ、冷えてから油をこすり落とす。これを3～4回繰り返してから使用する。

鋳鉄製フライパン

用途

根菜、肉、焦げつきやすい食品（シーズニングが必要）。グリルやオーブンに入れる料理。

選ぶときのポイント

長く、耐熱性がある持ち手のもの（鋳鉄は熱をもつ）。反対側にも持ち手があると便利。

丸型キャセロール

用途
肉の蒸し煮。

選ぶときのポイント
ぴったりとふたが閉まり、持ち手が握りやすいもの。鋳鉄製は重いが、温度を一定に保つのに理想的。内側がホーロー加工されたものは耐久性が高く、酸で腐食しない。

鋳鉄は熱を保つため、時間をかけた調理に向いている。

底が楕円形より丸型のほうが、火にかけたときに均等に加熱される。

16cmのソースパンは、バターを溶かしたり、砂糖をカラメルにしたり、ソースやポーチドエッグ作りに。

ソースパン

用途
ソース、シチュー、スープ、だし汁、野菜をゆでる、米、パスタに。

選ぶときのポイント
ふたがあるもの。大型の場合、持ち手の反対側に小さな持ち手があると持ち上げやすい。耐熱性の持ち手はオーブンでの使用に便利。

ノンスティック加工のフライパン（24cm）

用途
形がくずれやすい魚や卵、クレープに。

選ぶときのポイント
底が厚く、焦げつき防止のコーティングが厚いもの。信頼できるメーカーの製品を選ぶ。

持ち手が長い。

底が厚いと熱が分散し、部分的に熱くなりすぎない。

カーボンスチール（炭素鋼）

ステンレスよりもすぐに熱くなるが、鉄と同じでさびやすく、食品によって腐食するので、ステンレスのように長持ちさせるにはシーズニングが必要。中華鍋やフライパンに最適。

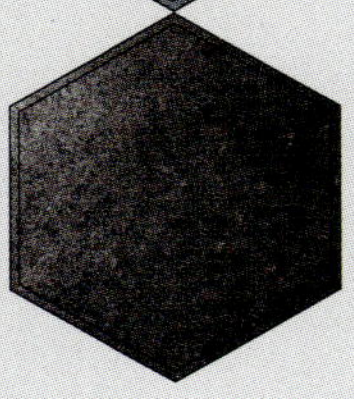

鋳鉄

とても重く、密度の高い鋳鉄は、熱くなるのに時間がかかるが、いったん熱くなると温度が下がりにくいので、フライパンやキャセロールの中で肉に焦げ目をつける場合に最適。コーティングされていない場合、さびやすく、酸性の食品で腐食するため、シーズニングや、きちんとした手入れが大切。

軽量ステンレスでアルミを挟んだ素材は軽いので、炒め物が楽。

カーブした形状は材料をかき混ぜたり、グレービーソースを作るのに最適。

ソテーパン（30cm）

用途
多めの材料を焼いたり、炒めたりする。ソース作りや、量の多い食事作りに。

選ぶときのポイント
密閉できるふたと、長い持ち手があり、ほどよく重めのものがよい。

シーズニングした鋳鉄は焦げつかないが、研磨剤入りの洗剤は使わないこと。

小さな持ち手。

調理器具の基本

料理の目的に合った形や素材のものを選ぼう

適切な道具なしに、よい料理はできない。基本の調理器具がいくつかあれば、すばらしい料理を作ることができる。

どんな調理器具が必要か

台所用品の素材や種類は増えているが、選ぶときには、それぞれの長所と短所をよく考えよう。新しい製品がすぐれているとは限らない。用途が広く、さまざまな食材に使える道具かどうかを確かめよう。

便利な調理器具

- **ピーラー**　Y字型のものは、右利きでも左利きでも使える。刃が鋭く、刃と持ち手の間が2.5cmあれば、皮が詰まりにくい。
- **トング**　食材を裏返したり、つかんだりする。バネがしっかりしていて、先が波形になったものがよい。先が耐熱性のあるシリコンのトングは、どんな素材の鍋やフライパンにも使える。
- **フードプロセッサー**　鋭くしっかりしたブレードと、生地用のブレード、スライス・おろしカッターがあり、容器の下に（ベルトではなく）モーターが入ったものを選ぶ。
- **マッシャー**　長く、しっかりした金属の持ち手で、マッシュ面は、小さい丸い穴がたくさんあいたものがよい。
- **ケーキの焼き型**　型を簡単にはずせる金具がついていたり、底が抜けるようになっていたりするものが便利。
- **乳棒と乳鉢**　丈夫で、表面がややざらざらしている、花こう岩などでできたもの。

◀ 計量カップ

強化ガラス製の透明な計量カップなら、液体の分量を正確に量れる。液体の表面は、表面張力でカーブするので、不透明なカップできちんと量るのは難しい。

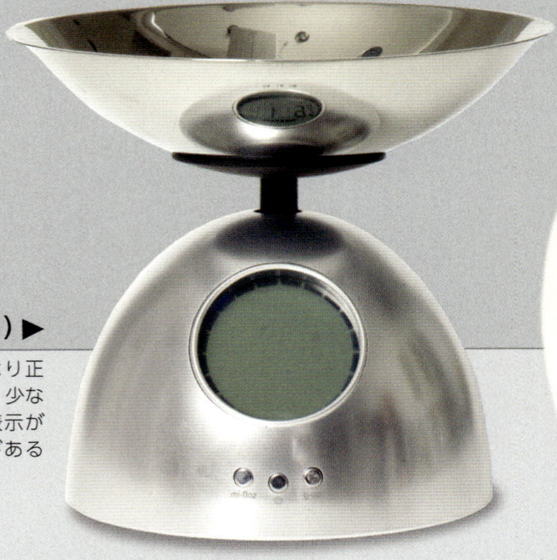

デジタルスケール（量り）▶

質のよいものはアナログ式より正確。大きめのボウルを置けて、少なくとも5kgまで計量でき、表示が見やすく、0.1g単位の精度があるものを選ぼう。

ホーニングスチール ▲

切れなくなった包丁の刃を研ぐのではなく、再調整し、まっすぐにする金属製の道具。重たいスチール製で、25cmくらいの長さがあるものを選ぶ。ダイヤモンドコーティングをしたセラミック製のものは、金属を多少研磨するので、ある程度は研ぐことができる。

めん棒▲

木製のめん棒は、小麦粉のなじみがよく、手の熱を伝えない。長めで、持ち手がなく、両端が細くなっていて、回したり、傾けたりできるものがおすすめ。

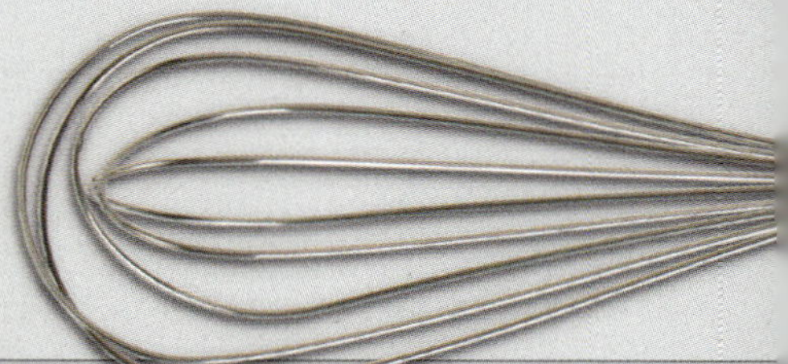

泡立て器▲

ワイヤが10本以上ある、バルーン型を選べば、広い用途に使え、効率もよい。金属製の泡立て器は強力なので、クリームが空気をうまく含み、脂肪球に傷がつき、よく泡立つ。シリコン製の泡立て器はノンスティック加工の鍋などに使う。

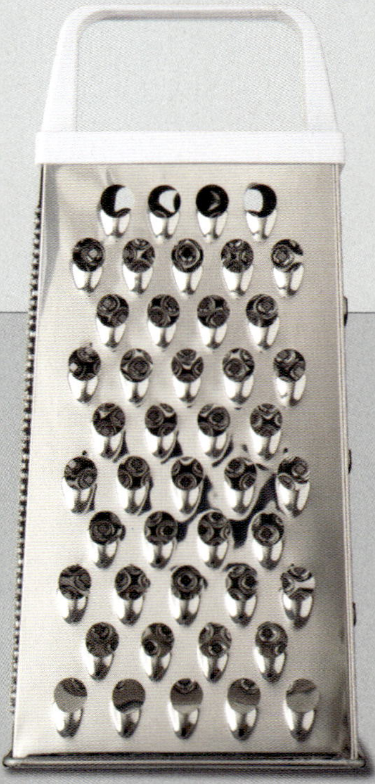

◀ おろし器

刃のついた面が広いものを選べば、短時間ですりおろせる。底のしっかりした4面式のものは、粗い千切り、細かいすりおろし、かんきつ類の皮やチーズのすりおろしができる。

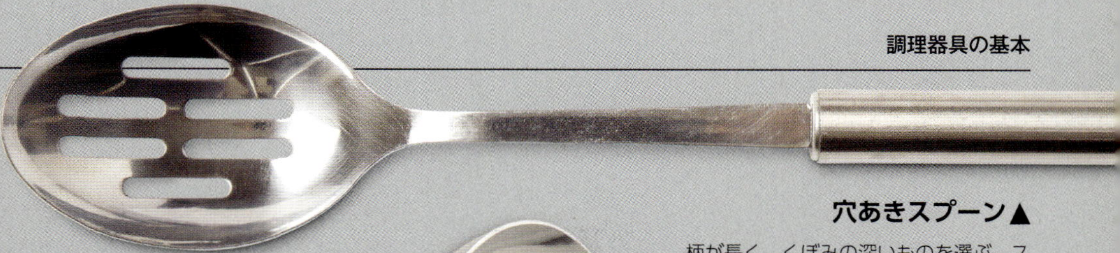

穴あきスプーン▲

柄が長く、くぼみの深いものを選ぶ。ステンレスは薄くて丈夫なので、厚手のプラスチックやシリコンよりも、浮かんでいるものをすくうのに向いている。

◀ こし器（ふるい）

金属製は、目がとても細かく、細かい粒が通り抜けないので最適。持ち手の反対側にあるフックは、鍋の上にのせて使うときに役に立つ。

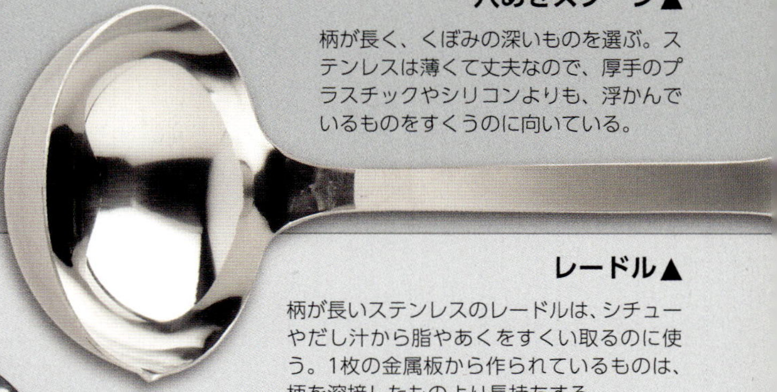

レードル▲

柄が長いステンレスのレードルは、シチューやだし汁から脂やあくをすくい取るのに使う。1枚の金属板から作られているものは、柄を溶接したものより長持ちする。

ターナー（フライ返し）▲

幅広で長く、穴が開いていて、薄く弾力性のあるものが、形のくずれやすい食材の下に滑り込ませるのに向いている。ノンスティック加工の調理器具には、しっかりしたプラスチック製かシリコン製のものを使う。

ゴムべら▲

ゴムべらは、泡立てた卵白を静かに混ぜ合わせたり、チョコレートをテンパリングしたりするのに最適。耐熱性のあるシリコン製のへらは高温での調理向き。

温度計▲

鍋に差せるスティック状のものがよい。210℃まで測定できるものは、カラメルを作るのに使うことができる。

木べら▲

ノンスティック加工の鍋や金属を傷つけない。熱を伝えにくいので、高温でも柄が熱くならない。木材には小さな穴が多く、食品の粒子や風味を吸収しやすいため、使用後はしっかり洗う。

調理用ボウル

ステンレスのものは長持ちするが、電子レンジには使えない。強化ガラス製は耐熱性があり、電子レンジにも使える。セラミックやストーンウェア（炻器《せっき》）は欠けやすいが、温まりにくいため、生地作りに最適。

まな板

木製のまな板は耐久性があり、どんな食品にも向く。弾力があるので、花こう岩やガラスのまな板のように包丁が切れなくなるようなことがない。プラスチック製は表面の傷に細菌が入り込むが、木は細菌を殺すタンニンを含むので、衛生面を考えれば木製のものを選びたい。

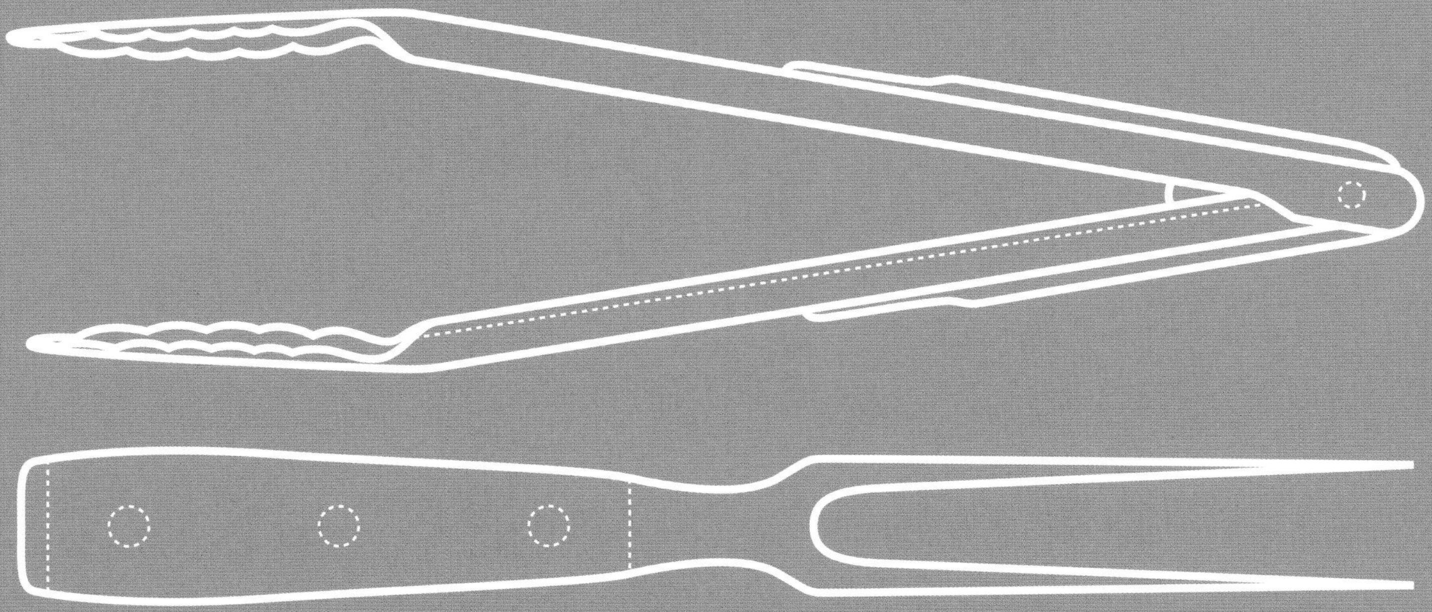

肉類

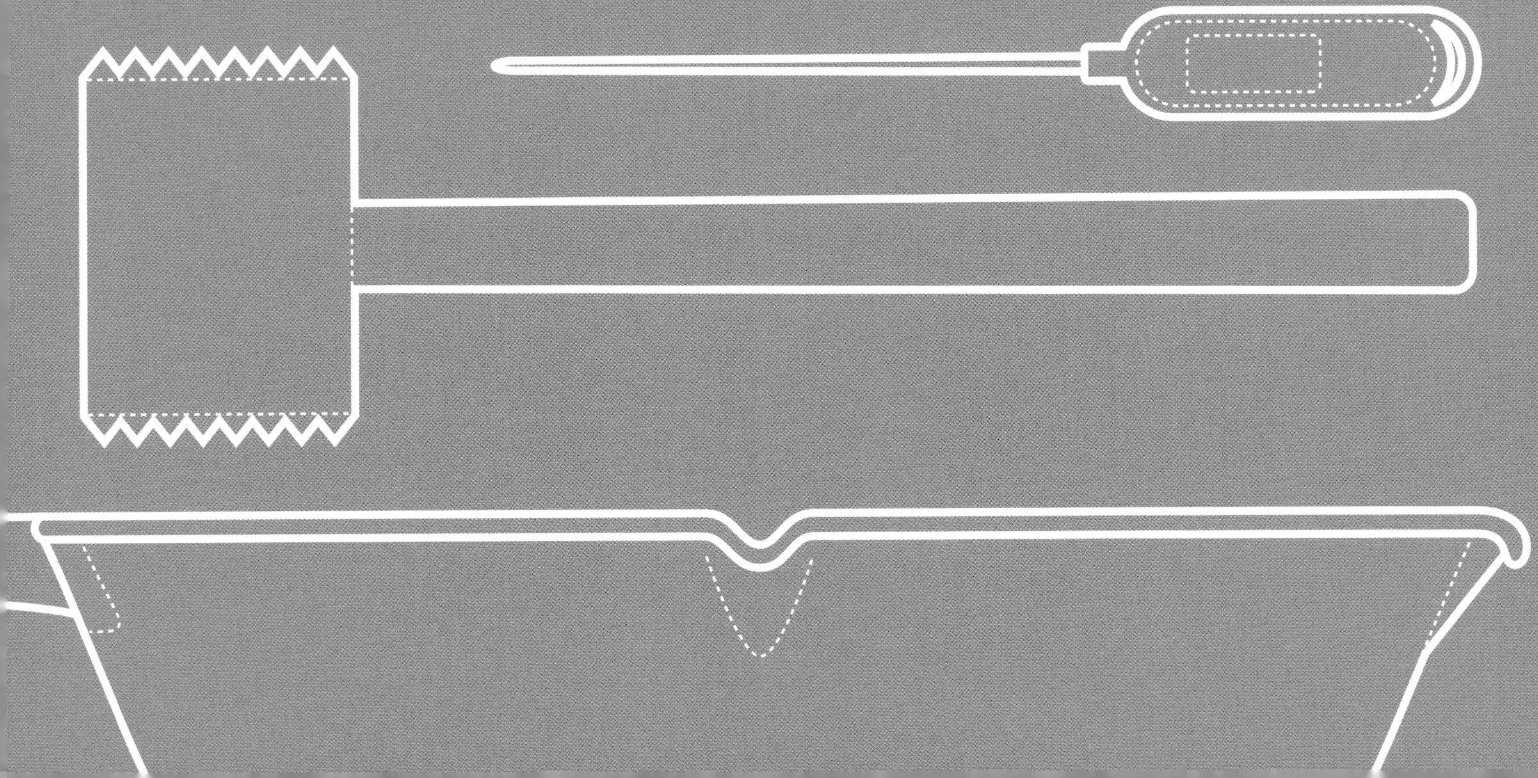

フォーカス：肉

肉は、多くの伝統的な料理法の中心的存在。構造や成分を知ればいっそうおいしく味わえる

肉の外見はいろいろだが、どれも筋《きん》組織、結合組織、脂肪組織という同じ３種類の組織でできている。各組織の割合や、筋組織の種類によって、部位ごとの風味や口あたり、そして最適な調理法が決まる。筋組織は、生きている動物の体を動かすもので、色は赤かピンクだ。たいていの部位はほとんどが筋組織でできていて、その70~85%は水分だ。肉のジューシーさを保つには、この水分を逃がさないようにしたい。結合組織は、筋線維を包む筋鞘《きんしょう》を作り、筋組織と骨をつないでいる。加熱すると徐々に変化し、肉料理になめらかな風味を与える。ただし高温では収縮して、肉から水分がなくなってしまう。脂肪は、調理前はかみごたえがあり、味がしないが、加熱して脂肪細胞がはじけると、肉に豊かな風味を与える。

肉を知ろう

どの動物の肉にもタンパク質が豊富に含まれている。脂肪とタンパク質の割合は、肉ごとの特徴（脂肪と筋組織のバランス、結合組織の量、各部位に含まれる筋組織の種類）によって決まる。ここではさまざまな肉を比べてみよう。

白肉

脂肪：中
タンパク質：高

鶏肉
色が薄い。脂肪が少なめなので、加熱しすぎるとぱさぱさした食感になる。ソースと一緒に料理すれば、しっとりした出来上がりに。

脂肪：中
タンパク質：中

鴨肉
色が濃く、風味が豊か。皮の下に厚い脂肪の層がある。オーブンやグリル、フライパンで焼くのが最適。皮に小さな穴か、切れ目を入れておくと、脂肪が溶けやすい。

脂肪：低
タンパク質：高

七面鳥
白い色をしている。筋組織が多く、脂肪が少ない。炒めるか、グリルで焼くのが適している。色の濃いもも肉は結合組織が多いので、煮込み料理に。

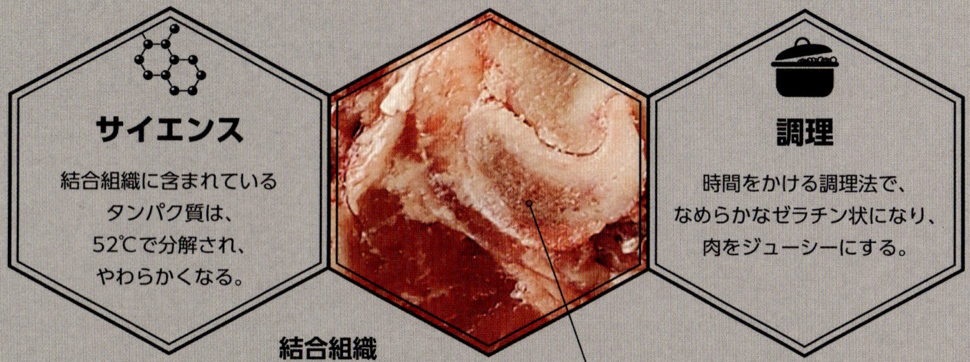
サイエンス
結合組織に含まれている
タンパク質は、
52℃で分解され、
やわらかくなる。
結合組織
調理
時間をかける調理法で、
なめらかなゼラチン状になり、
肉をジューシーにする。

かたい結合組織には、筋線維をまとめ、筋肉と骨をつなぐ役目がある。

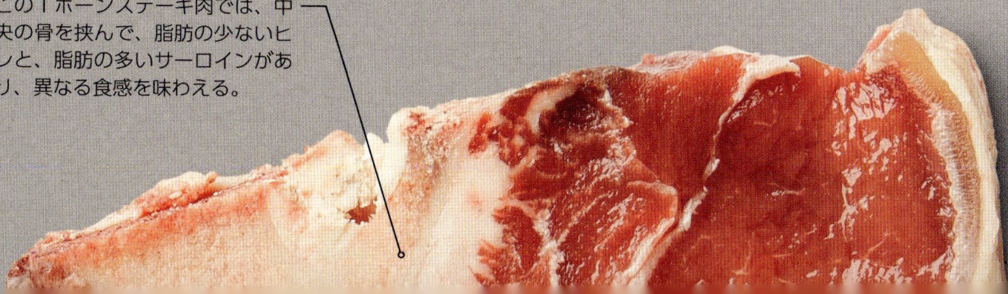

骨付き肉
このＴボーンステーキ肉では、中央の骨を挟んで、脂肪の少ないヒレと、脂肪の多いサーロインがあり、異なる食感を味わえる。

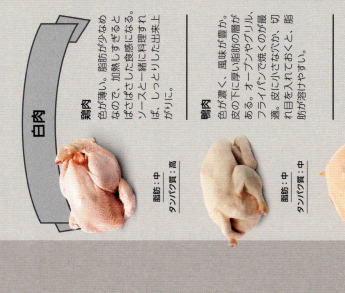

ヒレ
サーロイン
脂肪層
脂肪は皮の下や、結合組織の近く、内臓の周辺にあることが多い。

脂肪

脂肪には、風船のような無数の脂肪細胞がぎっしり詰まっている。

サイエンス

脂肪細胞には脂肪滴《しぼうてき》が入っている。加熱すると脂肪細胞がはじけて、風味化合物が溶け出す。

調理

生では味がないが、加熱すると風味をもたらし、しっとりした食感になる。

筋組織

サイエンス

筋肉は、髪の毛ほどの細さの筋線維が無数に集まっていて、水分とタンパク質が豊富。

調理

やわらかい部位は、水分を保つために加熱時間を最小限にする。霜降りの部位はゆっくり加熱する。

赤肉

脂肪：高
タンパク質：中

牛肉
持久性にすぐれた、大きな筋肉をもつ牛は、風味豊かで色の濃い肉になる。短時間での調理と、時間をかけた調理の両方に向いている。脂肪が霜降りになっている部位はジューシー。

脂肪：中
タンパク質：中

ラム肉
脂肪は子羊が生きるための燃料なので、ほとんどの部位が霜降りになっている。たいていの調理法に向いているが、筋の多い肩肉や、ももの固まり肉は、時間をかけて調理する必要がある。

脂肪：高
タンパク質：もっとも少ない

豚肉
薄いピンク色からバラ色をしている。ほとんどの部位に厚い脂肪の層があり、加熱すると肉がジューシーになる。ヒレ肉やステーキ肉は、乾燥するのを防ぐため、短時間で調理する必要がある。

脂肪：低
タンパク質：高

鹿肉
広い範囲を歩き回るので、脂肪よりも筋組織や結合組織のほうが多い。脂が少ない部位を小さく切って、蒸し煮やシチューにすると、肉汁が逃げない。結合組織が多い大きなかたまり肉はローストに。

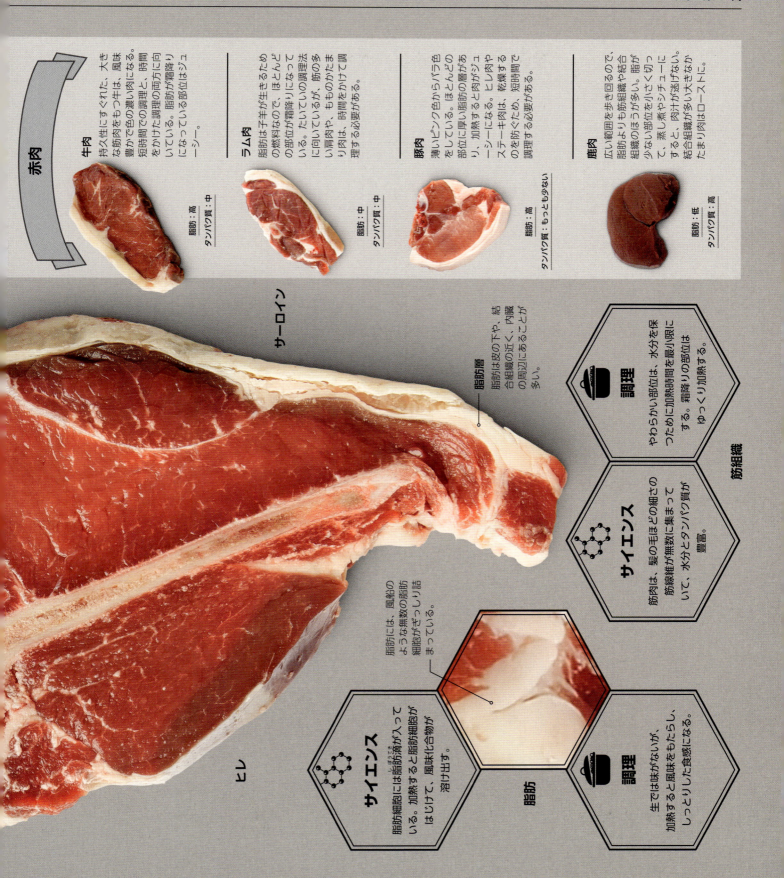

肉の品質の見分け方

ラップに包まれて、蛍光灯の下で売られるスーパーマーケットの肉から、最高品質を選ぶのは難しい

もっとも新鮮で、味わい豊かな赤肉は、鮮やかな紅色をしていると考えられがちだが、それは正しいのだろうか。精肉店で、いちばんおいしい肉はどれかと聞いたら、時間が経って熟成した、濃い色の肉を出してくれるはずだ。そうした肉は、風味が深まり、食感がやわらかい（右ページ参照）。ここでは、購入時に肉の品質を見きわめて、できるだけよい肉を選ぶポイントを説明しよう。

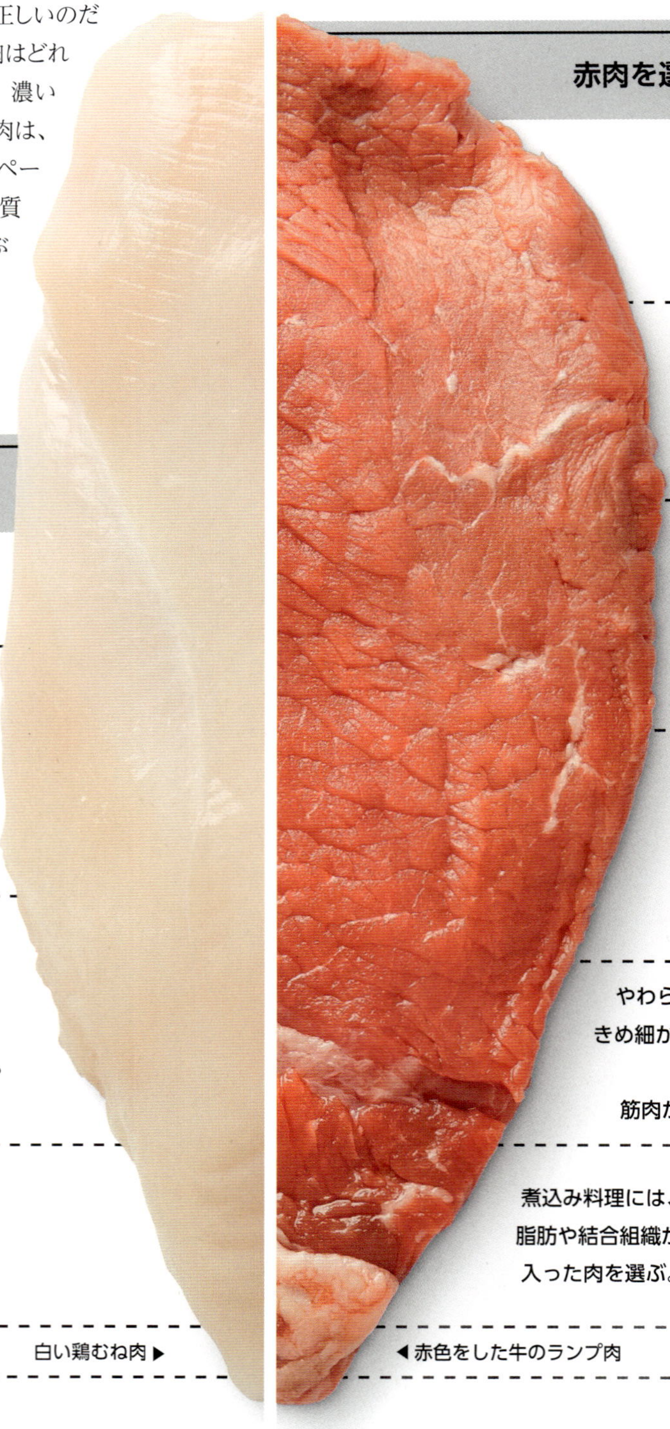

白肉を選ぶときのポイント

このチェックリストを参考に、
もっとも新鮮な白肉を選ぼう。

**むね肉は、
身が締まっていて
ふっくらしている。**

**骨が傷ついたり
折れたり
していない。**

**身が
汚れて
いない。**

**皮がなめらかで、
やわらかい。**

白い鶏むね肉 ▶

赤肉を選ぶときのポイント

よい赤肉を選ぶには、
以下の点に気をつけよう。

**脂肪は風味を高める。
脂肪が黄色なのは、
エサが牧草だったため。**

表面がなめらかなもの。
粘りやべとつきがなさそうなもの
（粘りやべとつきのある肉は、
表面に細菌が繁殖している
可能性がある）。

**不快ではない、
ほどよいにおいが
するもの。**

やわらかい肉が欲しければ、筋線維が
きめ細かく、結合組織が少ないものを選ぶ。
かたい肉は筋線維が太い。
筋肉がよく使われていたということ。

煮込み料理には、
脂肪や結合組織が
入った肉を選ぶ。

霜降《しもふ》りは、
風味が豊かな証拠。

◀ 赤色をした牛のランプ肉

茶色くなった肉は買わないほうがよい？

色だけでは、鮮度や品質の目安にはならない

肉の自然な色は、酸素を運ぶはたらきのある赤色の色素タンパク質「ミオグロビン」によるものだ。筋組織内のミオグロビン濃度は、家畜の種類によって異なり、白肉よりも赤肉のほうが多い。また成長した動物ではミオグロビン濃度が高くなり、肉が濃い色になる。真空パックで酸素を除去した肉は、自然な赤紫色をしている。ミオグロビンは空気に触れるとすぐに色が変わり、肉は鮮やかな赤になる。肉が赤紫のままの場合は、家畜が食肉解体の段階でストレスを受けた可能性があり、肉は乾燥していてかたいだろう。精肉業者が乾燥熟成させた肉は、水分を失って収縮しており、色は濃く、味は強くなっている。その点では、茶色の肉が腐っているとは限らない。触れてみたり、においを嗅いでみたりして、食べても大丈夫かどうか判断しよう（左ページ参照）。

解体直後
解体後に真空パックされた肉は、自然な赤紫色をしていることがある。

真空パックされた肉は、空気に触れていないので、濃い色をしている。

3時間後
酸素に触れると、肉の色は鮮やかな赤になる。

真空パックを開封して、ミオグロビンが酸素と触れると、筋組織は鮮やかな赤になる。

7時間後
酸素にずっと触れていると、肉は濃い赤色になる。

酸素と触れることで、ミオグロビンの構造が変化し始める。

9日後
酸素に長く触れていると、ミオグロビンが茶色になり、肉は赤茶色に変わる。

温度管理された環境で乾燥熟成させると、肉は徐々に色が濃くなり、ふちが灰色になってくる。

発色剤

国によっては、真空パックする際に一酸化炭素が添加される場合がある。ミオグロビンと反応して肉を赤くする効果があるからだ。

酸素が肉の色を変えるしくみ

酸素に触れると、筋組織中のミオグロビンはまず赤くなり、やがて茶色になる。肉を乾燥熟成させる場合、表面は少しずつ色が濃くなる一方で、肉に含まれる酵素のはたらきで、食感が少しずつやわらかくなり、風味が増す。

肉の見た目や味はなぜ違う?

色の違いによって、もっとも適した調理法が変わってくる

肉の色は、動物の筋組織内にあり、酸素を運ぶはたらきのある赤色の色素タンパク質「ミオグロビン」の量に関係がある。ミオグロビンの量が多いほど、肉の色は濃く、赤くなる。逆にミオグロビンの量が少ないと、色の薄い肉になる。

筋肉は、使われ方の違いによってミオグロビンの量が異なるので、1頭の家畜に白肉と赤肉の両方がある場合もある。脚などにある「遅筋《ちきん》」は、継続的な酸素供給を必要とするため、ミオグロビンの量が多く、色が赤い。急激にエネルギーを使う「速筋《そっきん》」は、あまり酸素を必要としないので、色が白い。羽を動かすためにある、ニワトリの胸の筋肉などがこれにあたる。

白肉と赤肉のバランスは、風味や食感に影響する。赤くてよく動かしている筋肉は、タンパク質や脂肪、鉄のほか、風味を生む酵素が多い。

色の異なる肉を比べてみよう

家畜ごとのミオグロビン濃度

このグラフは、異なる家畜のミオグロビン濃度を比較し、その濃度が肉にどう影響しているかを説明している。濃度が高いと風味が強くなり、低いと淡泊な味の肉になることがわかる。

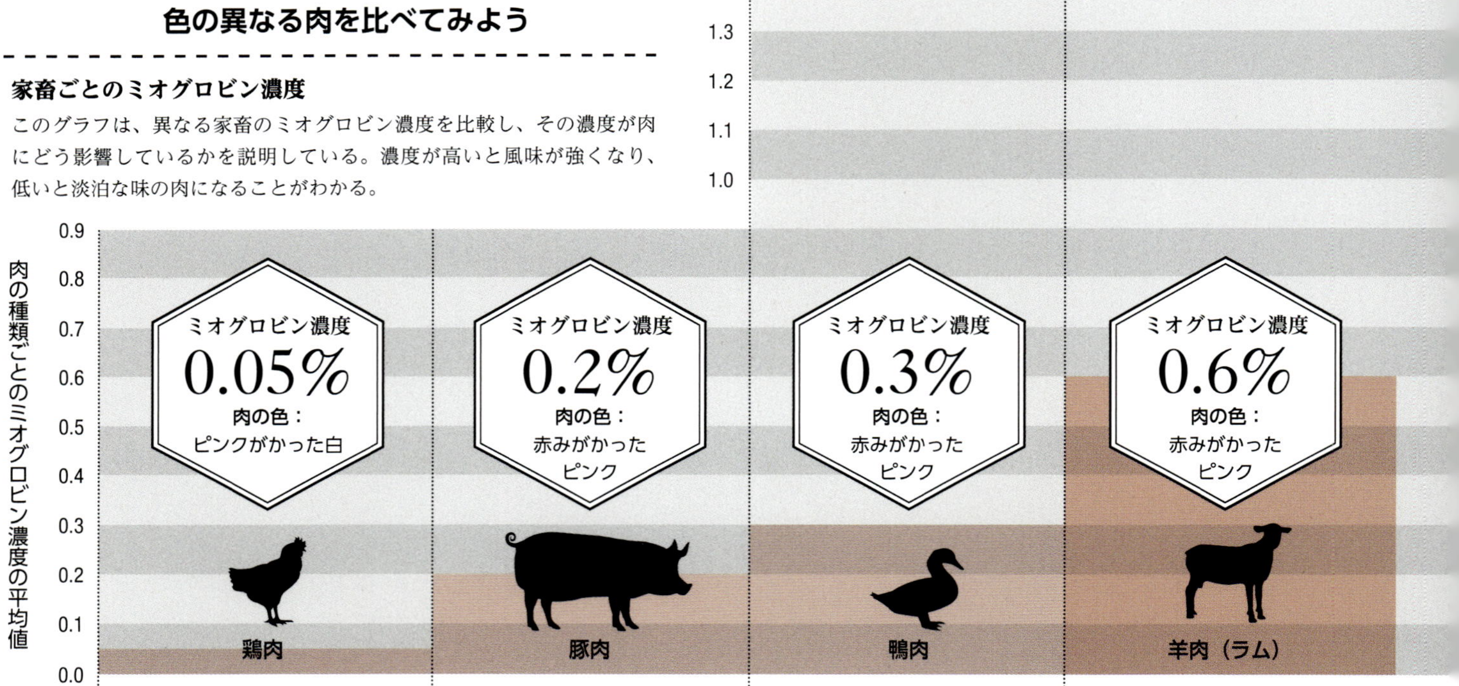

鶏肉

ミオグロビンの濃度は？

0.05%以下で、肉はピンクがかった白色。

筋肉の特徴は？

脚についている遅筋は毎日歩き回る力を与えているので、もも肉はむね肉よりも色が濃い。

風味や味への影響は？

色の濃いもも肉は、あまり筋肉が使われていないむね肉に比べて、ミオグロビンや、風味を生み出す酵素、鉄、脂肪が多い。むね肉は調味料をきかせるとよい。

豚肉

ミオグロビンの濃度は？

0.2%で肉は赤みがかったピンク色。

筋肉の特徴は？

ロース肉には、白い部分と赤い部分の両方がある。もも肉はもっと濃い色をしている。

風味や味への影響は？

色が薄くて脂肪の少ない肉は、調味料をきかせるとよい。

鴨肉

ミオグロビンの濃度は？

平均0.3%。鶏肉や七面鳥などより肉の色が濃い傾向がある。

筋肉の特徴は？

たえず動き回っている鴨は、肉の色が濃く、スタミナを保てる脂肪の多い筋肉が中心。

風味や味への影響は？

脂肪に風味があるので、調味料は最低限に。

羊肉（ラム）

ミオグロビンの濃度は？

平均0.6%。肉の色は赤みがかったピンク。

筋肉の特徴は？

チャンプ（腰肉）など、ももの上部の部位には、遅筋がついているので、肉は濃い赤色をしている。

風味や味への影響は？

ミオグロビンと脂肪が比較的多く、ジューシーで風味豊か。シンプルな味付けでじゅうぶん。

年齢の問題

家畜の年齢がすすむと、筋肉が強くなるのでミオグロビンの量が多くなる。また脂肪が増えて、風味が増す。

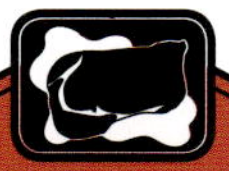

目に見えるミオグロビン

肉のパックの底にたまっている赤い液体は血液ではなく、ミオグロビンと水の混合物。

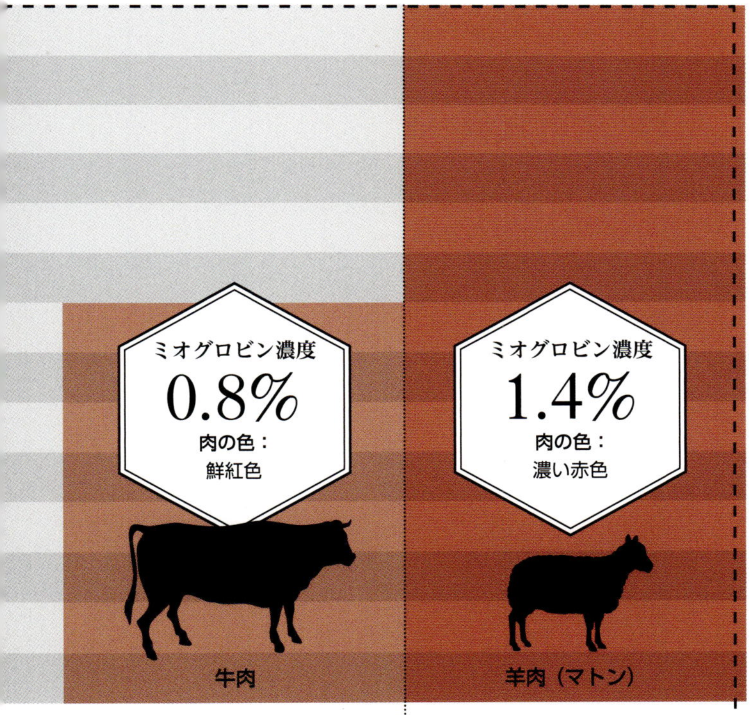

ミオグロビンの濃度は？

平均0.8%。肉の色は鮮やかな紅色。

筋肉の特徴は？

牛は長い距離を歩き回るので、色の濃い遅筋が中心。

風味や味への影響は？

ミオグロビンが豊富な遅筋は、味が強く、脂肪の風味が豊かなので、調味料は最低限でよい。

ミオグロビンの濃度は？

マトン（１歳以上の羊）は約1.4%。肉は濃い赤色。

筋肉の特徴は？

成長した羊はたくさん運動しているので、結合組織が強く、肉の色が濃い。

風味や味への影響は？

脂肪を多く含むので、ラムよりも風味が強い。クセが強いので、ハーブやスパイスを使うとやわらげられる。

肉は有《ゆう》機《き》飼《し》育《いく》のほうがよい？

有機飼育の肉は、おいしく、健康的で、倫《りん》理《り》的によいとされているが……

じゅうぶんな運動をし、栄養が行き届き、過度のストレスを受けていない家畜からは、食感のよい筋組織と風味豊かで脂肪がたっぷりの肉がとれることが、科学的に証明されている。有機認証の肉は、こうした点の保証があるが、それ以外の要素もからんでくるので、肉の生産地を確かめることが大切だ（下の囲み参照）。

有機飼育の肉についてわかっていること

有機認証の肉を買うメリットは、家畜を育てるうえで大切な基準が満たされているかどうかがわかることだ。

- 有機飼育の家畜は、じゅうぶんに世話をされ、屋外に出ることができ、ストレスのない状態で育つため、全体的な健康状態がよいことが多く、肉の品質がよい。
- しかし、家畜が人工添加物を含まない有機飼料を食べることは、肉の品質にはほとんど影響しない。
- 有機飼育の家畜は、抗生物質《こうせいぶっしつ》や成長促進ホルモンを投与されていない。ただし牛の場合には、投与している国が多い。
- 有機飼育を実践している生産者は、家畜の飼育環境への配慮の意識が強い。
- 有機飼育の家畜は、動物の福祉に配慮して解体されている可能性が高い。そうした処理方法は肉の品質を高める。家畜が解体前にストレスを受けると、アドレナリンの濃度が高くなり、エネルギーを消耗するため、乾燥して、身の締まった、濃い色の肉になる。

有機飼育以外に考えるべき点

有機飼育以外にも、肉の品質に影響しうる要素はある。

牧草と穀物のどちらをエサとするかで、風味が変わってくる。穀物をエサとする牛の肉は、霜降りになって風味が豊かになり、酸味が少なくなり、ラクトンという味のよい物質を含む。牧草の場合、肉は苦味があり、草っぽい風味がすることがある。

肉の保管や輸送が適切でないと、品質に影響する。有機飼育の肉は需要が高いので、遠くまで輸送され、長時間保管される可能性がある。非有機飼育の農場でも、人道的な方法で育てた家畜を地元で解体、販売しているなら、そちらのほうがよいだろう。

牛肉は純血種《じゅんけつしゅ》や在来《ざいらい》種のほうがおいしい？

高級品とされる伝統的な純血種の肉が、高価な理由はどこにあるのだろうか

畜産業が世界的な産業になって以来、伝統的な在来種は減っている。100年ほど前には、ノース・デボン種やギャロウェイ種など、何十種もの牛が牧草地を歩き回っていたが、現在ではわずかな数の品種しかない。北アメリカでは、アンガス種が、大きな体つきと霜降りの多い肉質で好まれている。イギリスでは、ややかためのリムーザン種が人気。

味がよいのか

牛肉の風味は複雑だが、遺伝的な差は、味の違いにわずかしか影響しない。どの部位でも、品種そのものより霜降りの量が重要だという研究結果がある。解体処理や、その後の保存がきちんとしていて、調理がていねいであれば、在来種のほうが風味が強く、よりジューシーだという研究結果があるので、この微妙な違いを求めて高級肉を選ぶのもよいかもしれない。

全体としては、高級な品種はきちんと育てられていることが多く、肉の処理や保存、熟成も適切に行われているので、料理したときの味や食感がよくなる。

牧草肥育牛は、脂肪が皮膚の直下にある。

牧草肥育牛の肉

大きなチキンは味が落ちる？

鶏肉の大きさは、品種を示すヒントであり、そこから風味の豊かさが判断できる

近年もっとも多く飼育されている「ブロイラー」は、何十年にもわたる積極的な選抜育種《せんばついくしゅ》によって作り出された。

ブロイラーは、サイズが大きく成長のはやい品種ばかりをかけ合わせた雑種。工業的な方法で飼育され、大きさは50年前のニワトリの４倍あり、たった35日で出荷に適した体重になる（伝統的な品種の半分以下の日数）。

バランスの悪い体をしているため、健康を害しやすい。近代的な種であるブロイラーのおかげで、鶏肉を手ごろな値段で買えるが、味が淡泊《たんぱく》なのは確かだ。

在来種のニワトリは、成長がゆっくりで、値段も高い。しかし工業的に飼育されたニワトリと比べると、肉の風味が明らかに豊かで、食感もよいという研究結果がある。

巨大なニワトリ

工業的に飼育されたニワトリは、大きさが50年前のニワトリの４倍もある。

穀物肥育牛の肉は、全体的によく霜降りになっている。

穀物肥育牛の肉

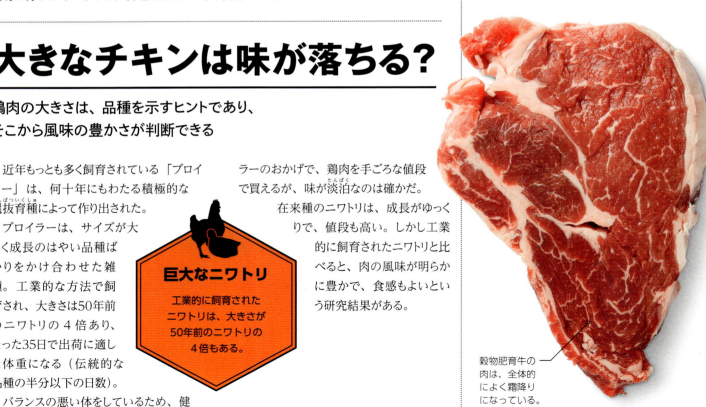

エサは肉の味や食感にどう影響する？

牧草《ぼくそう》肥育牛と穀物《こくもつ》肥育牛では、カロリー摂取量や生活スタイルが異なり、その両方が肉に影響する

たいていの牛が、ずっとではなくても、ある時期には牧草をエサとするが、寒い季節や、高エネルギーの食事で大きく太らせる出荷前の時期（仕上げ肥育期）には穀物のエサになる。穀物肥育牛の肉は、より肉っぽい風味がするので人気がある。ただし最近は、風味があまり「肉らしく」ない牧草肥育牛が好まれるようになってきているという研究がある。下の囲みでは、エサの違いが、牛肉の食感や味におよぼす影響を説明する。

違いを知ろう

牧草肥育牛

- たくさん歩き回ってエサを食べる必要があるので、体が小さく、脂肪も少なく、肉はかたい。牧草がじゅうぶんにない土地では、穀物肥育牛との体格差はさらに大きくなる。
- 脂肪は皮膚のすぐ下につき、牧草由来の黄色をしている。脂肪を取り除いて販売される場合もある。
- 脂肪が少ないので、加熱しすぎるとかみごたえがある、ぱさぱさした肉になる。やや強い風味があり、それを好む人もいる。脂肪中のテルペンが、肉に肥やしのような香りを与え、やや苦味が出ることも。

穀物肥育牛

- エサのエネルギー量が多いため、牧草の質の変化に影響される牧草肥育牛より、はやく確実に体重が増える。
- 平均的にみて、牧草肥育牛よりも霜降りが多く、食感がなめらか。
- 霜降りがあるため、肉の風味が豊かでやわらかく、加熱するとジューシーな味わいになる。深みのある「肉らしい」風味と形容される。

豆知識

牧草肥育牛はオメガ３脂肪酸が多い

牧草肥育牛は、穀物肥育牛より脂肪が4%ほど少ないうえ、霜降りではなく、脂肪は皮膚の下に多い。

牧草肥育牛の脂肪は少ないが、健康によいとされる「オメガ３脂肪酸」が多い。脂ののった魚と比べると含む量は少ないが、オメガ３を含む点では、牧草肥育牛のほうが穀物肥育牛よりも栄養学的にすぐれている。

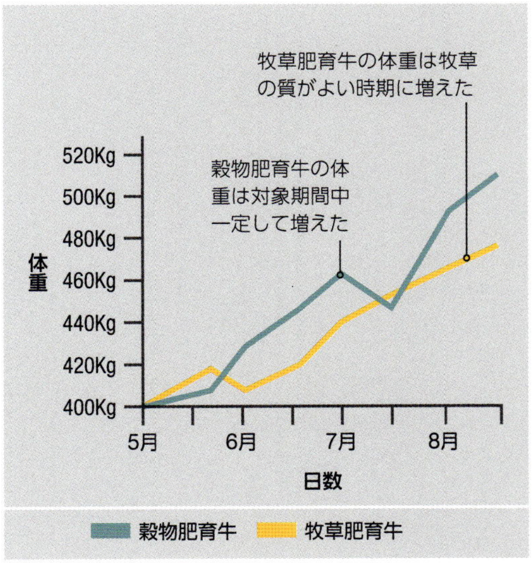

肉牛の体重増加

このグラフは、牧草肥育牛と穀物肥育牛の出荷までの体重増加を調べたもの。牧草肥育牛は、牧草の質がよい時期でも、1日あたりの体重増加が0.2kg少なかった。

ヒレは本当に牛肉の最高の部位なのか

牛肉は部位によって値段に幅がある

ヒレは、量が少なく需要《じゅよう》が高い部位だ。人気がある理由のひとつは、いちばん動きの少ない筋肉であるテンダーロインの、さらに動きの少ない部分だからだ。とてもやわらかい肉で、とても小さな部位なのでとれる量が少なく、手に入りにくい。しかし本当にそれだけの価値があるのだろうか。

風味をもたらす脂肪

テンダーロインは動かない部位で、エネルギーをあまり必要としないため、ヒレは脂肪が少ない。飽和脂肪酸は悪者だと思われているが、脂肪自体は、肉の風味や食感を高め、加熱すると溶けるため、肉をジューシーでやわらかくする。また加熱すると化学反応（酸化）して、風味を生み出す。脂肪は風味化合物を溶解し、それを口の中に運んでくれる。

脂肪が少ないヒレを料理するには、ぱさぱさになったり、シルクのようななめらかさが消えたりしないよう、気配りが必要だ。ミディアム未満の焼き加減が好みの人には、ヒレがおすすめだ。ミディアムやウェルダンが好きなら、ほかの部位がいいだろう。

右ページでは、６つの部位について、食感や風味、おすすめの料理法を詳しく説明する。

厚切り肉

ヒレを厚切り（およそ４cm）にすれば、外側にしっかり焼き色をつけても、内側が焼けすぎない。

“牛の体で特に動かない筋肉からとれる**ヒレ**は、**とてもやわらかく**、需要が高い”

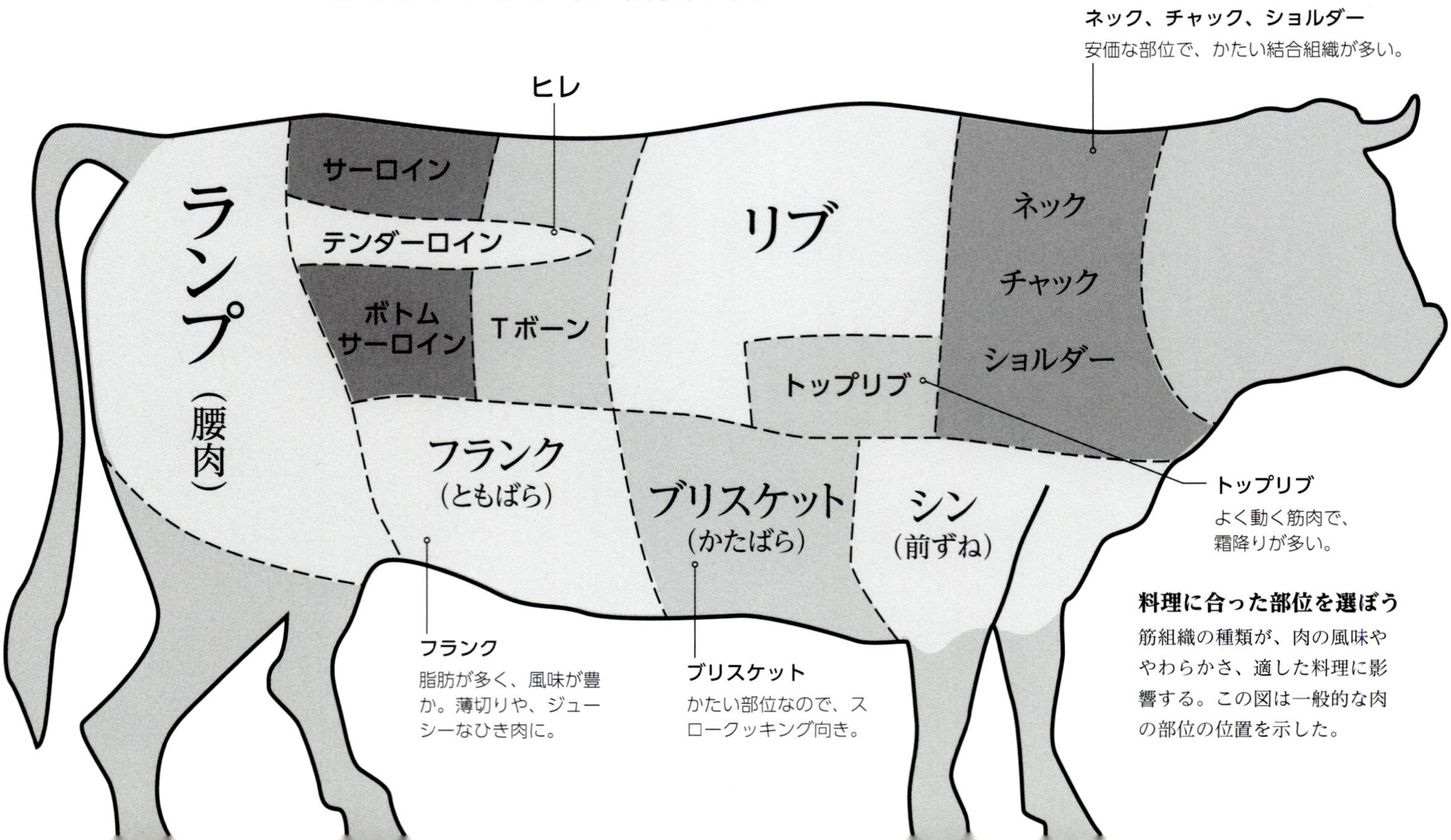
ネック、チャック、ショルダー
安価な部位で、かたい結合組織が多い。
ヒレ
サーロイン
テンダーロイン
ランプ（腰肉）
ボトムサーロイン
Tボーン
リブ
ネック
チャック
ショルダー
トップリブ
フランク（ともばら）
ブリスケット（かたばら）
シン（前ずね）
トップリブ
よく動く筋肉で、霜降りが多い。
フランク
脂肪が多く、風味が豊か。薄切りや、ジューシーなひき肉に。
ブリスケット
かたい部位なので、スロークッキング向き。

料理に合った部位を選ぼう

筋組織の種類が、肉の風味ややわらかさ、適した料理に影響する。この図は一般的な肉の部位の位置を示した。

なぜ和牛は高価なのか

霜降りの和牛の肉は、世界でも特に需要が高い。その理由とは?

和牛とは、霜降りがきわめて多い一部の品種を指す。最大で肉の40%が脂肪で、その霜降りにより、すばらしい風味と、豊かな味わいがある。カルパインという、肉を分解してやわらかくする酵素が特に活発にはたらいているのも特徴だ。

日本では、高い品質基準を満たす肉を作るために、多大な費用をかけて育てる。肉をやわらかくするためにマッサージをしたり、脂肪を増やすために冷たいビールを飲ませたりする生産者もいるという。そうした手間ひまはもちろん、味や食感のすばらしさもあって、最高級和牛の肉は１kgあたり500ポンド（日本円でおよそ７万3,000円：2018年6月現在）にのぼることもある。

“筋肉をやわらかくするために牛を**マッサージ**したり、**冷たいビール**を飲ませたりする生産者もいる”

和牛の格付けシステム

和牛の肉は、霜降りや色、表面のきめなどで分類される。Aランクが最高級で、さらに１から５まで格付けされ、A5が最高レベル。A5の肉は、ルビー色で、きめが細かく、脂肪には光沢があり、表面がなめらか。

肉の部位

テンダーロイン

食感

脂肪が少ない。きわめてやわらかいヒレを含む。

風味

脂肪が少ないので、やわらかさが特徴。

料理法

結合組織や脂肪が少ないので、ぱさつかないように慎重に料理する。ミディアム以上には焼かない。

サーロイン

食感

やわらかなトップサーロインは、軽く霜降りしている。ボトムサーロインは、霜降りが多く、あまりやわらかくない。

風味

みずみずしい脂肪のおかげで、風味が豊か。

料理法

短時間で、ミディアム・レアかミディアムに焼く。

Tボーン

食感

やわらかいヒレと、しっかり霜降りしたサーロインが半々になっているので、とても味わい深い。

風味

背骨を含むので風味が増す。

料理法

フライパンかグリルで、レアかミディアム・レアに焼く。

リブアイ

食感

割安な部位で、スコッチヒレとも。あばら骨のまわりの、あまりやわらかくない、よく使われる筋肉からとれる。

風味

霜降りが多いので、風味が豊か。

料理法

脂肪や結合組織がやわらかくなるよう、少なくともミディアムまで焼く。

ランプ

食感

３種類の筋肉からなるが、どれもヒレやサーロインほどやわらかくない。

風味

脂肪が全体に広がっているので、風味が豊かとされることが多い。

料理法

フライパンでミディアム・レアかミディアムまで、ごく短時間で焼く。

チャック

食感

よく使われる首や肩の筋肉からとれる。かたい結合組織もある。

風味

たっぷりの脂肪が風味を高める。

料理法

結合組織が分解されてゼラチンになり、肉がジューシーになるまで、ゆっくりと煮る。

有機飼育、放し飼い、屋内飼育のニワトリの違い

ニワトリの飼育方法は肉の品質や風味に影響する

　工業規模で生産されている食肉用家畜のなかで、ニワトリはもっともひどい扱いを受けているといえるだろう。ほとんどのブロイラーはその短い一生を、格納庫《かくのうこ》型の養鶏《ようけい》場に詰め込まれて過ごす。動物福祉はなかなか向上しないなかで、肉につけられたラベルを見れば、そのニワトリがどう育てられたかがわかる。しかし放し飼いや有機飼育のニワトリの肉が風味や栄養価が高いのかどうか、また、放し飼いが動物福祉の面ですぐれているのかについては、議論の余地がある。

現実はどうなのか？

　エサ、飼育スペース、ストレス、寿命はどれも鶏肉の味に影響する。ラベルが正確でない場合もあるが、ニワトリの飼育環境がわかれば、品質の見当がつく（右記参照）。放し飼いのニワトリは寿命が長いが、屋外への出入りが完全に自由ではないので、ストレスが高くなり、ぱさついた酸性の肉になることがある。一方で、屋内飼育のニワトリは、ふつうはやいうちに食肉にされるので、やわらかい肉質になる。全体的にいえば、小さな農場でいろいろなエサを食べて、ゆっくりと育つと、より引き締まった風味豊かな肉になる。

豆知識

「コーン育ち」ラベルは品質の保証にならない

鶏肉のラベルに「コーン育ち」とあっても、飼育環境はさまざまなので、品質の保証にはならない。

味への影響

トウモロコシで育てると、肉にうま味が出るが、味や食感は飼育環境にもよる。トウモロコシで育てられたニワトリは、屋内飼育のことが多いが、放し飼いや有機飼育のこともある。必ずラベルをチェックしよう。

有機飼育の割合

有機飼育の割合は、イギリスで１％未満、アメリカで２％。

放し飼い

農場での飼育環境

屋外へ出られるようになっている。屋内飼育よりはよい環境にあるが、出入り穴が通りにくい場合があり、実際には外に出ないニワトリも多い。

肉への影響

屋外に出られるニワトリは、タンパク質の量が多い。しかし放し飼いの農場では、ストレスレベルが高いところも多く、それが肉質に影響している。

屋内飼育

農場での飼育環境

工業的な農場では、大きな格納庫型の養鶏場で飼われており、屋外には出られない。
１m^2あたり19～20羽という密度で、自然の光をあてられずに飼われていることも多い。

肉への影響

若いうちに出荷され、運動量も少ないので、肉はとてもやわらかいが、白みが強く風味も劣る。

屋内飼育
19–20 羽
（1m² あたり）

放し飼い
13–15 羽
（1m² あたり）

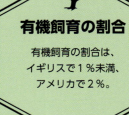

有機飼育
農場での飼育環境
屋外に出られる。屋内スペースもほかの飼育環境より広い。抗生物質を日常的に投与されていない。ニワトリの「有機」認証は、実施中の動物福祉基準としてはもっとも厳しい。
肉への影響
小さな農場でゆっくりと育てられることが多く、いろいろなエサを食べているため、肉は引き締まって風味が豊か。また、オメガ３脂肪酸もやや多い。
有機飼育
5–12羽
（1m² あたり）

水が注入された肉の見分け方

水を注入して膨《ふく》らませた肉は多く、味や食感にさまざまな影響がある

大規模な食肉生産者は、製品に水を注入していることが多く、それは販売重量を増やすためではなく、肉の品質を高めるためだと主張している。かたまり肉や丸鶏なら、小さな注射器で直接注入できる。ベーコンやハムの製造には、塩水に肉を浸すか、塩水を注入する「湿塩法」を使う。また真空タンブラーという装置で肉を回転させて、塩水をしみ込ませる方法もある。

鶏肉などを塩水に漬け込むと、筋線維が塩水を吸ってやわらかくなるので、食感がよくなるのは確かだが、肉に水を注入すると、風味にも影響し、味が淡泊になる場合がある。

水が注入されている目印

パックの底に水分がたまっていても、水が加えられた目印にはならない。水を注入していない肉でも、必ず水分は出るからだ。ラベルに肉の重さに対する水の割合や、水を「添加」または「保持」という文字が書かれていないか、あるいは原材料名欄の最初のほうに「水」が表示されていないか確かめよう。

37%

肉の重さの３分の１以上が、**水**である場合も。

25%

ベーコンの重量の最大４分の１は、**湿塩法**で加えられた水分の場合がある。

肉は冷凍すると味や食感が落ちる?

冷凍すると食品を何カ月も保存できるので、便利なのは確か。ただし、肉を短時間で「急速冷凍」する業務用冷凍庫に比べると、出力の低い家庭の冷凍室は効率が悪い。

肉は外側から内側へ凍る。家庭の冷凍室では時間をかけて凍るので、鋭い氷の結晶ができる。この結晶が少しずつ成長して、デリケートな筋肉の構造を突き破る。解凍すると、傷ついた細胞から水分が流れ出て、ジューシーさとやわらかさがなくなる。

「冷凍焼け」は、乾燥した冷凍庫内の空気中に肉の氷が昇華《しょうか》し、かたく「焼けた」場所ができる現象で、冷凍期間が長いほど起こりやすい。真空パック保存で防ぐことができる。右の表は、肉の冷凍保存が可能な最大期間で、これを過ぎると脂肪の劣化や品質の低下につながる。

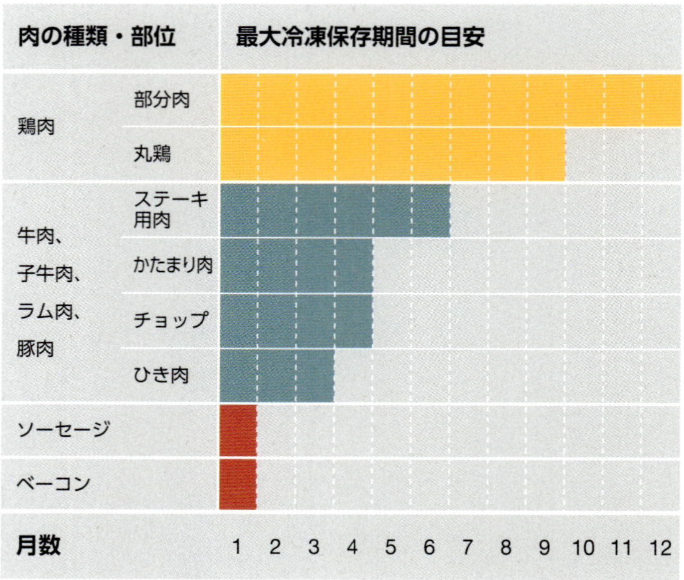

冷凍保存期間の目安
この表は、それ以上冷凍すると食感や風味が大幅に落ちるという、最大冷凍保存期間の目安。ステーキ用肉やかたまり肉などは多少長く保存できるが、脂肪が徐々に劣化（酸化）して、いやなにおいがしてくるので、この期間を超えないほうがよい。

肉をたたく理由

肉の下ごしらえで肉をたたくのには、意外かもしれないが、驚くようなメリットがある

たたいて厚さ3～5mmになった肉。

肉を肉たたきでたたくと、筋線維が切れたり、傷ついたりする。また筋線維をまとめる結合組織に小さな裂け目ができる。実はそうやって筋線維や結合組織を切ると、調理後の肉の水分が5～15%多くなる。切れた筋線維が縮みにくくなったり、筋線維中の傷ついたタンパク質が水分を吸ったりするためで、結果的に肉がジューシーになる。

特にかたい肉で効果が大きい。脂肪の少ない鶏むね肉は、肉たたきのぎざぎざした面ではなく、平らな面でやさしくたたいて平らにする。厚みにムラがあると、厚みのある中央部よりも、薄い端の部分が先に火が通ってしまい、均等に焼けない。

肉をたたくコツ
力いっぱいたたく必要はないが、肉の両面を均等にたたくようにする。

“

肉は外側から徐々に
中心部へと凍っていく。
出力の低い家庭の冷凍室では、
肉が完全に凍るのに
数日かかる場合もある

”

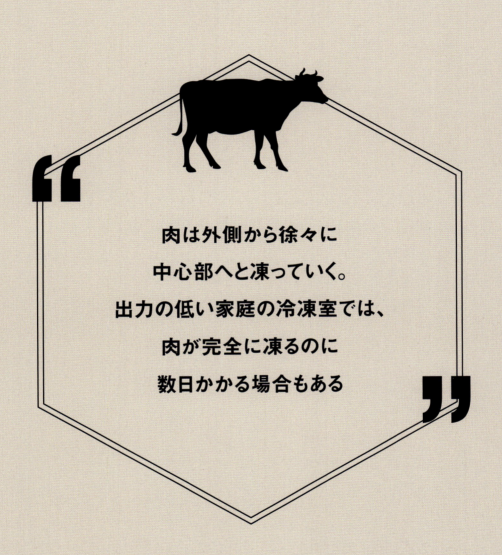

バーベキューのしくみ

バーベキューの独特な風味と香りは、肉に焼き色がつくときに放出される風味化合物以外にも理由がある

データ

しくみ
バーベキューグリルの炭やガスに着火し、その上に食材をのせると、放射熱で焼ける。

向いているのは…
ステーキ、かたまり肉、鶏の部分肉、ハンバーガー、ソーセージ、丸ごとの魚、野菜（トウモロコシやパプリカなど）。

気をつけること
炭火で焼くときには、中までしっかり火が通りつつ、外側が焦げないように注意する。

直火での網焼きはシンプルに思えるが、バーベキューをうまく焼くにはちょっとした科学が必要だ。炭の置き方、焼き始めるタイミング、炭と食材の距離などは、すべて焼き加減や味に影響する。炭を使うバーベキューグリルでは、脂が炭に落ちて蒸発し、風味いっぱいの分子があふれ出る。この分子が熱で上昇して、肉の下面全体につく。チョップやリブなど脂肪の多い部位ほど、肉汁のしたたる量が多く、うっとりする香りの粒子がたっぷり出る。ガスを使ったバーベキューグリルは効率がよいが、炭火で焼いたときのような強い風味には欠ける。

最適な色
バーベキューグリルは内側が銀色のものがよい。赤外線を反射して、熱を強くする。

薪《まき》の効果
薪で調理すると風味が深まる。400℃以上になると、木のリグニンが分解されて、風味化合物が発生する。

効果はわずか
食材と炭の距離を2倍（10cmから20cmへ）にしても、あたる熱は3分の1しか減らない。

#3
肉をのせる
中サイズのバーベキューグリルでは、食材と炭の距離が約10cmあってもしっかりと火が通る。それより近づけても表面が焦げるのみ。

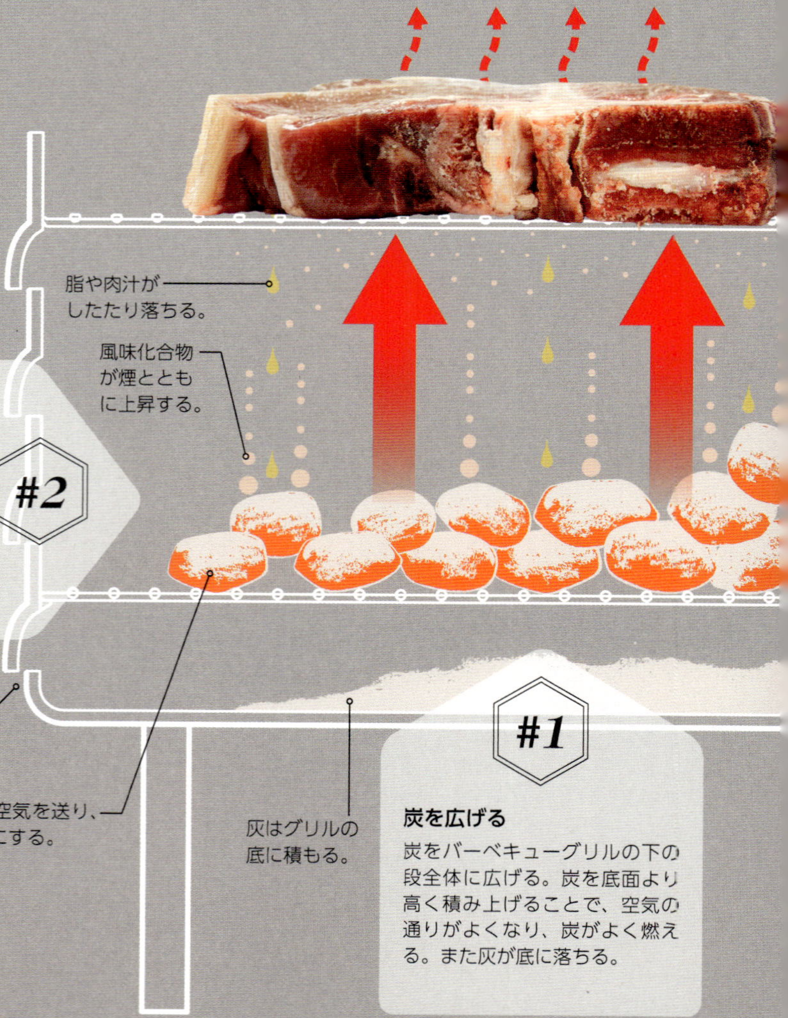
脂や肉汁がしたたり落ちる。
風味化合物が煙とともに上昇する。
吸気口を使って空気の量を調整する。
炭をかき混ぜて空気を送り、よく燃えるようにする。
灰はグリルの底に積もる。

#2
炭に着火する
炭に火がついたら、炎がおさまるまで待ってから食材をのせる。このとき、炭は白い灰に覆われるが、この灰には炭の燃える速度を一定にし、熱をグリル全体に均等に広げる効果がある。

#1
炭を広げる
炭をバーベキューグリルの下の段全体に広げる。炭を底面より高く積み上げることで、空気の通りがよくなり、炭がよく燃える。また灰が底に落ちる。

内部を見てみると

肉を焼くと、水分が蒸発して表面がカリッとする。表面の内側には、温度が100℃に保たれる「沸騰ゾーン」ができる。この部分はしっとりしている。熱はここから肉の内部へと伝わる。

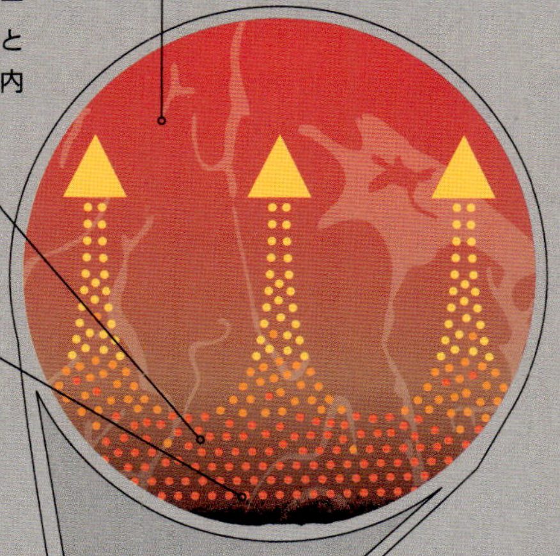
肉の厚さが4cm以上の場合、中心まで火が通るのに時間がかかるので、ふたをしたほうがよい。
沸騰ゾーン
肉の表面が乾燥し、メイラード反応で表面がカリッとする（16〜17ページ参照）。
食材表面からの熱の移動
乾燥した表面

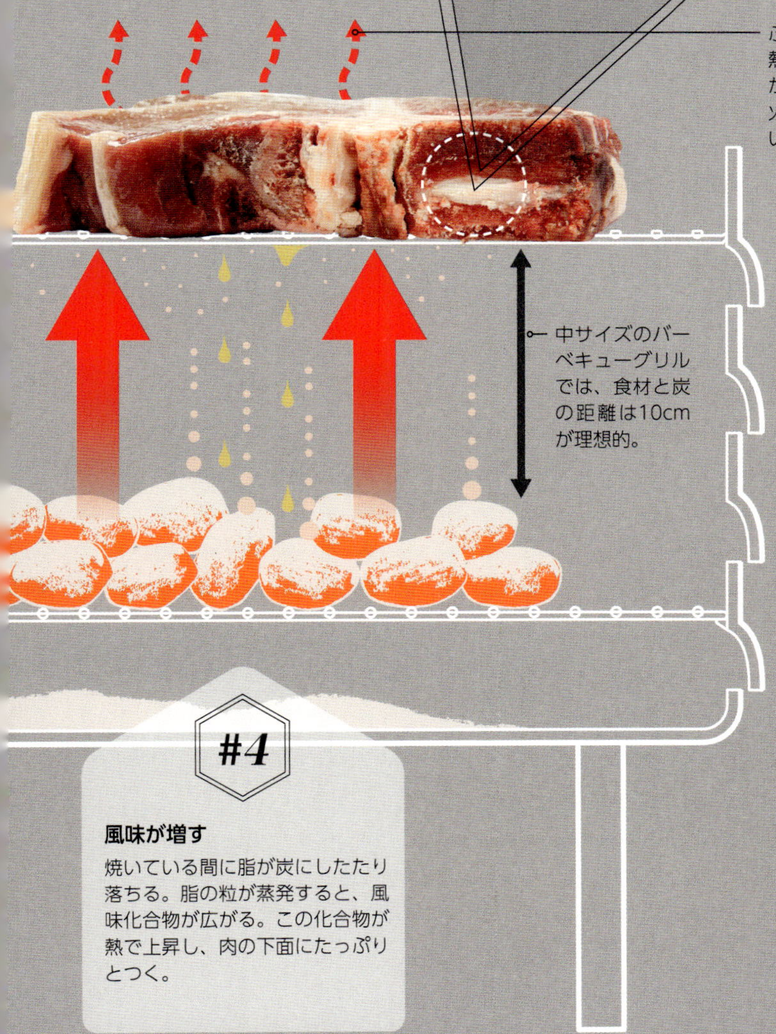
ふたをしないと熱が食材の表面から逃げるので、火に面していない面は冷える。
中サイズのバーベキューグリルでは、食材と炭の距離は10cmが理想的。
#4

風味が増す

焼いている間に脂が炭にしたたり落ちる。脂の粒が蒸発すると、風味化合物が広がる。この化合物が熱で上昇し、肉の下面にたっぷりとつく。

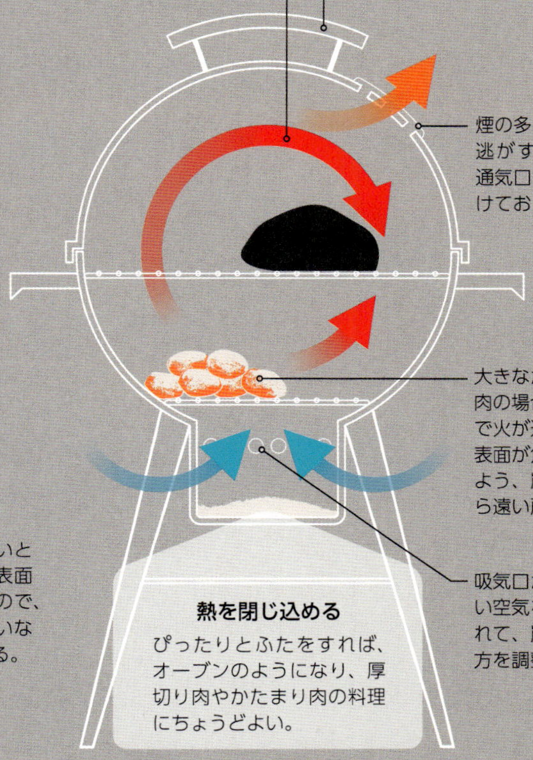
バーベキューグリル内を高温の空気がめぐり、肉の表面が全方向から加熱される。
ふたをすると、炭への空気供給が減るため、温度が下がる。
煙の多い空気を逃がすために、通気口は半分開けておく。
大きなかたまり肉の場合、中まで火が通る前に表面が焦げないよう、炭は肉から遠い所に置く。
吸気口から冷たい空気を取り入れて、炭の燃え方を調整する。

熱を閉じ込める

ぴったりとふたをすれば、オーブンのようになり、厚切り肉やかたまり肉の料理にちょうどよい。

違いを知ろう

炭	ガス
豊かな風味が出るが、焼き上がりのタイミング調整が難しい。	料理や火力調整が楽。
熱くなるには30〜40分くらいかかる。吸気口を使って火力を調整するが、空気の流れが変化しても、炭はすぐには反応しない。	5〜10分で焼ける。火力はつまみで簡単に調節できる。複数のバーナーがあるので、違う火力での料理を同時にできる。
650℃以上にする。	温度は炭よりも低く107〜315℃。
ぴったりとしたふた付きのバーベキューグリルなら、燻製作りが簡単。	オーブンとして使うのに向いているが、安全のため、ふたがしっかり閉まらないので、燻製作りは難しい。
風味はガスよりもすぐれている。肉汁が炭に落ちると、風味がいっぱいの蒸気が出る。	ハンバーガーのように短時間で焼く料理の場合、風味は炭のバーベキューグリルと変わらない。

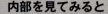

肉をマリネ液に漬ける効果は？

marinate（マリネ液に漬ける）の単語のもとの意味は「海水に漬ける」

マリネ液には誤解《ごかい》が多い。もとは、肉の保存に使う塩味の液体を指していたが、現在では、風味豊かな「マリネ液」に漬け込めば、肉全体に風味がつくとされている。しかしこれはほぼ間違いだ（下記参照）。だからといって、肉をマリネ液に漬ける意味がないわけではない。適切な材料を使ったマリネ液は、肉の表面に香りと風味を与え、外側を多少やわらかくする。

肉をマリネ液に漬ける時間は？

長くても24時間で、もっと短いほうが理想的。長く漬けすぎると、マリネ液の塩のはたらきで肉の外側が変化し始め、焼くとスポンジのようになる。焼く前に30分ほど漬け込むだけで風味に違いが出る。

やわらかく、おいしく

マリネ液の材料は、肉の風味を高め、外側をやわらかくする。マリネ液の糖とタンパク質のはたらきで、焼いたときに焼き色がつきやすくなり、風味豊かでカリッとした表面になる。

よい焼き色がつく

卵白やベーキングソーダ（重曹）などアルカリ性の材料は、メイラード反応をはやめる。

料理の常識

《ウワサ》
マリネ液は肉に風味をつける。

《ホント》
マリネ液が肉の中までしみ込むのは物理的に不可能である。肉の筋線維の細胞は約75％が水でできており、水を吸ったスポンジのようにぎっしり詰まっている。たいていの風味化合物は分子が大きすぎて、細胞の間に入り込めない。脂肪の分子は風味化合物の分子を拡散させるが、やはり筋線維細胞の間には入れない。脂肪や風味化合物の分子がしみ込むのは、肉の表面から数mmまでで、実際には表面にたまっている。

マリネ液の材料

マリネ液には風味の組み合わせが無数にあるが、大切な材料がいくつかある。塩、オリーブオイルなどの脂肪分、酸性の材料（メイラード反応を遅くするので、必須ではない）、砂糖やハーブ、スパイスなどの香味料はどれも不可欠な材料である。

基本の材料

- **塩**：マリネ液でもっとも重要な材料。全体的な風味を高めるだけでなく、肉表面のタンパク質の構造を壊して、少量の水分が入り込めるようにし、肉の食感をやわらかくする。
- **脂肪分**：オリーブオイルなどの油はマリネ液のベースになる。ほかの風味化合物を拡散させ、加熱時の油になる。インドでは伝統的に、マリネ液にヨーグルトを使う。加熱すると、牛乳由来の糖とタンパク質が、肉の糖やタンパク質と反応して、香りのよい独特の物質ができる。

酸性の材料（お好みで）

- **レモン果汁**：マリネ液にツンとした風味が加わり、苦味の味覚受容体を刺激する。肉の表面をやわらかくするはたらきもある。
- **酢**：肉をやわらかくする。酢がもたらす酸味は、肉や、マリネ液の油や脂肪がもつ濃厚な風味をやわらげる。
- **ワイン**：酸味をもたらす。アルコール分はほかの風味を拡散させる。また、肉の表面がやわらかくなる。

香味料

- **砂糖**：舌が苦味を感じにくくする。風味を高めると同時に、メイラード反応をはやめる。カラメル化させるはたらきもある。ふつうの砂糖より、ハチミツなどがおすすめ。
- **ハーブやスパイス**：香りのよいハーブやスパイスは風味のアクセントになる。またマリネ液に、甘い、スパイシー、刺激的、さわやかといった味の違いを出す。ハーブの風味はマリネ液に含まれる油によって広がる。

レモン　　トウガラシ

肉に塩をふるタイミングはいつか

正しいタイミングで塩をふれば、その効果は大きい

加熱前の肉に塩をふる目的が味付けだけなら、タイミングはいつでもかまわない。しかし塩は風味を高めるだけではない。例えば赤ワインをこぼしたとき、塩をたっぷりふりかけると、ワインを驚くほどよく吸い取る。塩には吸湿性《きゅうしつせい》があるのだ。生肉に塩をすり込むのも同じで、筋組織から水分を引き出し、肉の表面に塩水の層を作る。

食感を高める

右の２つの図は、加熱直前に塩をふる場合と、塩をふってからしばらくおく場合の効果を説明している。直前にふると表面に塩水の層ができる。これをふき取れば、肉の水分が減って、焼き色がはやくつく。前もって塩をふるメリットは、長時間おくことで塩が表面のタンパク質を「変性」させるため、肉がやわらかくなる。約40分ではっきりと効果が出る。加熱前に表面をふき取れば、表面の水分が取れ、焼き色がはやくつく。

塩をふらない場合

肉の切り身は塩をふればやわらかくなるが、ひき肉には塩をふらないほうがいい。ひき肉の細かい「粒」がやわらかくなり、くっついてしまうからだ。焼く前に塩をふったハンバーグステーキは、焼くとかたくなってしまう。

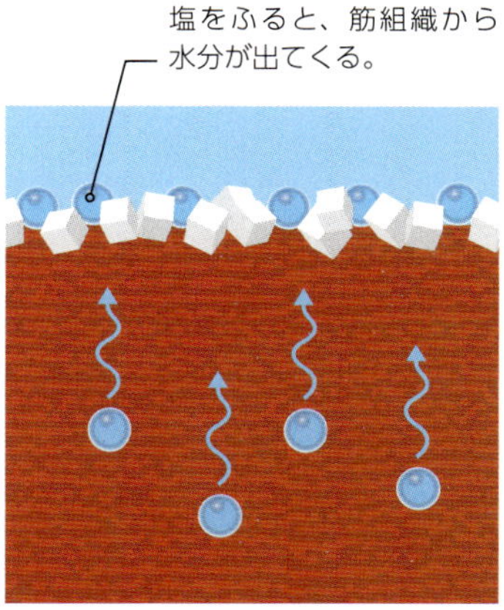
塩をふると、筋組織から水分が出てくる。

加熱直前に塩をふる

塩をふってから数分で、肉の水分が引き出される。この水分が表面の塩と結びついて、薄い、汗のような塩水の層ができる。

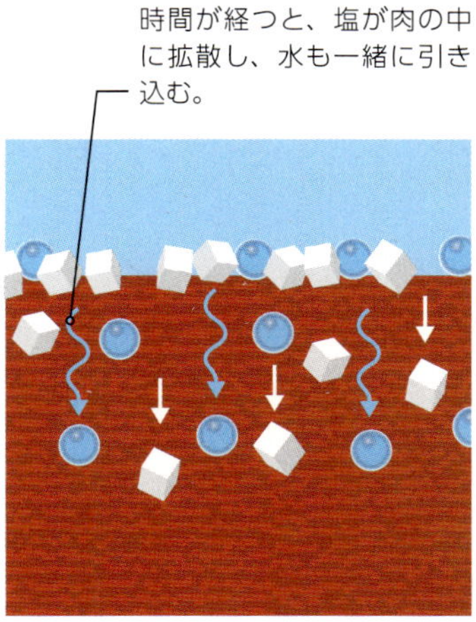
時間が経つと、塩が肉の中に拡散し、水も一緒に引き込む。

塩をふってしばらくおく

塩をふって約15分すると、塩と水が肉に戻り始める。この塩水でタンパク質が「変性」してほぐれるので、肉がやわらかくなる。

ナラ

家で肉を燻《くん》製《せい》にする方法

**燻製は昔からある習慣で、もとは肉を保存するための方法だった。
現在の燻製は、香りを変え、魅力的な風味を作り出すためのものである**

燻製には冷燻と温燻の２つの方法がある。冷燻は、ウッドチップから出る最高30℃の煙でいぶす方法で、肉に火は通らない。温燻は55~80℃の煙でいぶす方法で（下記参照）、肉に火が通った食感になるが、冷燻のような、かぐわしくスパイシーな風味にはならない。

燻製の科学

木が燃えると、リグニンという成分が分解されて、さまざまな香り高い風味化合物を放出する。この化合物が広がって肉の表面につく。リグニンが分解され、煙が出始めるのは、木の温度が170℃になったときだ。200℃あたりになると、濃い煙がもうもうと立ち始める。リグニンはすぐにばらばらになって、カラメルや花、パンのような香りがし始める。約400℃で木が黒くなり、煙がさらに濃くなると、分子の反応が最高潮になり、香りが幾重にも重なる。煙が薄くなったら、木が熱くなりすぎたか、燃え尽きたサイン。

実践編

肉の温燻

温燻と冷燻にはそれぞれ専用の燻煙器が売られているが、基本的な調理器具でも簡単にできる。中華鍋か鍋を使えば、下の方法で温燻ができる。鶏のむね肉や手羽、豚のリブなど、小さな肉に適している。ハードチーズや、サケの切り身の燻製にも使える。

#1

チップの準備

中華鍋の内側を、底の直径5cmの部分を残して、丈夫なアルミホイルで覆う。大さじ２杯の燻製用チップ（ペカン、ナラ、ブナなど）を均等に広げる。茶葉やスパイスなど、ほかの材料で風味づけしてもよい。中華鍋の中に網を置く。

#2

風味化合物を放出させる

中華鍋を強火で約５分熱すると、チップからたっぷりと煙が出る。チップを加熱すると（約170℃で煙が出始める）チップから風味豊かな分子が出て、肉の表面に移る。

#3

肉を入れる

濃い煙がもうもうと立ってきたら、肉を網に置く。煙がめぐるように間隔をあけて並べる。ふたをしたら、はみ出たアルミホイルを慎重に折りまげて、ふたの縁をくるむ。こうすると、風味のよい煙が中華鍋から逃げない。

ウッドチップ
かたい木から作った燻製用チップを選ぼう。風味を生むリグニンが詰まっているからである。

170℃
チップから**風味**が出始める温度。

#4

煙でいぶす
強火で10分いぶしてから、中華鍋を火からおろし、さらに20分（風味を強くしたければそれ以上）いぶす。仕上げにグリルで焼くか、スライスして炒めるかして、表面に焼き色をつける。

家で肉を熟《じゅく》成《せい》させる方法

熟成肉は複雑な風味と香りがする

肉の乾燥熟成は、時間と場所が必要になる。熟成肉が高価なのはそのためだ。肉を低温で湿度が高い場所に置くと、酵素によってコラーゲンや筋線維が分解され、肉がやわらかくなる。また風味のない大きな分子が分解して、風味豊かで香りのよい小さな分子になる。専用施設では、温度と湿度を管理した部屋で、大きな骨付き肉を数カ月かけて熟成させているが、家庭でも一般的な牛のかたまり肉と冷蔵庫があれば、熟成させられる（腐敗等により安全性を損なうリスクがあるため、じゅうぶん注意する）。

熟成の流れ

肉の乾燥熟成は、複雑な風味を生み、肉をやわらかくする。
下表に、牛肉を熟成させたときの変化をまとめた（衛生管理に配慮し、安全性を確保して行うこと）。

日数	肉の変化
1～14日目	**肉がやわらかくなり始める** 少量の水を入れたトレーに網を置き、大きなかたまりの牛肉をのせ、冷蔵庫（3～5℃）に入れる。酵素が肉をやわらかくし始め、14日目には、肉は最大のやわらかさの80％の状態になる。
15～28日目	**風味が出始める** 酵素が組織を分解し続けるため、ナッツ様のかぐわしい風味が生まれる。トレーの水をつぎ足して、冷蔵庫内の湿度を高く保ち、肉の乾燥を防ぐ。
29～42日目	**最適なやわらかさと風味になる** 長くおくほど、酵素が作用する時間が長くなり、風味が豊かになる。脂肪が分解されて、複雑なチーズ様の風味が生まれる。料理する前に、表面のカビや、濃い灰色になった部分をそぎ落として、内部の深紅色の肉を出す。

脂肪は取り除くほうがいい？

健康面では、動物由来の飽和脂肪酸は避けるべきだが、脂肪が料理にプラスになる面もある

赤肉に含まれる飽和脂肪酸がコレステロール値や摂取カロリーに影響することは知られている。しかし、肉の風味は脂肪によるところが大きいので、料理の観点からすれば、一般的には脂肪を取り除かないほうがよい。

ただし例外もいくつかある。高温で焼くステーキは加熱時間が短いので、脂肪部分は生焼けになってしまう。また、牛肉をシチューにする場合には、コラーゲンが分解し、脂肪が完全に溶けるまで煮込む時間がないことがあるので、大きな脂肪のかたまりは取り除いておく。

脂肪で肉はおいしくなる

脂肪を加熱すると、酸化して新たな風味を生み出す。また、溶けて肉をいっそうジューシーにする。

肉の繊《せん》維《い》に包丁を入れる角度は重要？

肉の表面を調べれば、筋線維の方向がわかる

肉の繊維に直角に切るのか、繊維に沿って切るのかで、肉のやわらかさやジューシーさがかなり違ってくる。肉の繊維とは、筋線維が走っている方向のことだ。切り身肉なら、表面を見て、筋線維や結合組織の向きを確かめる。筋肉を裂いてみれば、この繊維に沿って裂ける。肉を切り分けるときには、繊維に沿ってではなく、直角に切るべきだ。そうすれば、筋線維の束を包んでいるかたい筋鞘を、最大の力でかめる。肉は口の中ですぐにほぐれ、やわらかいゼラチンや脂肪が口いっぱいに広がる。繊維に沿って切った肉をかむには、繊維に直角に切った肉の10倍の力がいる。

ポーク・クラックリングとは？

黄金色のポーク・クラックリング（カリカリに焼いた豚の皮）は、世の肉好きに珍重されている

白っぽくてゴムのような豚肉の皮を、薄いカリカリとした皮にするのは難しいが、下ごしらえをきちんとして手順を踏めば、コツはすぐにつかめる。

カリカリの皮のおいしさ

ポーク・クラックリングは脂肪ばかりと思われがちだが、実際には豚の分厚い皮膚全体で、皮膚に弾力を与える結合組織とタンパク質、そしてその下の脂肪層が含まれている。この脂肪の半分近くは不飽和脂肪酸だ。

実践編

ポーク・クラックリングの作り方

皮をカリカリした黄金色にするには、いくつか重要なステップがある。まず下ごしらえとして、皮の水分をふき取り、包丁で切り込みを入れる。次に2段階に分けて焼く。豚バラ肉

#1

塩をすり込み、水分をふく

ポーク・クラックリングをうまく作るには、焼く前に皮の水分を取るのがコツ。前もって肉に塩をしっかりすり込んでおく。塩のはたらきで水分が出てくるので、キッチンペーパーなどでたたくようにしてふき取ってから、冷蔵庫の冷気にあててさらに乾燥させる。

豚の丸焼き

皮を放射熱であぶる
豚の丸焼きなら、簡単に皮が
カリカリになる。

“ポーク・クラックリングは、
豚の皮膚全体で、
弾力のある結合組織と
タンパク質を含む”

を低い温度でローストすると、ジューシーに焼けるが、皮はかたくなってしまう。カリッとしたポーク・クラックリングにするには、最後に高温で加熱する必要がある（下記参照）。

#2

表面積を大きくする

皮の表面に切り込みを入れるのは、表面積を大きくし、オーブンの高温の空気が皮の奥まで届くようにするため。皮全体に、指の幅くらいの間隔で切り込みを入れる。脂肪層まで切り込みを入れるが、肉をすっかり切ってしまわないこと。焼いている間に、切り込みから水分が放出され、脂肪が煮え立ち、表面が色づく。

#3

ゆっくりと焼いてから、休ませる

豚肉を190℃くらいの中火で焼く。450gあたり35分の計算で、肉にほぼ火が通るまで焼く。包丁がすっと入るようになるのが目安。この時点で、肉はジューシーだが、脂肪はかたく、ぶよぶよしている。肉をオーブンから取り出し、アルミホイルで覆ってしばらく休ませる。その間にオーブンの温度を240℃まで上げる。

#4

高温で焼く

オーブンの温度が上がったら、休ませていた肉に油をかけて、皮に熱が伝わりやすくする。オーブンに戻して約20分焼く。焼けすぎる部分ができないように、途中で何度か動かす。やがて表面がこんがり色づき、皮に残っていた水分が蒸発して、水蒸気の泡になる。この泡が大きくなって、表面が膨らんだクラックリングになる。

室温に戻してから肉を焼くべきか

加熱時間短縮のため、肉をはやめに冷蔵庫から出しておく人は多い

料理する前に肉を室温に戻しておくのは、加熱時間を短縮するためにはよいように思える。ところが、これはあまり効果はなく、むしろ健康リスクをもたらしかねない。中くらいの厚さのステーキ肉なら、中心温度が５℃上昇するのに２時間かかり、それまでに表面では感染症の原因菌が増殖する可能性がある。肉を強火で焼けば、表面の細菌は死滅するが、肉に広がった毒素は完全には消えない。

ただし、薄手のフライパンを使う場合は、肉の温度が低すぎないほうがよい。肉が冷たいと、フライパンの温度が下がって、焼き色がつくのに必要な140℃以下になってしまうからだ。

高温で焼くと「肉汁」を閉じ込める？

よく知られた方法だが、期待ほどの効果はない

肉を高温でさっと焼くと、表面がカリッとして浸透性がなくなり、水分が逃げるのを防ぐと考えられている。しかし研究によれば、実際は反対だ。強火で短時間焼いたステーキは、焼き色をつけない焼き方よりぱさぱさになりやすい。強火で焼くと、内側が乾燥しやすくなるからだ。しかし、こんがりとした焼き色がついたステーキはおいしい。メイラード反応によって、食欲をそそる風味化合物がたっぷりと放出されるからだ。

焼き色をつけたステーキ

完《かん》璧《べき》なステーキを焼く方法

「完璧」の意味は人それぞれだが、基本的なルールはいくつかある

完璧な味わいのステーキといっても、好みにもよるが、基本的なルールや、コツを知っていれば、ステーキをうまく焼けるようになる。大切なのは、フライパンやグリルをしっかり熱することだ。

ステーキを焼くコツ

ステーキの風味や食感をできるだけよくするには、以下の点を頭に入れておこう。

ジューシーで風味豊かなステーキにするには、霜降りがたっぷりとある厚い肉を選ぶ。

カリッと仕上げるには、焼く40分前に塩を軽くふり、水分を取っておく。

強火で焼き色をつけると、中はやわらかいまま、表面はカリッとして、風味がよくなる。

ステーキ肉をバーベキューグリルで焼くと、いぶしたような風味が得られる。

均等に火を通すには、ステーキを何度も裏返す。

焼いてから肉を休ませると、肉汁が濃くなり、ジューシーさが増す。

厚さ４cm以上の肉はオーブンで仕上げる。

風味をさらによくするには、最後にバターを加え、溶けたバターをスプーンで肉にかける。

肉を焼いたフライパンでソースを作ると、肉から出たゼラチンのはたらきで、濃いソースになる。

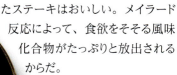

肉の焼き加減の目安（厚み4cmまでの肉）

肉用温度計を使うのがもっとも正確だが、色や感触でもわかる。ここで紹介する「フィンガーテスト」と、肉の見た目から、ステーキの焼き加減を判断できる。

エクストラレア（ブルー）

両面を１分くらいずつ、強火でさっと焼いた状態。肉の感触や内部の化学組成は生肉と変わらない。触るとやわらかい。親指に力を入れない状態で、その付け根あたりのふっくらとした筋肉を押したときの感触だ。中心温度は約54℃。

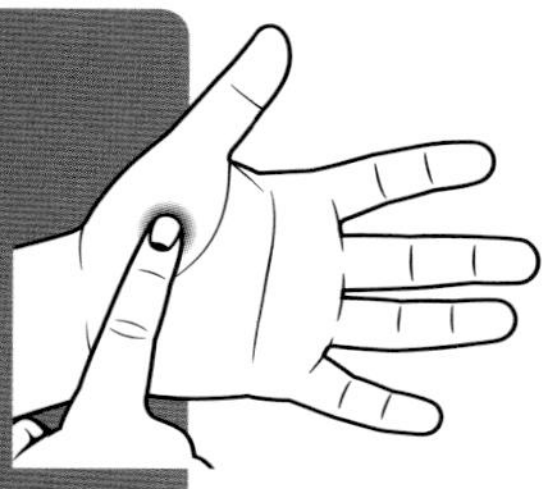

レア

親指と人差し指をくっつけた状態で、親指の付け根を押した感触。筋線維はかたくなり、ピンク色になるが、水分はかなり残っているのでジューシーだ。焼き時間は両面を各２分半。中心温度は57℃。

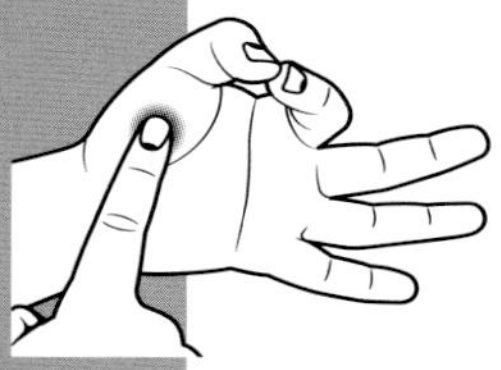

ミディアムレア

感触はレアに近いが、よりピンク色でかたくなる。親指と中指をくっつけた状態で、親指の付け根を押した感触。焼き時間は両面を各３分半。中心温度は約63℃。

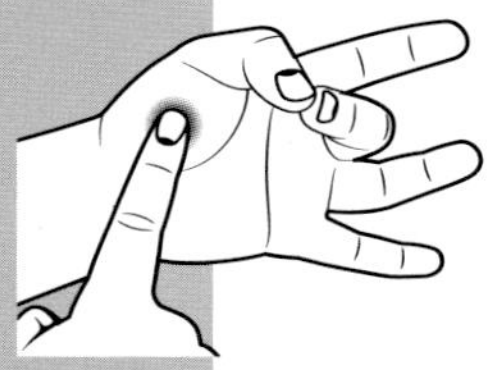

ミディアム

71℃で、タンパク質の大半がくっつき合い、肉は明るい茶色になる。かたくてしっとりしている。親指と薬指をくっつけた状態で、親指の付け根を押した感触だ。焼き時間は両面を各５分。

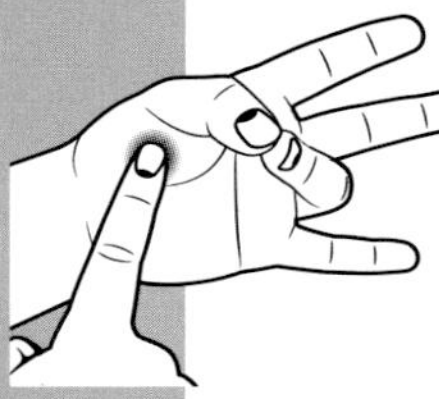

ウェルダン

74℃になると、タンパク質がさらに凝固し、細胞から水分を追い出すので、肉はいっそうかたくなり、乾燥する。親指と小指をくっつけた状態で、親指の付け根を押した感触。焼き時間は両面を各６分。

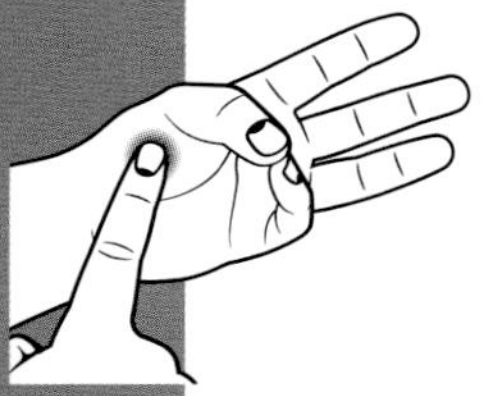

スロークッキングのしくみ

低・中温で長時間加熱すると、かたい肉が口の中でとろけるようになる

データ

しくみ

食材を液体に浸して、長時間加熱する。

向いているのは…

白い結合組織のついたかたい肉、根菜、乾燥豆類。

気をつけること

加熱温度が低いので、インゲン豆は下ゆでが必要（140ページ参照）。タマネギや肉は、ローストした風味を与えるため、焼き色がつくまで焼いておく。

かたい肉に含まれる、かみごたえのあるコラーゲンは、65~70℃以上でなめらかなゼラチンに変わる。低温で長時間加熱すれば、この反応が生じるのにじゅうぶんな時間ができる。煮汁に溶け出したゼラチンは、汁にとろみをつけたり、風味豊かな脂肪を乳化させたりするので、香り豊かで濃厚《のうこう》なグレービーソースができる。加熱後に、肉を煮汁に入れたまま冷ますと、いっそうしっとりとする。ゼラチンは吸水性がよいので、肉に残っているゼラチンが煮汁を吸うためだ。脂肪の少ない筋組織は短時間で火が通るので、結合組織がほとんどない肉をスロークッキングで調理するとぱさぱさになりやすい。

温度が低いほどよい

温度を低く保つ。筋線維は60℃あれば火が通る。温度がそれより高くなると、水分が失われる。

68°C

コラーゲンが分解されてゼラチンになる温度。

とろみを出す

スロークッカーを使った後、ソースにとろみをつける必要があれば、肉を取り出してからコンロの火にかける。

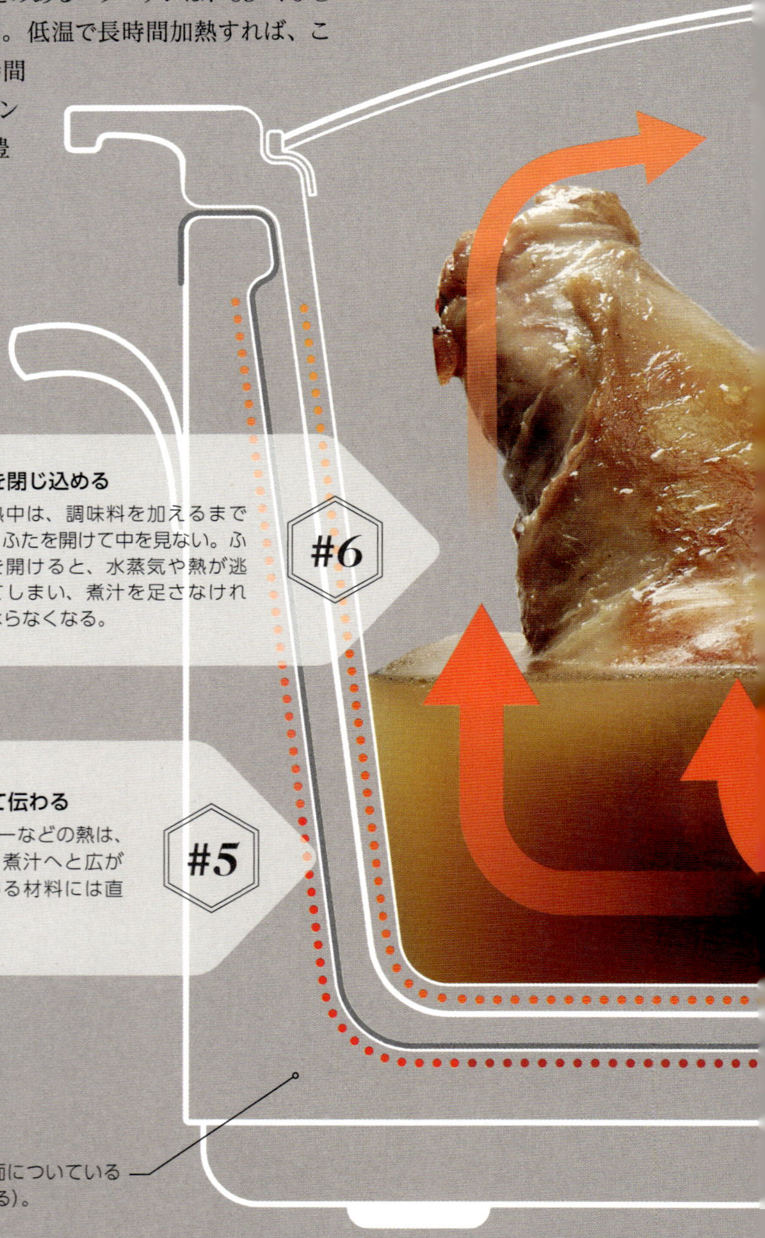

#1 材料を入れる

材料をスロークッカーの内鍋に入れる。スロークッカーでは、メイラード反応が起こる温度に達しないので、タマネギや肉にはあらかじめフライパンなどで焼き色をつけておく。

#6 熱を閉じ込める

加熱中は、調味料を加えるまでは、ふたを開けて中を見ない。ふたを開けると、水蒸気や熱が逃げてしまい、煮汁を足さなければならなくなる。

#5 熱が上に向かって伝わる

底部にあるヒーターなどの熱は、内鍋の底や側面、煮汁へと広がる。内鍋の底にある材料には直接伝わる。

加熱ヒーターは、底部か側面についている（両方についている製品もある）。

水分を入れる

コンロの火にかけた鍋と同じで、底から加熱されるため、水分がないと焦げつく。材料にかぶるくらいのじゅうぶんな量の水分を入れる。ただし多すぎると、ソースが薄くなるので注意する。

しっかりとふたを閉める

ふたを閉めることで、熱や水蒸気が逃げるのを防ぐ。また内鍋が一定温度になり、煮汁も蒸発しない。

内部を見てみると

白くてかみごたえのある食感の結合組織は、コラーゲンとエラスチンというタンパク質からなる。コラーゲンは52℃で変性し始め、58℃になると収縮して水分がしぼり出される。68℃あたりで分解してやわらかいゼラチンになり、水分を失った肉がジューシーになる（下記参照）。エラスチンは通常の加熱温度では分解しないので、「すじ」として残る。

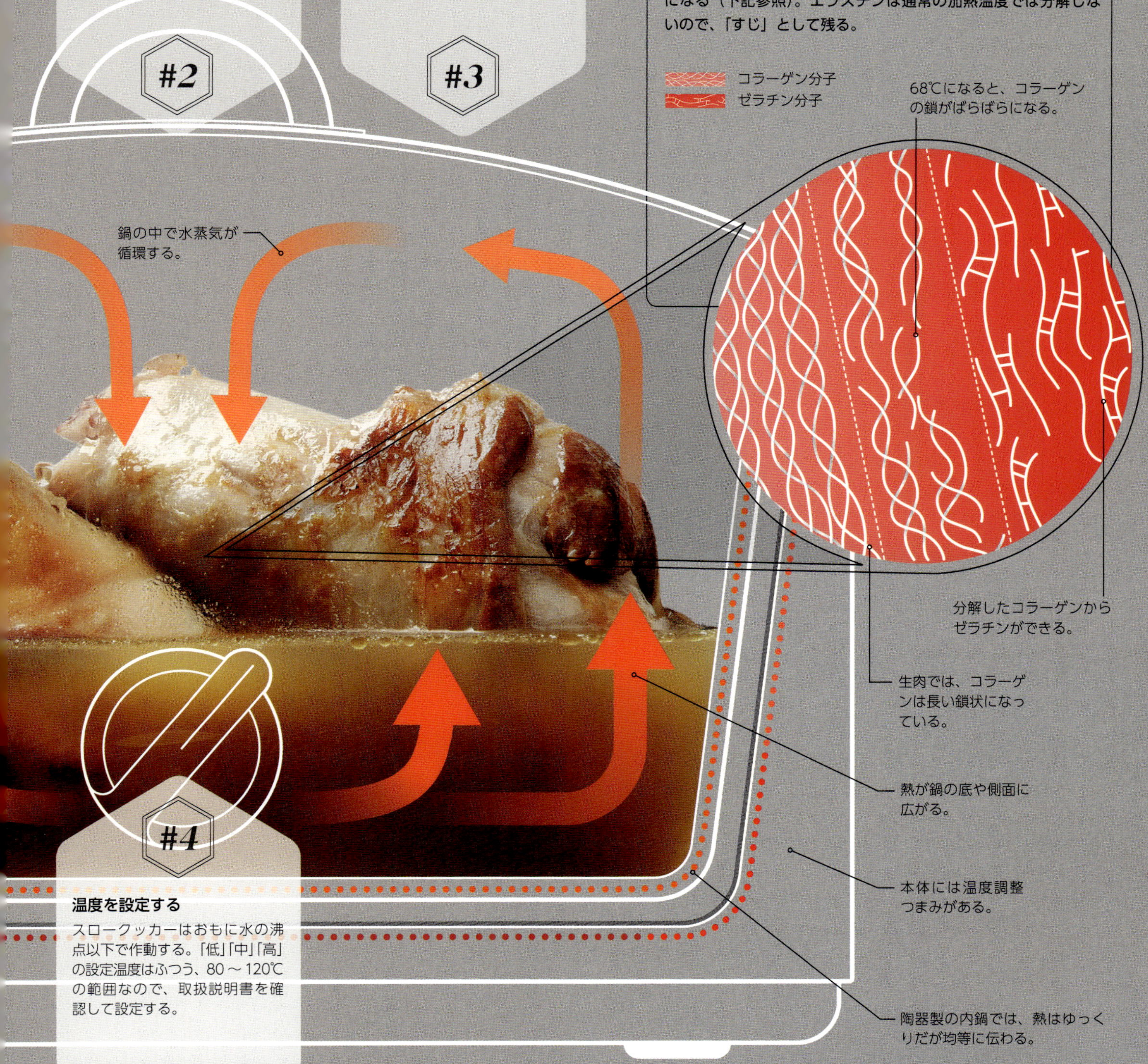
#2
#3
コラーゲン分子
ゼラチン分子
68℃になると、コラーゲンの鎖がばらばらになる。
鍋の中で水蒸気が循環する。
分解したコラーゲンからゼラチンができる。
生肉では、コラーゲンは長い鎖状になっている。
熱が鍋の底や側面に広がる。
本体には温度調整つまみがある。
陶器製の内鍋では、熱はゆっくりだが均等に伝わる。
#4

温度を設定する

スロークッカーはおもに水の沸点以下で作動する。「低」「中」「高」の設定温度はふつう、80～120℃の範囲なので、取扱説明書を確認して設定する。

鶏肉のぱさつきを防ぐ方法

脂肪がない肉をしっとりと仕上げるためには、さまざまな下準備や料理のテクニックがある

ニワトリなどの繊細な味の白肉には、急激で力強い動きに使う、大きくてやわらかな「速筋」が多いが、速筋は火の通りがはやい。むね肉には、肉をジューシーで、しっとりとした食感にするのに重要な、脂肪や結合組織がほとんどない。通常の家庭用オーブンは、鶏肉や七面鳥肉を焼くのに便利だが、オーブンから吹き出す高温の空気を受けて、繊細な肉が短時間で水分を失ってしまう。ここでは、丸鶏と部分肉の両方について、下ごしらえと料理法を説明する。この方法にしたがえば、鶏肉や七面鳥肉をしっとりとジューシーに仕上げることができる。

脂肪のない肉

鶏肉のなかでもっとも脂肪が少なく、加熱するとぱさぱさになりやすいのは、白っぽい色のむね肉。

直火焼き

方法

「串焼き」ともいう。丸鶏を串に刺して、回転させながら直火の上でローストする。

メリット

串を回すと、炎から放たれる熱線によって、肉全体が均等に焼ける。この焼き方は、通常のオーブンから出る乾燥した高温の空気よりも、肉を乾燥させにくい。

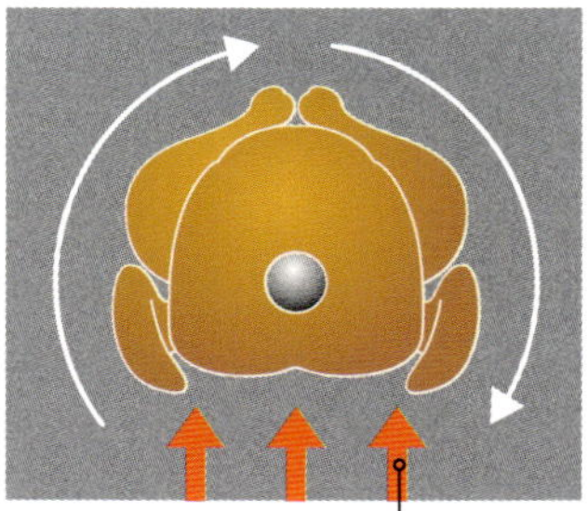
回転する肉に、熱が均等にあたる。

真空調理

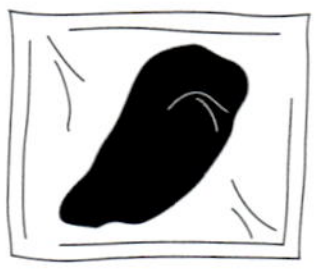

方法

小さな切り身肉に適している。切り身肉を真空密封パックに入れて、水温調整できる真空調理器の湯に浸す。

メリット

鶏肉などをしっとりと料理できる簡単な方法。厳密に温度調整をした湯に入れるので、加熱しすぎる心配がない。焼き色はつかないので、メイラード反応による風味を出すには、真空調理の後に、フライパンかガスバーナーで焼き色をつける。

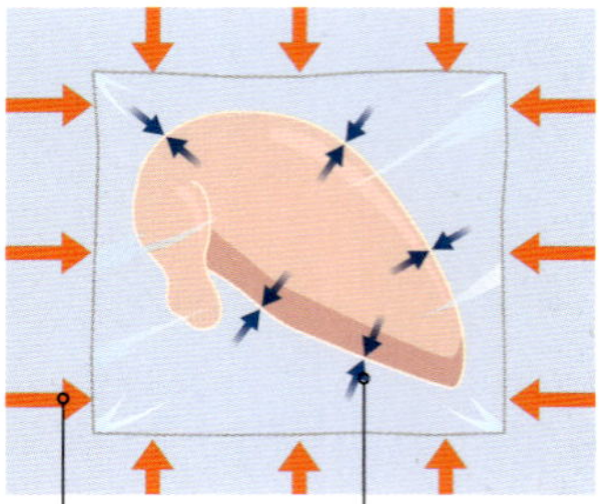
湯が肉全体を加熱する。
鶏肉がぱさぱさしない。

スパッチコック

方法

丸鶏などをオーブンでローストするときに便利な方法。背骨を取り除き、むね肉を中央、もも肉を両側にして、平らに開く。

メリット

丸鶏を平らにすることで、むね肉をたたくのと同じように、肉全体がより均等に焼ける（42ページ参照）。加熱時間が短くなるので、外側が乾燥しにくい。

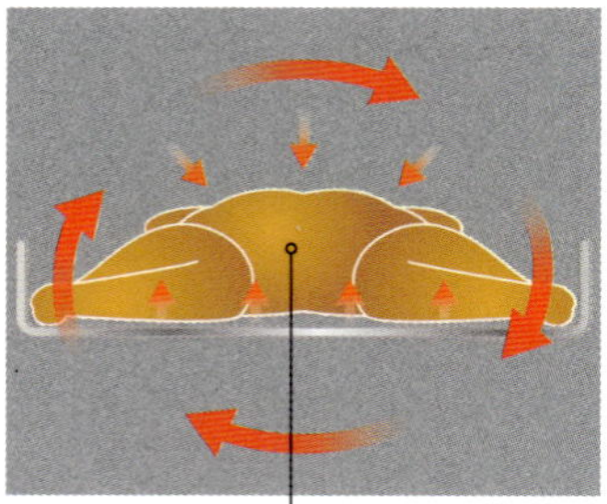
平らにすると、中心まで火がよく通るので、ぱさぱさになりにくい。

ブライニング

方法

鶏肉を塩水にひと晩浸す。

メリット

塩水に浸すのは、生肉に水を吸収させるため。数時間おくと、塩が肉にしみ込む（「拡散」という現象）。このとき、塩が水も一緒に引き込み（「浸透」）、肉に水がしみ込む。塩の移動はゆっくりで、肉全体に広がらないことがあるので、完全な方法ではない。

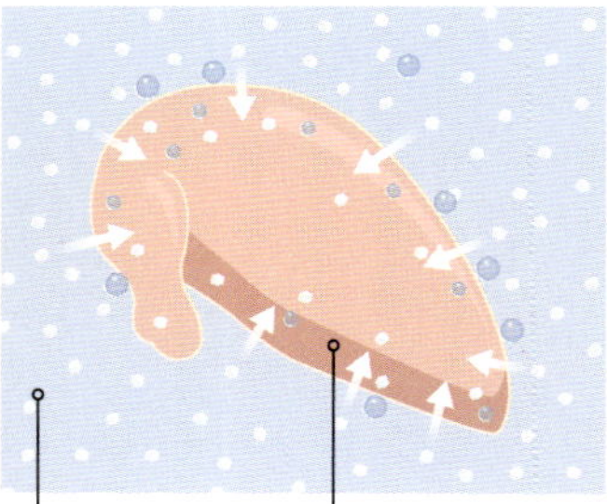
塩水
塩と水が肉に入り込む。

肉汁をかけて焼く効果は？

肉から出る肉汁をかけるのは、肉の味を高める効果的な方法である

料理中に肉汁をかけると肉に水分が増えるので、ジューシーになるといわれているが、それは事実ではない（下記「料理の常識」参照）。とはいえ、肉から出る脂分の多い肉汁をスプーンなどですくってかければ、表面温度が高くなるため、メイラード反応がはやく起こり、風味にコクが出て、表面はカリッとする。つやのある肉の表面を見ると水分が多そうだが、油は火の通りをはやめるので、外側がぱさぱさにならないように注意する。

ソースのベースに

肉汁は、肉片と一緒に濃厚なグレービーソースにできる。

ベイスター（料理用スポイト）
肉汁を吸い上げて、肉全体に均等にかけるのに使う。

脂肪を加える

方法
薄切りにしたむね肉を、脂肪を含み、水分の多い材料と一緒に料理する。

メリット
むね肉は脂肪がないので、理想的な条件で料理してもぱさぱさになる。むね肉を薄く切るか、細く裂いて、水分を含み、脂肪が多い材料や、ゼラチンを含む濃いソースと一緒に料理すれば、ぱさつかず、ジューシーな食感になる。

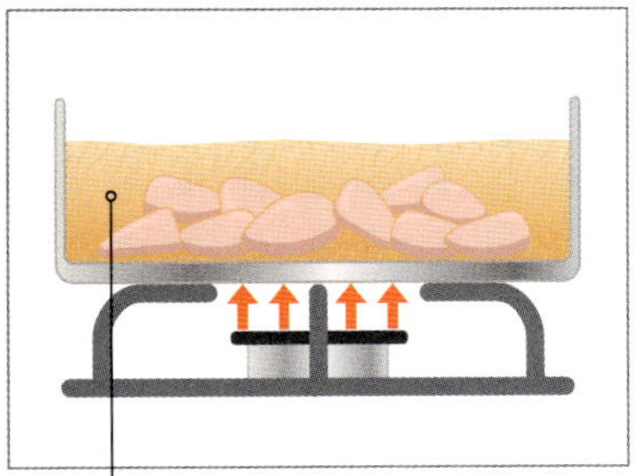

脂肪とゼラチンを含むソースは、肉がぱさつくのを防ぐ。

丸鶏をさばく

方法
丸鶏を部位ごとにさばく。

メリット
スパッチコックと同じで、丸鶏をさばくか、さばいた肉を買ってくれば、焼きすぎを簡単に防げる。火が通りやすいむね肉と、時間がかかるもも肉を別々に料理できるからだ。丸鶏をさばくと、すね肉２切れ、もも肉２切れ、むね肉２切れ、手羽肉２切れの８切れになる。

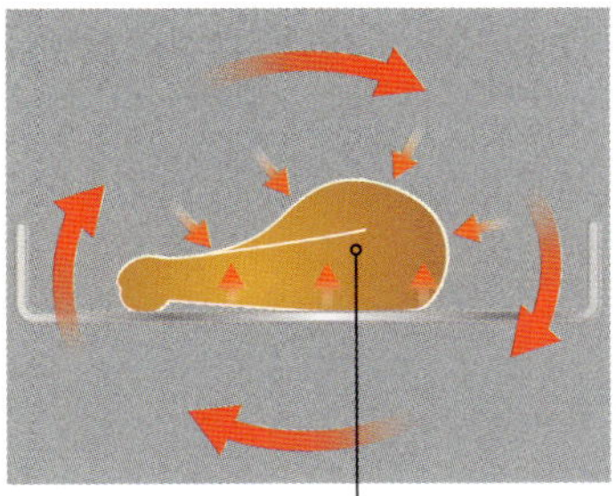

鶏をさばいて部位ごとに料理すれば、火の通り方が同じになる。

料理の常識

《ウワサ》
肉汁をかけて焼くと肉がぱさぱさにならない。

《ホント》
オーブンでローストすると、肉はぱさぱさになりやすい。昔から、肉汁をかけると肉がしっとりして、よりジューシーになるといわれてきた。しかし、かけた肉汁はほとんど肉にしみ込まず、流れ落ちるか、表面につやを出す。筋組織には水分を吸収する能力はまったくない。すでに肉汁でいっぱいなうえに、コラーゲン繊維が熱で縮み、その力を受けるからである。

肉が焼けたか見分ける方法は?

ゆで卵などは時間を計れるが、肉は焼けるタイミングの判断が大切になる

肉はひと切れごとに、厚さや水分の量、脂肪の密度、筋の多い結合組織の量、骨の位置などが違っていて、それらすべてが加熱時間を左右する。脂肪は熱を伝えにくいので、脂肪の多い肉は火が通るのに時間がかかる。結合組織のある肉も、かたい組織を水分の多いゼラチンに変化させるために、ゆっくりと加熱する必要がある。骨は肉の中心部に熱をすばやく伝えるので、火の通りははやくなる。いちばん簡単なのは、肉用デジタル温度計で、火の通り具合を確かめることだ。牛肉などの赤肉は、見た目や感触から判断して（下記および53ページ参照）、好みの焼き加減にできる。鶏肉などの白肉は完全に火を通す必要がある。豚肉もしっかりと加熱する必要があるが、かすかにピンク色でもかまわない。下記を参考にして、肉がきちんと加熱されているか確かめよう。

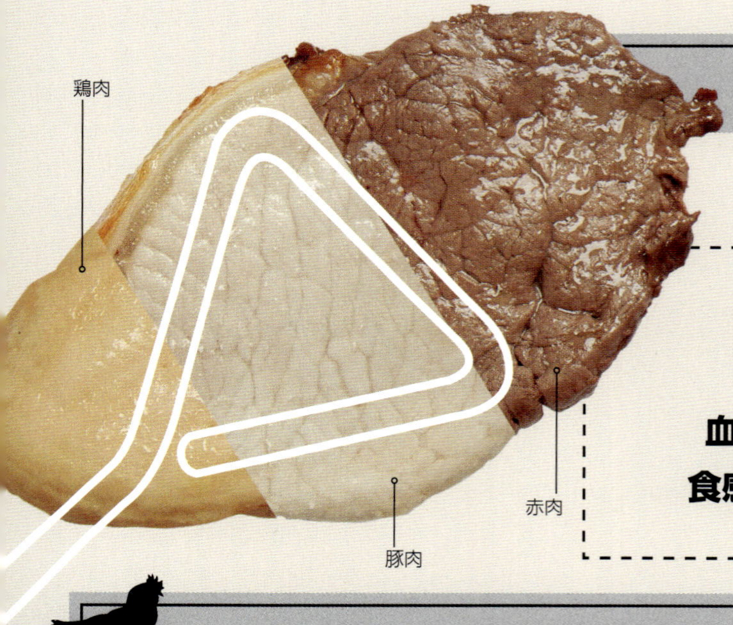

赤肉の焼き加減

牛肉やラム肉などの赤肉は、好みによって、
レアやミディアム、ウェルダンなどの焼き加減にできる。

レアの場合、中心部は血のような赤で、食感はやわらかい。

ミディアムは少しかためで、水分があり、明るい茶色になる。

ウェルダンは色が濃く、かたい。

鶏肉の焼き加減

串などを刺して、出てくる肉汁が透明かどうか確かめる。ピンク色が消えれば、
ミオグロビン色素は分解されており、中心温度は安全とされる74℃を超えている。

薪や木炭で焼くと、燃料から出るガスが表面に入り込んで起こる反応で、肉の外側のミオグロビンがピンク色のままになる場合があるが、完全に火は通っている。

未成熟の骨髄《こつずい》は赤いので、骨に赤い部分があっても、若鶏の肉というだけ。

豚肉の焼き加減

鶏肉と違い、豚肉はすっかり白くなるまで
加熱しなくてもよい。
温度計で62℃になれば火は通っている。

しっかり火が通ると、豚肉はほぼ白くなるが、かすかにピンク色が残る。

焼いた後に肉を休ませるのはなぜ？

肉を休ませるのはなじみのある方法だが、その理由には誤解もある

焼いた肉をしばらく休ませるのには、皿の上で肉汁が流れ出にくくなる、薄く切りやすくなる、ジューシーな味わいになるといったメリットがある。休ませる時間の長さに決まったルールはない。中サイズのステーキなら、室温で数分おけばじゅうぶんだろう。休ませる間に、肉の外側の熱が中心に広がり、逆に温度の低い中心部から外側へ水分が移動して、温度とジューシーさが均等になる。さらに、筋線維の間にある水分が、分解したタンパク質と混ざり合い、肉の中の肉汁が濃くなる。ステーキを休めて冷ますことで、この濃くなった肉汁がおいしいソースになる。

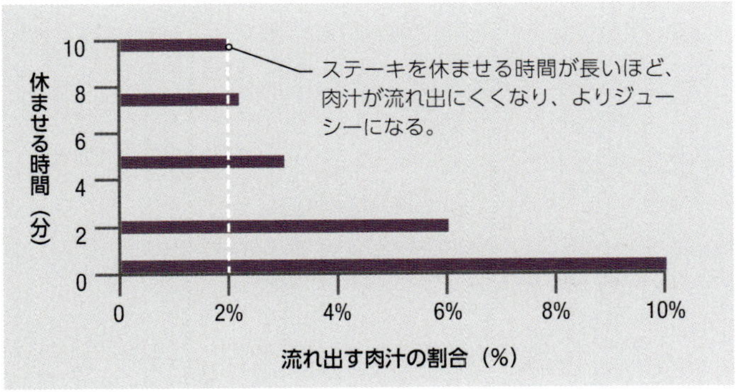

休ませる時間（分）
10
8
6
4
2
0
ステーキを休ませる時間が長いほど、肉汁が流れ出にくくなり、よりジューシーになる。
0
2%
4%
6%
8%
10%
流れ出す肉汁の割合（%）

加熱後の肉の重量減少

上のグラフは、同じサイズのステーキについて、休ませる時間の長さと、肉汁の流出による重量減少の関係を示したもの。２分休ませた場合、重量が６％失われた。10分休ませた場合では２％だった。

料理の常識

《ウワサ》

肉を休ませると、緊張していた筋組織が弛緩する。

《ホント》

食肉処理されると筋肉の死後硬直が始まり、筋組織のタンパク質が分解されて、筋肉は収縮や弛緩ができなくなる。さらに筋組織のタンパク質は、50℃以上に加熱すると完全に分解される。休ませることで、肉汁が濃くなり、筋組織に水分が再吸収されるが、実際に筋肉が「弛緩」するわけではない。

肉を加熱しすぎたときは？

加熱しすぎた肉を元に戻す方法はない

肉を加熱しすぎると、タンパク質が凝《ぎょう》固《こ》し、繊維から水分が失われて縮むので、かたくぱさぱさになる。しかし完全にだめになったわけではない。焼きすぎた肉は、シチューで使われるスロークッキングの効果を再現すればよい。かたい肉をゆっくり加熱すると、なめらかなゼラチンで包まれて、ジューシーな食感になる。加熱しすぎた肉を裂いて、肉の煮汁や、脂肪かバター、なめらかなゼラチンで作ったソースと混ぜてみよう。下に説明するように、ぱさぱさになった肉を水分のある料理に加えても、ジューシーさが取り戻せる。

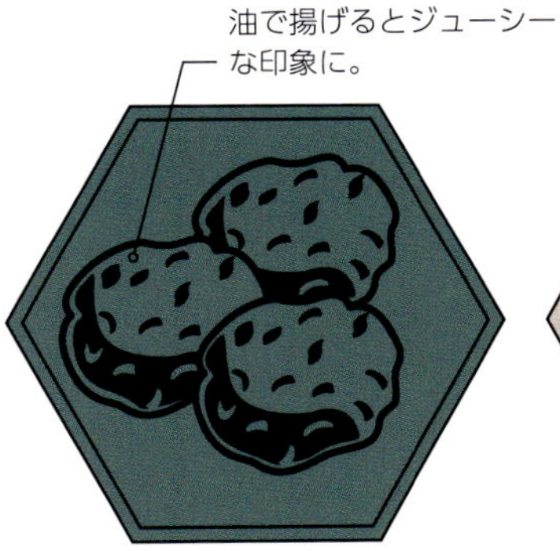

油で揚げるとジューシーな印象に。

フリッターに加える

みじん切りにして、タマネギと一緒にフリッターにする。

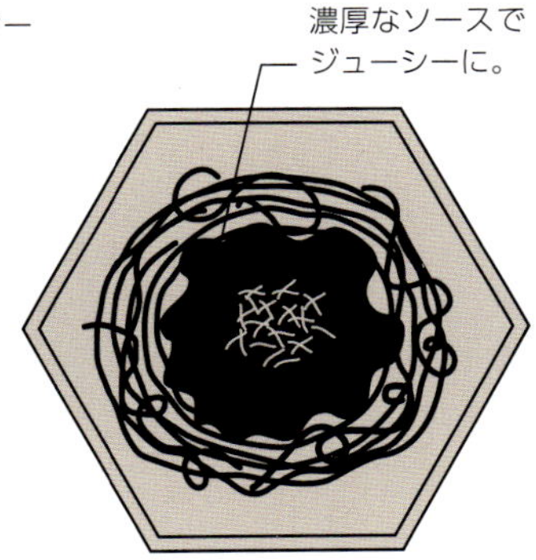

濃厚なソースでジューシーに。

刻んでソースにする

細かく刻んでパスタソースに使う。

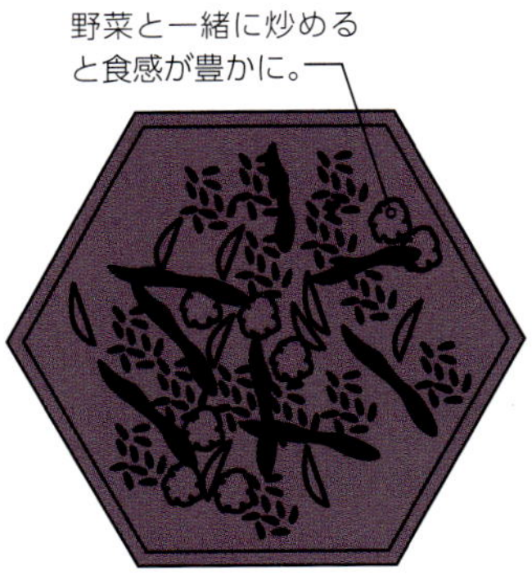

野菜と一緒に炒めると食感が豊かに。

炒める

薄切りにして炒め物に使う。

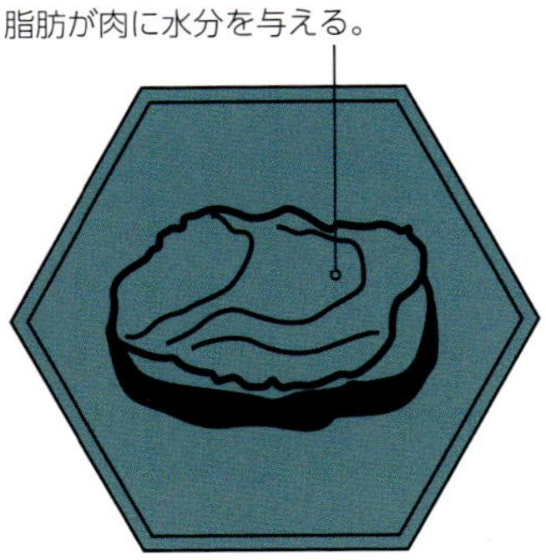

脂肪が肉に水分を与える。

パテに混ぜる

しっとりしたパテに混ぜて、脂肪と一緒にする。

おいしいソース作りの秘《ひ》訣《けつ》

ソース作りのコツは、風味の調和と完璧な食感

すぐれたソースは、味と香り、食感、そして風味がすべてうまく組み合わさっている。ソースは、ブルゴーニュ風牛肉赤ワイン煮の濃厚なソースのように、メインの材料の味わいを高めることもできるし、ほかの風味を補ったり、際立たせたりすることもできる。加熱しすぎた肉がソースでなんとかなることもある。

ソースを作る

ソース作りで目指すのは、水よりも濃いが、メインの材料よりは流動性のある、なめらかなとろみを出すことだ。右の図では、ベースとなる液体と、とろみづけの材料からソースが出来上がるプロセスを示している。デンプンは、とろみを出すのにいちばんよく使われる。デンプンはいろいろな料理に使えるが、腹にもたれる。またデンプン分子は風味化合物にぴったりくっつくので、味がぼやけて感じられ、追加の風味づけが必要になる。油や脂肪がベースのソースでは、風味化合物が脂肪に溶けやすいので、より濃い味になる。

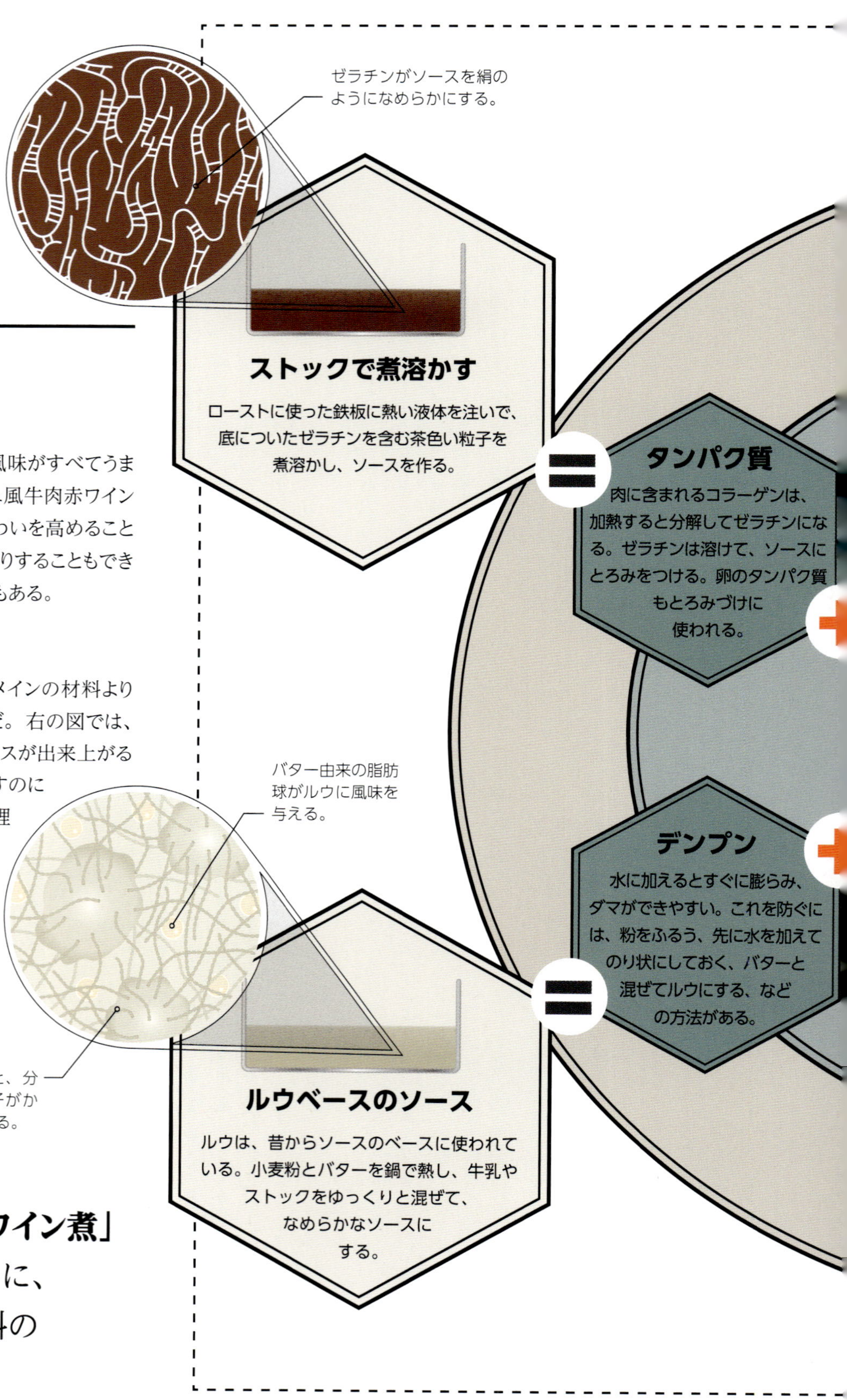
ゼラチンがソースを絹のようになめらかにする。
ストックで煮溶かす
ローストに使った鉄板に熱い液体を注いで、底についたゼラチンを含む茶色い粒子を煮溶かし、ソースを作る。
タンパク質
肉に含まれるコラーゲンは、加熱すると分解してゼラチンになる。ゼラチンは溶けて、ソースにとろみをつける。卵のタンパク質もとろみづけに使われる。
バター由来の脂肪球がルウに風味を与える。
デンプン粒が膨張すると、分子が流れ出る。この分子がからみ合ってとろみをつける。
ルウベースのソース
ルウは、昔からソースのベースに使われている。小麦粉とバターを鍋で熱し、牛乳やストックをゆっくりと混ぜて、なめらかなソースにする。
デンプン
水に加えるとすぐに膨らみ、ダマができやすい。これを防ぐには、粉をふるう、先に水を加えてのり状にしておく、バターと混ぜてルウにする、などの方法がある。

“「ブルゴーニュ風牛肉赤ワイン煮」の濃厚なソースのように、ソースはメインの材料の味わいを高める”

ソース

料理の風味をひとつにまとめるソースには、不可欠な材料がある。

とろみづけの材料

とろみづけの材料とベースとなる材料の組み合わせで、いろいろなソースができる。

ソースのベース

もっとも伝統的なソースのベースは水。水分子はブーメラン型をしていて、互いにずれる方向に動きやすい。とろみづけ材料の大きな分子と混ぜ合わせると、この動きが遅くなり、液体にとろみが出る。

ベースに使える材料

水

もっともシンプルなベース。味を豊かにするために、香味料を追加する。

ストック

水ではなくストックを使えば、ストック自体の味や複雑な風味が加わる。

ワイン

水よりやや濃く、酸味があり、タンニンの渋さや、甘さ、アルコールの刺激が加わる。

牛乳

牛乳の脂肪球のはたらきで、煮詰めるとソースにとろみがつく。

クリーム

牛乳より濃厚で、味が濃い。煮詰めるとすぐにとろみが出て、なめらかになる。

＋

クリーム

牛乳やクリームに含まれる脂肪は、水に溶ける。クリームに含まれる乳化作用のあるタンパク質にも、脂肪を均等に混ぜ合わせてソース状にするはたらきがある。

＝

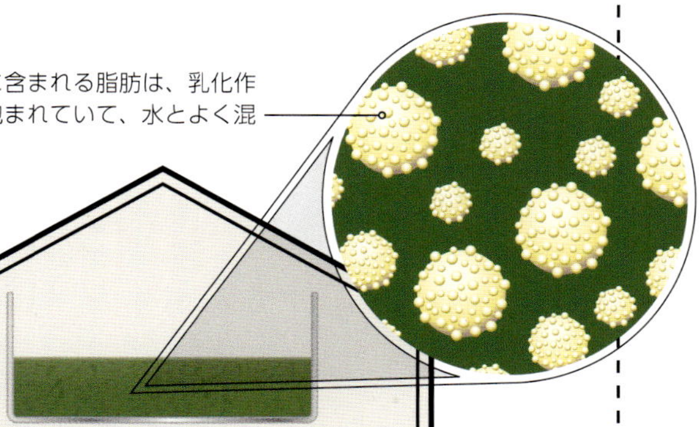

クリームソース

クリームに含まれる乳脂肪球は、ソースを風味豊かでなめらかにする。ルウにクリームを加えるとリッチなホワイトソースになる。

＋

細かくした食材

肉や野菜、果物などは、じゅうぶんに細かくすればソースにとろみがつく。ソースのとろみの具合は、粒の大きさや数によって変わる。

＝

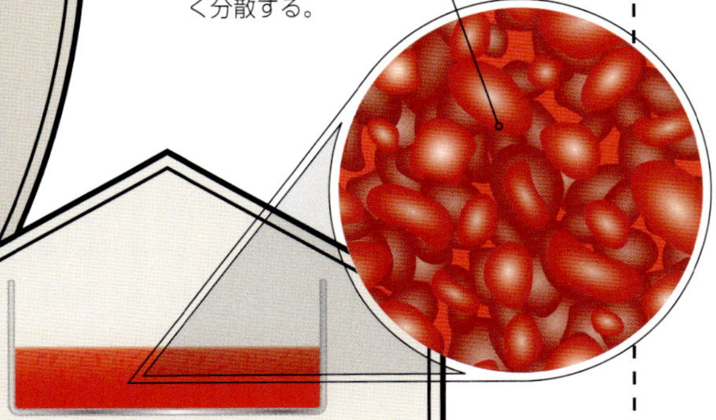

ピューレ

細かくした食材でとろみをつけるソースとして昔からあるのは、トマトソースまたはピューレだ。バターなどの脂肪が加わると風味豊かなソースになる。

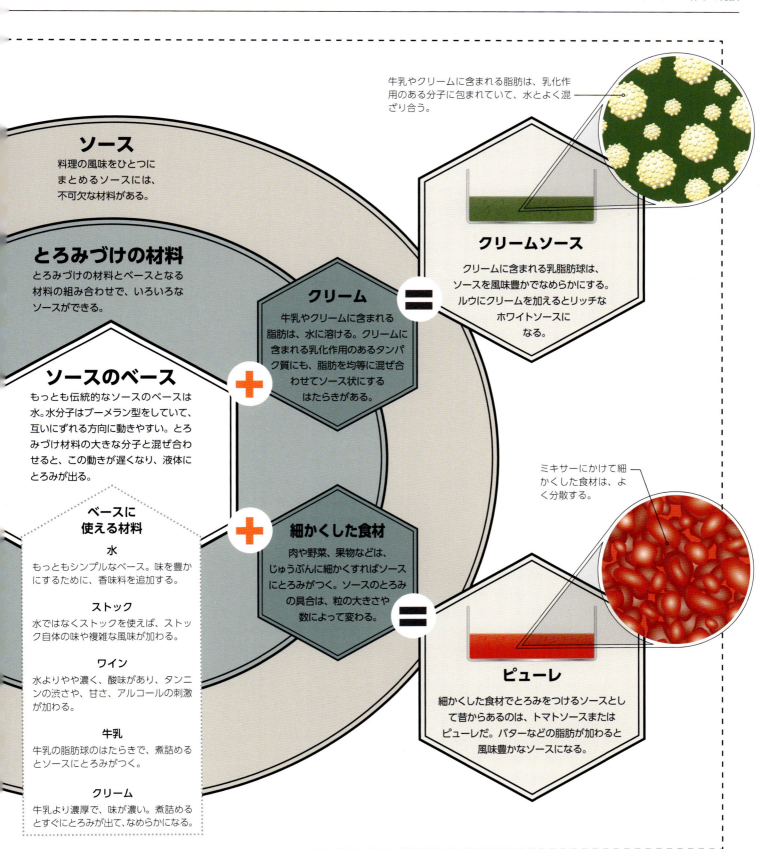

手間をかけてストックを作る価値はある?

一流シェフに聞けば、「おいしい料理を絶品のひと皿に格上げするのはストックだ」と言うだろう

ストックを自分で作るのにはいくつもの利点がある。自家製ストックがもたらす深い風味は、粉末やキューブのストックでは出ない。古典的フランス料理を確立したシェフのオーギュスト・エスコフィエも、「新鮮な材料から作ったよいストックがなければ、平均止まりの料理にしかならない」と言っている。

ストックの作り方と使い方

ストックは、新鮮な材料から風味を抽出して作る。野菜や肉を、沸騰《ふっとう》させない程度の温度でゆっくり煮ると、風味化合物が拡散する。作り方に決まったルールはないが、塩を加えず、素朴で控えめな味にすればいろいろな料理に使える。香りの強いハーブやスパイスは後で加える。肉や野菜で作るシンプルなストックは、小麦粉のルウを混ぜてとろみを出したり、ワインやハーブ、香辛料を加えたり、煮詰めて濃厚なソースにしたりさまざまな料理の基礎になる。クリームやバターで濃厚な味わいを出したり、量を増やしてスープにしてもよい。

ブイヨンとは

フランス語で「煮出し汁」の意味だが、既製の粉末状ストックを指すことが多くなっている。

実践編

チキンストックを作る

材料を細かく刻むと、表面積が大きくなり、風味化合物の分子やゼラチンが肉や骨から放出されるので、風味が出るのがはやくなる。ソースパンの代わりに圧力鍋を使ってもいい。水を沸騰させることなく高温にできるので（134ページ参照）、風味の抽出をはやめつつ、透明なストックができる。

焼き色をつける

1羽分の鶏ガラを分解して、200℃に予熱したオーブンで20分ローストする。またはフライパンに少量の油を引いて、中火できつね色になるまで焼く。鶏肉に焼き色をつけるとメイラード反応が起こり、ストックの風味が増す。

野菜を加える

鶏ガラを大きめの鍋に入れる。タマネギ1個（角切り）、ニンジン2本（さいの目切り）、セロリ2本（粗みじん切り）、ニンニク3かけ、黒コショウ（粒）小さじ1/2杯、香りづけのハーブ（パセリ、フレッシュタイム、ローレルなど）多めのひとつかみを加える。材料より2.5cmほど上まで冷たい水を入れる。

コンロの火にかける

いったん沸騰させたら、弱火にする。少なくとも1時間半（できれば3～4時間）弱火でコトコト煮る。鍋を火からおろし、冷ましてから、脂をすくい取り、目の細かいこし器に通す。すぐに使うのでなければ、冷蔵庫で3日間、冷凍で3カ月保存できる。

鶏肉や豚肉はレアでは食べられない？

レアのビーフステーキのように、ほかの肉はレアで食べられないのはなぜだろう

食中毒のリスクは肉の種類ごとに異なる。家畜の飼育方法やエサのやり方、解体処理の方法によるからである。

鶏肉に注意

鶏肉には、サルモネラ菌やカンピロバクター菌などの危険な細菌が付着していることが多い。多くの細菌は、もとは家畜のふんにいたもので、肉の中ではなく表面についている。工業的な養鶏業では、ニワトリはベルトコンベア方式で処理されてから、山積みにされることが多いので、あらゆる部位が細菌に汚染されやすい。牛や豚は、扱い方がもっと慎重なので、細菌汚染が起こりにくい。牛肉や豚肉は、表面をしっかり焼けば細菌はほとんどすべて死滅する。豚肉は、残飯やほかの動物の肉をエサとしていた豚の場合は特に、寄生虫がついていて、筋肉中に卵を産んでいることがある。しかしエサやりの習慣も改善してきているので、ほとんどの専門家は、焼いた豚肉にかすかにピンク色の部分が残っていても、食べても安全だと考えている。鶏肉や豚肉は、細菌を死滅させる温度までしっかり加熱しよう。

公的なガイドライン

有害な細菌を死滅させるには、少なくとも肉の中心が、鶏肉は74℃、豚肉は63℃まで加熱（日本では75℃、1分以上を推奨）。

鶏肉に似た味の肉が多いのはなぜ？

ガチョウ、カエル、ヘビ、カメ、サンショウウオ、ハト……どれも鶏肉に似た味がする。これにはもっともな理由がある

赤肉の味はどれも独特に感じるが、初めて食べる白肉は、鶏肉に似ていると感じることが多い。そのわけは筋肉のタイプにある。

筋肉のタイプ

ニワトリは、持久性運動をあまりしないので、肉は羽ばたく動作のような短時間の強い動きに適した、白っぽい「速筋」でできている。速筋はやわらかくて細く、風味を生み出す脂肪が少ないので、あまり味はしない。ハトやカエルなど、鶏肉のような味がする動物のほとんどは、速筋の割合がニワトリと同じだ。一方、赤肉に多い持久性運動に適した「遅筋」は色が濃く、白肉より脂肪が多くて、独特な風味化合物を含むので、肉の違いはわかりやすい。肉に含まれる風味化合物は種により異なるが、科学者たちは、肉の風味が受け継がれてきたしくみを分析している。現在の食用動物の多く（豚、牛、鹿以外）は、鶏肉のような味のする１種類の共通祖先から進化してきた。

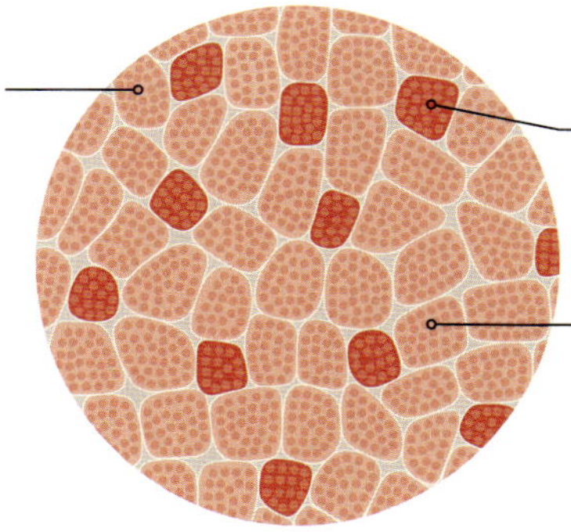

白っぽい速筋の筋線維
色の濃い遅筋の筋線維も少しある。
脂肪がほとんどないので、赤肉の筋肉よりも味は薄い。

白肉の筋肉

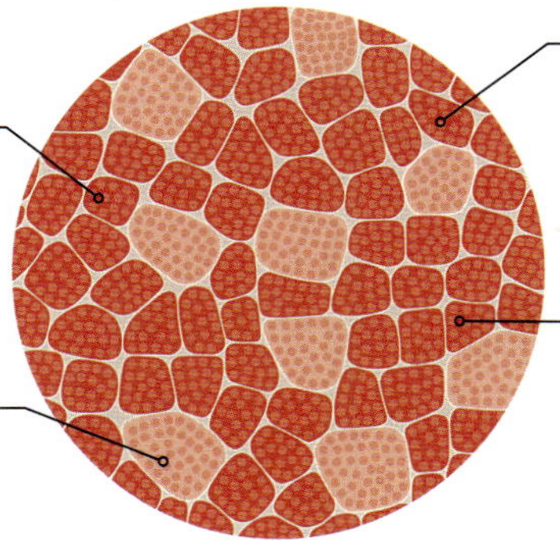

色の濃い遅筋の筋線維
風味を生み出す酵素を多く含む。
細胞内や筋線維付近の脂肪が風味を高める。
白っぽい速筋の筋線維はほとんどない。

赤肉の筋肉

筋肉のタイプと肉の風味

上の２種類の筋肉のイラストは、赤肉と白肉の筋肉の組成が見た目や風味に与える影響を示している。

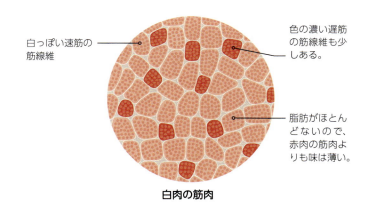

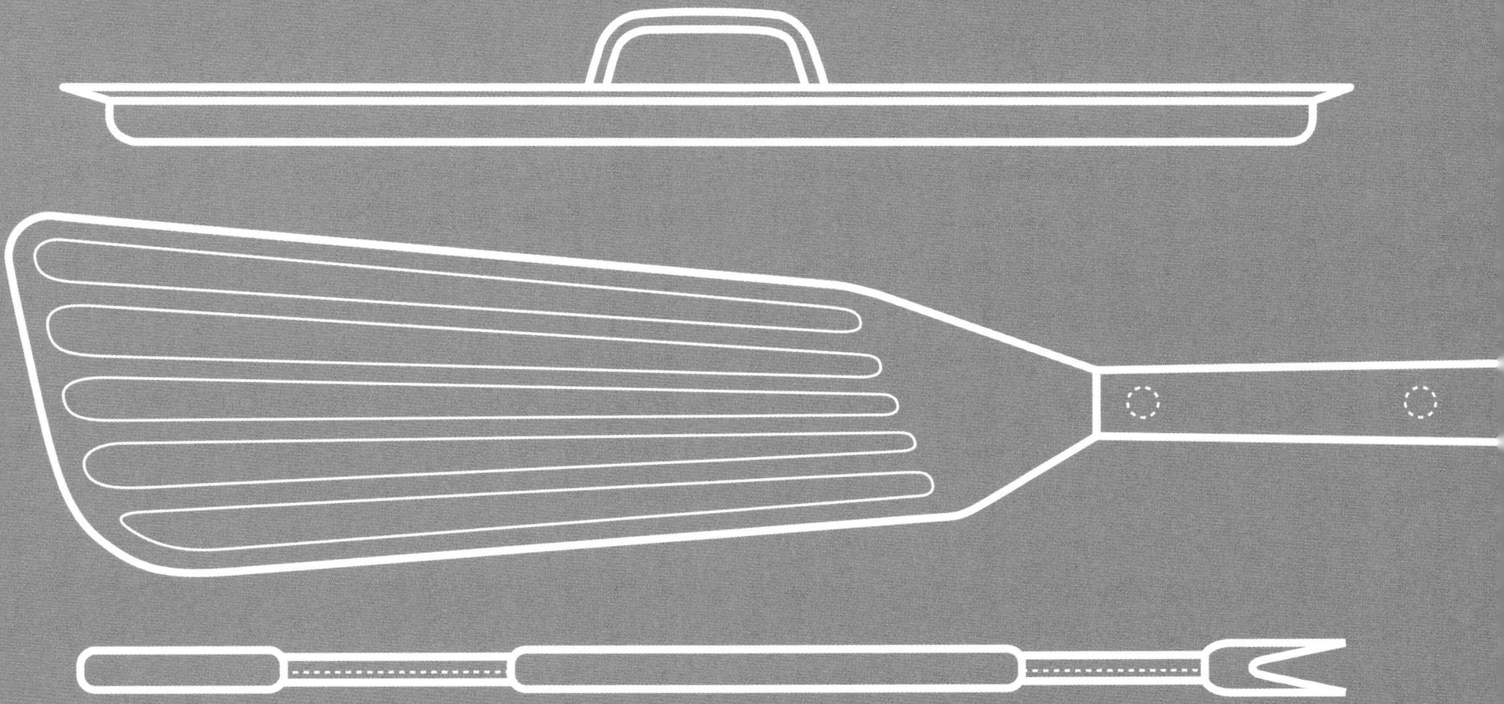

魚介類

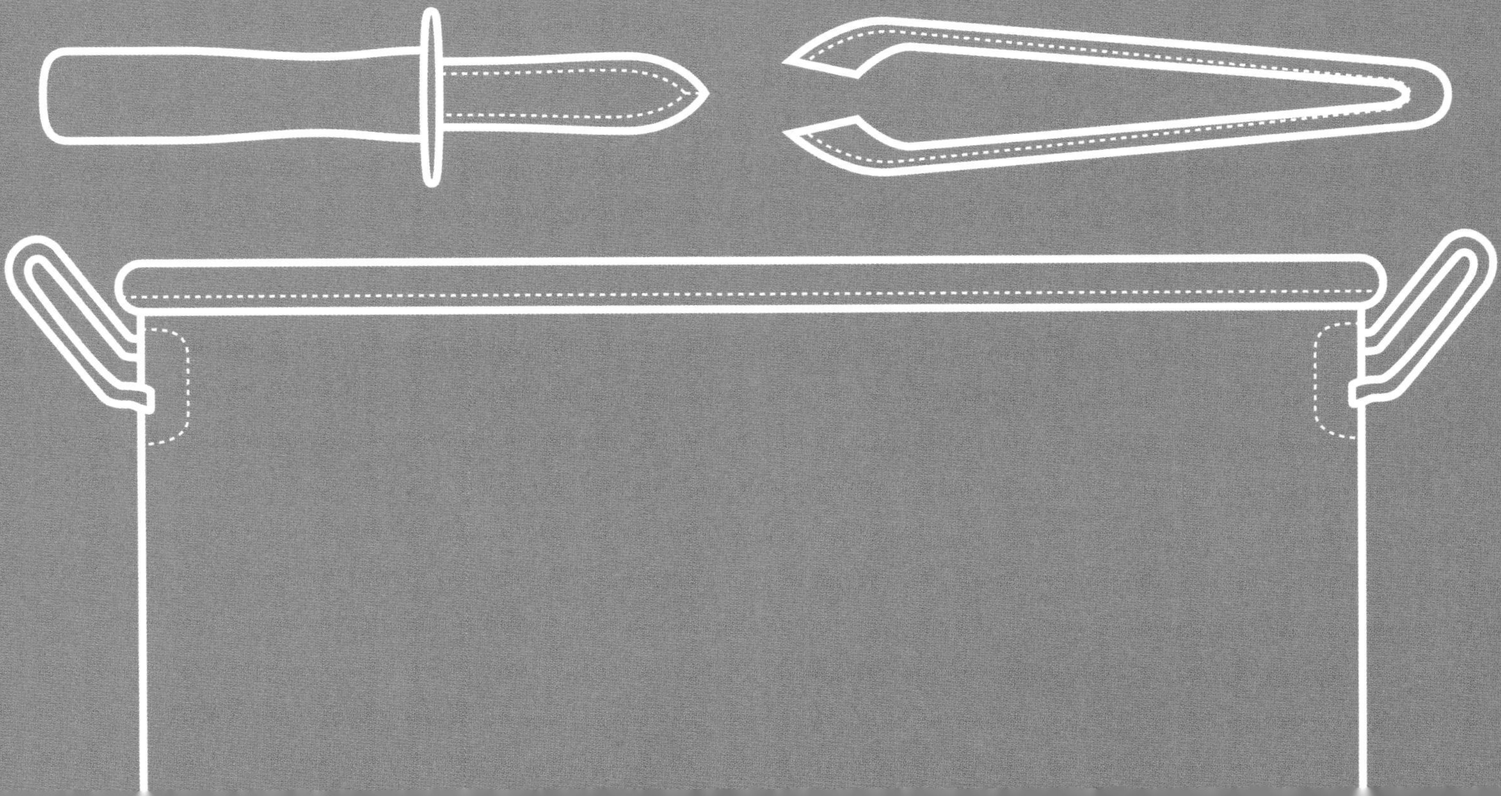

フォーカス：魚

風味のバラエティを楽しみたいのなら、海に目を向けよう。海にすむ生物の種類は、陸上の哺乳類のおよそ５倍

魚は強力な栄養源だ。タンパク質と必須《ひっす》栄養素が多く、飽和脂肪酸が少ない。風味が淡く、食感も繊細なので、ていねいに料理する必要がある。陸上の動物と同じように筋肉と結合組織、脂肪からなるが、その組織はかなり違っている。魚の身はほとんどが筋肉で、短時間で強力に加速するのに向いており、水温の低い海や川で動けるようになっている。そのため陸上の動物と比べ、魚のタンパク質は低い温度でほどけて凝固し、火が通る。同じ理由で、魚を長期間冷蔵保存するべきではない。魚の筋肉を分解する酵素は海水程度の温度（５℃）でも活発に作用するので、短時間で傷んでしまう。氷の入ったコンテナ（０℃）に入れれば酵素のはたらきが遅くなるので、新鮮な魚を２倍長持ちさせられる。

頭
ほとんどが骨と結合組織。加熱するとゼラチン質になる。ストックやシチューに風味をつけ、食感のもとになる。

目玉
明るく透明で、盛り上がっていれば、新鮮な証拠。濁っていたら、鮮度が落ちている。目玉は食べることができ、これを珍重する料理もある。

えら
糸のようなフィラメント構造をした、水中から酸素を取り込む臓器。赤みがかっているのは血流が多いせいだが、そのせいで苦味があるので、取り除いたほうがよい。

切り身
魚の体のどちらか片側から切り取って、背骨を取り除いたもの。いちばん身の部分が多い。

魚を知ろう

全体的にタンパク質と脂肪が豊富だが、脂肪の量の相対的な違いによって調理法は違ってくる。サーモンなどの脂肪がとても多い魚は、いろいろな調理法に合うが、マスなどの脂肪が少なく、繊細な魚は、ポーチ（沸騰しない程度の湯でゆでる）などの方法で、弱火で調理する。

脂の多い魚

脂肪：高
タンパク質：中

サーモン
身は脂肪が多く、肉のような食感があり、さまざまな調理法に合う。天然サーモンは、養殖よりも脂肪が少なく、しっかりした食感。

脂肪：高
タンパク質：中

サバ
なめらかな風味で、やや塩味がある小ぶりの魚。しっかりとした魚で、身がかたいので、丸ごとでバーベキューやグリルでも焼ける。傷みやすいので、氷の中で保存すること。

脂肪：低
タンパク質：高

マグロ
体温が高く、活動的な肉食魚であるマグロの身は、密度が高く、風味豊かだ。ほぐれやすく、すぐにぱさぱさになるため、厚く切って短時間で加熱すれば、やわらかな食感を保てる。

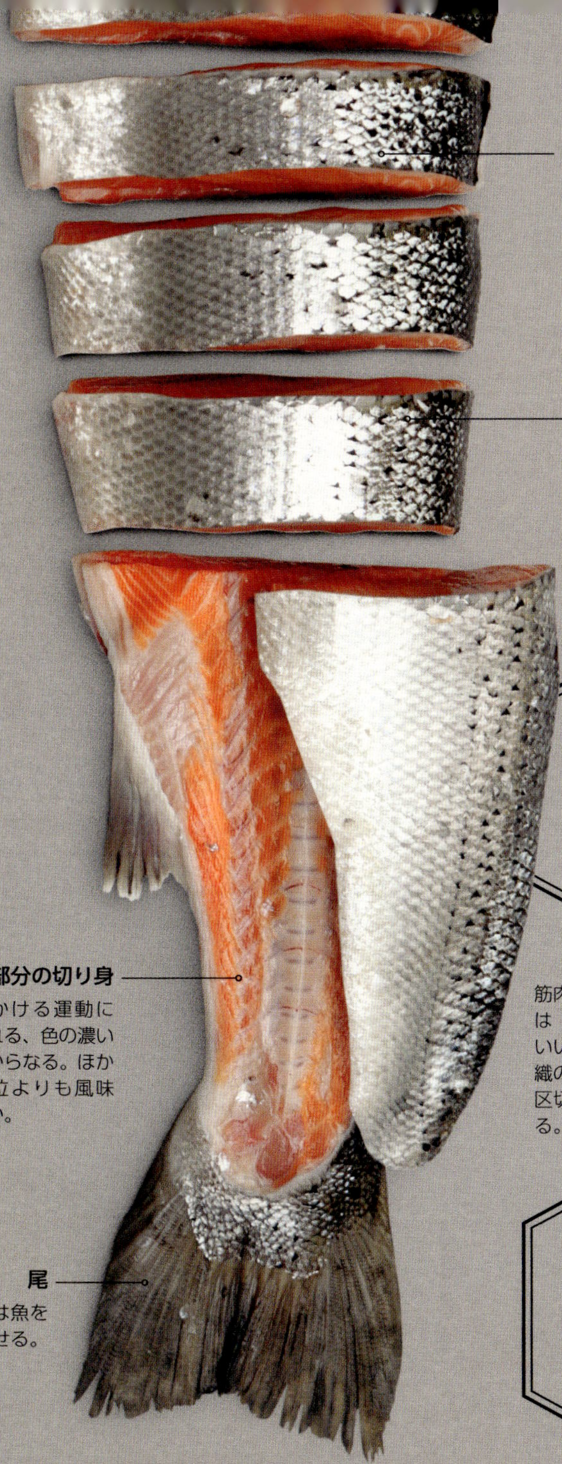

ステーキ（厚い切り身）
大型で丸みのある魚でおもに使われる切り方。身全体を切るので、脊柱や腹腔を含む。

うろこ
保護機能のある骨のような物質でできており、内側にはコラーゲンの層がある。一般的には食用に適さない。とても小さなもの以外はこそげ取る。

尾の部分の切り身
力をかける運動に使われる、色の濃い遅筋からなる。ほかの部位よりも風味が豊か。

尾
尾びれは魚を前進させる。

筋肉の構造

マス
サーモンに近い種であるマスの身は、土のような風味がある。身はほぐれやすく、繊細で、脂肪はそれほど多くないので、オーブンの弱火で焼くか、蒸すのがよい。

脂肪：中
タンパク質：高

白身魚

タラ
マイルドな風味の白身魚。脂肪が少ない（わずか0.3%）。弱火で加熱し、脂肪を含む材料を添えることでジューシーさを出す。

脂肪：低
タンパク質：中

コダラ
タラと同じように、脂肪が少なく、水分が多い（最大80%）ので、加熱すると身がくずれやすい。ポーチするかオーブンで焼く。

脂肪：低
タンパク質：中

アンコウ
きめが細かい、肉のような食感の白身は、フライパンなどで炒めたり、焼いたりしても高温に耐えられる。頭の部分は捨てるのが一般的。

脂肪：低
タンパク質：中

スズキ（シーバス）
分厚いうろこを特徴とするさまざまな種の総称。身はかすかに甘く、ほぐれやすい。オーブンやグリル、フライパンで焼く。

脂肪：低
タンパク質：中

魚の鮮度の見分け方

魚は日持ちがしないので、鮮度を見分ける方法を知っていると役に立つ

魚は死んだ後も消化酵素がはたらき続ける。また、自然の状態で魚に寄生している細菌も身を分解し始める。魚の細菌は低温でも増えやすく、不飽和脂肪酸はほかの動物性脂肪より短時間で変質するので、できれば、魚は捕獲《ほかく》してから１週間以内に食べるべきだ。ここで説明する、新鮮な魚を見分けるヒントを参考にしよう。

サーモン

皮やうろこ
新鮮な魚は、金属のような明るい色をしている。うろこがまばらだったり、はがれているものは選ばない。

におい
新鮮で、かすかに塩っぽいにおいがするのが理想的。不快なにおいのもの、あるいは魚くささが特に強いものは避ける。

目玉
明るく光って、盛り上がっているものを選ぶ。不透明で、くぼんでいるものは避ける。

触感
新鮮な魚は、触ると弾力がある。やわらかかったり、ぐにゃっとしたものは避ける。

えら
新鮮な魚のえらは、湿り気があり、真っ赤で、汚れがない。

料理の常識

《ウワサ》
魚はどれも「魚くさい」。

《ホント》
とれたての魚は、草のようなよいにおいがするが、2、3日経つと、このよいにおいは消える。海水魚の場合、いやなにおいは、尿素やトリメチルアミンオキサイド（TMAO）が分解されることで発生する。淡水魚はTMAOを含まないが、細菌がいやなにおいのガスを生成するので、時間が経つとにおい始める。つまり、とれたての魚は魚くさくないが、鮮度が落ちるとにおい始める。

魚はなぜ「脳」によい？

およそ200万年前から魚は食べられているが、現在では、魚の栄養が脳の発達によいと考えられている

魚は、幼児期における健康な脳の発達に欠かせないミネラルである、ヨウ素と鉄を豊富に含んでいる。さらに、魚油にはオメガ３脂肪酸という必須栄養素も含まれている。オメガ３脂肪酸は、神経細胞の周囲にある、脂質の多い鞘（髄鞘《ずいしょう》）の材料であり、神経細胞が正常に機能するのを助ける。サーモンやイワシ、サバ、マス、マグロなど、脂の多い魚には特に豊富に含まれている。

魚は、下ごしらえや料理の方法によって、必須脂肪酸の含有量が変わってくる。缶詰にするとオメガ３脂肪酸の大部分が破壊されるし、油で揚げるなど、高温で加熱しても、オメガ３脂肪酸が分解されたり、酸化したりする。オメガ３脂肪酸を減らさないためには、オーブンで焼く、または蒸すなどの料理法がいちばんだ。

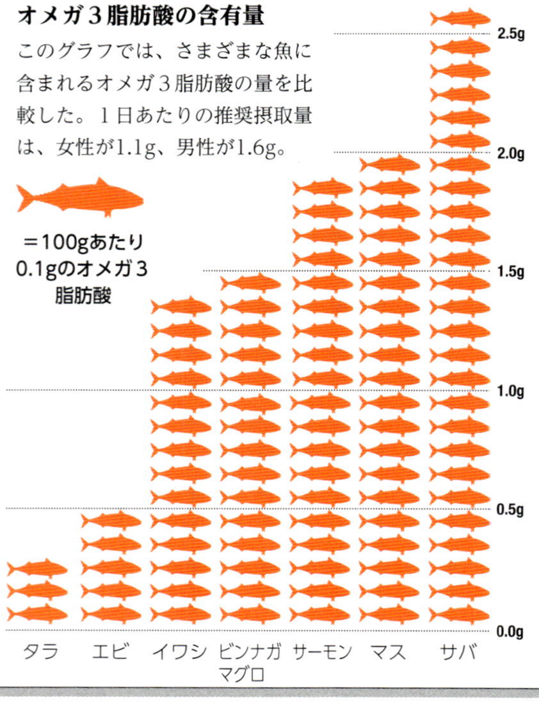
＝100gあたり0.1gのオメガ３脂肪酸
2.5g
2.0g
1.5g
1.0g
0.5g
0.0g
タラ
エビ
イワシ
ビンナガマグロ
サーモン
マス
サバ

オメガ３脂肪酸の含有量
このグラフでは、さまざまな魚に含まれるオメガ３脂肪酸の量を比較した。１日あたりの推奨摂取量は、女性が1.1g、男性が1.6g。

脂の多い魚は、体と脳にきわめて重要なオメガ３脂肪酸が
世界一豊富に含まれる食品だ。

魚中心の食生活は、
認知症をある程度予防する
可能性がある。

健康な脳

脂の多い魚を日常的に食べている人は、年を取ったときに脳が萎縮しにくいという研究結果がある。

オメガ３脂肪酸は、
学習に不可欠な、
ニューロンの新しい接続を
作るのを助ける。

魚油をたくさん摂取すると、
思考力や反応時間が向上するという研究がある。

魚油には、ADHDの子どもの
集中力を改善する可能性が
あるというエビデンスがある。

脳を強化する

魚油のサプリメントを未熟児に与えると、正常な脳の発達を助ける。

脂の多い魚を食べると、
睡眠の質が向上する。

脂肪酸は
脳の血流を
よくする。

安全な上限量

魚は、海に由来する水銀などの汚染物質を吸収しているので、脂の多い魚は週に４切れまでにする。

スーパーフィッシュ

サバは、100gあたり2.6gものオメガ３脂肪酸を含む。

脳の機能を高める栄養素

オメガ３脂肪酸の摂取量が少ない人が魚を食べると、脳の機能が向上したという研究結果がある。思考を鋭くし、よく機能し続けるようにするはたらきがあるのだ。

サーモンの身の色の濃さ、違いはなに？

品質を示すと思われがちだが……

ニンジンを食べすぎた経験があれば、食べたものの色によって皮膚の色が変わるのは見当がつくだろう。ニンジンの色素（カロテン）は皮膚をオレンジ色にする。同じように、サーモンが食べるエサに含まれるアスタキサンチンという天然色素は、カロテンの仲間で、サーモンの身をオレンジ色にする。

オレンジ色の濃淡《のうたん》

天然サーモンの色は、捕食できるエサによってばらつきがある。キングサーモンの一部の種は例外で、赤色のアスタキサンチンをまったく消化吸収できないため、ほかの天然サーモンに比べると身の色がかなり薄い。

養殖《ようしょく》サーモンはどれも、天然サーモンよりも鮮やかで濃いオレンジ色をしている。養殖サーモンは甲殻類《こうかくるい》を捕食しないが、ペレット状のエサにはアスタキサンチンが添加されているので、鮮やかなピンクオレンジ色になる。これは消費者の目を引くためで、一般に、サーモンは色が赤いほど新鮮で、味がよく、品質がよいとされている。しかし、色が薄いキングサーモンがおいしいのだから、この考えは間違いである。

一般的な色

甲殻類のオレンジ色のもとであるアスタキサンチンは、フラミンゴの羽のピンク色のもとにもなっている。

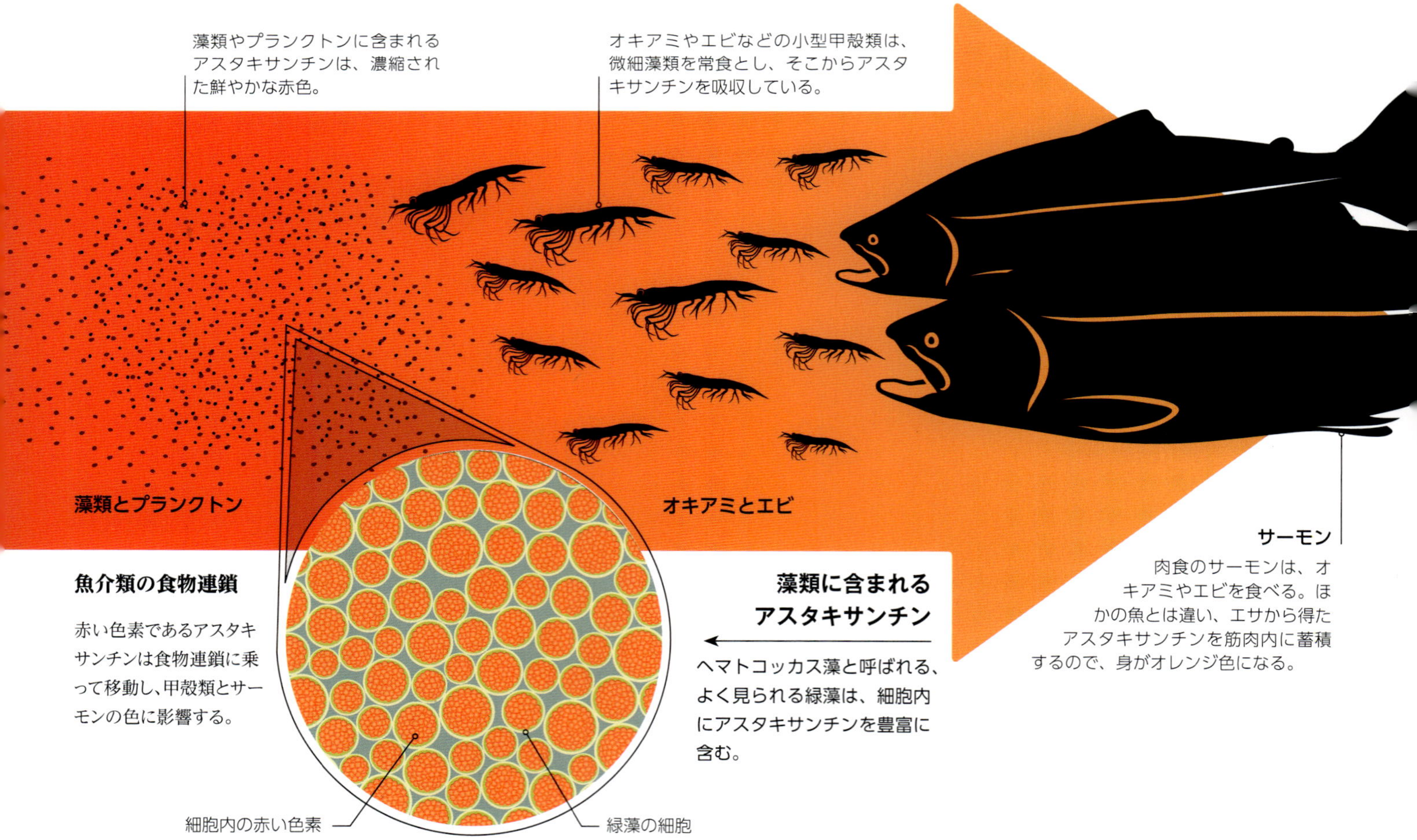
藻類やプランクトンに含まれるアスタキサンチンは、濃縮された鮮やかな赤色。
オキアミやエビなどの小型甲殻類は、微細藻類を常食とし、そこからアスタキサンチンを吸収している。
藻類とプランクトン
オキアミとエビ
サーモン
肉食のサーモンは、オキアミやエビを食べる。ほかの魚とは違い、エサから得たアスタキサンチンを筋肉内に蓄積するので、身がオレンジ色になる。
魚介類の食物連鎖
赤い色素であるアスタキサンチンは食物連鎖に乗って移動し、甲殻類とサーモンの色に影響する。
藻類に含まれるアスタキサンチン
ヘマトコッカス藻と呼ばれる、よく見られる緑藻は、細胞内にアスタキサンチンを豊富に含む。
細胞内の赤い色素
緑藻の細胞

養殖魚と天然魚の違い

魚の良しあしを見きわめるには、エサやりの方法、養殖場の環境、処理法などあらゆる点を考える必要がある

牛や羊、豚、ニワトリを農場で飼育するのはふつうのことに思えても、魚をいけすで養殖するのはあまり自然ではないと思われがちだ。魚は、ほとんどが自然の生息環境から捕獲されているが、主要な食品でそういうものはあまり残っていない。養殖魚と比べると、天然魚のほうが味や健康状態、品質の点ですぐれていると信じられている。しかし、味や食感にわずかな違いはあるものの（下記参照）、天然魚と養殖魚を見分けるのは難しい。養殖魚は抗生物質を投与されているとか、殺虫剤が使われているとか、身を鮮やかな色にするための人工染料がエサに添加されているという話を聞くと心配になるが、多くの養殖場は厳しい飼育基準を満たしている。倫理的な点についていえば、天然魚のほうが問題は多い。漁網の中で死んだり、ほかの魚に傷つけられたり、持続可能性も不確かだからだ。「仕入れ元が信頼できる」天然魚を探すとともに、最高レベルの基準を満たしているという認証済みの養殖魚を買えば、心配せずによい品物が得られる。

潮の変わり目

2030年までに、魚介類の3分の2近くが天然物ではなく、養殖物になるだろう。

違いを知ろう

天然のサーモン

天然魚の筋線維は、養殖魚の筋線維より密度が高いので、食感が少しかたくなる。潮の流れとたたかい、獲物を追いかけ、天敵から逃れるうちに、筋肉が引き締まるからだ。

全体的に、養殖サーモンより脂肪の量が少なく、健康によい必須脂肪酸であるオメガ３脂肪酸の割合が高い。

致死時に強いストレスを受けている。トロール船の網とたたかっているかもしれない。解体処理時にストレスを受ける家畜と同じように、筋肉に乳酸が蓄積するので、金属的な後味がする。

養殖のサーモン

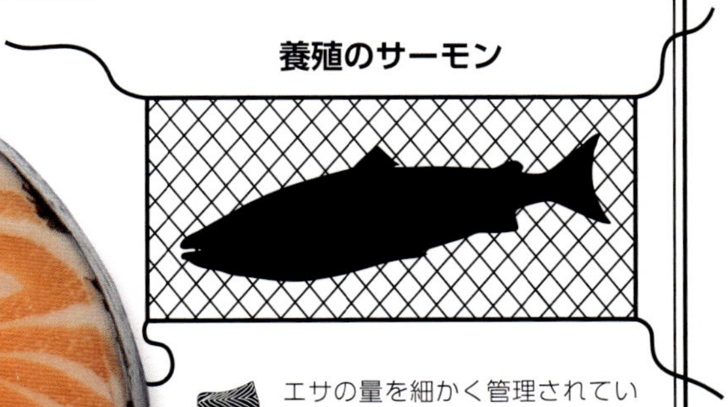

エサの量を細かく管理されているので、養殖サーモンはよく育つ。一部の養殖場では、エサの食いつきが悪くなるとエサを一時中止する。自然界と同じように、魚を常に空腹状態にし、効率をよくするためである。

養殖魚のエサは、よく成長させるため高度に調整されており、一般的には大豆、魚粉、魚油を含む。

いけすから効率よく捕獲され、あまり暴れないので、致死時のストレスで味が落ちない。捕獲した魚は冷たい水に入れて、気絶させ、すばやく絞める。

頭のついたエビを買うべき?

エビは、世界中でもっとも広く食べられている魚介類で、いろいろな形状で売られている

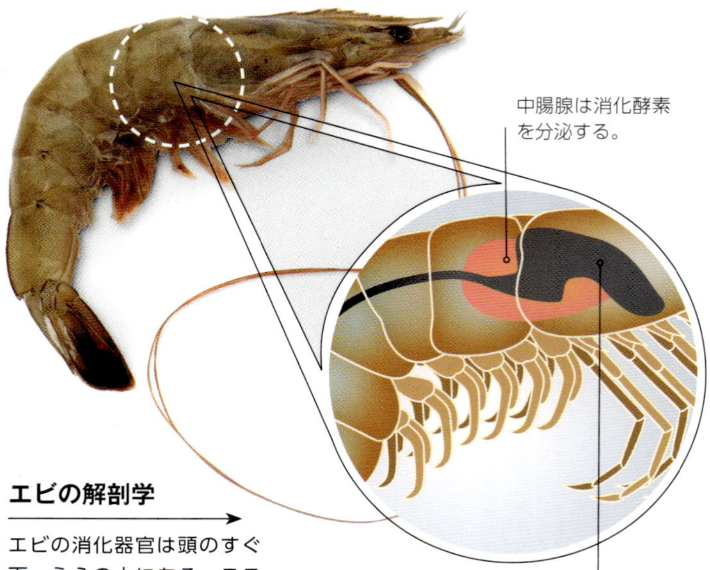

エビの解剖学

エビの消化器官は頭のすぐ下、えらの上にある。ここにある腺は、死後に身を劣化させる酵素を分泌する。

エビは、1匹丸ごとや、頭を取る、殻を縦に割る、完全に殻をむくといったさまざまな形状で売られている。魚介類はそのまま何もしないのがいちばんおいしくて、新鮮だと考えがちだが、エビは必ずしもそうではない。

エビの頭が味に影響する理由

エビが死ぬとすぐに、消化器系内の物質が身に流れ出すようになる。そうすると、すぐに酵素によってエビの身が消化されて、やわらかくなってしまう。こうした酵素は、頭部の付け根部分にある「中腸腺」という小さな腺から分泌《ぶんぴつ》されているので、できるだけはやく頭を取れば、身の劣化が遅くなる。とれたてを除けば、出荷前に頭を取ったエビの身がいちばん質がよい。しかし、とれたてのエビなら、頭がついたままのほうが身がぱさぱさにならないし、加熱したときの風味もよくなる。殻や、頭の大部分は食べられないが、風味豊かなストックの材料になる。

生、冷凍、調理済み、どのエビがよい?

海でも、養殖場でも、エビを捕獲したら時間との勝負だ。エビはわずか数時間で傷むことがある

エビはすぐに劣化するので(上記参照)、捕獲後すぐに処理されることが多い。船の上で急速冷凍されることもあれば、氷で冷却し、陸に戻ってから処理することもある。船上で、手早く海水でゆでる場合もある。水揚げ後にゆでたエビや、養殖場でとれたエビは、ていねいに加熱されるが、それでもゆですぎたり、ぱさぱさになったりすることが多い。とれたてのエビが手に入るのなら別だが、味と鮮度を考えるなら、生か冷凍で、頭を取った殻つきのエビを選ぼう。IQF(個別急速冷凍)方式で冷凍したエビが品質ではいちばんだ。

−20℃

捕獲後のエビを**急速冷凍**するのに必要な**温度**。

エビのカレー

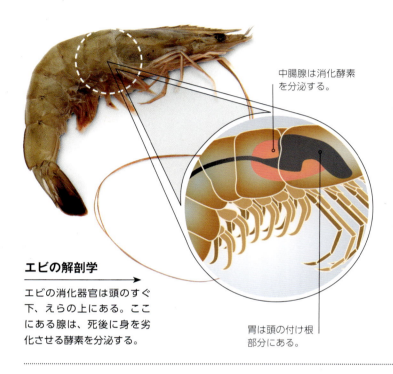

体節のある体と、「外骨格《がいこっかく》」という
殻のせいで、「海の昆虫」と呼ばれる
エビは、ロブスターやカニの
小さな仲間だ。魚介類の中では、
世界中でもっとも広く
食べられている

カキを生で食べるのはなぜか?

加熱すると動物の肉に含まれるタンパク質は分解する。しかしこの変化はカキなどの軟体《なんたい》動物では都合が悪い

たいていの食品は、加熱すると風味がよくなる。タンパク質がその構成成分（アミノ酸）に分解され、味蕾《みらい》を刺激する。デンプンはより甘い糖に分解される。かたい繊維は弱くなり、食感がしっかりする。過剰な水分は外に出る。しかしこれはカキやマテガイのような貝類にはあてはまらない。貝類は長く加熱するほど風味が損なわれるのだ。

軟体動物は、大半の魚とは異なり、風味のあるアミノ酸（特にグルタミン酸）を使って、海水による脱水効果から身を守っている。グルタミン酸は、舌にあるうま味の味覚受容体を刺激するので（14~15ページ参照）、貝には塩味を感じさせる肉のような風味がある。カキなどの貝類を加熱すると、複雑な加熱プロセスによって、グルタミン酸が閉じ込められ、同時に筋肉のタンパク質が凝固して、グルタミン酸が味蕾に届かなくなる。このグルタミン酸をもう一度放出する唯一の方法は、タンパク質が分解するほど長時間加熱することである。しかしその頃には、カキはゴムのようにかたくなってしまう。

よく食べられるカキ

カキは種類によって特有の風味があるが、これは養殖された海の塩分濃度や、ミネラル含有量によって変わる。下に紹介するのは、もっとも手に入りやすい種だ。

ヴァージニカ（アトランティック）

米国で広く養殖されているカキ。唯一の北米東海岸原産。殻が独特な涙型をしている。

味

塩気のあるさっぱりとした味で、うま味とミネラルの香りがある。こりこりとした食感。

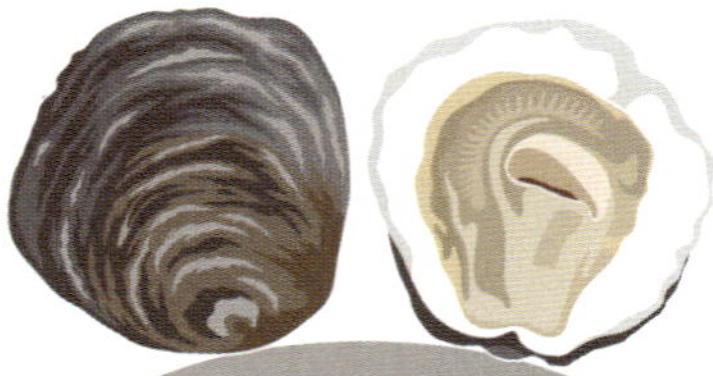

ヨーロッパヒラガキ

ヨーロッパ原産で、平たくて薄い形が特徴。自然の繁殖地では19世紀から20世紀にかけて数が減少している。ヨーロッパ以外ではほとんど見られない。

味

マイルドでわずかに金属的な風味がする。やや歯ごたえのある食感。

クマモト

日本が原産だが、現在は世界中に広まっている。ほかのカキよりも小ぶりで、成熟までに時間がかかる。殻はくぼみが深くて縦に溝が入っている。

味

ほかのカキよりもマイルドで、メロンのような香りとやわらかな食感がある。

マガキ（パシフィック）

アジア太平洋岸の原産だが、現在は世界中で養殖されている。地元原産のカキが減少した米国に導入され、次に同じ理由でヨーロッパにも導入された。

味

さまざまな風味があるが、一般的にほかのカキよりも塩味が薄い。

カキの旬《しゅん》はいつ？

カキは夏に食べないほうがいいと思っている人が多い。確かにかつては賢明《けんめい》なアドバイスだった

イギリスでは古くから、夏の数カ月（５月～８月）はカキを食べてはいけないと言われてきた。これは食中毒を避けようという考えから始まっているのだろう。藻《そう》類は夏にもっとも活発に増え、大量の有毒物質を海中に放出する。夏に起こる「赤潮」は、藻類が大量発生して、沿岸《えんがん》海域を変色させる現象だ。

夏にカキを食べない古くからの理由はもうひとつある。夏はカキの繁殖期だからだ。この期間、カキは卵を作り出すのに全エネルギーを注ぐので、身は小さくてやわらかく、薄くなり、味が劇的に落ちる。

カキの養殖

店頭に並ぶカキのほとんどは、水質をきちんと管理した養殖場で育てられている。産卵期間がかなり短い種類のカキを選んだり、産卵しないようにカキを改良したりしている養殖業者もいる。今では、加熱の有無にかかわらず、カキを一年中楽しめる。

“**加熱すると**たいていの**食品は風味がよくなる**が、これは**カキなどの貝類**にはあてはまらない”

生ガキを安全に食べる

カキなどの貝類を生で食べるのは、リスクがないとは言えない。貝類をはじめとする軟体動物は、水を吸い込んで、その中のプランクトンや藻をこし取る「ろ過摂食」を行う。このろ過摂食では有害な微生物も吸収し、感染症の原因となってしまう可能性がある。

こうした微生物は、多くは生活排水による海洋汚染が原因だが、店頭に並ぶカキは、沿岸の保護された水域で、細菌や有害化学物質をモニタリングしながら養殖されたものがほとんど。また販売前には、清潔な海水のタンクに入れて、カキ自体に有害物質を自然に排出させる「浄化」も行っている。

貝類のリスクを避けるには、信頼できる販売者から購入し、低い温度（できれば氷の上）で保存して、すぐに食べるべき。免疫《めんえき》系の疾患《しっかん》がある人は、生の魚介を食べないようにしよう。

料理の常識

《ウワサ》
カキには性欲促進作用がある。

《ホント》
この説が正しいという説明でよく言われるのが、カキは亜鉛を多く含むことだ。亜鉛は、性欲ホルモンといわれるテストステロンの生成に関与している。この理屈でいけば、カキは亜鉛不足に効果があるかもしれないが、それは亜鉛を豊富に含むほかの食品でも変わらない。カキはほかにも、アスパラギン酸とN-メチル-D-アスパラギン酸という、性欲ホルモンの分泌を助ける成分を含んでおり、これらはほかの食品にはあまり含まれていない。しかし、こうした成分についてのマウス実験では結論は出ていない。そしてどんなケースでも、亜鉛を摂取しすぎると、「満足ホルモン」と呼ばれるプロラクチンの分泌量が増えて、性欲が減退する可能性がある。

フライパンで焼くしくみ

フライパンに薄く油を引いて食材を焼くのは、魚や肉の料理法でも、特にシンプルで効果的な方法だ。そのしくみはどうなっているのだろう

データ

しくみ

熱して薄く油を引いたフライパンは、熱を食材にすばやく均等に伝える。高温になるので、表面はカリッとして、焼き色がつく。

向いているのは…

魚の切り身、ステーキ肉やポークチョップ、鶏むね肉などの薄切り肉、ジャガイモ。

気をつけること

タイミングが重要。熱はゆっくり伝わるので、中心に火が通る前に、表面が焦げやすい。

フライパンで焼くのは、風味豊かな食材を短時間で加熱できるよい方法だ。液体の脂肪は、温度上昇のスピードが水の2倍で、水より高い温度になる。この高熱でメイラード反応が起こり、表面がカリッとして香りがよくなる。油は食材をなめらかにし、風味化合物をフライパン全体に広げる。同時に油がもつバターのような、あるいは新鮮な香りを食材に加える。下の図で説明するプロセスは、食材をフライパンでうまく焼くのに役立つはずだ。

厚切りの切り身

厚さが4cm以上の切り身は、熱が全体に伝わるのに時間がかかるので、オーブンで仕上げる。

75%

フライパンで焼くときの温度は、**ゆでる**ときよりも75%高い。

時間短縮に

油は水の沸点よりも高温になるので、フライパンで焼くと加熱時間を短縮できる。

#2 油を引く

少なくとも大さじ1杯のヒマワリ油または、発煙点（192〜193ページ参照）の低い油か脂肪を引く。油は熱を食材に伝えるとともに、金属製のフライパンにくっつくのを防ぐ。油がふつふつするまで熱する。

#3 食材をのせる

フライパンに食材をのせる。すぐにジュージューと音を立てるはずだ。食材の表面から水分が蒸発するためで、油が100℃以上になっている証拠だ。表面を香りよく焼くには、水をすぐに蒸発させて、140℃以上で加熱する。

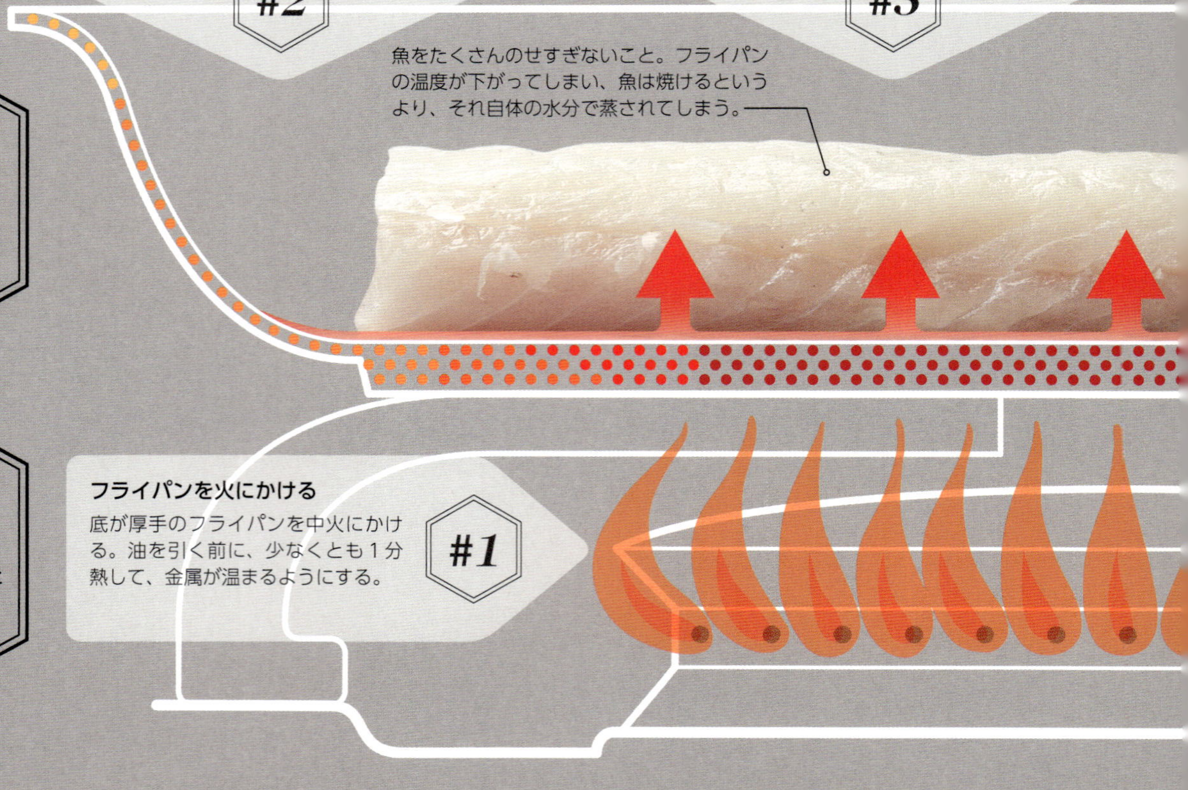
魚をたくさんのせすぎないこと。フライパンの温度が下がってしまい、魚は焼けるというより、それ自体の水分で蒸されてしまう。

#1 フライパンを火にかける

底が厚手のフライパンを中火にかける。油を引く前に、少なくとも1分熱して、金属が温まるようにする。

ソテーするには

小さな薄切りにした食材を、
少しの油を引いた深めの
フライパンで、
強火で炒める。

内部を見てみると

食材を高温の油に入れると、油は水をはじいて、食材の底面をなめらかにしつつ、そこをコーティングして、食材全体に熱が均等に広がる。食材全体に火が通るスピードは、表面から水分が蒸発して、焼けるスピードより遅い。

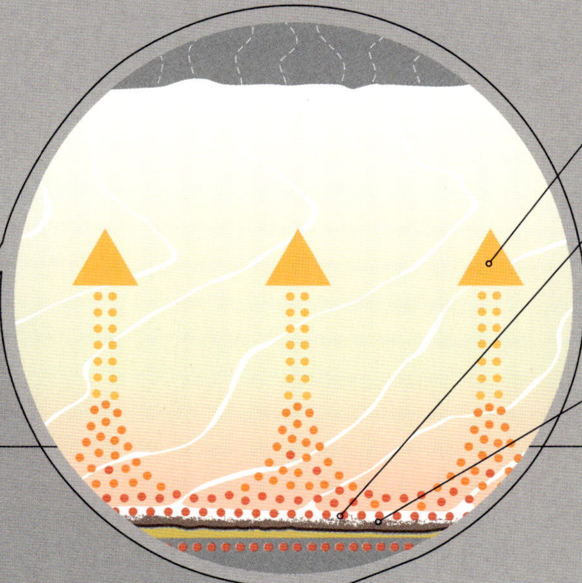

ひっくり返して火を通す

均等に加熱されるように、何度か裏返す。魚の場合は筋肉がもろいので、3〜4分焼いてから一度だけ裏返すとよい。好みの焼き加減になったら、完成。皿に盛りつける。

#4

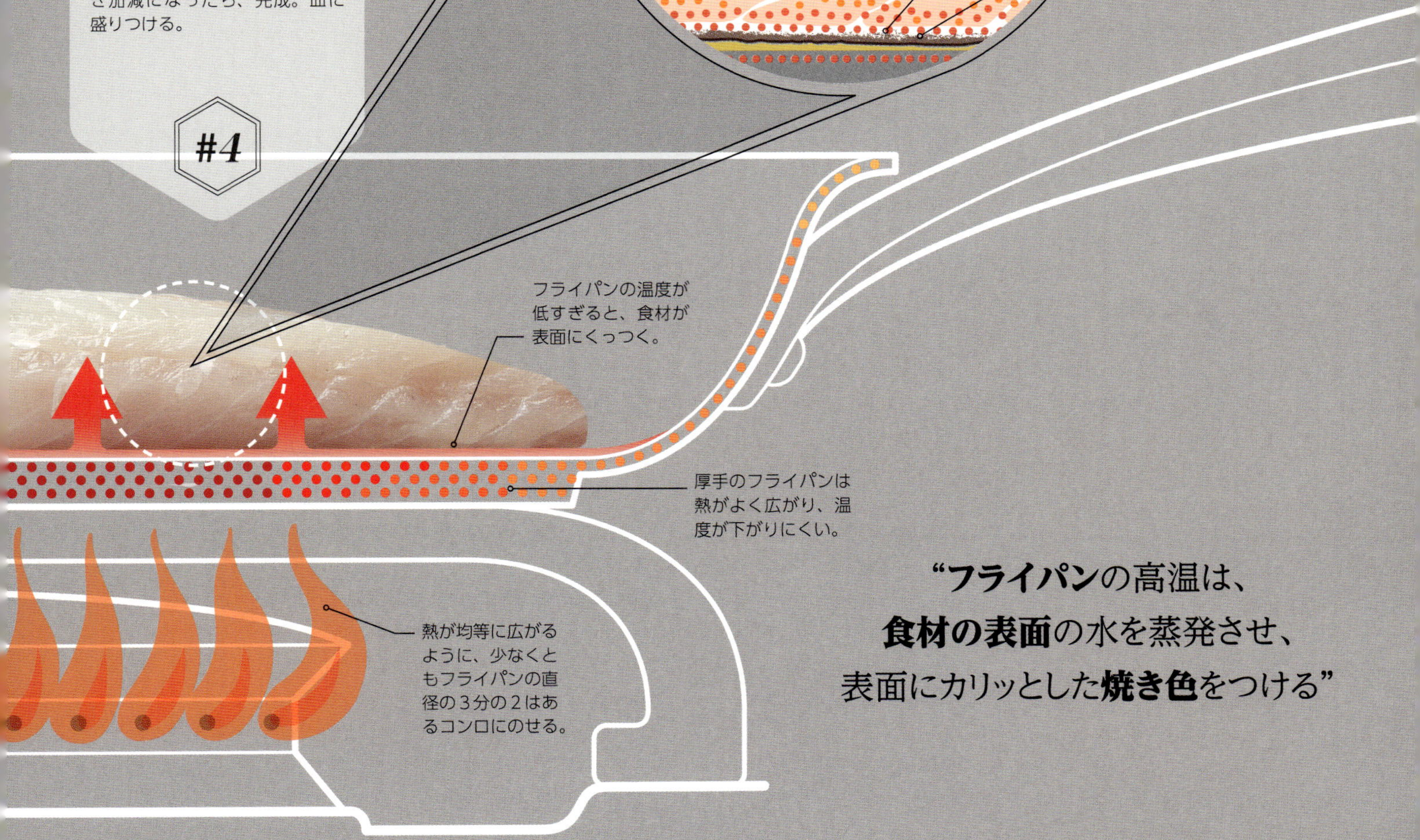

“**フライパン**の高温は、
食材の表面の水を蒸発させ、
表面にカリッとした**焼き色**をつける”

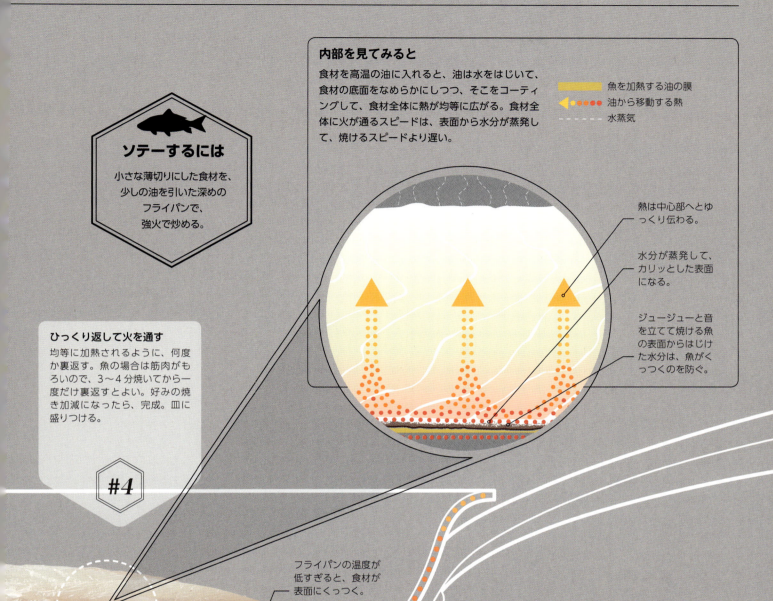

魚を自宅で保存する方法

塩漬けは古くからある魚の保存方法で、自宅のキッチンでも簡単にできる

新鮮な魚は、やわらかく、しっとりしている。ただ、冷凍庫がない場合に、生魚を冷蔵庫で保存しようとすれば、なめらかな食感のもととなる水分のせいで、細菌の温床に早変わりだ。冷蔵庫がない時代、微生物を寄せつけないためには、魚介類に塩をふり、乾燥させるのが一般的だった。ノルウェーのストックフィッシュ（干しダラ）は、この伝統を今に伝えている。内臓を取ったタラを一匹丸ごとつるし、外気で乾燥させる。しかし、この方法を家庭で実践するのは無理だろう。屋外に乾燥場所が必要だし、完成までに何カ月もかかる。ひどいにおいもする。魚の塩漬けは、そんなに時間がかからないし、自宅でも簡単にできる。魚をたっぷりの塩で覆うと、加熱したときのように、タンパク質の構造を分解する。水分は出て、塩が徐々にしみ込むので、身が引き締まって風味がよくなる。これを「乾塩法《かんえんほう》」という。塩に砂糖を加えると、甘味が出るし、保存効果も高まる。塩分濃度の高い水溶液に魚を浸す「湿塩法《しつえんほう》」もあり、この方法のほうが身に水分が残る。小さな魚や、燻製にする前の魚に用いることが多い。

食感

魚を塩漬けにすると、引き締まって乾燥した食感になる。自家製の塩漬けサーモンは、スモークサーモンのような食感。

実践編

サーモンの塩漬け（乾塩法）

できるだけ新鮮な魚を用意しよう。生食用を買うか、信頼できる仕入れ元から買う。冷凍室に24時間入れて、身についた寄生虫を殺す。魚の表面に風味をつけるには、塩漬け用調味料にかんきつ類の皮、粒コショウ、ハーブ、煎ったスパイスなどを加えて、フードプロセッサーにかけて混ぜる。

#1

塩漬け用調味料を準備する

粒の細かい塩500gと、グラニュー糖500gを混ぜ合わせて、塩漬け用調味料を作る。平たい容器の底に、塩漬け用調味料の半分量を敷き詰める。サーモンの切り身（700g）の汚れを落として水気を取り、皮を取る。皿に入れて、上から残りの調味料をかける。

#2

塩との接触面を最大にする

皿に食品用ラップをかぶせ、魚の上に全体的に重石を置く。こうすることで、切り身が塩漬け用調味料の中に押し込まれ、引き締まる。冷蔵庫に入れて塩漬けにする。時間は、切り身の厚さ2.5cmあたり24時間で計算しよう。

#3

塩漬けの具合を確認する

魚を取り出して、感触を確かめる。身が引き締まっているはずだ。まだやわらかければ、塩漬け用調味料とラップをもう一度かけて、重石をのせ、冷蔵庫に戻してさらに24時間おく。塩漬けの具合がよければ、水で洗って、ペーパーなどで水気をふき取る。冷蔵庫で保存し、3日以内に食べる。

魚の塩《しお》釜《がま》焼きの作り方

古くからあるこの料理法は見た目以上に簡単だ

　さまざまな魚の料理法のなかでも、魚を塩で包んでオーブンで焼く「塩釜焼き」は特に豪華に思える。スズキやタイ、フエダイなどを１匹丸ごと用意し、味付けする。卵白を混ぜた塩で包み、オーブンで焼く。きつね色になった塩を割ると、完全に火の通った魚が現れる。

塩釜焼きのしくみ

　魚を包む塩は、パイ生地やクッキングシート、アルミホイルなどと同じで、身の水分を逃がさないようにする。魚は、オーブンの高温かつ乾燥した空気で加熱されるのではなく、それ自体の水分で蒸される。卵白のタンパク質は熱で凝固する。そのため焼くと、魚のまわりにかたい塩の殻ができる。塩は魚の身にゆっくり広がるので、加熱時間中にしみ込む塩の量はとても少ない。そのため、塩味の強さは通常のオーブン焼きと変わらない。

200°C

魚の**塩釜焼き**に**最適な**
オーブンの**温度**。

塩釜焼きの起源

もっとも古い塩釜焼きの記録は、紀元前４世紀のチュニジアで見つかっている。

塩漬けの魚の切り方

塩漬け処理中に出る酸のはたらきで、強いピリッとした味がするので、薄切りがちょうどよい。表面の塩辛い部分は取り除いてもいい。

生と冷凍、どちらがよい？

魚を冷凍すると微生物の増殖が止まり、筋肉を自己消化する酵素が作用しなくなる

魚油はすぐに酸化するし、魚の表面にもともとついている細菌は冷蔵庫内でも増える。

魚は、筋肉膜が柔軟なので、鋭い氷の結晶で傷つきにくく、肉と比べれば冷凍しても質が落ちにくい。「急速冷凍」（下記参照）なら、氷の結晶によるダメージがほとんどなく、食感や味は生の魚とほとんど変わらない。しかし家庭の冷凍室は出力が低いので、魚の繊細なタンパク質を傷つける。

とれたてで、氷で保存してあった魚なら、生がいちばんだ。そうでなければ、冷凍されたものを買おう。

違いを知ろう

急速冷凍の魚

業務用のブラストフリーザー（急速冷凍機）は、魚を急激に冷凍することで、氷の結晶ができにくくする。

腐敗を防ぐため、冷凍処理は漁船上で開始することが多く、−30℃まで冷やされる。水揚げ後には、業務用冷凍機で−40℃の冷気を吹きつけて急速冷凍する。

ホームフリージングの魚

低出力の冷凍室は冷凍に時間がかかるので、食品に氷の結晶ができる。

魚に含まれる液体は、タンパク質とミネラル、塩分の混合物だ。この塩が凝固点を下げるので、魚の冷凍にはいっそう時間がかかり、氷の結晶がゆっくり広がって、筋肉中のタンパク質が大きなダメージを受ける。

魚は凍ったまま料理してもよい？

解凍しないと加熱時間は長くなるが、メリットもある

大きめの切り身や丸ごと１匹の場合、中心部に火が通らず、表面が焦げる危険があるので、料理する前に解凍するべきだ。

中程度の厚さまでの切り身なら、凍ったままで料理しても、味や食感には生魚に劣らない。表面をカリカリにしたいなら生魚に勝るかもしれない。氷の結晶はゆっくり溶けるので、加熱時間は長くなるが、皮をカリカリにしても、中心部に火が通りすぎない。

魚を解凍する場合、ラックにのせ、下に受け皿を置き、冷蔵庫に入れる。または真空パックに入れて氷水につける。氷水は解凍をはやめるとともに、魚を低温に保って細菌の繁殖を防ぐ。

風味の移動

魚を包み焼きにすると風味化合物は、汁にしみ出る。これは、ソースのベースになる。

違いを知ろう

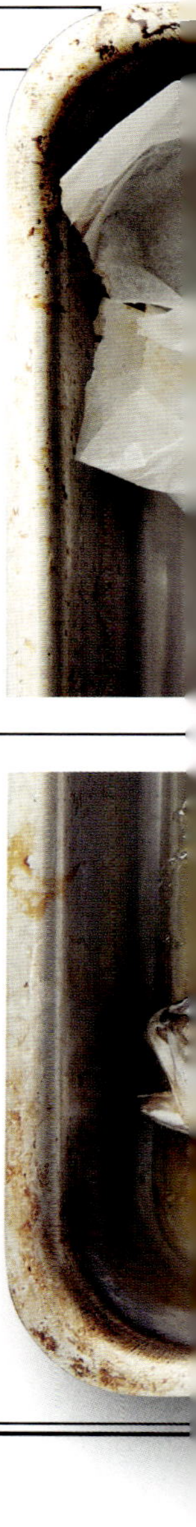

包んで焼く

魚の包み焼き（パピヨット）は、水分を閉じ込め、ポーチする（83ページ参照）のと同じ効果が得られる。

方法　クッキングシートかアルミホイルで魚を包み、しっかりと封をして焼く。クッキングシートは、くっつかないようにシリコンがコーティングされており、天板からの熱の移動をゆるやかにする断熱材になる。

向いているのは…　切り身に最適。ハーブやスパイス、野菜などを魚の表面を覆うようにして一緒に包んでもよい。

包まないで焼く

肉をオーブンでローストするのと同じで、魚を包まずに焼くと、表面は乾燥するが、丸ごとの魚にはよい方法だ。

方法　魚にオイルや調味料をふって、包まずにオーブンに入れて焼く。火の通りはゆっくりで、熱が中心部に伝わる間に表面が乾燥する。

向いているのは…　丸ごとの魚に最適。表面温度が高くなるので、魚の表面は乾燥するが、皮はカリッとして焼き色がつき、中心部はゆっくりと火が通る。

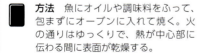

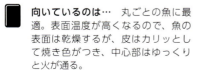

魚をオーブンで焼くときのおすすめの方法は？

焼き方によってかなり違った仕上がりになる

魚をオーブンで焼くおもな方法は２つあり、仕上がり具合が違うので、好みによってどちらかの方法（下記参照）を選ぼう。「パピヨット」と呼ばれる魚の包み焼きはすばらしい一皿だ。そのままテーブルに運び、クッキングシートを切り開けば、立ち上る香り豊かな湯気の中にシーフードのごちそうが姿を現す。華やかな料理だが、とても簡単だ。包み焼きにすると、魚自体の水分で加熱される。アルミホイルでも同じような結果になるが、クッキングシートと違い、アルミホイルはノンスティックの素材ではないし、金属は熱を伝えやすいので、油を塗っていない部分がアルミホイルにくっつく。包み焼きにすると、身はジューシーになり、味もしみ込みやすい。

丸ごとの魚は、包まずに焼くこともできて、すばらしく仕上がる。表面の高温（140℃）が魚の皮をカリッとさせる。一方で、中心部はゆっくり火が通り、水分を保つ。

包み焼きで加熱中の魚

しっかり封をした包みの中に熱が閉じ込められて、サウナのようになり、魚から失われる水分が最小限になる。熱が循環して、身から出る水分や、ほかに加えた水分の中で、魚を約100℃で蒸し焼きにする。

閉じ込められた水蒸気が循環する。

オーブンの高温の空気。

包まずに加熱中の魚

オーブンの高温の空気では、魚全体に効率的に熱が伝わることはない。表面は、水分が蒸発するので、徐々に乾燥する。また熱は中心部に向かって徐々に伝わる。

水分が逃げる。

熱は徐々に中心部へ伝わる。

魚の水分を保つ調理方法は?

**魚の体は、冷たい水中で生きられるようにできている。
繊細な筋肉や、体内の化学的性質は冷たい環境に合わせたものなので、加熱しすぎに注意が必要**

魚料理は難しいと考えている人が多いが、それは魚の筋肉を加熱すると、タンパク質がすぐにほどけて凝固することをわかっていないからだ。この現象は、赤肉では50~60℃で起こるが、魚では40~50℃で起こる。これ以上加熱すると、筋肉の細胞や結合組織が縮み、水分が出て、身がぱさぱさで繊維状になる。

均等《きんとう》に火を通すには

魚の表面は、中心部よりはやく火が通る。この温度の違いは「温度勾配《こうばい》」と呼ばれており、強火で加熱するほど大きくなる。火からおろしても、熱は内側に向かって伝わり、それによって火が通る。これは「余熱調理」と呼ばれており、フライパンで焼く場合など、温度勾配が大きいほど余熱で火が通る。そのため、魚は、完全な焼き具合になる直前にフライパンからおろすといい。ポーチ（ポシェともいう）や真空調理などゆっくりと加熱する方法では均等に火が通る。右の表は、3通りの調理法について、温度勾配によって魚にどのように火が通るかを示している。

魚の火の通り具合を確かめる方法はいくつかある。身がしっかりとして、つやがなくなったとき、力を入れなくても骨がはずせるようになったとき、デジタル温度計で中心部の温度が60℃になったときには、火が通っている。

切り込みを入れる

厚みが一定ではない切り身を均等に加熱するには、厚みのある部分に1～2cm間隔の切り込みを入れる。

“魚はもともと**繊細**なので、
注意して料理する
必要がある”

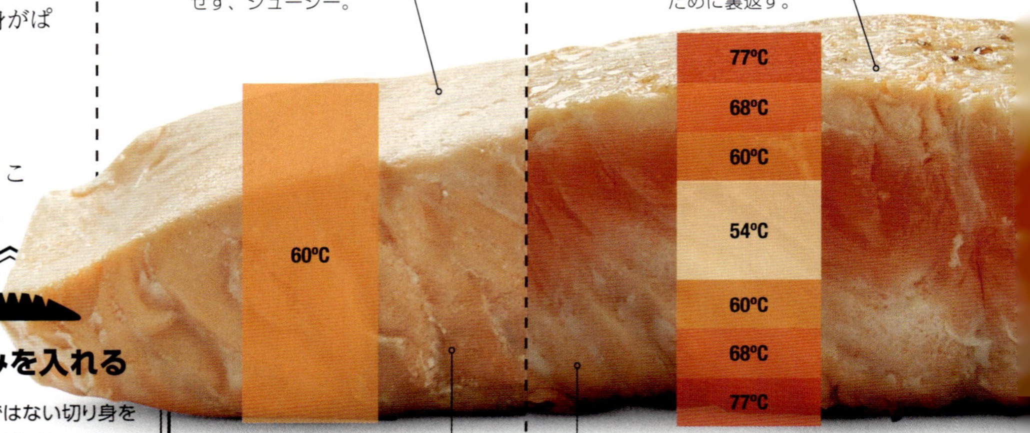
加熱後も身はぱさぱさせず、ジューシー。
60°C
湯の中につかっているので、全体に均等に火が通る。
両面から加熱するために裏返す。
77°C
68°C
60°C
54°C
60°C
68°C
77°C
魚をフライパンからおろした後でも、余熱が中心部に向かって伝わる。

真空調理	フライパンで焼く
魚を低温の真空調理器でゆっくり加熱する（84ページ）と、表面と中心部が同じはやさで加熱されるので、均等に火が通り、身がぱさぱさせず、ジューシーになる。	魚をフライパンの高温で焼くと、中心部よりも表面が先に焼ける。フライパンからおろした後でも「余熱」で火が通るので、焼きすぎになりやすい。
向いている魚 結合組織が多い魚介類や、身が厚い魚は、真空調理法によるスロークッキングに向いている。 タコ、イカ、サーモン、シタビラメ、コダラ、アンコウ	**向いている魚** 加熱が短時間なので、焼きすぎで筋肉がくずれるのを防げるため、やわらかい切り身や、繊細な魚に向いている。 オヒョウ、シタビラメ、タラ、サーモン、スズキ、マグロ、サバ

コダラ

スズキ

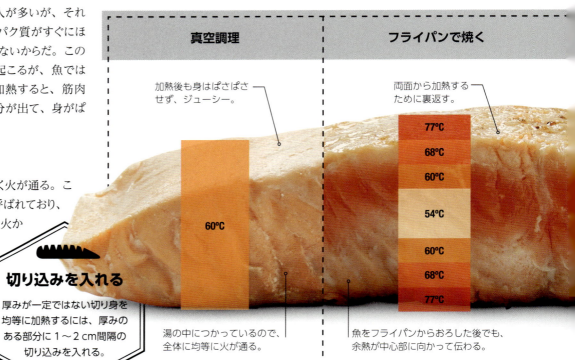

魚をうまくポーチする方法

魚をポーチすると、繊細で風味がよい料理になる。うまくポーチするには、魚の筋肉構造を理解しておくべきだ

身がくずれやすい魚は、ていねいに料理する必要がある。ポーチは、魚をゆっくりと、確実に料理できる、簡単で手間のかからない方法だ。しかし、心配なのは、魚を湯の中に長時間入れておいたら、水分を吸ってべちゃべちゃにならないかということだ。実は、魚の筋肉は水分をあまり吸収できない。筋肉細胞は水分で飽和状態なので、さらに水分を吸収する余地はほとんど残っていないからだ。ポーチでは、水分が魚の表面から蒸発できないので、身がぱさぱさにならない。よくある失敗は、湯を沸騰させてしまうことだ。ぐらぐらと煮立てると、タイミングをはかるのが難しくなるし、表面に火が通りすぎる。激しく沸き立つ湯の中で身がくずれることもある。

70%

魚の筋肉細胞の重さの７割は水なので、それ以上水分を吸収できない。

風味をつける

魚の風味を高めるために、野菜やレモン、ハーブなどの材料を一緒にポーチしてもいい。しかし、こうした風味成分はあまり水に溶け出さず、魚の身にそれほど浸透しないので、思ったような結果にならないこともある。

水ではなく、フィッシュストックやベジタブルストック、ワインでポーチすれば、多少は効率的に風味をつけることができる。

ポーチする

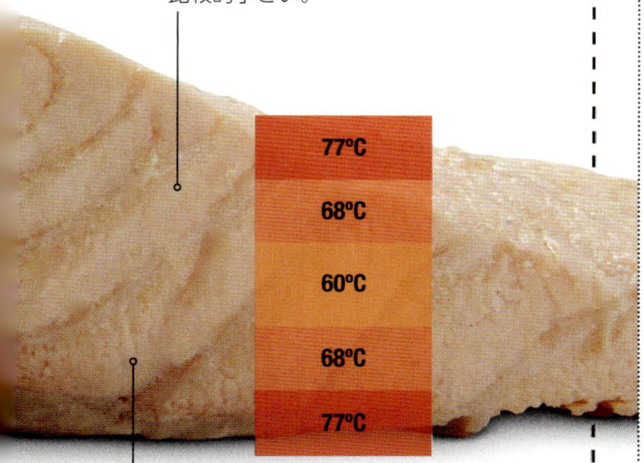

中心と表面の温度勾配は比較的小さい。
77°C
68°C
60°C
68°C
77°C
真空調理と同じように、かなり均等に火が通り、身がやわらかい。

湯の中で魚をポーチするには、そっとゆでればうまくいく（右記参照）。フライパンで焼くよりも温度勾配が小さいので、より均等に火が通る。

向いている魚

多くの種類の魚に使える、用途の広い調理方法だが、身が厚い種類に特に効果的だ。

サーモン、オヒョウ、マス、シタビラメ、イシビラメ、マグロ

イシビラメ

違いを知ろう

たっぷりの液体でポーチする

鍋に入れた液体を71～85℃に温めてから、魚を入れ、完全に液体につかるようにする。

魚をとても穏やかに加熱するので、身がやわらかいままになる。じゅうぶんな量の液体でゆでると、材料すべてが完全につかるので、その風味の一部が液体に溶け出し、魚の表面につく。

すっかり液体につかるので、魚全体に均等に火が通る。加熱時間は10～15分あれば大丈夫。

少ない液体でポーチする

大きめの鍋に液体を入れ、85～93℃まで温める。魚は、下３分の１くらいだけつかるようにする。

残った少量の液体は、香味料を加えて取り分けておけば、魚の風味化合物を含んだ濃厚なソースのベースになる。

魚の一部が液体から出ているので、タイミングをはかるのが難しい。クッキングシートをふんわりかぶせれば、蒸気が閉じ込められて、魚の上部に火が通りやすくなる。

真《しん》空《くう》調《ちょう》理《り》のしくみ

正しく行えば、真空調理した料理の食感と新鮮さに並ぶものはない

データ

しくみ

食材を真空パックに入れ、低めの温度に保った湯の中で加熱する。

向いているのは…

魚の切り身、鶏むね肉、ポークチョップ、ステーキ肉、ロブスター、卵、ニンジン

気をつけること

焼き色がつかないので、表面に焼き色をつける場合や、カリッとさせるには、真空調理法の前後にフライパンなどで焼く。

フランス人が開発した真空調理法（sous vide）は人気が高まりつつある。真空調理に必要な装置はハイテクに見えるが、原理は簡単で、食品をパックに入れ、空気を抜いて密封《みっぷう》し、低めの温度でかなりの長時間加熱するだけだ。必要な装置は、パックから空気を抜き密封するための真空シーラーと、水温を厳密に制御できる液体槽がついた真空調理器の２つだ。ヒーターは温度計とつながっていて、液体槽の水温を希望する料理の仕上がり温度と同じ一定の温度に保つ。驚くほど安定した仕上がりになり、食材全体に均等に火が通る。

41°C

サーモンを調理する場合の設定温度は、レアなら41℃、ウェルダンなら60℃。

低温でゆっくりと

肉や魚は、加熱しすぎを心配せずに、規定の温度で3時間放置できる。

新鮮な素材だけを使う

真空調理法では、よい香りも悪い香りも強まるので、まったく傷みのない、新鮮な魚や肉を使う。

内部を見てみると

液体槽からの熱は、あらゆる方向から食材に浸透する。真空パックが、食材に水分が入り込んだり、逆に蒸発したりするのを防ぐ。食材の中心温度は、徐々に外側と同じ温度になるので、温度勾配は生じない（82ページ参照）。食材は均等に加熱され、表面がぱさついたり、中心が生というようなことがない。

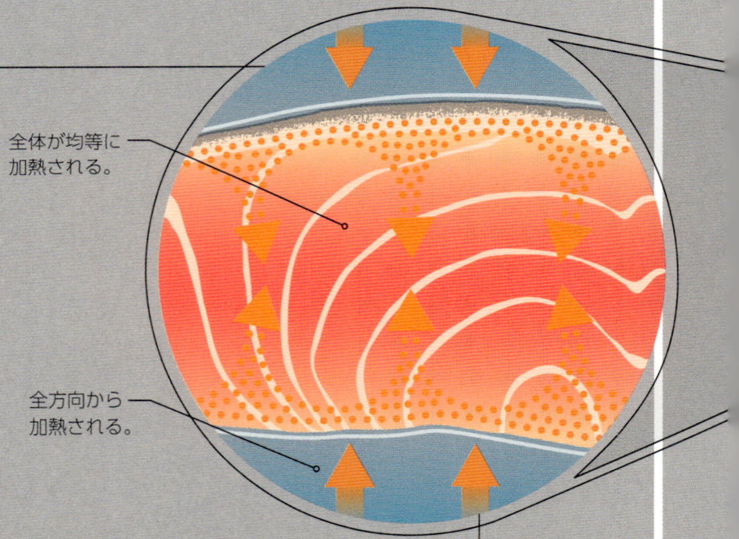
全体が均等に加熱される。
全方向から加熱される。

湯から食材に熱が伝わる
湯の温度は60℃を保つ

違いを知ろう

真空調理法

真空パックに密封して一定温度に保つので、加熱しすぎにならない。

調理時間　湯の中でゆっくりと加熱するだけ。香味料は真空パックの中に入れる。

風味　真空パックが風味と水分を保つ。パック内は低圧になるので、パック内の水分に含まれる香りや風味が食材にしみ込みやすい。

ポーチ

食材を液体に浸し、真空調理法よりも高温でゆでる。

調理時間　火の通りがはやく、加熱しすぎになりやすい。水やストック、牛乳、ワインなど、さまざまな液体でポーチできる。

風味　加熱中に液体からの風味がからむが、食材から液体に流れ出てしまう風味もある。

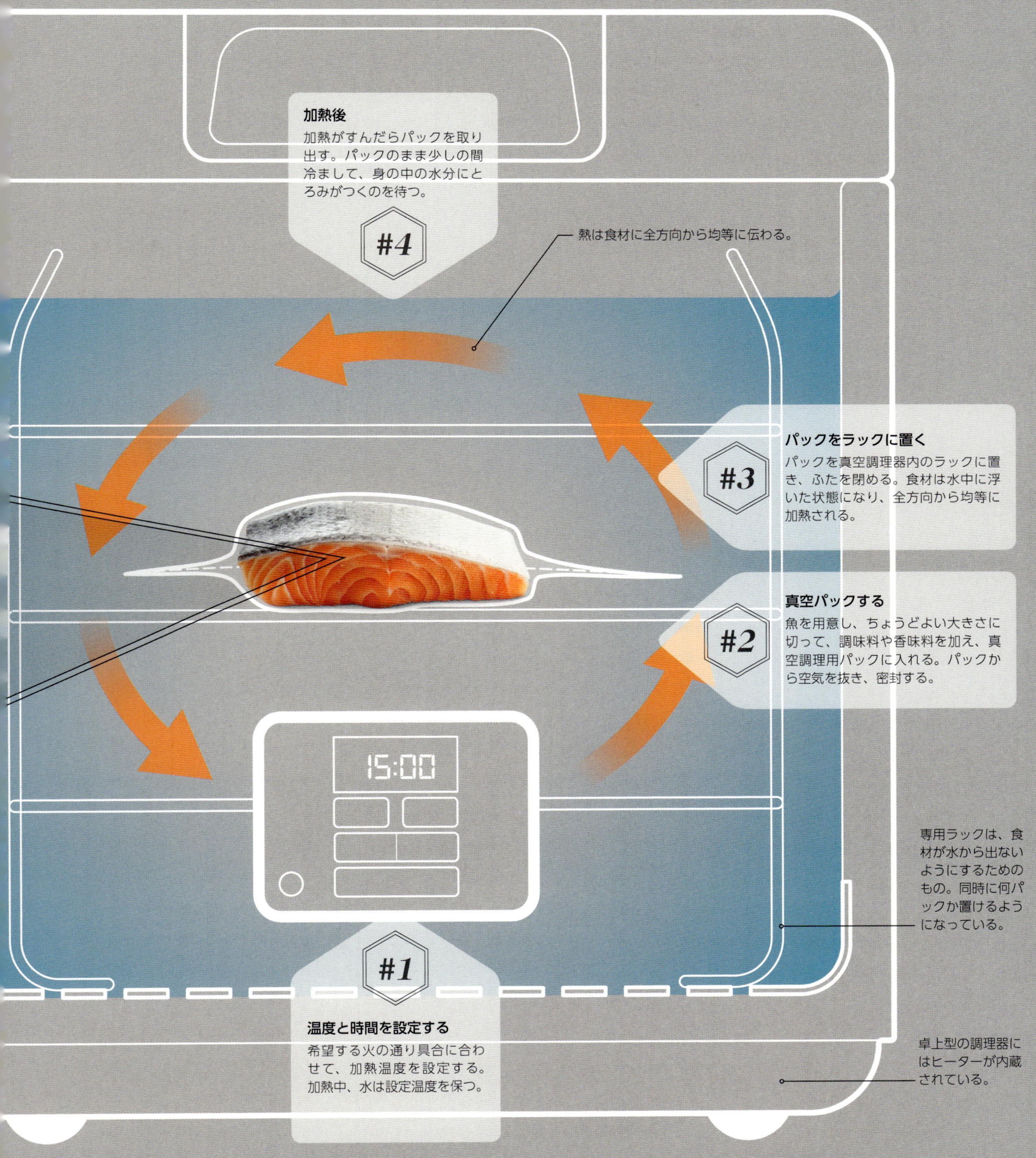
加熱後
加熱がすんだらパックを取り出す。パックのまま少しの間冷まして、身の中の水分にとろみがつくのを待つ。
#4
熱は食材に全方向から均等に伝わる。
パックをラックに置く
パックを真空調理器内のラックに置き、ふたを閉める。食材は水中に浮いた状態になり、全方向から均等に加熱される。
#3
真空パックする
魚を用意し、ちょうどよい大きさに切って、調味料や香味料を加え、真空調理用パックに入れる。パックから空気を抜き、密封する。
#2
15:00
専用ラックは、食材が水から出ないようにするためのもの。同時に何パックか置けるようになっている。
#1
温度と時間を設定する
希望する火の通り具合に合わせて、加熱温度を設定する。加熱中、水は設定温度を保つ。
卓上型の調理器にはヒーターが内蔵されている。

魚の皮をカリッと黄金色に焼くには？

見事な焼き色のカリッとした皮は、やわらかくてほぐれやすい身とのバランスが絶妙

　カリッとした黄金色の皮にするのに大切なのは、高温で焼くことだ。そうすると水分がジュージューと蒸発し、表面温度が、メイラード反応に必要な最低温度（140℃）を超える。皮に水分が残っていると、熱エネルギーが過剰な水分の蒸発に使われ、メイラード反応がすぐには起こらない。そのため、皮が色づくほど乾燥する前に、身の部分は火が通りすぎてしまう。フライパンの温度が低く、ジュージューと音がしないと、皮のタンパク質とフライパンの金属原子の間で化学反応が起こり、魚がフライパンにくっつく。表面の水気を完全に取り、発煙点の高い油を引いて強火で焼くことが、皮をきれいにカリッとさせるコツ。

魚の選び方

皮が薄いものや、ゴムのようなものは避ける。スズキ、フエダイ、サーモン、カレイ、タラなどはカリッと焼ける。

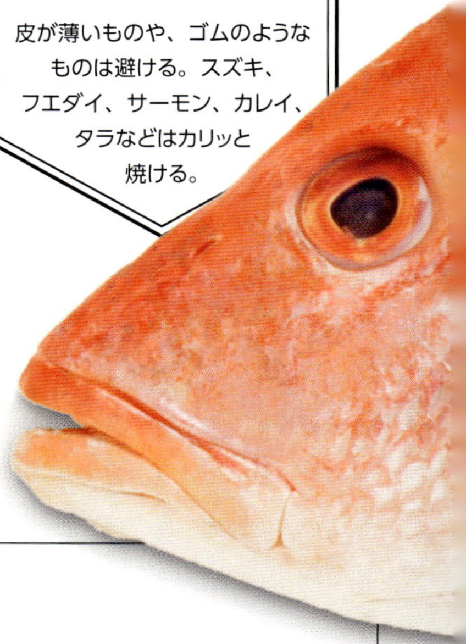

実践編

魚をフライパンで焼く

フライパンを使えば、皮つきの切り身を短時間でおいしく焼くことができ、皮はカリッとして、身はしっとりしてほぐれやすくなる。熱を保ちやすい厚手のフライパンを使おう。大きめの切り身の場合、厚みがありすぎて全体に火が通らないので、焼き色がついたところで、予熱済みのオーブンで焼いて仕上げる。

塩をふり、皮の水気を取る

皮付きの切り身（中サイズ）のうろこを取り、表面に粒の細かい海塩をすり込む。両面に塩をふる。皿にのせ、ラップをかけて、冷蔵庫で2〜3時間おくと、塩のはたらきで水分が出る。キッチンペーパーでたたくようにして、水分を完全に取る。

油を発煙点直前まで加熱する

底の厚いフライパンを強火で熱する。大さじ1杯のヒマワリ油または発煙点の高い油（192〜193ページ参照）を引き、発煙点直前まで加熱する。皮目を下にしてフライパンにおく。すぐに皮がジュージューと音を立てる。フライ返しで均等に押し、熱が皮全体に伝わるようにする。

押して、裏返して、火を通す

加熱すると、コラーゲンの繊維が縮み、魚の身が反り返るので、平らになるように押し続ける。厚みの3分の2の色が変わるまで焼く。そっとひっくり返して、裏面も焼く。火がじゅうぶんに通ったらすぐに皿に移す。皮を上にすれば、皮のカリッとした感じを保てる。

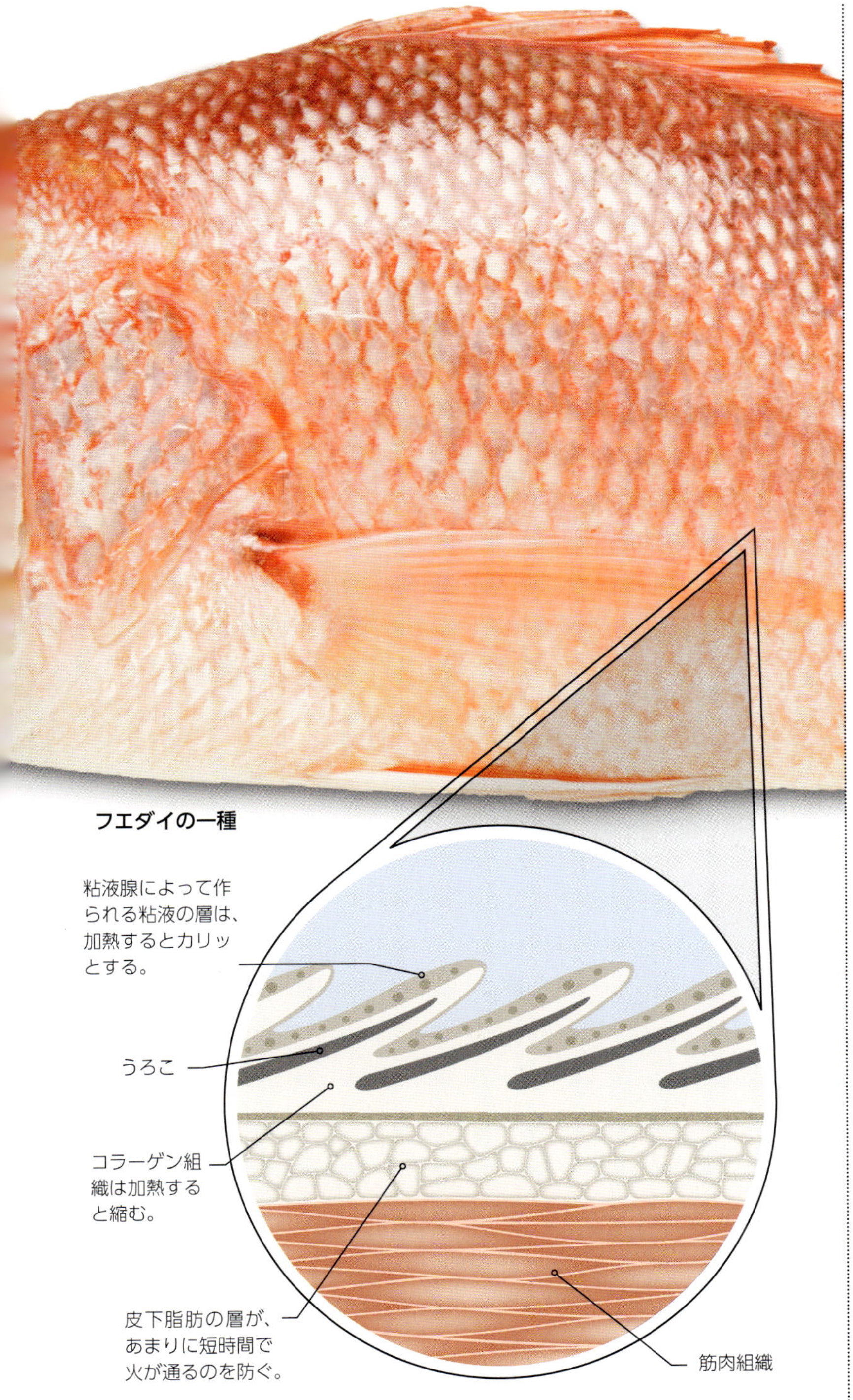
フエダイの一種
粘液腺によって作られる粘液の層は、加熱するとカリッとする。
うろこ
コラーゲン組織は加熱すると縮む。
皮下脂肪の層が、あまりに短時間で火が通るのを防ぐ。
筋肉組織

魚の皮の解剖学

魚の皮は、身とはかなり異なり、脂肪が豊富で（重さの10分の１を占める）、コラーゲンを含むため、頑丈で水分も多い。魚の皮は、ねばねばした粘液層も作り出す。この粘液層と、かたくて食べられないうろこの層は、魚の体を守るためにある。

魚は焼いた後、休ませなくてもいいの？

魚の筋肉は、動物の肉の筋肉と構造が違うので、扱い方も変える必要がある

肉と同じように、魚も焼いた後に休ませるべきだと考えている料理人がいる。そうしても害はないが、大型の魚を丸ごと料理するのでなければ（下記参照）、出来上がった料理にそれほど大きな違いはない。

筋肉の水分と温度

焼いた赤肉や白肉を休ませると、筋肉に含まれる液体が冷やされ、濃度を増す時間ができるので、ジューシーさがわずかに増す（59ページ参照）。休ませている間に、肉の中のばらばらになったタンパク質が水分と混じり合い、なめらかな肉汁になるのだ。魚にはそうしたタンパク質が少ないので、休ませても同じ効果は得られない。魚には、結合組織が少なく、筋っぽい腱はない。そして陸上にすむ動物の肉よりも食感が繊細だ。そのため、休ませることで多少ジューシーさが増しても、なかなか気づきにくい。

肉と同じように魚を休ませれば、身全体の温度は均等になる。しかし魚の身は薄いことが多いので、この効果も無視できる程度だ。

豆知識

丸ごとの魚を休ませるのにはメリットがある

魚はたいていの場合、焼いてから休ませる必要はないが、大型の魚を丸ごと焼く場合には、数分休ませるとよいこともある。

身がばらばらになりにくくする

マグロやアンコウのような大型でずっしりした魚は、テーブルに運ぶ前に５分ほど休ませると、身のタンパク質が引き締まって、ばらばらになりにくくなり、きれいにスライスできる。

熱を保つ

丸ごとの魚は、身が皮で包まれているので、切り身より熱が保たれやすい。そのため、休ませている間に冷めてしまう心配があまりない。

刺身の安全性について

刺身の調理法を理解していれば、安全面を心配せずにすむ

刺身に使われるマグロは、ほかの魚より感染リスクが低い。

最高品質の魚

本物の刺身には、産地がきちんとわかっていて、保存方法がしっかりしており、細心の注意を払って下処理された最高品質の魚のみが使われている。

刺身は、ほかの未加熱の料理と同じように、危険性がゼロではないが、厳格な管理が行われているので、正しく調理した刺身は感染のリスクが低い。

生食用の魚

刺身に使われる魚は、すばやく締めてから（劣化の原因になる乳酸の蓄積を抑えるため）、細菌の繁殖を防ぐために氷と一緒に保存する。魚を選別するため、養殖業者や卸業者、生産者は、化学的検査を行い、その後、鮮度に基づいて魚の価格を決める。

細菌よりもリスクが高いのが寄生虫だ。寄生虫は動物の肉に侵入する性質がある。摂取すれば、腸に穴をあけて、持続性の下痢や腹痛を引き起こす。こうした病原体は冷凍すると死滅する。アメリカなどでは刺身用の魚は、販売する前に少なくとも−20℃で凍結されることになっている。また、刺身で食べる種類のマグロ（クロマグロ、キハダマグロ、ビンナガマグロ、メバチマグロ）は、深くて冷たい海に生息しており、寄生虫はいないので安心できる。

最高品質の魚のみを選ぶことにこだわりがあり、それを低温で保存していて、衛生管理に細心の注意を払っている、信頼できる寿司店で刺身を食べるのならきわめて安全だ。刺身を家で安心して食べるためには、それと同じことをするのが大切だ。

かんきつ類の果汁で生魚をしめる効果は？

生魚をレモン果汁でしめる「セビーチェ」は料理のレパートリーを増やすのによい一品

南米の伝統料理「セビーチェ」は、生魚とかんきつ類の果汁を混ぜ、それを冷蔵庫に入れて、しばらくおくだけで、加熱したのと同じようになる料理だ。錬金術のような不思議な料理だが、その裏にある科学は実はとてもわかりやすい。

酸の効果

かんきつ類の果汁に含まれる酸は、加熱するのと同じように、魚のタンパク質に作用する。魚の繊細な筋肉に含まれるタンパク質の構造を分解する（「変性」させる）。これは加熱とほとんど同じ作用だ。

酸で魚をしめるには、pHが4.8未満でなければタンパク質が変性しない。レモンやライムの果汁はpHが約2.5だ。果汁が表面に浸透すると、光沢のある身が少しずつ引き締まり、色も白く変わる。そして酸のはたらきで、強い酸味と香りが生まれる。甘さを出すには、果物の果汁かトマトを加える。トウガラシを加えれば、少し辛さが出る。

タイミングをはかる

魚をセビーチェのようにしめるのに必要な時間は、どんな食感にしたいかで違ってくる。

セビーチェにする時間の目安

皮を取った切り身を、さいの目切りか、厚さ2cmほどの薄切りにしたら、以下の時間を目安にしてセビーチェにする。25分以上おくと白色になり、完全に火が通ったようなかたさになる。

- **レアーミディアム** 10～15分
- **ミディアム** 15～25分
- **ミディアムーウェルダン** 25分

“

とれたての魚はたいてい
生食が可能だが、工業的な規模で
魚を加工している場合、汚染が
起こりやすい。品質管理が生食用の
魚ほど厳しくないからだ

”

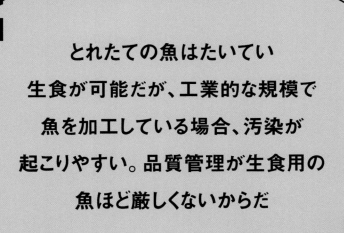

甲殻類を加熱すると色が変わるのはなぜ?

熱によって隠れていた色が現れる

甲殻類は、もっとも繁栄している生物のひとつで、2億年前から海に生息している。甲殻類が長く繁栄し続けている理由のひとつは、周囲の風景にうまく溶け込めるからだ。例えば、濁《にご》った海の中で、灰青色のエビを見つけるのは難しい。ところが甲殻類を加熱すると、見事な色の変化が起こって、天然の迷彩色が鮮やかな赤色になる。

隠れた才能

天然の迷彩色がはがれると、甲殻類の劇的な色の変化が起こる。

甲殻類の赤色はどこからくるのか

ロブスターやカニ、エビなどの甲殻類を加熱すると赤くなるのは、フラミンゴがピンクであり、サーモンがオレンジであるのと同じ理由だ（70ページ参照）。赤色の色素であるアスタキサンチンは、プランクトンや藻類によって生成される。これらを甲殻類が捕食すると、殻や身にアスタキサンチンが蓄積される。甲殻類がアスタキサンチンを蓄積する理由ははっきりとはわかっていないが、浅い海にいるときに紫外線から身を守るためではないかとされている。甲殻類が生きているときは、捕食者から身を隠すため、この赤色は見えないようになっている。

加熱するとこの赤色が現れるが、これは火の通り具合の目安にはならない。ロブスターやカニなどの大型甲殻類は、完全に火が通る前に色が変わるからだ。必ず、身が引き締まって、色が白く不透明になったかどうかで判断しよう。

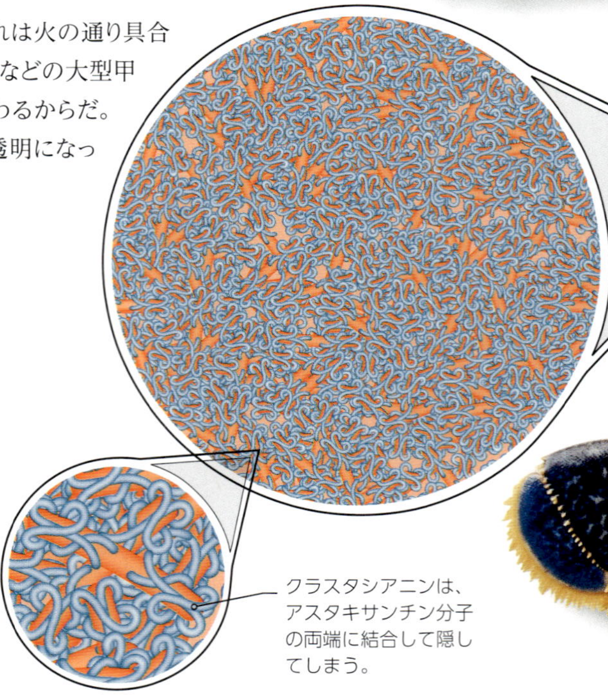

クラスタシアニンは、アスタキサンチン分子の両端に結合して隠してしまう。

青いクラスタシアニン

これは甲殻類が生きているときに生成するタンパク質。クラスタシアニンは青色で、アスタキサンチン（右ページ参照）と結合するとその色を抑え、隠してしまう。そのため甲殻類は、クラスタシアニンの控えめな色合いを帯び、捕食者から身を隠す。

加熱してクラスタシアニンの結合がほどけると、アスタキサンチン分子が現れる。

赤いアスタキサンチン

この鮮やかな色の色素は、甲殻類のエサに由来するもので、体内ではクラスタシアニンと結合して見えなくなっている（左ページ参照）。料理するときの熱で、クラスタシアニン分子の結合がほどけると、アスタキサンチンが放出されて、本来の色がはっきりと現れる。

料理の常識

《ウワサ》
ロブスターは、沸騰した湯の中に放り込むと泣く。

《ホント》
声帯がないので泣くことはできないが、殻の中に閉じ込められていた空気が逃げて、音がする可能性はある。ロブスターを苦しめずに調理するために、２時間冷凍室に入れて、ゆでる前に気絶させておこう。

ムール貝の調理法とは

コツさえ覚えれば、ムール貝は下処理が簡単で、短時間で料理できる魚介類だ

ムール貝は、すぐに傷むので、生きたまま料理するべきだ。活ムール貝をすぐに料理に使わないのであれば、氷に入れて保存するか、ボウルに入れて湿った布をかぶせ、冷蔵庫のいちばん温度の低い場所におく（真水に入れて保存すると死んでしまう）。料理に使う前に、すでに開いていて、軽くたたいても閉じない貝は死んでいるので廃棄する。加熱中は、貝が開いてもすぐに取り出さないこと。研究によれば、はやめに開く貝は、完全に火が通っていないことが多いという。疑わしければ、においや触感を確かめよう。汚染したものや、死んだムール貝はいやなにおいがしたり、表面がべとべとしている可能性がある。

料理の常識

《ウワサ》
加熱後も閉じたままのムール貝は食べてはいけない。

《ホント》
貝殻の中の身は、沸騰する湯の中にあれば、貝が開いているかどうかに関係なく火が通る。貝殻は、閉殻筋（貝柱）という２つの筋肉によって閉じられているが、この閉殻筋は、動物の世界で特に強力な筋肉だ。通常火にかけるとタンパク質が加熱されて、閉殻筋は徐々に弱くなるが、ほかよりも閉殻筋が強い貝は殻が開かないかもしれない。しかし、こじ開ければ、火は通っている。

ムール貝の下処理の方法

いくつか簡単なルールを守って、きれいで新鮮なムール貝だけを鍋に入れるようにしよう。

ムール貝は、ヒゲのような「足糸」を使って、岩などの表面にくっつく。

1 鮮度を確認する
貝殻が壊れていたり、ひびが入っていたり、軽くたたいても閉じない貝は取り除く（上記参照）。

2 冷水の中で洗い、水で流す
フジツボなどをナイフでこそげ落とす。冷たい流水の中でブラシを使って表面をこする。

3 最後に足糸《そくし》を取り除く
足糸をつまみ、貝殻が開く側からちょうつがいの方向に引っ張って取り除く。

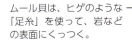

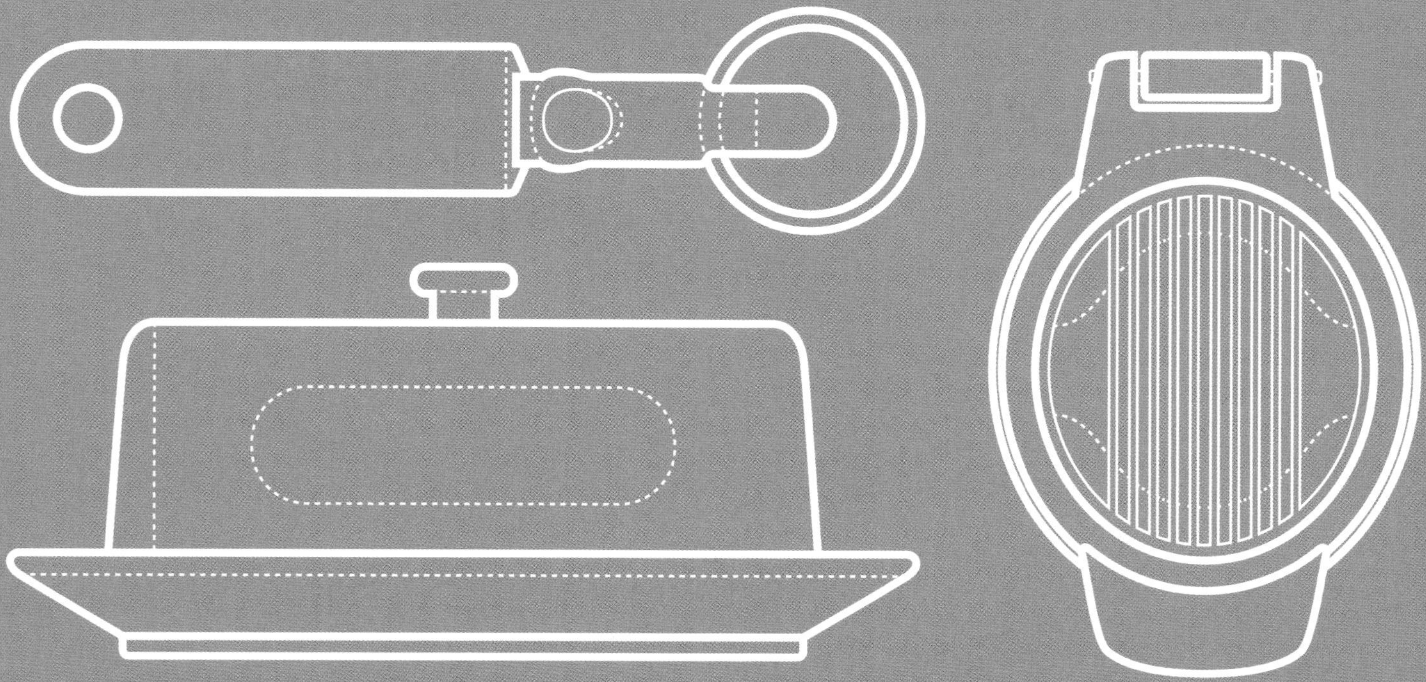

卵と乳製品

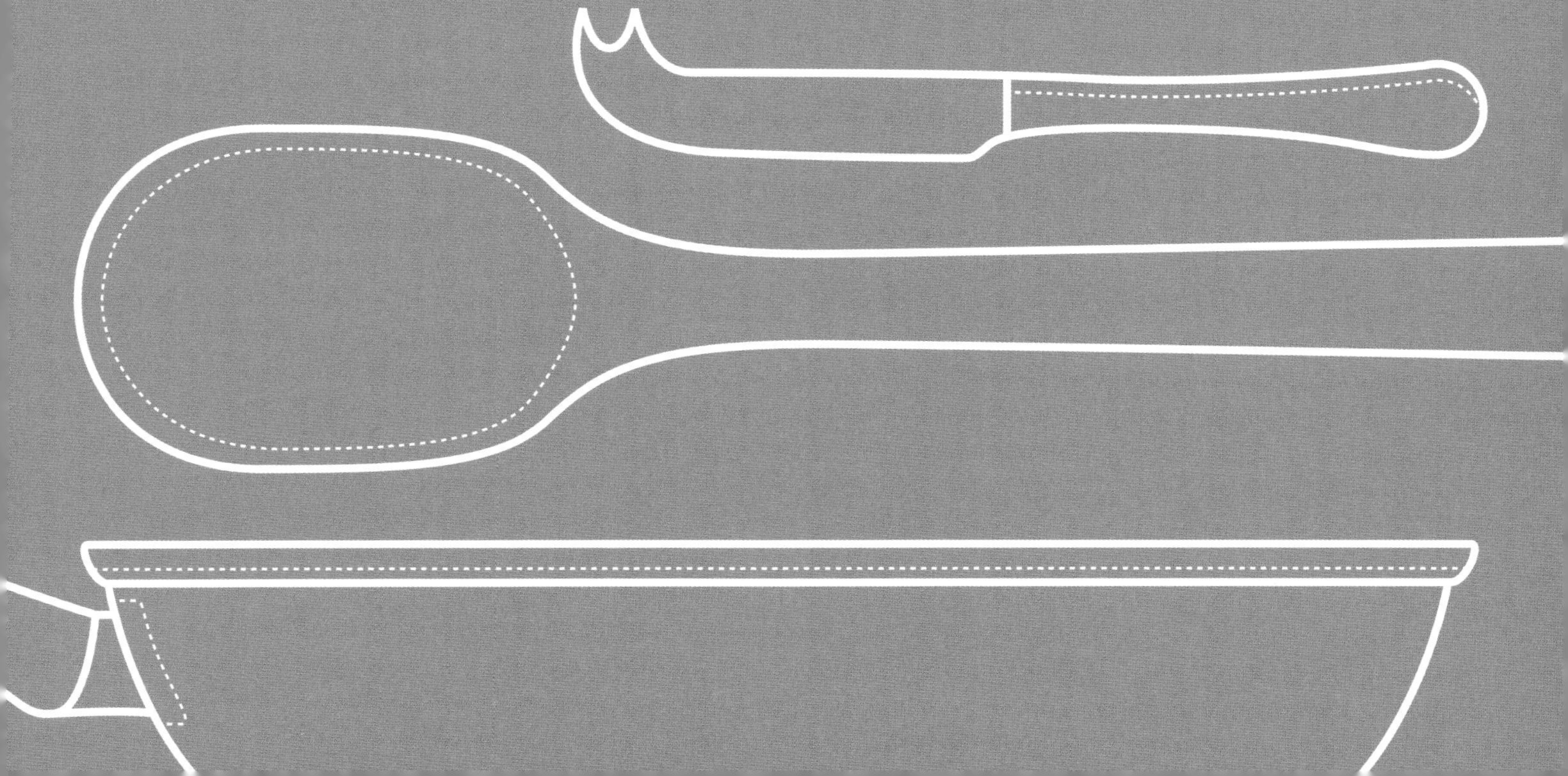

フォーカス：卵

卵は、栄養源としても食材としてもすばらしい食品であり、キッチンに欠かせない

卵には、食材をかためる、コーティングする、澄ませる、とろみをつける、空気を含ませるといったはたらきがあり、使い道の広さはキッチンにある食材の中でも抜きん出ている。その驚くべき力は、タンパク質と脂肪、乳化成分の組み合わせの効果だ。

卵黄にはタンパク質と脂肪が多い。脂肪は、非常に小さい小球体に入った状態で液体中に浮遊しており、その表面をレシチンと呼ばれる乳化成分が覆っている。レシチンには、脂肪と水を混ぜ合わせるはたらきがある。マヨネーズで、卵黄が油と酢を結びつけることができるのは、レシチンを含むからだ。卵白の主成分は水で、タンパク質も多少含む。卵白を泡立てると、タンパク質の構造がほどけて、ふんわりとしてくる。これを砂糖と混ぜればメレンゲになるし、ケーキに加えればよく膨らむ。全卵は、料理にしっかりした形や、水分、風味を与える。さらに、卵はひなの成長を支えるためにあるので、それ自体が栄養価の高い食材だ。また、アミノ酸の割合がヒトの健康にとって完璧に近いバランスになっている。

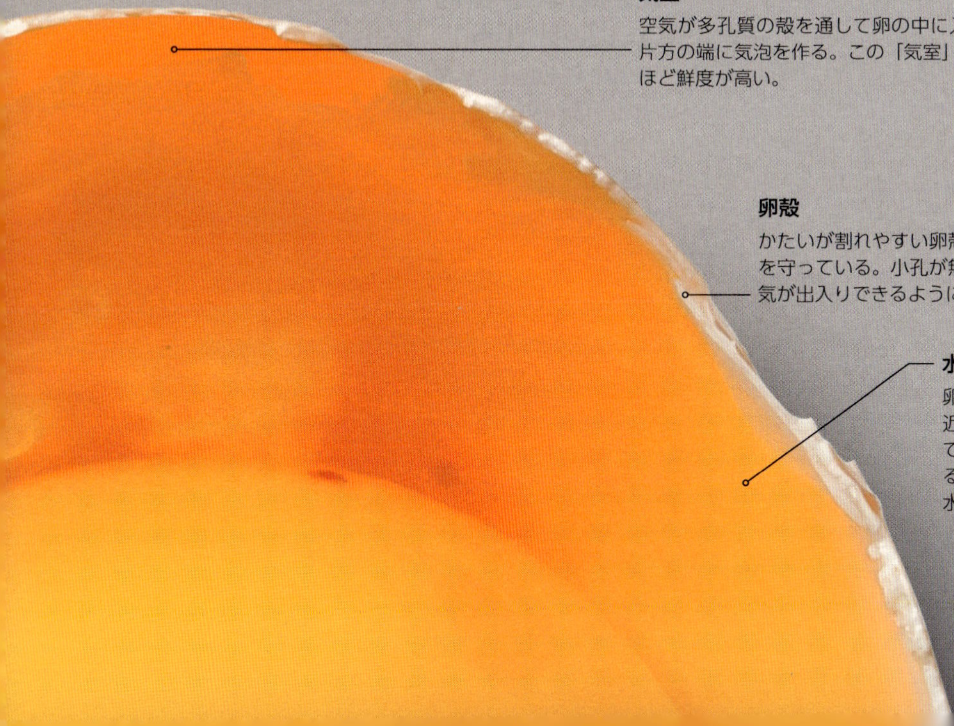

気室
空気が多孔質の殻を通して卵の中に入り込み、片方の端に気泡を作る。この「気室」が小さいほど鮮度が高い。

卵殻
かたいが割れやすい卵殻は、卵の中身を守っている。小孔が無数にあり、空気が出入りできるようになっている。

水様卵白
卵白の40%を占める。殻に近い側にあり、さらっとしていて、ゆっくりと火が通る。卵黄の周囲にも少量の水様卵白がある。

卵を知ろう

鳥の卵の基本的な構造は、種が違っても変わらない。水っぽい卵白と、その中に浮かぶ脂肪の多い卵黄が、かたい卵殻に包まれている。しかし、脂肪とタンパク質の割合の違いが、卵の風味に影響する。卵のサイズや卵殻の多孔度も種によって違う。このため、それぞれに最適な料理法がある。ここでは、基本的な卵の種類を紹介する。

ガチョウの卵

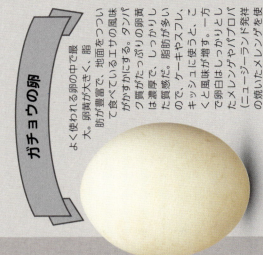

重さ：144g
カロリー：266kcal

よく使われる卵の中で最大。卵黄が大きく、脂肪が豊富で、地面をつついて食べているエサの風味がかすかにする。タンパク質がたっぷりの卵黄は濃厚で、しっかりした質感だ。脂肪が多いので、ケーキやスフレ、キッシュに使うと、こくと風味が増す。一方で卵白はしっかりとしたメレンゲやパブロバ（ニュージーランド発祥の焼いたメレンゲを使ったケーキ）になる。こってりしたオムレツにもよい。

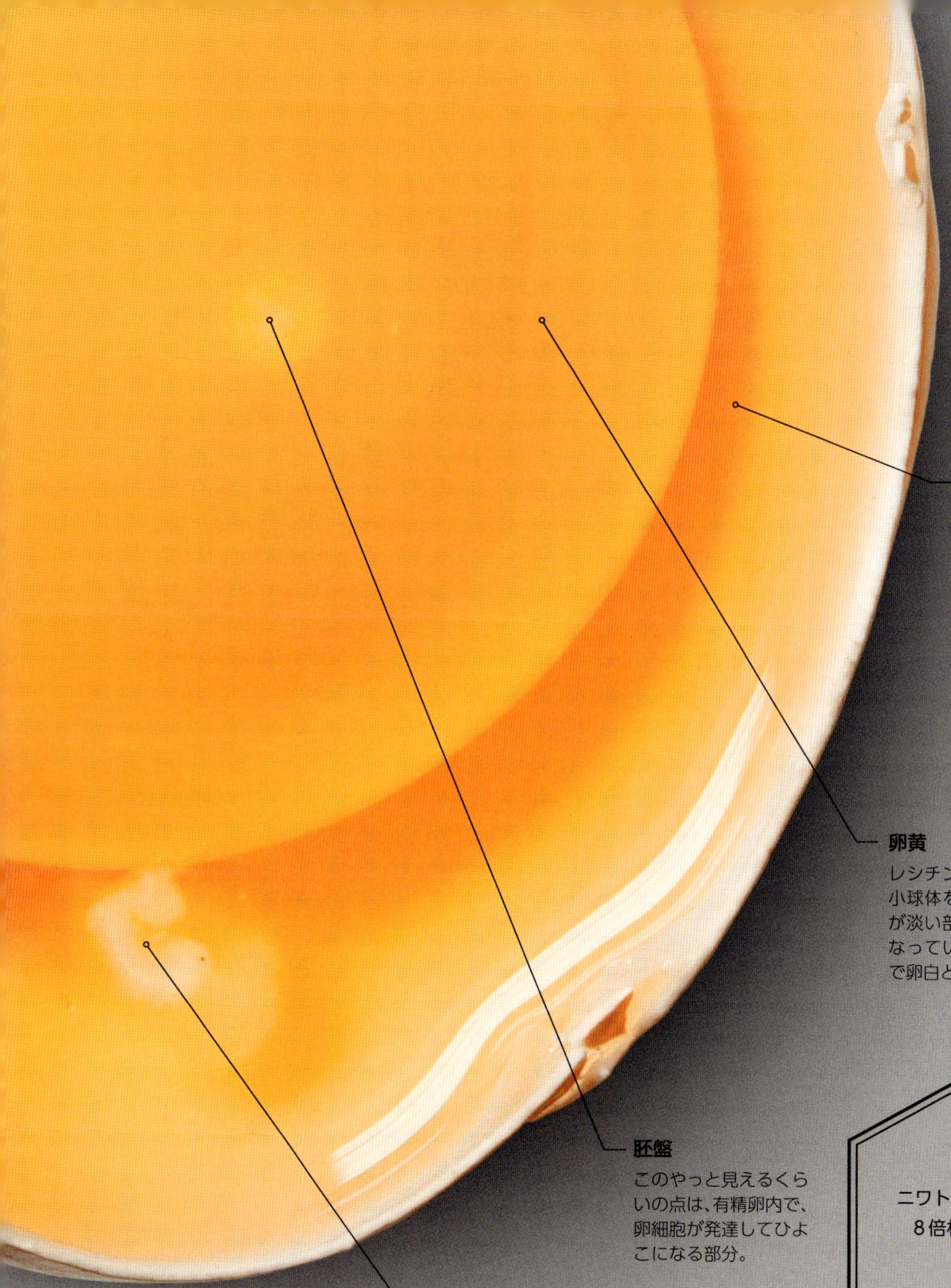

濃厚卵白
卵白の60％を占める。卵白の濃い部分で、水とタンパク質からなる。卵が古くなると収縮する。

卵黄
レシチンで包まれた脂肪の小球体を含む。わずかに色が淡い部分が同心円構造になっている。外側は薄い膜で卵白と隔てられている。

胚盤
このやっと見えるくらいの点は、有精卵内で、卵細胞が発達してひよこになる部分。

カラザ
濃厚卵白がひものようにねじれていて、卵黄を固定している。新鮮な卵ほどはっきりしている。

卵の数

ニワトリは1年で体重の8倍相当の卵を産む。

アヒルの卵

重さ：70g
カロリー：130kcal

卵殻に小孔が多く、近くの食品の風味を吸収しやすい。ニワトリの卵より卵黄の割合が多いので、こってりとした味。酢漬け、塩漬け、燻製などに向いている。脂肪が多いので、ケーキや焼き菓子をしっとりさせる。

ニワトリの卵

重さ：50g
カロリー：71kcal

もっともよく使われる卵。卵黄と卵白のバランスがよく、さまざまな料理に向いている。ほかの卵より卵黄が小さく、卵白の割合が多い。パンやケーキのつなぎ、マヨネーズの乳化剤になるほか、これだけで料理する。

ウズラの卵

重さ：9g
カロリー：14kcal

殻の斑点が特徴的な小型の卵で、かすかに土っぽい風味がある。卵白がしっかりしていて、卵殻がかたいので、むくのに手間がかかる。揚げたり、かたゆでにしたりピクルスにして、軽食やカナッペ、弁当に使える。

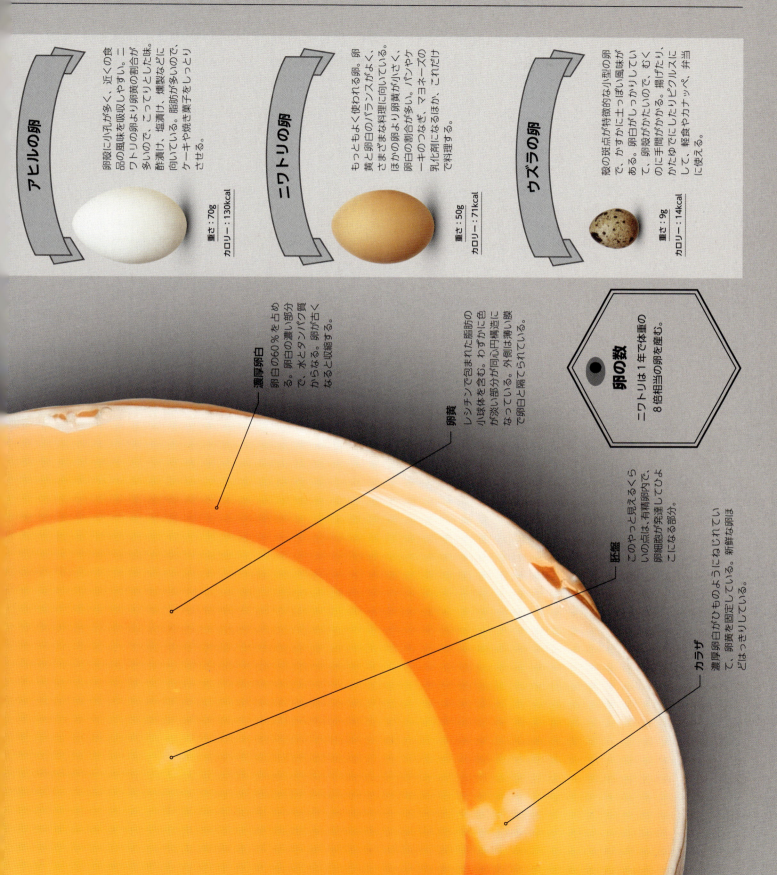

卵は食べていい数が決まっている?

栄養素がぎゅっと詰まった卵は「完全」食品といわれる

タンパク質、エネルギー、脂肪、各種ビタミンやミネラルがぎゅっと詰まっている卵は、小さな殻に入った完全な栄養源だとよくいわれる。しかし1950年代には、卵のコレステロールが心臓疾患に影響を与えるのではないかという不安や、卵由来のサルモネラ菌感染への不安が広がり、卵のメリットと安全性への信頼にひびが入った。

現在わかっていること

今では、卵の危険性についての不安は多くが間違いだとわかっている。卵の安全性も、この20年間で大幅に向上した。卵が原因のサルモネラ菌食中毒は、30年前ほど問題ではないし、一部の国では事実上根絶されている。卵のコレステロール量の心配も薄らいでいる。食事から摂取するコレステロールは、ほとんどの人にとってはそれほど大きな問題ではないことが、研究で明らかになったからだ（下記「料理の常識」参照）。

栄養面でいうと、卵は多くの栄養素と抗酸化物質を含んでおり、無敵だといっていい。現在、国際的な栄養摂取量ガイドラインのほぼすべてが、１週間に食べていい卵の個数の上限を撤廃している。

Mサイズの卵１個がわずか75kcal。パン１枚分より少ない。

卵には、脳の健康に欠かせないコリンが豊富に含まれる。

鶏卵1個に含まれる栄養素

セレニウム　30%
葉酸　25%
ビタミンB_{12}　20%
ビタミンA　16%
ビタミンE　12%
鉄分　7%
（1日の所要摂取量に占める割合）

卵黄は約５gの脂肪を含む。ほとんどが不飽和脂肪酸で、健康に不可欠なリノール酸も含まれる。

卵には、病気予防に役立つカロテノイドの一種、ルテインとゼアキサンチンが含まれる。

卵黄のレシチンは、卵のコレステロールが体に吸収されるのを防ぐ。

卵白はカロリーが低く、脂肪を含まない。

卵１個には、7gの上質なタンパク質が含まれ、卵黄よりも卵白にタンパク質が多い。

卵のオメガ3脂肪酸を増やすために、エサに亜《あ》麻《ま》仁《に》や魚油を添加されているニワトリもいる。

アヒル、ガチョウ、ウズラの卵は、鶏卵よりビタミンB_{12}と鉄分の濃度が高い。

卵白は、卵のタンパク質の60%を含む。一方、卵の脂溶性ビタミンの多くは卵黄の脂肪に含まれる。

料理の常識

《ウワサ》
卵は血中コレステロール値を高くする。

《ホント》
卵はコレステロールを多く含むが、コレステロールが豊富な食品を食べるのは、かつて考えられていたほど危険ではない。血液中に「悪玉」のLDLコレステロールが多いと、動脈が詰まる可能性があり、重い病気のリスクが高くなる。しかし体内でのコレステロール過剰生成の原因は、脂肪の多い肉や、クリーム、バター、チーズなどの飽和脂肪酸が多い食品であり、食品内のコレステロールはあまり影響しない。また卵黄には、卵のコレステロールの吸収を抑える物質が含まれている。一般的には、遺伝的に血中コレステロール値が高い人以外は、卵の摂取量を制限しなくてよい。

放し飼いのニワトリの卵は栄養価が高い？

卵はかつてないほど大規模に生産されており、安全で安く、栄養価の高い食品になっている

工業的な規模で飼育されているニワトリは、しいたげられてきた。一年中卵を産ませるために温度や照明を調節した養鶏場で、窮屈《きゅうくつ》な金属製のカゴに入れられている。屋内飼育のめんどりは、最適な産卵のために配合されたサプリメント入り穀物飼料を与えられている。そして2kgのエサを、なんと1kgもの卵に変えることができる。

飼育環境は、その動物から生産される食品の質に影響する（40ページ参照）。屋内飼育のニワトリは卵の数は多いが、その卵の栄養価を見ると、放し飼いのニワトリの卵に劣るのは無理のないことである。風味の違いはわずかだが、ニワトリを放し飼いにしている、地元の信頼できる農家から買う卵が、栄養の面ではいちばんよい。

有機飼育	放し飼い	屋内飼育
飼育環境 屋外にいつでも簡単に出られて、草地でエサをついばむことができる。	**飼育環境** 屋外に出られる時間にはばらつきがある。ほとんどの時間を屋内で過ごすニワトリもいる。	**飼育環境** 屋内から出られず、穀物をエサとする。
栄養価 含有量にばらつきはあるが、オメガ3脂肪酸とビタミンEを最大2倍含み、飽和脂肪酸は25%少ない。ミネラルも多い。	**栄養価** かなり幅はあるが、有機飼育の卵と栄養価が変わらないこともある。	**栄養価** ストレスの多い環境下で、はやいペースで卵を産まなければならないので、放し飼いよりも各種ビタミンやオメガ3脂肪酸が少なく、飽和脂肪酸が多い。

生卵は安全？

未加熱の卵は、マヨネーズ、アイオリ、ムースなど、いろいろな定番料理に欠かせない材料である

生卵や半熟卵を使うレシピでいちばん心配なのは、卵についたサルモネラ菌で食中毒になることだ。

サルモネラの抑制

卵にサルモネラ菌がつくのは、感染したフンに接触するとき。殻には保護層があるので、殻が割れていなければ中身は安全なはずである。現在は厳しい規制があるので、卵がサルモネラ菌に感染することはめったにない。ヨーロッパではニワトリにワクチンを接種しているし、アメリカでは卵を鉱物油でコーティングして保護することもある。多くの国では、安全基準に適合していることを示すために、卵への等級付けを実施している。加熱すれば細菌は死滅するし、ほとんどの国では生卵は安全だが、食品の安全指針は国によって違う。生卵を食べる習慣がない地域では、殺菌した卵（短時間加熱して細菌を殺した卵）が売られている。ただし、こうした卵は多少風味が落ちる。

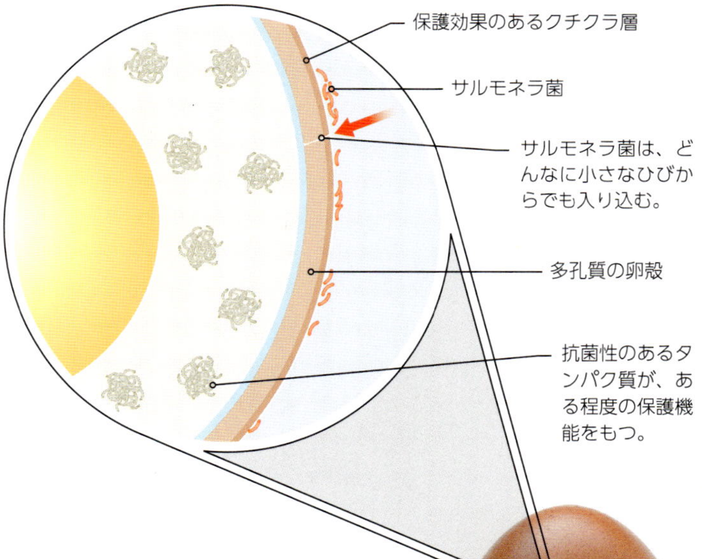

卵殻による保護

サルモネラ菌は、感染したフンと接触した卵の殻についていることが多い。有害なサルモネラ菌が中心部に入り込む可能性はあるが、卵殻には細菌を防ぐコーティング（クチクラ層）があるので、殻が割れていなければ中身は安全。少しでもひびの入った卵は捨てること。

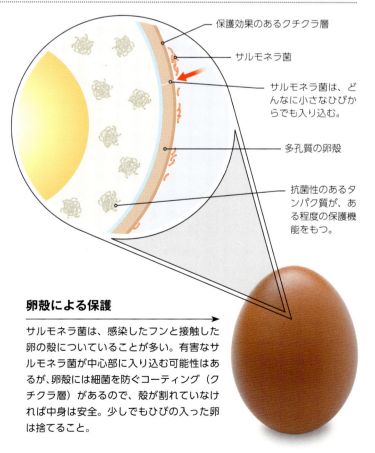

卵の保存方法

ささいな問題に思えるが、住む地域によって意見が違う

卵の保存場所は住んでいる地域によって違っている。アメリカでは、ニワトリにサルモネラ菌ワクチンを定期接種していないので、細菌の増殖を抑えるために冷蔵保存が推奨されている。ヨーロッパでは、冷蔵庫内での結露《けつろ》が細菌の増殖を助長すると考えられていて、涼しい食器棚で保存するのがよいとされている。こうした違いの理由には、サルモネラ菌の感染率の違いもあるだろう。歴史的に、ヨーロッパではサルモネラ菌の感染がやや低い。一方のアメリカでは、細菌を殺すために、卵を洗浄し殺菌薬をかけているが、この処理で、細菌から卵を守るクチクラ層（97ページ参照）まではがれて、かえって細菌に感染しやすくなる可能性がある。公的ガイドラインは別にしても、卵の保存方法は用途でも変わってくる。右の表では、用途別に、卵の保存方法（冷蔵または室温）が料理にどう影響するかをまとめた。

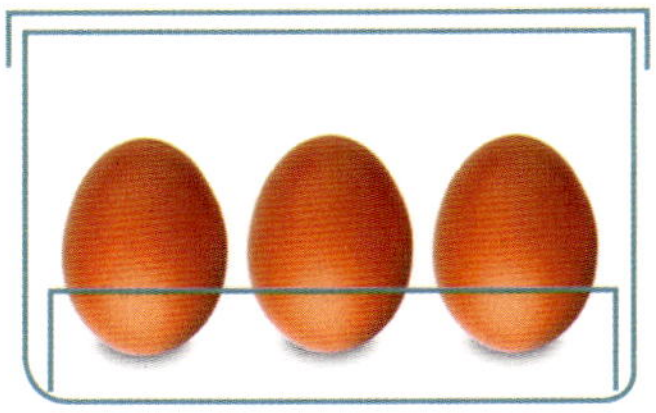

冷蔵保存の方法

冷蔵庫で保存する場合は、ドアポケットには入れないこと。開け閉めするたびに卵が揺れて、卵白がはやく薄まってしまう。水分の蒸発を遅くするため、密封容器に入れて、冷蔵庫の奥のほうに入れよう。

用途	保存	理由
卵黄を分ける	冷蔵	マヨネーズ用に卵黄を分けて使う場合は、冷蔵すれば弾力のある卵黄が保てる。
ゆで卵	冷蔵または室温	冷蔵庫に入れておくと、ゆでるのに少し時間がかかるが、出来上がりは変わらない。
スクランブルエッグ	冷蔵または室温	室温でも冷蔵でも、スクランブルエッグにしたときの違いはほとんどない。
目玉焼き	室温	卵が冷たいと、フライパンや油の温度を下げるので、焼けるのに時間がかかる。
ポーチドエッグ	室温	卵が冷たいと湯の温度が下がり、火の通りが遅くなる。また卵白が広がりやすくなる。
ケーキ	室温	卵黄を溶きほぐしたり、卵白を泡立てたりするには、室温のほうがタンパク質がほどけて、互いにからみ合いやすい。またケーキのスポンジ部分が少しきめ細かくなり、ムラがなくなる。

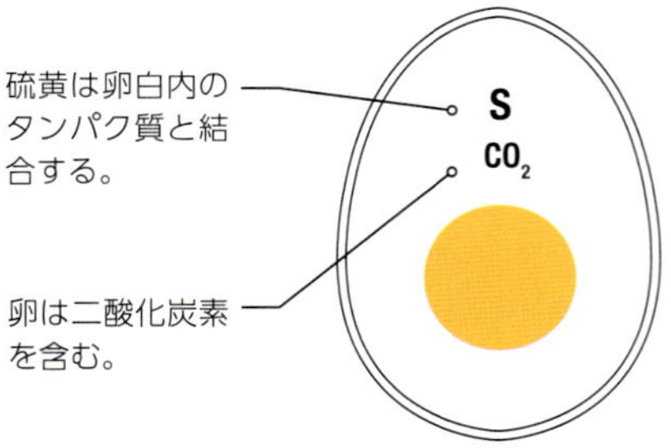
硫黄は卵白内のタンパク質と結合する。
S
CO_2
卵は二酸化炭素を含む。

新鮮な卵のタンパク質

タンパク質は種類ごとに違った形をしており、卵白に含まれるタンパク質の多くは、硫黄原子の力を借りてその形を保っている。硫黄は、タンパク質（アミノ酸）と結合しているうちは、においがしない。

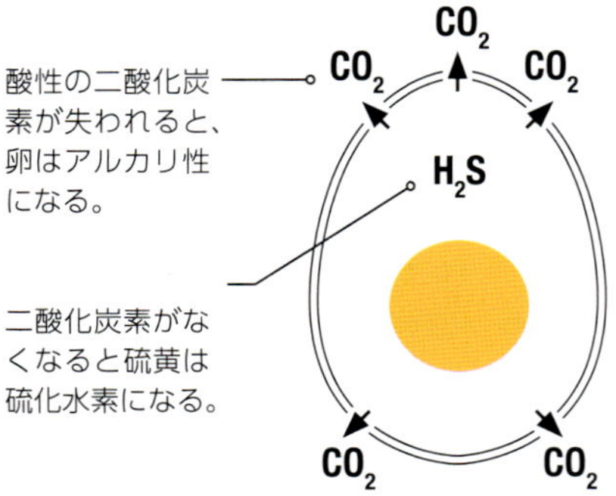
酸性の二酸化炭素が失われると、卵はアルカリ性になる。
CO_2
CO_2
CO_2
H_2S
二酸化炭素がなくなると硫黄は硫化水素になる。
CO_2
CO_2

古くなった卵

卵が古くなると、殻の小孔を通って二酸化炭素が逃げ、卵がアルカリ性にかたむく。この酸性度の変化によって、タンパク質の結合がほどけて、硫黄原子を放出し、硫化水素のいやなにおいがし始める。

腐った卵のいやなにおいの原因は？

卵が古くなると、卵白のタンパク質の構造がほどける

腐った卵の強烈なにおいは、おもに卵白からくるもので、原因は硫《りゅう》化《か》水《すい》素《そ》だ。これはきわめて有毒なガスで、第１次世界大戦中には化学兵器として使われたこともある。硫化水素が生成されるのは、卵白にある硫黄を含むタンパク質の構造がほどけた場合だ。60℃以上に加熱すると硫黄が放出され始め、硫化水素のにおいがし始める。硫化水素は、卵が古くなったときにも放出される。左の図は、いやなにおいのする硫化水素ガスが放出されるプロセスを示している。

卵の鮮度の調べ方

卵殻にある小孔からの空気の出入りが、卵の日持ちに影響する

　卵は、産み落とされるとすぐに、卵白の水分が殻の小孔を通って蒸発し始める。卵の内容物が縮むと、１日に4mlの空気が吸い込まれ、「気室」と呼ばれる気泡が少しずつ大きくなっていく。

新鮮さを判断する方法

　気泡の大きさは、卵の鮮度を知る目安になる。卵を耳の近くでふったときにパシャパシャと音がしたら、気泡がかなり広がっていて卵の内容物が中で拡散しているということなので、その卵は廃棄する。下記の水に沈めてみる方法も、卵を使う前に鮮度を判断するのに便利だ。

　卵を割ったら、卵白と卵黄をチェックしよう。卵白は、どろりとした濃い卵白とそのまわりにある水っぽい卵白の２層になる。古い卵では、水様卵白が粘り気を失って水たまりのようになる。濃厚卵白も少なくなり、卵黄も壊れやすくなる。卵黄は古くなると、卵白から水分を吸い上げて薄まり、水っぽくなる。そのため卵黄は弾力がなくなり、壊れやすくなる。風味も薄まっているはずだ。

厚みを測る

卵の検査官は、卵白の厚さから「ハウユニット」という鮮度の指標を算出する。

調べる方法	新鮮な卵	産卵１週間後	２週間後	３週間後	５週間後以降
水に沈める 水を張ったボウルに、卵をそっと入れる。右端の図のように卵が浮いてきたら、水分がかなり蒸発して気泡が大きくなり、比重が小さくなったため水中に沈まないということなので、廃棄したほうがよい。底に沈むが、斜めに起き上がっていたり立っていたりする卵は、鮮度は落ちているもののたいていは食べてもまったく問題はない。ボウルの底に横になっている卵がもっとも新鮮。	気泡が小さいので比重が重く、沈む。 気泡は3mm未満。 	水分を失っているので、比重が軽くなり、起き上がり始める。 	気泡が大きくなって、徐々に比重が軽くなり、ほぼ立った状態になる。 	まっすぐに立つ卵は、完全に鮮度が落ちている。 	 水分がかなり失われているので浮く。
卵を割ってみる 卵を割ると、新鮮な卵の場合は卵白は厚く、やや濁った白色で、卵黄は丸く盛り上がっている。古くなると、卵白が薄くなって透明になり、卵黄が平たくなる。	卵黄が盛り上がり、卵白が厚い。 卵白の形が保たれている。 	卵白が薄い。 	時間の経った卵ほど卵白が広がる。	時間とともに卵黄は平たくなり、卵白は色が薄くなる。 	卵白が水っぽくなり、さらに広がる。
時間が経った卵を使うには 新鮮な卵がいちばんだ。新鮮でなければうまくいかない調理法もあるものの、時間が経った卵でも使い方によってはおいしく食べられる。	卵白がしっかりしていて、ほぼどんな料理にも向いているが、特にポーチドエッグとゆで卵に最適だ（100～102ページ参照）。	1週間後ではまだ比較的新鮮。ただしポーチドエッグには向かない。	時間の経った卵の卵白ほど、メレンゲを作るときにツノが立ちやすくなる。	時間の経った卵は冷蔵庫で保存し、ビスケットなどの材料にする。また殻をむきやすいので、ゆでてピクルスにする。	この段階の卵は廃棄する。

ポーチドエッグは新鮮な卵でしか作れない？

きちんと形がまとまっていて、中身がとろりとしたポーチドエッグを作るには多少の手間が必要

　ポーチドエッグは、新鮮な卵を使うと成功しやすい。卵黄のまわりの膜が強いからだ。殻を割って、湯の中に落としても、この膜はしっかりしている。

　ポーチドエッグを作ろうとしたら、白身が不均一に広がってひどい見た目になることが多いが、これは水様卵白（99ページ参照）のせいだ。新鮮な卵には水様卵白が少なく、濃厚卵白が多い。卵が古いほど水様卵白は水っぽくなる。濃厚卵白から出る水分で少しずつ薄まるからだ。また、古い卵は、卵黄の膜が弱く卵白も広がりやすいので、きれいな形に作るのは難しい作業になる。

　ポーチドエッグに新鮮な卵を使う理由は、見た目以外にもある。新鮮な卵のほうが味がよいし、変なにおいもしないからだ。下記では、ポーチドエッグのベストな作り方を説明する。

実践編

きれいなポーチドエッグを作る

鍋の中で卵が広がらないようにするには、新鮮な卵を選ぶ以外にいくつか方法がある。水に塩と酢を加えるのもそのひとつ。以下のステップにしたがえば、ポーチドエッグ作りのコツが身につく。

水様卵白を取り除く

卵を割り、こし器か穴あきスプーンに入れ、水様卵白を取り除く。ここで取り除いておけば、加熱中に水様卵白が分離して湯の中にただようことはなくなる。複数のポーチドエッグを同時に作る場合は、水様卵白を取り除いた卵を１個ずつ容器に入れておく。

卵白の凝固を促す

鍋の半分まで水を入れる。そのとき、水の量を量っておく。水１ℓあたり酢８g（小さじ２杯弱）、塩15g（大さじ１杯弱）を入れる。酢と塩を入れると、卵白のタンパク質の構造を変化させるので、卵白が短時間でかたまるようになる。こうすれば、卵白が広がりにくい。

火にかける

鍋の底から泡が立ち始める直前（82～88℃）まで加熱する。デジタル温度計を使って湯の温度を測ってもいい。煮立った湯は使わない。対流により卵白がばらばらになるからだ。泡が立っていると、水面が乱れて火の通り具合がわかりにくくなるし、ゆですぎやすい。

ポーチドエッグの作り置き

ポーチドエッグは冷蔵庫で2日間は保存できる。湯で温め直すと、作りたての味になる。

湯をかき混ぜる

１個か２個のポーチドエッグを作るなら、鍋の湯をかき混ぜて、中央に小さな渦を作る。湯が渦を巻いていると、卵を湯に落としたときに広がらない。

卵を落とす

卵をできるだけ湯に近いところからそっと落とす。卵は鍋の底まで沈む。この段階で、卵の形を保つために、卵の周囲でそっと湯をかき混ぜ続けてもいい。同時にいくつも作る場合は、それぞれの卵のまわりをそっとかき混ぜて、卵がくっつかないようにする。

浮かんでくるのを待つ

３～４分加熱する。加熱中に酢が卵白と反応して、二酸化炭素を放出する。タンパク質が凝固すると、かたまった卵白の中に小さな気泡がたまるので、比重が小さくなる。塩が水の比重を大きくしている分もあるので、卵に火が通ると水面に浮かんでくる。穴あきスプーンですくい上げて、ペーパータオルで水分を吸い取る。

黄身がとろりとした半熟卵を作るには？

かたい白身の中に黄金色の黄身がとろける状態は、意外に難しい

卵料理を自分の好み通りに仕上げるためには、卵の３層構造（水様卵白、濃厚卵白、卵黄）を理解することだ（94ページ参照）。層によってタンパク質の種類や量が異なるので、かたまる温度が違い（右図参照）、そのスピードも異なる。まず濃厚卵白がかたまり、次に卵黄、最後にタンパク質がもっとも少ない水様卵白がかたまる。半熟卵には完璧なレシピはない。卵はどれも少しずつ違うからだ。下記の方法は、室温においたＬサイズの卵を使うことを想定している。

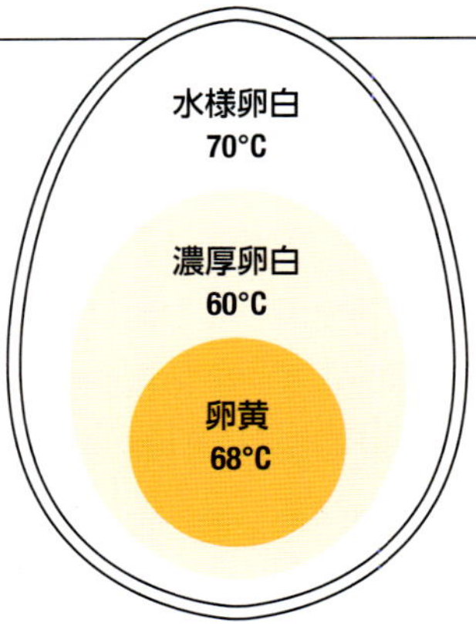

かたまる温度
卵黄は濃厚卵白よりかたまるのが遅いが、水様卵白よりははやい。

加熱方法	温度	半熟卵の作り方	効果	注意点
ゆでる	100°C	卵を沸騰している湯に入れて、４分間ゆでる。	高温・短時間で加熱するので、卵黄の加熱不足や加熱しすぎなどの失敗の可能性が少ない。	冷えた卵を使う場合、ゆで時間を30秒長くする。何個もゆでる場合、卵を入れるたびに湯の温度が下がるので、ゆで時間を長くする。
蒸す	91°C	鍋に少量の水を沸騰させ、卵を入れて５分50秒、またはスチーム用ラックにのせて６分間蒸す。鍋のふたは閉めておく。	温度が低いので調整がしやすい。濃厚卵白と水様卵白の両方がかたまる。とても効果的。	冷えた卵を使う場合、蒸し時間を40秒長くする。Mサイズの卵の場合は、30秒短くする。蒸し終わったら、余熱でさらにかたまらないように、冷たい水道水に20〜30秒浸す。
真空調理	63°C	真空調理器の液体槽に卵を入れ、一定温度で45分間加熱する。	さらに温度が低いので調整しやすいが、水様卵白はかたまらない。	水様卵白がかたまっていないので（70℃でかたまる）、殻をむくのではなく、割るようにする。ポーチドエッグの代わりになる。

ゆで卵の殻を上手にむく方法は？

ゆで卵がむきにくいのは、くっつきやすい膜のせいである

卵白と殻の間には２枚の薄膜がある。卵白を包む膜と、殻の内側を覆っている膜で、この２枚の膜の間に気室（94ページ参照）がある。膜のタンパク質は、加熱されるとほどけて、その後冷やされると互いに結びつき、殻と卵白をうまくくっつける。加熱後すぐに氷水（水道水では冷たさが足りない）に数分入れて、卵にショックを与えると、膜のタンパク質がかたくなるとともに、卵白が収縮して殻から離れる。これで殻と外側の膜がきれいにむける。

“高地でゆで卵を作ろうとすると、
湯の温度が低くなり、卵が
かたまるのに時間がかかる。
高地では気圧が低く、
低い温度で水が沸騰するためだ”

完璧なスクランブルエッグを作る方法

化学を少し理解していれば、完璧に仕上げるのも簡単

溶きほぐした卵を加熱すると、カスタード状にかたまるのは、タンパク質が形を変えて、互いに結びつくから（下記参照）。卵には数十種類のタンパク質が含まれており、構造がほどける温度がそれぞれ異なるため、かたまりが徐々にできていく。タンパク質は、スクランブルエッグの食感やかたさを決める要素だが、卵がフライパンの金属と化学的に結合してくっついてしまう原因でもある。底からたえずかき混ぜることが大切だ。また、小さじ１杯の油かバターを加えるとくっつきにくくなる。

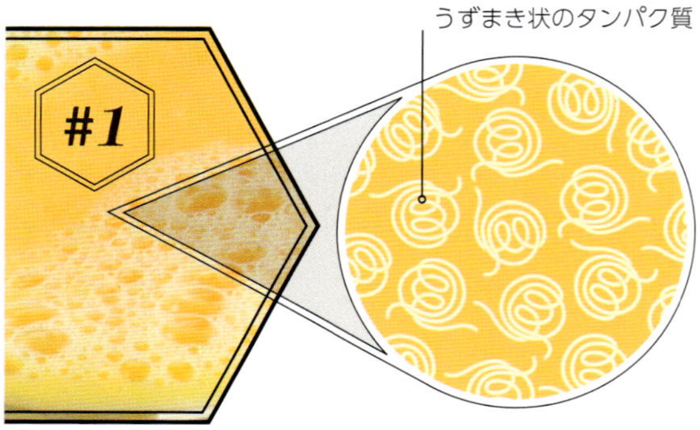

生卵のタンパク質

長い分子がきつくうずまき状になったタンパク質が、水っぽい卵黄と卵白の中で自由に浮かんでいる。フォークや泡立て器で溶きほぐし、卵黄と卵白がじゅうぶんに混ざり合うまでかき混ぜるとタンパク質と脂肪が分散する。

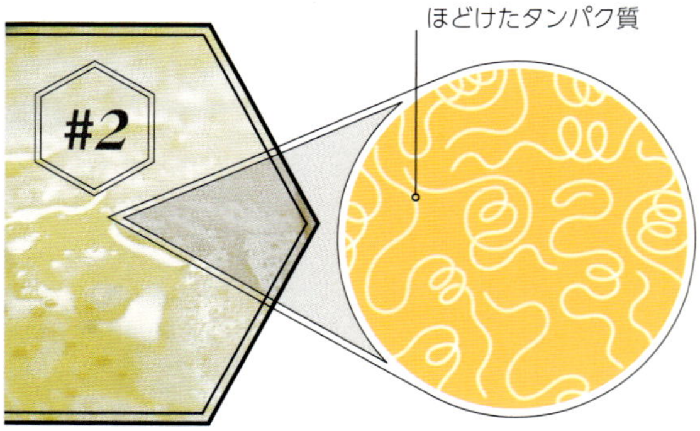

半分火の通った卵のタンパク質

タンパク質分子は、熱からエネルギーを与えられると、振動してすばやく動き回り、衝突し合う。タンパク質がほどけて結合し始めるが、たえずかき混ぜれば、大きなかたまりにならない。

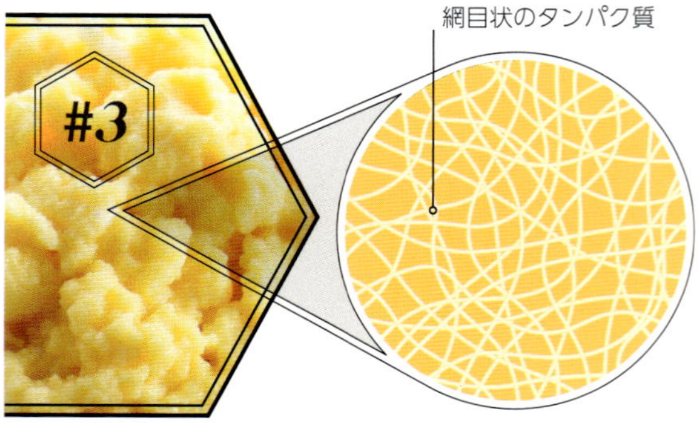

スクランブルエッグのタンパク質

約60℃で、タンパク質分子がからまって、複雑にもつれた構造を作り始め、すぐにしっかりしたかたまりになる。弱火でゆっくり加熱する。かき混ぜ続けて、好みのかたさになったら味付けする。

実践編

牛乳に風味をつける

厚手の鍋に牛乳600mlを注ぐ。バニラビーンズ（さや入り）1本から種を取り出し、さやと一緒に鍋に加える。中火にかけ、沸騰寸前まで温める。加熱することで、牛乳にバニラの風味化合物がしみ出しやすくなる。牛乳が泡立ってきたらすぐに火からおろす。そのまま15分おいて、バニラの風味をさらに出す。

クリーミーでなめらかなカスタードを作るコツ

カスタードはうっとりするようなデザートのベースになる。作り方はシンプル

カスタードとは、卵でとろみをつけて甘味を加えた、牛乳またはクリームのソースのこと。いくつかの原則を理解すれば、それらの材料を絹のようになめらかなカスタードにできる（下記参照）。卵に含まれるさまざまなタンパク質のはたらきで、牛乳やクリームにとろみがついてカスタードになる。タンパク質は、スクランブルエッグのようにかたまるのではなく、細かい網や建築の足場のように液体全体に広がる。火にかけて放っておくと、卵のタンパク質がくっつき合ってかたいダマができ、カスタードが凝固してしまう。混ぜ合わせた材料をたえずかき混ぜれば、タンパク質が伸びて、ゆるい三次元的な網になり、ダマができない。牛乳やクリーム、砂糖などの分子は、タンパク質のはたらきを妨げ、本来は60℃でかたまるタンパク質を79〜83℃までかたまらないようにしている。弱火でゆっくり加熱するのが基本。とろみが出てきた時点（78℃）でかたまる前に火からおろす。

カスタードを使う

デザートのソースはもちろん、アイスクリームやクレームカラメル、クレームブリュレにもなる。

カスタードの作り方

ここで作るのは「クレーム・アングレーズ」と呼ばれる、デザートの上にかけたり、アイスクリームのベース（116〜117ページ参照）に適した、かたまらないカスタードだ。もっと濃いカスタードを作るには、ダブルクリーム300mlと全乳（脂肪分を調整していない牛乳）300mlを使う。卵黄を何個か追加してもいいが、追加しすぎると卵の風味が強くなる。

#2

卵のタンパク質と砂糖を混ぜ合わせる

Ｌサイズの卵黄４個とグラニュー糖50gを、大きめの耐熱ボウルに入れる。卵黄のタンパク質と脂肪は、とろみを出し、風味を豊かにする。砂糖が完全に溶けて、なめらかで色が白っぽくなるまでかき混ぜる。砂糖を加えると、卵のタンパク質が変性する温度が高くなり、ダマができにくくなる。

#3

熱い材料を冷たい材料に加える

牛乳を耐熱性のミルクピッチャーなどに移し、バニラのさやを取り除く。鍋は洗っておく。#２の卵黄をかき混ぜながら、まだ温かい牛乳を少しずつ注ぐ。そうすることで、卵黄の温度がゆっくりと上昇するので、卵のタンパク質が熱くなりすぎず、かたまらない。

#4

加熱してタンパク質を網状にする

混ぜた液を鍋に戻す。中火で、たえずかき混ぜる。とろみの具合を常にチェックする。78℃くらいで卵のタンパク質が網状にからまり始め、とろみが出てくる。木べら全体につくくらいの状態になったら、すぐに火からおろし、さらにかき混ぜる。冷ましてから冷蔵庫で保存する。

卵白を泡立てるコツ

正しく泡立てれば、卵白は8倍に膨らんで雪のような泡になる

卵白の主成分は水とタンパク質で、脂肪はゼロ。泡立てると、きつくからみ合っていたタンパク質がほどけてひも状になり、気泡を含んで、クッションのようにやわらかい泡になる（下記参照）。クリームタータ（酒石酸《しゅせきさん》水素カリウム）やレモン汁、酢など酸性の材料を加えれば、タンパク質がほどけやすくなる。銅原子にも同じ効果があり、卵白を泡立てるには昔から銅製のボウルが使われてきた。脂肪や油は、卵白の泡を台なしにする。油の分子は、空気のポケットのまわりでからみ合おうとしているタンパク質を邪魔するからだ。卵黄は特に強力で、卵白2個の中にほんの1滴の卵黄が混じっただけで、泡立たなくなる。ただし、混じった卵黄がほんの少しだけなら、なんとか復活させられるかもしれない（下記参照）。砂糖も泡の形成を妨げるが、泡にツノが立ちやすくなるので、泡立て作業の途中で加える。

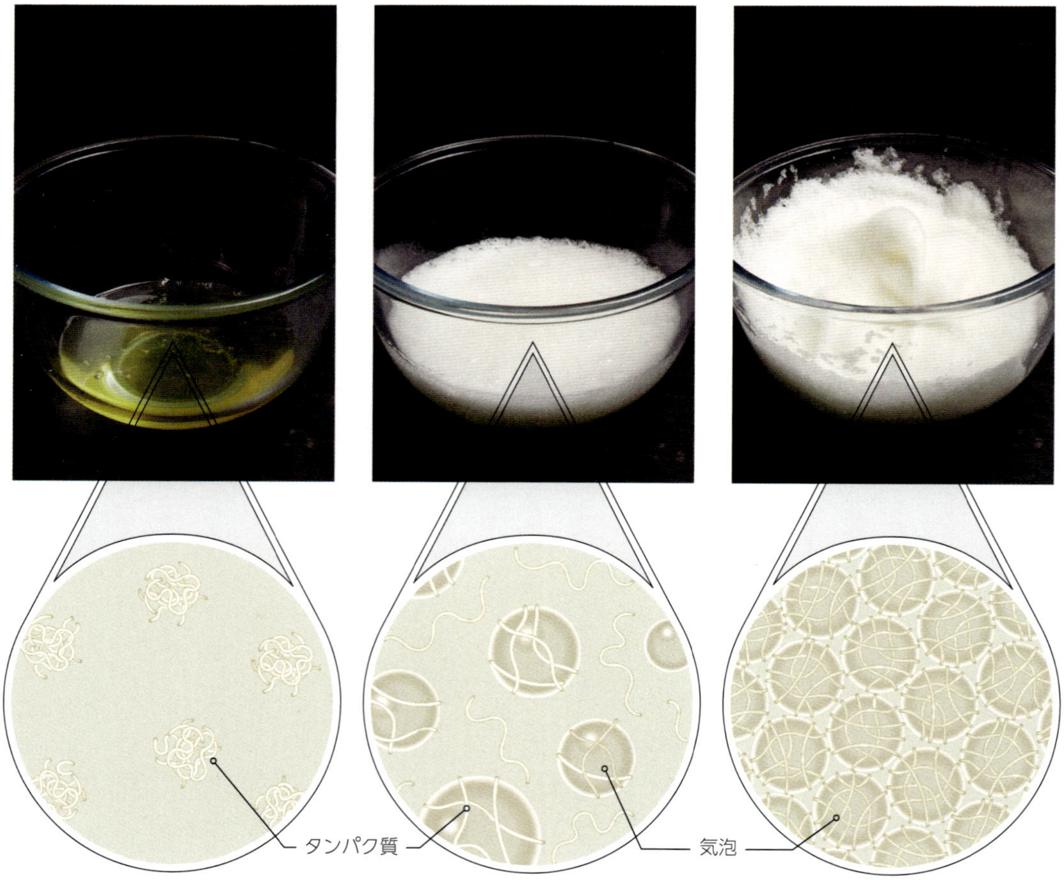

生の卵白のタンパク質

泡立てるためには、きつくからみ合っているタンパク質をほどく（変性させる）必要がある。脂肪が混じらないよう、清潔で油のついていないボウルを使う。

泡立てた卵白のタンパク質と気泡

泡立てるときの摩擦力で、タンパク質がちぎれて変性し、さらに気泡も取り込まれる。卵白を強く泡立て続ける。

泡立て終わった卵白のタンパク質と気泡

タンパク質が気泡のまわりに集まり空気を閉じ込める。さらに泡立てると、タンパク質が網目構造を形成し、泡がしっかりする。

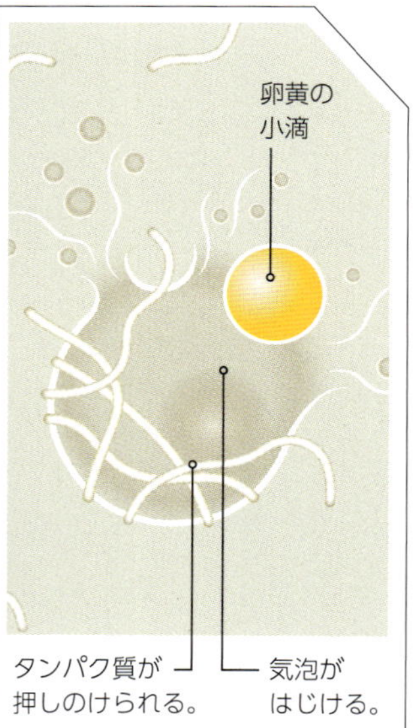

卵黄が混じると

卵黄は、気泡を取り囲む壁から卵白のタンパク質を押しのけ、気泡を割ってしまう。こうなると、卵白が泡立ちにくくなるか、まったく泡立たなくなる。

復活させるには

卵黄がごく少量なら、さらに泡立ててみる。うまくいかなければ、クリームタータを加えて（酸のはたらきでタンパク質がほどけやすくなる）、もう一度泡立ててみる。保証はできないが、これでうまく泡立つかもしれない。

自家製マヨネーズをきれいに作る

卵黄を油や調味料とよく混ぜれば、なめらかなマヨネーズになる

マヨネーズは、水っぽい液体中に非常に小さな油滴《ゆてき》が分散したコロイドだ。水と油を一緒にできるのは、卵黄に含まれるレシチンに乳化作用があるからだ。自家製マヨネーズを作るには、だいたい油４に対して水分１の割合で混ぜる。これをきちんと混合させるには、小さじ１杯の油を100億個の油滴に分割しなければいけない。まずは最小限の水分で始める。卵黄１個（50%が水分）を用意して、下記の説明のとおり、油を少しずつゆっくりと加え、しっかりと混ぜる。卵黄にたっぷり含まれるレシチンが、小さな油滴をひとつずつコーティングする。材料は室温に戻してから使う。油の温度が低いと、水分と混ざり合って乳化するのに時間がかかる。油を一気に加えると分離の原因になるが、復活させる方法はある（下記参照）。

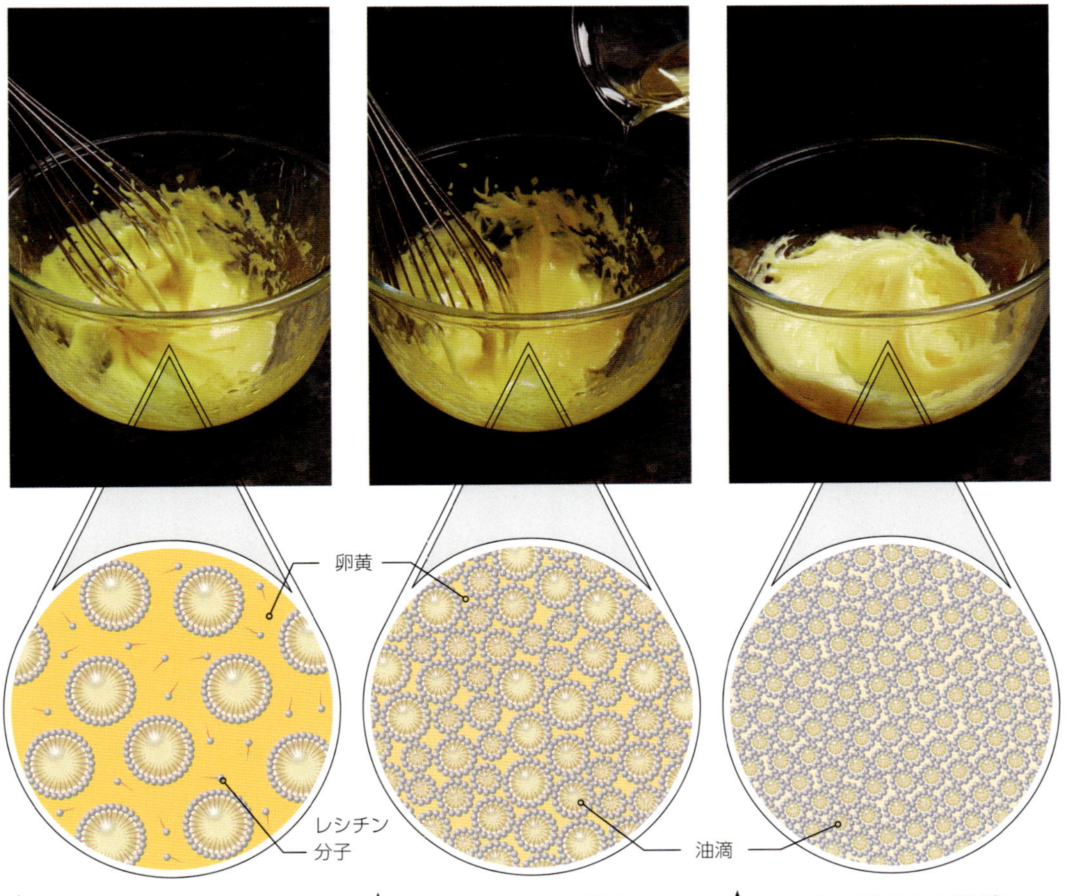

生の卵黄内の油滴

油には、集まって大きな滴になる性質がある。卵黄をよくかき混ぜてから、油を少しずつ加える。じゅうぶんに混ぜ合わせてから、さらに油を加える。

とろみがついた材料内の油滴

油が小さな滴に分割されると、とろみが出てくる。強くかき混ぜながら、残りの油をゆっくりと加える。

マヨネーズの中の油滴

非常に小さな油滴が、レシチンに囲まれた状態で、ベースとなる液体に浮遊している。油をすべて加えたら、ほかの液体の材料や調味料を加える。

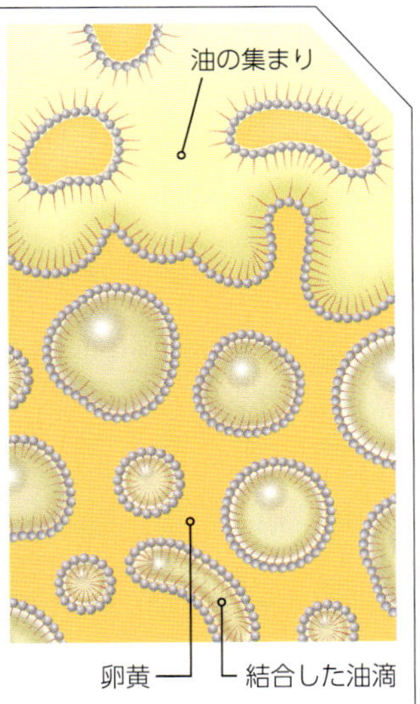

マヨネーズが分離してしまった

分離するのは、油が小さな油滴にならずに大きな油滴になって、それがさらに結合する場合だ。小さな油滴になるようじゅうぶんにかき混ぜる前に、油を一気に加えるとこうなってしまう。

復活させるには

小さじ１～２杯の水を加えて、もう一度かき混ぜる。うまくいかなかったら、卵黄１個を溶きほぐし、そこに分離したマヨネーズを少しずつ加えていく。

フォーカス：ミルク

ミルクは、そのままでも栄養たっぷりの飲み物になるし、バターやクリーム、ヨーグルト、チーズ、クレーム・フレッシュなど、さまざまな料理の材料にもなる。

　動物性のミルクがさまざまな用途に使える理由には、タンパク質と脂肪のはたらきがある。ミルク中の脂肪は、水溶性の膜に包まれた小さな球体になっている。この脂肪は水より軽いので、表面に浮いてきてくっつき合い、濃い脂肪の層になる。ミルクを加工するときには、脂肪はすくい取ってクリームにし、残りはスキムミルク（無脂肪乳）にすることが多い。低脂肪乳や全乳の場合は、脂肪を戻して適切な割合にする。現在では、市販されている動物性のミルクの大半が、分離を防ぐためにホモジナイズ（均質化）処理をしてある。これは、ミルクをノズルから高圧で噴射して、脂肪の小球をさらに小さくする処理だ。そうすると、脂肪が結合しにくく、表面に浮かんでこなくなり、口あたりがなめらかになる。植物性のミルク（右ページ参照）は乳製品に代わる栄養源になる。

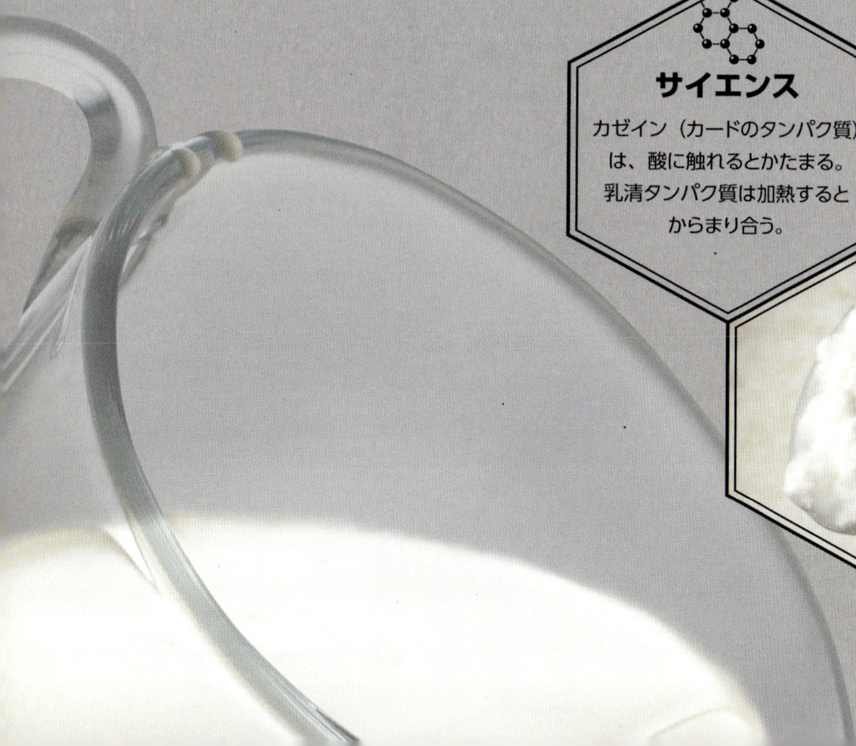

サイエンス

カゼイン（カードのタンパク質）は、酸に触れるとかたまる。乳清タンパク質は加熱するとからまり合う。

調理

カードは取り除いてチーズの材料にする。乳清がつくる繊細な網目構造は、ミルクの上に泡を立てるはたらきがある。

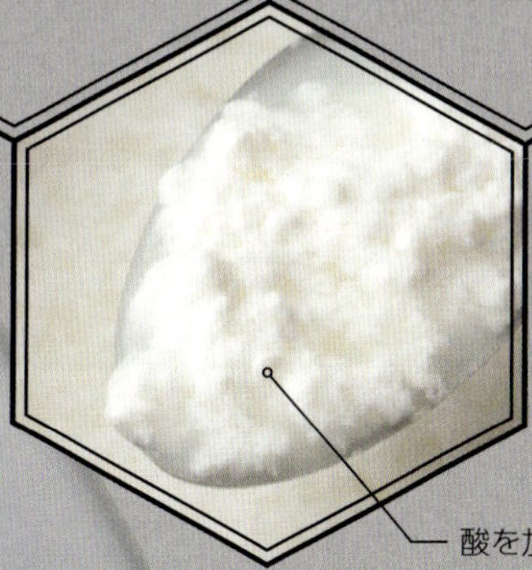

タンパク質

酸を加えると、ミルク中のカゼインがかたまりになり、カードができる。これがチーズのもとになる。カードを除いた後に残る液体が乳清。

ミルクを知ろう

ミルクは種類によって、脂肪と糖の含有量が異なり、それによって使い道も違ってくる。糖の含有量は、動物性のミルクの中ではそれほど変わらない。一方で植物性のミルクは糖が少ない傾向がある。ミルクは上質なタンパク源でもある。

動物性のミルク

牛乳（全乳）
脂肪：3.0％以上
糖分：高
天然の脂肪を豊富に含む。パン作りなどに向いていて、焼き上がったパンをしっとりと保つ。パンの中身も軽くてしっとりとする。

牛乳（低脂肪乳）
脂肪：0.5～1.5％
糖分：高
全乳よりも脂肪が少なく、タンパク質がやや多い。味の豊かさは少し落ちるが、飲んでもじゅうぶんおいしい。料理にも使える。

牛乳（無脂肪乳）
脂肪：0.5％未満
糖分：高
乳清のタンパク質が泡立つのを妨げる脂肪球が少ないので、コーヒーなどの表面で泡立たせるのに向いている。

山羊乳
脂肪：4％
糖分：高
強い風味があり、チーズやバター、アイスクリームの材料に向いている。脂肪球が小さく、タンパク質が少ないので、分離しにくい。

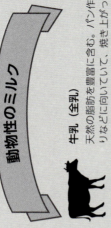

殺菌
ミルクは、加熱して細菌を殺し、飲用に適するようにしている。

天然の甘さ
ミルクには、ラクトースという糖が最大5％含まれていて、ほのかな甘味がある。

ラクトース

サイエンス
ミルクに含まれるラクトースは、タンパク質と反応すると表面に焼き色をつけ、風味を出す。

調理
高温になると、ラクトースとタンパク質が相互作用して、バタースコッチのような濃厚な風味になる。

パイなどを焼く前に、表面にハケでミルクを塗ると、メイラード反応が起きて、深みのある味の皮になる。

料理の常識

《ウワサ》
エバミルクとコンデンスミルクはどちらを使っても違いはない。

《ホント》
エバミルク（無糖練乳）は、ミルクを低圧で加熱して、体積が半分になるまで濃縮したもので、ソースやスープ、スムージーにとろみを出すために使う。コンデンスミルク（加糖練乳）はエバミルクを甘くしたもので、55％が糖分で、菓子類やプディングに使う。

羊乳
牛乳よりクリーミーで、タンパク質の量が2倍近くある。チーズやヨーグルトに最適。
脂肪：7%
糖分：高

植物性のミルク

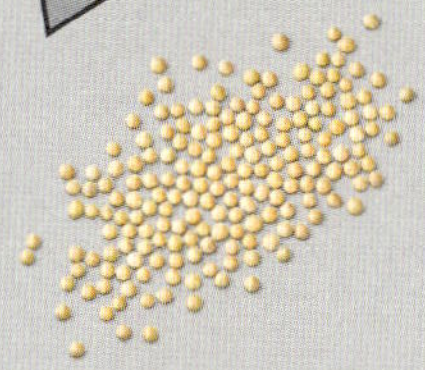

豆乳
タンパク質が多い。砕いた大豆をしぼって作る。植物由来のタンパク源であり、牛乳よりも脂肪がはるかに少ない。牛乳が主要な材料ではない地域で、パン作りや料理に使われる。
脂肪：1.8%
糖分：低

アーモンドミルク
砕いたアーモンドと水から作る。タンパク質や脂肪、糖分が少ない。パン作りで牛乳の代わりに使う場合は脂肪を追加する。
脂肪：1.1%
糖分：低

オーツミルク
水に浸したオーツ麦をミキサーにかけ、こして作る。クリーミーで、じゅうぶんな濃さがあるので、パン作りなどで牛乳の代わりになる。
脂肪：1.5%
糖分：中

ココナッツミルク
ココナッツの実をすりおろし、水に浸してからこして作る独特なミルク。しばらくおくと、濃い「クリーム」が浮いてくる。これはソースや甘いデザートに使える。
脂肪：1.8%
糖分：低

牛乳を加熱殺菌するのはなぜ？

料理には最高の材料を使いたいもの。生乳は、味はよいが特有のリスクがある

生の畜産物はどれもそうだが、牛乳は汚染されやすい。酪農《らくのう》の工業化によって汚染のリスクは高まっている。大量の牛乳が大きな容器で集められるため、１頭の牛の乳が汚染されていたら、同じ容器の牛乳すべてが汚染されてしまうのだ。牛乳を加熱して殺菌する高温短時間殺菌法は、微生物を殺し、誰が飲んでも安全な牛乳にする方法だ。現在、無殺菌の「生の」牛乳は、高い衛生基準を満たし、感染がめったに発生しない小規模農場から出荷されている。しかしそれでもリスクがあり、アメリカでの食中毒大発生の60%は加熱殺菌していない牛乳が原因だ。生乳で作ったチーズは、塩分と酸のはたらきで有害な微生物が死滅しているので、一般的に安全だといえる。ほぼすべての保健当局は、未殺菌の牛乳をそのまま飲まないように勧めている（アメリカなどでは高温短時間殺菌法が主流だが、日本では120～130℃で２～３秒殺菌する方法が一般的）。

牛乳の比較　**殺菌方法**　**処理**

牛乳の処理方法にはいくつかある。生乳（未殺菌）、高温短時間殺菌法、超高温滅菌法などだ。料理で使うには、それぞれにメリットとデメリットがある。

生乳

安全のための加熱処理をまったく行っていない。搾乳した牛乳をそのままボトルに詰めたもので、風味豊かなクリームを含むのが特徴。

加熱しない

生乳は加熱処理をせず、搾乳後直接瓶詰めされ、販売まで冷蔵保存される。

高温短時間殺菌法

牛乳をパイプに通し、短時間加熱する。安全性が高くなり、風味がそれほど犠牲にならない。栄養価は生乳と変わらない。

72℃ ＋ 15秒

牛乳を72℃まで加熱することで、生乳に存在する有害な微生物の99.9%以上が死滅する。

風味をできるだけ保つため、有害な微生物を殺すのに必要な時間しか加熱しない。

超高温滅菌法（ロングライフ）

高温で加熱して有害な微生物を死滅させる。風味に影響するというマイナス面がある。

140℃ ＋ 4秒

賞味期限を長くするために、高圧のチューブ内で140℃の超高温で殺菌処理され、ほぼすべての微生物を死滅させる。

超高温で加熱されるため、加熱時間が短い。

牛乳の濃度

かつては、牛乳瓶の上のほうにクリームの層ができたものだが、大量生産される現在の牛乳では、ホモジナイズ処理をしているので、層はできない。分離を防ぎ、なめらかさを高めるために、牛乳に高圧をかけてノズルから噴出させる。これで脂肪球が微細化して再結合できなくなり、牛乳の上にクリームが浮かばなくなる。

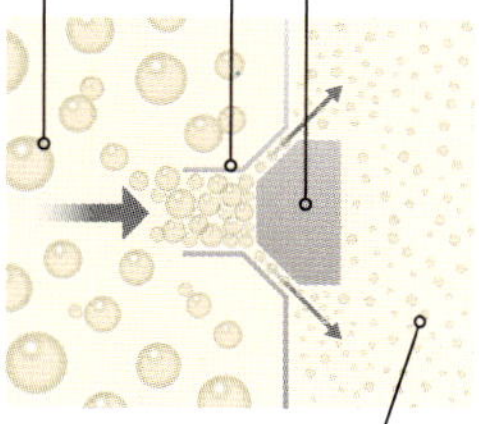

結果

使い方	保存性	安全性
濃厚で、クリーム分が多く、風味化合物やタンパク質をすべて維持しているので、チーズの材料に最適。	生乳はたった1日で風味が失われ始め、生産から7～10日で腐敗が始まる。	微生物を大量に含むため、飲むのはリスクが高い。健康当局は生乳を飲まないように勧告している。
使い方	**保存性**	**安全性**
そのまま飲んだり、ソースやカスタードの材料にする。風味化合物が保たれている一方で、ホモジナイズ処理によってなめらかさが増している。	風味は数日間保たれ、その後は失われていく。最長2週間もつ。	賞味期限内なら、どんな方法で消費してもリスクは低い。
使い方	**保存性**	**安全性**
タンパク質と糖が破壊されるので、なめらかさが失われ、「焦げた」味がする。使用が適しているのは、冷蔵庫が使えない場合に限られる。	ほぼすべての微生物が死滅しており、無菌パックに入っているので、処理から6カ月ももつ。	高温短時間殺菌法よりさらに安全で、期限内であれば、消費する場合のリスクはほぼゼロだ。

低脂肪乳製品を料理に使う

ちょっとした注意が必要

脂肪は、風味や口あたり、食感を出すのに欠かせない。脂肪の量が少ない材料を使うと料理がおいしくなくなることがある。脂肪球は、風味を含む分子を捕まえて料理全体に広げ、さらに舌の表面を覆って、口の中に風味が長く残るようにする。低脂肪乳製品を使ったソースは、加熱すると凝固する可能性がある。またデザートでは、低脂肪のクリームチーズを使ったチーズケーキはかたまりにくい。料理に低脂肪乳製品を使う場合、スパイスや調味料を増やすとおいしくなる。ニンニクやタマネギ、ハーブを追加してもよいし、塩味や苦味、酸味、甘味のある材料を使い、できるだけ多くの味覚を刺激するとよい。

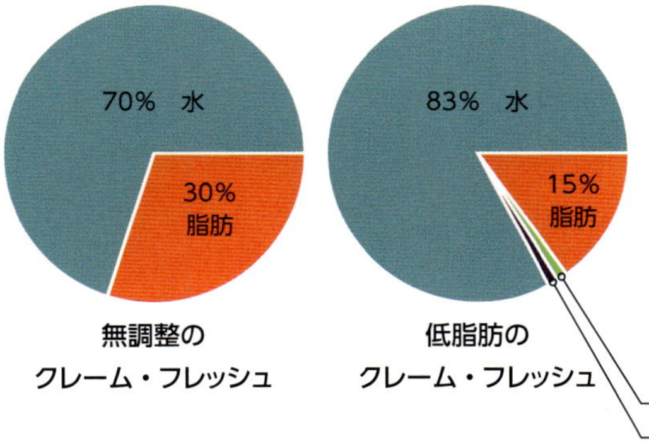

脂肪分の比較

無調整のものは30%が脂肪で、加熱しても凝固しない。低脂肪のものは、高温の料理では凝固しやすいので、デザートに向く。

違いを知ろう

脂肪分無調整の乳製品

濃厚で風味豊かだが、脂肪分とカロリーがとても高い場合がある。

- **風味**
  乳製品の脂肪は、ほかの風味を増幅させるので、料理にクリームかバターを加えると風味が増す。
- **栄養価**
  無調整のバターやクリームは、タンパク質とカルシウムを含むが、飽和脂肪酸も多い。

低脂肪の乳製品

グラムあたりのカロリーは少ないが、注意すべき点はなんだろうか。

- **風味**
  少ない脂肪で風味を出すために、上質な材料やさまざまな調味料と組み合わせる。
- **栄養価**
  無調整の乳製品と栄養価は変わらないが、塩や砂糖が追加されていないか注意する。

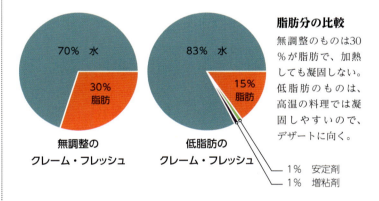

クリームの種類を知る

とても単純な食品なのに、種類と用途は驚くほど複雑

クリームは、フランスやヨーロッパ各地の伝統料理に不可欠な材料。非常に小さな球状の「乳脂肪」を牛乳から分離させて作る（右記参照）。クリームは舌の上を滑り、ほかの油や脂肪とは違う絹のような口あたりを与える。ほかの食品に加えると、風味化合物を運び、スイーツや料理の風味を強める。クリーム自体にもバターのような香りがある。濃度には微妙な違いがあるが、クリームは牛乳よりもしっかりしている。乳脂肪分の多いクリームは高温でも凝固せず、泡立ちやすい。

クリームは選択肢が多くてとまどうことがあるが、大きな違いは乳脂肪分の量だけ。右の表ではクリームの種類ごとに、乳脂肪分の量と、それに合わせた用途を説明している。

乳製品の脂肪

英語で「butterfat」と「milkfat」は同じ意味で、どちらも乳製品に含まれる脂肪を指す。

脂肪球は水より密度が小さいので、表面に浮かぶ。
脂肪球は集まって濃い液体成分を作る。
脂肪球には水溶性の膜がある。

牛乳の脂肪球

牛乳の脂肪球は、まわりの液体よりも密度が小さい。脂肪球に結合しているタンパク質分子が、近くにある脂肪球同士をくっつけて浮き上がる。かつては、クリームは浮かんできた脂肪球を表面からすくい取って作っていた。現在では、遠心分離機で抽出され、ホモジナイズ処理（111ページ参照）されてから販売されている。

クリームの種類	処理

クリームの作り方

クリームを大量生産する工場では、高速遠心分離機で牛乳から脂肪球を分離し、「脂肪分0%」のスキムミルクと、脂肪と水分が50：50の濃いクリームを作っている。

生乳
脂肪分0%
スキムミルク
脂肪分
45〜50%
濃いクリーム

クリームはスキムミルクで希釈するが、加える量によってさまざまな種類のクリームになる。

遠心分離と希釈

しぼりたての牛乳の脂肪分は、乳牛の品種にもよるが、3.7〜6%だ。遠心分離機にかけると、脂肪を含まないスキムミルクと、高脂肪のクリームに分かれる。遠心分離機がはやいほど水分が多く抜けて、濃いクリームになる。1秒に150回転させると、脂肪が45〜50%のクリームと、脂肪をほとんど含まないスキムミルクになる。シングルクリーム、ホイップクリーム、ダブルクリームは、分離させたクリームにスキムミルクを加えることで作られる。

加熱

以前はクリームを穏やかに加熱してから冷やすことで、より濃厚でこってりしたクリームを作っていた。現在でもクロテッドクリームはこの方法で作られている。

発酵

遠心分離機が登場する前は、牛乳から濃厚なクリームを分離するには何時間もかかっていた。牛乳に含まれる微生物によって発酵することも多かった。濃いクリームを希釈して作るようになってからは、発酵させる方法はサワークリームやクレーム・フレッシュを作るために、厳密に管理された条件のもとで用いられている。

クリームの種類	脂肪分	加熱する	泡立てる	かける	向いているのは
 シングルクリーム	18%	X	X	✓	シングルクリームは加熱には向かない。脂肪分が少ないので、加熱すると、特に酸性の材料と混ぜた場合には凝固しやすい。フルーツにかけたり、スープの仕上げにたらしたり、デザートに加えたりすれば、見た目も華やかになり、クリーミーな風味のコントラストが楽しめる。
 ホイップクリーム	35%	✓	✓	X	脂肪分が35％以上あるので、泡立てるとしっかりとした泡が立つ。泡立て器で脂肪球が小さくなり、これが気泡のまわりで結合する。
 ダブルクリーム	48%	✓	✓	X	脂肪分が25％以上のクリームはどれも凝固しないので、高温で加熱しても大丈夫だ。ダブルクリームに含まれる大量の脂肪球には、カゼインの凝固を妨げ、かたまりにならないようにするはたらきがある。
 クロテッドクリーム	55%	X	X	X	加熱によって、水分の一部が蒸発するほか、糖とタンパク質が脂肪と反応するため、バターに似た焦げたような複雑な香りになる。濃厚でこくがあり、イギリスでは伝統的にスコーンやデザートに添えられる。アイスクリームの材料にもなる。
 サワークリーム	20%	X	X	X	新鮮で強い味わいがあり、どんな味の料理にも濃厚さと酸味を与えられる。しかし脂肪分はあまり多くなく、カゼインが凝固して、酸性の材料を使ったソースが分離するのを防ぐほどではない。グーラッシュ（ハンガリー風のシチュー）やスープ、スパイシーな南米の料理に使われる。
 クレーム・フレッシュ	30%	✓	X	X	サワークリームと同じ方法で発酵させるが、脂肪分が多く、トマトなどの酸性の材料と一緒にしても凝固しないので、加熱に適している。こってりとしたパスタや、スープやソースに使う。

牛乳に膜ができないようにするには?

温めた牛乳にできる膜は捨てられることが多いが、実は栄養豊富な乳清《にゅうせい》タンパク質がたっぷり含まれている

　牛乳は用途の広い材料で、繊細な風味を出すことができ、長時間の加熱にも耐えられる。ほかの食品のタンパク質とは違って、牛乳に含まれるカゼインは沸騰させても構造がほどけず、170℃まで壊れない。牛乳は長時間、ゆっくり温めることができる。やがて新しい風味化合物が生まれてきて、徐々にバニラやアーモンド、バターのような風味が出てくる。牛乳を沸騰させると、ラクトースとタンパク質が結合してメイラード反応を引き起こし、強いバタースコッチの風味を生み出す。しかし、量の少ない乳清タンパク質（108ページ参照）は、完全な熱耐性があるわけではないので、約70℃でほどけ始める。牛乳を長時間加熱すると、火が通って粘り気が出た乳清タンパク質が表面に浮かんできて、ベトベトした層ができる。加熱を続けると、時間とともにこの層が厚くなり、乾燥して、最終的には表面に「膜」を作る。牛乳をかき混ぜず、この膜をそのままにすると、膜がふたになり、牛乳の温度が急上昇して突然ふきこぼれる。膜が厚くなってかたまると、かき混ぜても消えないので、つまんで取り除く必要がある。

　牛乳に焦げや膜ができるのを防ぐには、下のアドバイスを試してみよう。

栄養たっぷり

豆乳にできる膜は、乾燥させて「湯葉」になる。とても栄養価が高い。

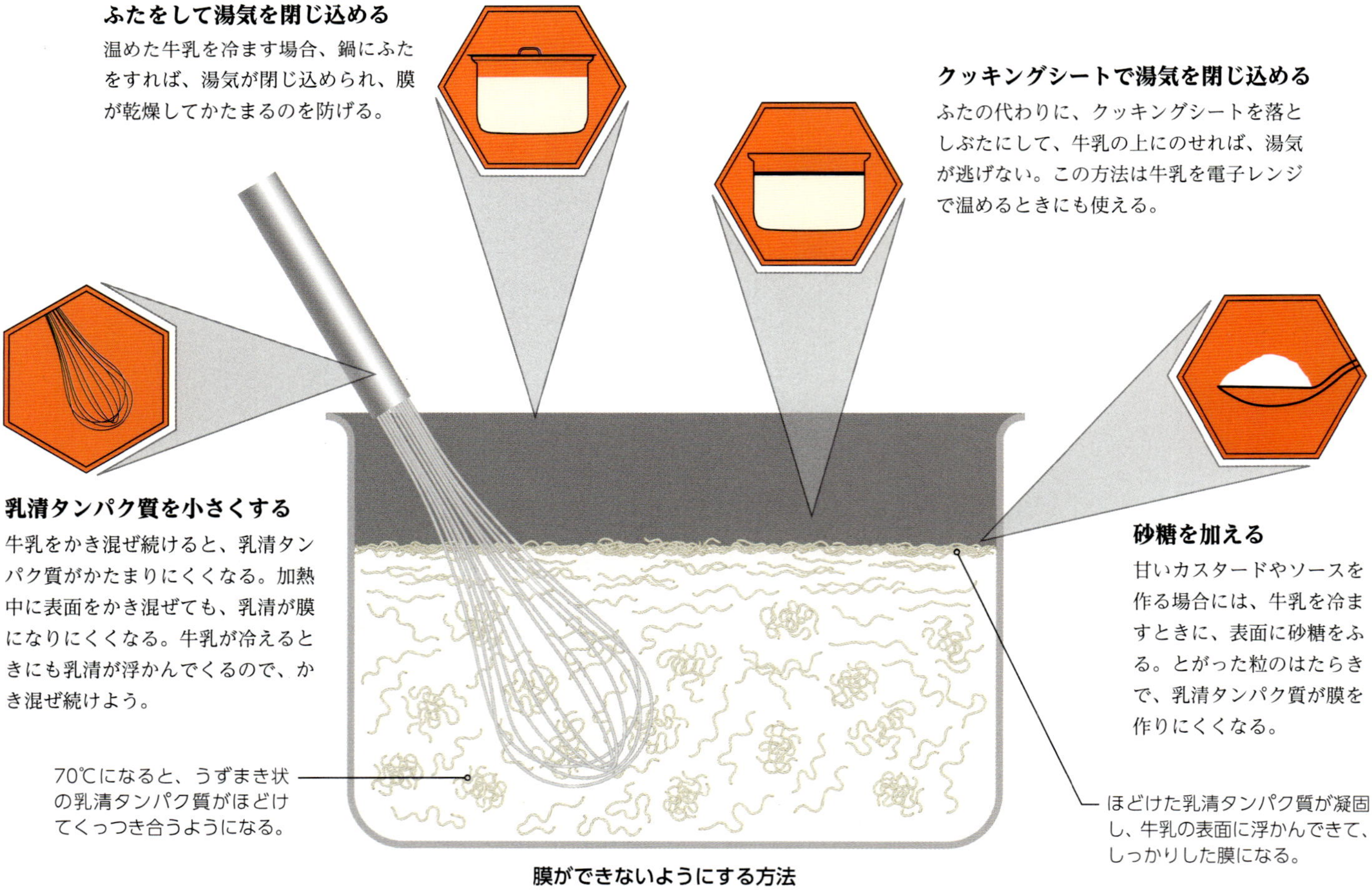
ふたをして湯気を閉じ込める
温めた牛乳を冷ます場合、鍋にふたをすれば、湯気が閉じ込められ、膜が乾燥してかたまるのを防げる。
クッキングシートで湯気を閉じ込める
ふたの代わりに、クッキングシートを落としぶたにして、牛乳の上にのせれば、湯気が逃げない。この方法は牛乳を電子レンジで温めるときにも使える。
乳清タンパク質を小さくする
牛乳をかき混ぜ続けると、乳清タンパク質がかたまりにくくなる。加熱中に表面をかき混ぜても、乳清が膜になりにくくなる。牛乳が冷えるときにも乳清が浮かんでくるので、かき混ぜ続けよう。
砂糖を加える
甘いカスタードやソースを作る場合には、牛乳を冷ますときに、表面に砂糖をふる。とがった粒のはたらきで、乳清タンパク質が膜を作りにくくなる。
70℃になると、うずまき状の乳清タンパク質がほどけてくっつき合うようになる。
ほどけた乳清タンパク質が凝固し、牛乳の表面に浮かんできて、しっかりした膜になる。

膜ができないようにする方法

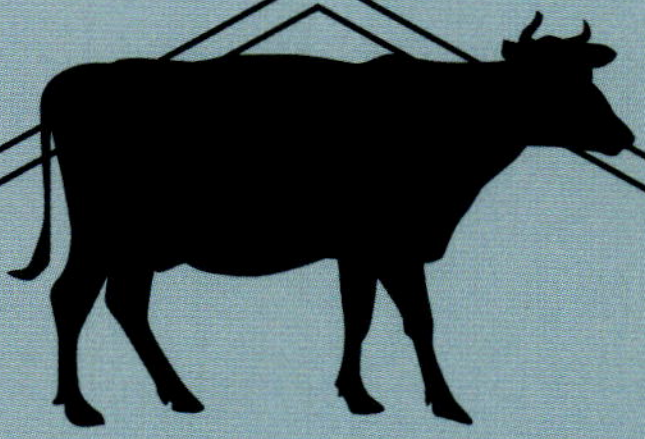

“中国では、牛乳の膜は
「双皮奶《シュアンピーナイ》」（ミルクプリン）の
大切な材料。双皮奶は
パンナコッタのようなデザートで、
牛乳を加熱して冷やす工程を
2回繰り返して作る”

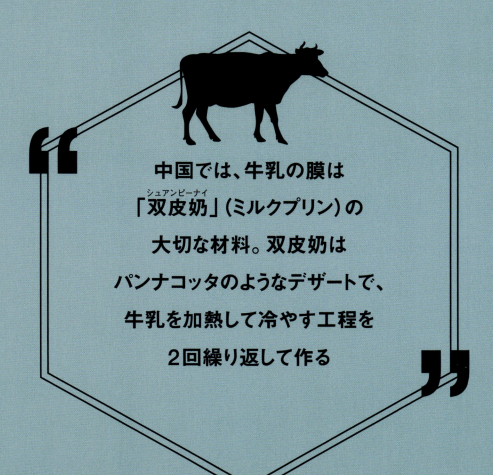

アイスクリームは自宅で作れる?

アイスクリームメーカーがない場合、材料をかき混ぜる時間が必要になる

　アイスクリームメーカーは便利だが、なくてもアイスクリームは作れる（下記参照）。砂糖とクリームを混ぜた液体をなめらかなデザートに変えるには時間と手間がかかる。材料の分子構造を正しく理解していると役に立つ。材料をかき混ぜると、牛乳の脂肪球が気泡を取り囲むが、この脂肪球の表面には水溶性の膜があるので（108ページ参照）、アイスクリームを作るにはこの膜を取り去る必要がある。この膜は、卵黄に含まれるレシチンなどの乳化成分と結合するとはがれ落ち、脂肪球は合体して、より大きくてクリーミーなかたまりになる。材料を混ぜると、この脂肪は気泡のまわりに集まって、その構造を支える。

　アイスクリームの軽くてやわらかな口あたりを出すのは、そうした気泡だ。氷の結晶はなめらかなアイスクリームの敵なので、砂糖と少量の塩を加えて、氷の結晶ができないようにする必要がある。氷の結晶は、どんなに小さくても舌の上でざらざらするので、できるだけ大きくしないことが大切だ。すばやく冷やせば、それだけ氷の結晶が小さくなる。こうした基本を覚えておけば、おいしいアイスクリームを自宅で作ることが可能だ。

なめらかなアイスクリーム

市販のアイスクリームは、氷の結晶ができないように、−40℃まで冷やしたパイプに通されている。

実践編

アイスクリームを作る

自宅でアイスクリームを作るときには、カスタードから作るのがいちばん。カスタードは、卵黄という天然の乳化剤を含んでいて、なめらかな食感を生む砂糖や脂肪もたっぷり入っている。火の通った卵や牛乳のタンパク質は、混ぜ合わせた材料を安定させる。脂肪分を調整していない、既製品のカスタードを使ってもよいし、104～105ページの方法で作ってもいい。

カスタードを冷やす

底が浅く、冷凍室で使用可能な金属またはプラスチックの容器を冷凍室に入れておく。道具が冷えていれば、凍るまでの時間が短くなり、なめらかなアイスクリームになる。104～105ページのレシピの２倍量のカスタードを準備し、それを耐熱性のボウルに入れる。このボウルを氷が入ったひとまわり大きなボウルに入れ、ときどきかき混ぜながら冷やす。

氷の結晶をできるだけ作らない

冷えたカスタードを、あらかじめ冷やした容器に注ぐ。浅い容器がよい理由は、表面積が大きいので、凍るまでの時間が短くなり、よりなめらかな食感に仕上がるから。カスタードを入れた容器を冷凍室に入れ、45分たったら取り出して、氷の結晶を壊すためにしっかりとかき混ぜる。再度、冷凍室に戻す。

繰り返しかき混ぜる

30分ごとに冷凍室から取り出して、しっかりとかき混ぜる。かき混ぜると、氷の結晶が壊れるだけでなく、空気を含んで食感がよくなる。冷凍室を開けたらすばやく閉めるようにして、冷凍室内の温度が氷点下に保たれるようにしよう。アイスクリームがかたまり始めるまで、３時間ほどこの作業を続ける。

アイスクリームメーカーのほうがなめらかに仕上がる？

アイスクリームメーカーを購入する価値はある

　ホームベーカリーのおかげで、苦労してこねなくても焼きたてパンを作れるようになったように、アイスクリームメーカーは、アイスクリームを作るのに必要な、厄介なかき混ぜ作業を不要にした。アイスクリームメーカーがなくてもおいしいアイスクリームは作れるが、アイスクリームメーカーでは、たえずかき混ぜることで、大きな氷ができる前に砕かれるため、手作業では難しい、軽くてふんわりしたアイスクリームになる。機械でかきまわすことで、気泡を徐々に含ませるので、甘いミルクセーキのようだった材料が、空気を含んだ凍った泡になる。

#4

仕上げの冷凍でかためる

アイスクリームがじゅうぶんにかたまって、かき混ぜられなくなったら、冷凍室に戻して、仕上げに1時間冷やす。これで完全にかたまり、食べられるようになる。手動で混ぜる場合、ある程度の量の空気しか含ませることができないため、冷凍室に長く入れておくと劣化する可能性がある。そのため2～3日以内に食べよう。

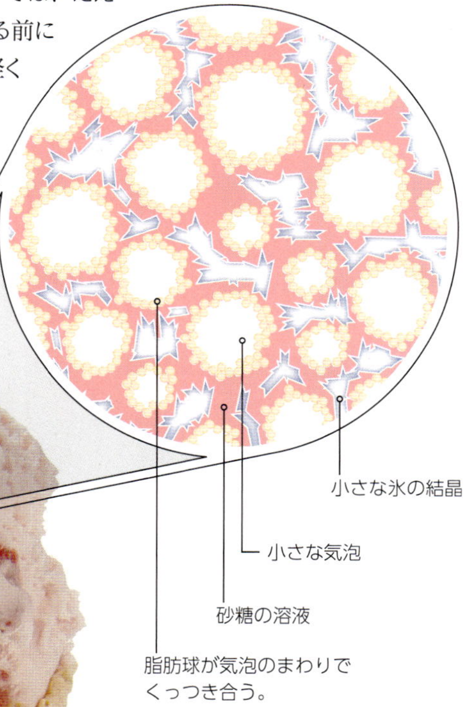
小さな氷の結晶
小さな気泡
砂糖の溶液
脂肪球が気泡のまわりでくっつき合う。

ストロベリーアイスクリーム

アイスクリームの分子構造

アイスクリームのなめらかな表面は、実は微小な気泡でいっぱい。気泡のひとつひとつは、脂肪でできたやわらかい壁で包まれており、氷の結晶に支えられている。アイスクリームメーカーでかき混ぜ続けて、急速に冷凍すると、ざらざらした氷の結晶が小さくなる。

ヨーグルトを手作りする価値はある?

自宅でヨーグルトを作るのは比較的簡単。バラエティ豊かな風味が楽しめる

　ヨーグルトが生まれたのは5000年前のこと。私たちの祖先は、ミルクを「腐らせる」と、日持ちのする酸っぱくて濃いミルクになることに気づいたのだ。伝統的なヨーグルトでは、多種多様な細菌が乳糖を「食べて」、細菌を殺す酸を生成し、それがカゼインを不安定にする。カゼインはからまり合うが、かたまりにはならずに格子《こうし》状のゲルになる。現在のヨーグルトは殺菌されて、細菌が標準化されており、プロバイオティクス・ヨーグルト以外では、一般的に２種類の細菌のみが使われている。チーズと同じように、信頼性と安全性と引き換えに、多様性や変化が失われたのである。現在使われているサーモフィルス菌とブルガリクス菌は、ヨーグルトの中で助け合いながら作用している。

　自家製ヨーグルトに使う菌は、乾燥させた種菌を買ってもいいが、たいていのヨーグルトには生きた菌が入っているので、下で説明するように、すでにあるヨーグルトをスプーン１杯分用意して、新しいヨーグルトの「スターター」にするのが簡単だ。スターター菌は、何年間にもわたって増えて引き継がれていき、別の風味を生み出す、珍しい菌を育てる可能性もある。しかし、「伝統種の種菌」として売られている種菌の多くが、実際にはサーモフィルス菌とブルガリクス菌を含むヨーグルトに由来するという研究結果がある。

ヨーグルトの語源

ヨーグルト（Yogurt）という語は、トルコ語で濃い牛乳を「Yogurmak」と呼んだことに由来する。

実践編

自家製ヨーグルトを作る

ここでは、すでにあるヨーグルトを使って、新しい自家製ヨーグルトを作る。新しいヨーグルトができたら、7日以内であれば酸を作る微生物がじゅうぶんにいるので、そのヨーグルトをスプーン数杯分使って、さらに新しいヨーグルトを作ることができる。

#1

カゼインをほどく

全乳２ℓを弱火にかけ、ときどきかき混ぜながら85℃まで温める。加熱することで不要な細菌を殺すとともに、カゼインを不安定にしてほどけやすくする。また乳清タンパク質に火が通ると、ヨーグルトにとろみがつく。鍋を火からおろして、菌の増殖に最適な40〜45℃まで冷ます。

#2

菌を追加する

冷ました牛乳を、容量１ℓの殺菌済み保存瓶（または魔法瓶）２つに注ぐ。瓶の上は少しあけておく。それぞれの瓶にヨーグルトを大さじ１〜２杯ずつ入れて、よくかき混ぜる。

#3

乳酸ができる

瓶のふたをしっかりと閉め、清潔なふきんで包んで、暖かい場所に６〜８時間おいて発酵させる。この間に細菌が乳酸を生成する。乳酸はタンパク質を不安定にし、格子状のゲルを作る。

スパイシーな料理にヨーグルトを入れるわけ

ヨーグルトはインド料理やパキスタン料理に使われる

ヨーグルトを使っても、カレーのつややかさを失わないようにするには、ヨーグルトを加えるタイミングが大切だ。ヨーグルトには、牛乳や脂肪分の少ないクリームを凝固させるのと同じタンパク質が含まれており、脂肪の量は牛乳と同じなので、酸味のある材料と一緒に加熱すると、カードと乳清に分離してしまう。ヨーグルトが分離する原因はスパイスではなく、トマトや酢、レモン汁、果物などの酸性の材料なのだ。温度が高いほどはやく凝固するので、分離を防ぐには、ヨーグルトを仕上げ段階で加えるとよい。つまり、煮込んでいるときではなく、冷ましているときに加える。

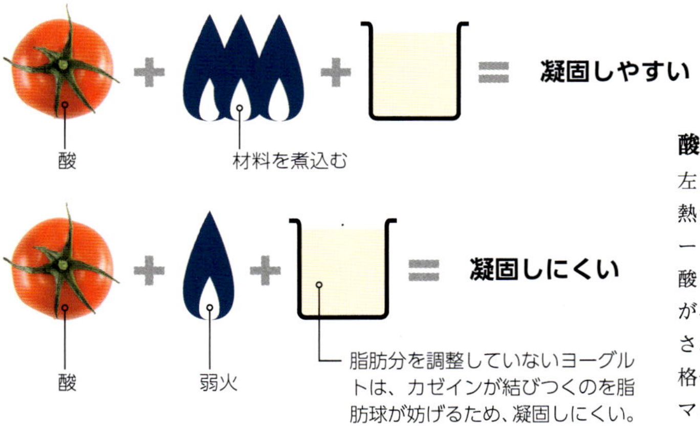

酸と熱

左に示すように、酸と熱が組み合わさるとヨーグルトが凝固する。酸だけでも影響があるが、熱と強い酸にさらされると、カゼインの格子構造が壊れて、ダマになってしまう。

プロバイオティクス・ヨーグルトは健康によい？

腸内細菌は、免疫系を強化し栄養分を与えてくれる

腸内細菌の組成は人によって異なり、体全体の健康や、ストレスレベル、そしてなによりも食事の影響を受ける。腸内細菌（腸内フローラ）のバランスの乱れと、さまざまな病気の関連があることは、科学的に証明されている。プロバイオティクス・ヨーグルトは、大量の「善玉菌」を含んでいる。善玉菌は、健康に害を与える細菌を腸から追い出し、消化をよくし、健康を取り戻してくれる可能性がある。プロバイオティクスには、下痢を予防する効果や、抗生物質によって失われた健康によい腸内細菌を育てることで、抗生物質服用後の下痢を治療する効果などがあることがわかっている。

#4

保存は冷蔵庫で

発酵が済んだら、ヨーグルトは食べられる状態だ。冷蔵庫で2週間保存できる。冷蔵庫に入れると菌の増殖が遅くなる。より濃厚なギリシャ風ヨーグルトを作るには、この段階で、目の細かいガーゼかコーヒーフィルターに入れ、数時間かけて濃度が増すまでこす。

フォーカス：チーズ

世界には1,700種類以上のチーズがある。
乳のカードを発酵させるだけで、これほどの多様性が生まれる

基本的にチーズというのは、凝固した乳のかたまりを、微生物が発酵させた（または部分的に消化した）ものだ。チーズ作りは乳選びから始まる。それは牛の乳のこともあるし、水牛や山羊、羊、ラクダの乳を使うこともある。多くのチーズ製造業者は、殺菌（110～111ページ参照）した乳ではなく、生の乳を使う。高熱で失われる繊細な風味化合物が残っているからだ。「スターター菌」を加えてから、新しい菌が増えるのに最適な温度まで乳を加熱する。次にレンネット（125ページ参照）か酸を加える。これによってタンパク質がかたまり、クリーミーな脂肪球と結合して表面に浮いてくる。この脂肪とタンパク質の集まりが「カード」で、残った液体が「乳清」だ。浮かんできたカードをソフトチーズではクルミの実くらいの大きさに、ハードチーズでは小さな粒にする。レンネットのはたらきでタンパク質がかたまったら、カードの余分な乳清を抜いてから型に入れる。フレッシュチーズやソフトチーズは数時間から数日おいてかためるが、熟成チーズは完成までにさらに何段階かの工程がある。重しをかけたり、圧搾《あっさく》したりして、水分を取り除き、よりかたくすることもあるし、塩水やワインン、シードルなどで洗って、風味豊かなカビがついたやわらかい皮にすることもある。微生物が複雑な風味と味を生み出せるよう、温度と湿度を管理した部屋に数カ月おいて熟成させる。

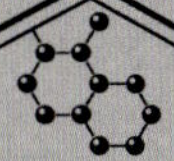

サイエンス

細菌、カビ、酵母はカードを発酵させ、さまざまな種類のチーズに複雑な風味をもたらす。

調理

風味の強いチーズは控えめに使う。その風味をひきたててくれる材料を組み合わせよう。

微生物

ペニシリウム属のアオカビはチーズの中で育つ。

熟成したチーズの表面に広がるカビは、生きた外皮になり、チーズの乾燥を防ぐ。

チーズを知ろう

何の乳を使うか、カードをどのくらい細かく切るか、どのくらいの期間熟成させるかといったさまざまな判断が、完成したチーズの風味や性質に影響する。

ソフトチーズ

脂肪：26～28%
熟成期間：1日以上
風味：マイルド

パニール
熟成の浅いチーズ。酸でかためるので、加熱しても溶けない。揚げたり、ベジタブルカレーに加えたりする。

脂肪：21～23%
熟成期間：1日以上
風味：マイルド

モッツァレラ
レンネットを使ってかためるチーズ。カードを練って層を作っているので、溶かしても、冷たいままでも使える。

脂肪：20～23%
熟成期間：2カ月以上
風味：中

フェタ
伝統的にオリーブオイルや塩水に漬けて保存していた。サラダやペイストリー、パイに塩味やほろほろとした食感を加える。

脂肪：24%
熟成期間：3～5週間
風味：中

カマンベール
ペニシリウム属のカビがキノコのような香りをもたらす。そのまま食べたり、とろけるまでオーブンで焼いたりする。

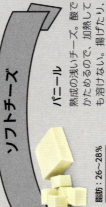

乳の種類はチーズの色を決める一因。
表面の微生物は、タンパク質を消化する酵素を放出し、とろりとした食感を生み出す。
ソフトチーズの熟成が進むと、中身がやわらかくなり、流れ出すことが多い。

カマンベール

食感

サイエンス

チーズの食感を決めるのは、カードをどのくらい細かく切ったか、そしてカードをしぼったり、圧搾したりして水分を抜いたかどうか。

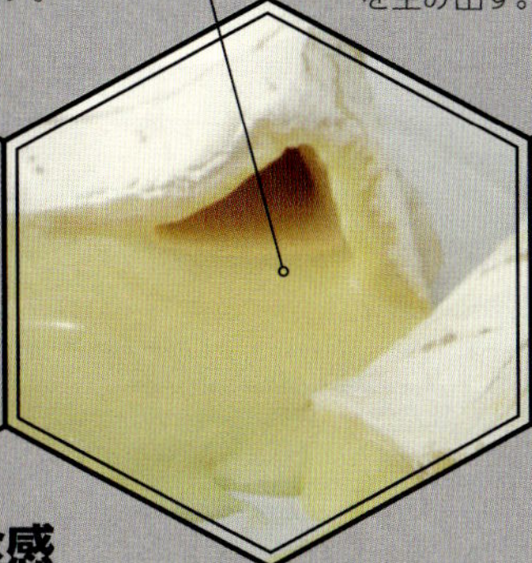

調理

しっとりしていて、じゅうぶん熟成したチーズは、ソースとよく合う。マイルドでやわらかいチーズは、食感と新鮮な風味をもたらす。

脂肪：43~44%
熟成期間：4~6週間
風味：マイルド

ババリアブルー

乳とクリームを混ぜた材料で作る、脂肪分の多いマイルドなブルーチーズ。濃厚な風味は、ライ麦やナッツの入ったパンとよく合う。

ハードチーズ

脂肪：28~30%
熟成期間：1~12カ月
風味：中

モントレージャック

スペイン系メキシコ人のチーズがもとになっていて、甘味と酸味がある。グリルで焼いたり、すりおろしてチリコンカンなどにかける。

脂肪：28~32%
熟成期間：4~18カ月
風味：マイルド

エメンタール

草の香りのする風味のよいチーズで、アルプスの牧草地で育った牛の乳から作られている。すりおろしてチーズフォンデュにしたり、パンにのせて焼いたり、そのまま食べたりする。

脂肪：39~40%
熟成期間：6~18カ月
風味：中

マンチェゴ

乾いた食感でナッツの風味があるが、熟成するとピリッとした風味になる。そのまま食べるのが最適。薄く切ったり、薄いくさび形に切る。

脂肪：28%
熟成期間：18~36カ月
風味：強

パルミジャーノ・レッジャーノ

何年もかけて熟成するチーズで、風味が豊か。パスタやソース、スープ、サラダにうま味を加える。

ブルーチーズのカビはなぜ食べられる？

人間は細菌と調和して生きられるよう進化してきた

微生物が有害だというのは濡《ぬ》れ衣《ぎぬ》だ。昔からチーズに特徴を与える微生物は、その地域の微生物環境を反映していた。現在では、チーズは殺菌済みの乳で作られており、もとから存在していた微生物は死滅している。それを乗り越えてきたカビの中で、もっとも広く使われているのがペニシリウム属のカビだ。強い味のするチーズに青い模様を作り出しているカビで、きわめて安全だ。古くからあるブルーチーズのひとつ、ロックフォールの青緑色は、ペニシリウム・ロックフォルティというカビだ。

“ロックフォールの青緑色は、ペニシリウム・ロックフォルティというカビ”

カビが広がるにつれてチーズに穴があく。
ロックフォール

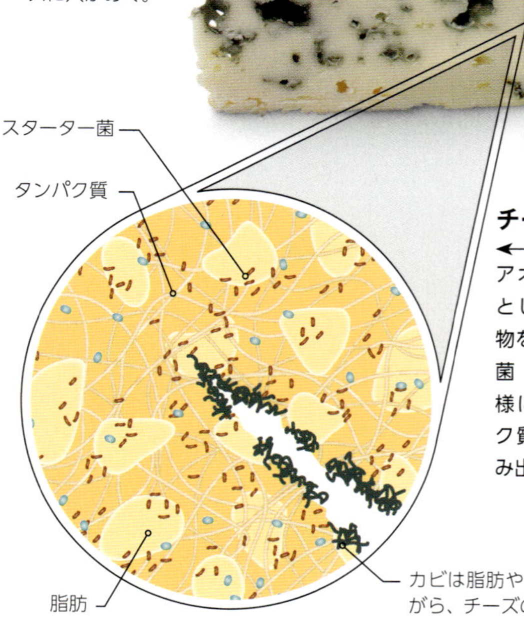
スターター菌
タンパク質
脂肪
カビは脂肪やタンパク質を消化しながら、チーズの穴のまわりに増える。

チーズの微生物

アオカビは乳脂肪をエサとし、特徴的な風味化合物を生成する。スターター菌（右ページ参照）も同様に、脂肪や糖、タンパク質を食べて、風味を生み出す。

チーズの強烈なにおいの正体は？

世界には1,700種類ものチーズがあり、味や香りは驚くほど多様

クリームのようなブリー、バターのようなゴーダ、砕けやすいパルメザン、こくのあるチェダー、マイルドな味のパニールなどは、無数にあるチーズの一部にすぎない。このチーズの宇宙のなかで特にくさいのが、マンステールやリンバーガー、ロックフォール、スティルトンなどだ。チーズの宇宙は、チーズ製造業者たちの長年にわたる創造性の証だといえるが、本当の主役は微生物。細菌やカビ、酵母など、何百種類もの強者たちが、塩味しかしない白いカードのかたまりに命を与えるのだ。右ページの図にあるように、微生物は脂肪やタンパク質、ラクトースを消化（発酵）することで、さまざまな風味豊かな（またはとてもくさい）分子を放出する。特に強烈なにおいを生み出す微生物もある。例えば、マンステールとリンバーガーが「古い靴下」のようなにおいがするのは、ブレビバクテリウム属の細菌のせいだが、この細菌は足の指の間でも増殖している。

においが強烈なチーズ

特にくさいチーズは、熟成中に、細菌や白カビの種菌を表面全体にあえて広げて作るものが多い。

カマンベール
リンバーガー
マンステール
エポワス
ブリー・ド・モー

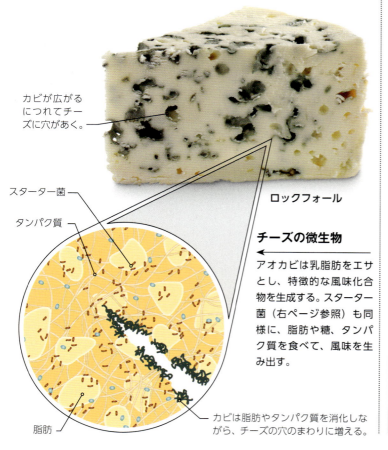

チーズ作りのプロセスと風味の変化

乳

材料にする乳の種類が風味に影響する。牛乳は土っぽい味になり、山羊乳は強い味になる。羊乳はクリームのような風味になる。

＋

スターター菌

チーズ作りの最初の段階で導入する菌で、ラクトースを分解して、乳酸を作る。乳酸は有害な微生物を死滅させ、熟成後のチーズに強い味を与える。スターター菌自体もチーズの中に生き残って、風味に影響を与える。

カード

スターター菌が作った乳酸は乳を凝固させる。酸によって乳タンパク質の構造がほどけて、互いにくっつき合い、カードになる。乳を消化する酵素であるレンネットを加えると、カゼインがさらにほどけて凝固がはやくなる。カゼインは乳脂肪分とからまって、表面に浮き、そこでしぼったり、圧搾したりする。カードに含まれる水分の量によって、ハードチーズかソフトチーズになる。

熟成微生物

カードができた直後か、もう少し後で、風味を生み出す熟成微生物を追加する。これは数週間から数カ月かけてチーズを熟成させ、強い風味や香りを出す。加える微生物の種類や量が風味に影響する。また、熟成中の温度や湿度が、微生物の増殖速度に影響し、チーズの味も違ってくる。

タンパク質

熟成微生物は、タンパク質の一部を食べて小さく分解し、さらにそれをアミノ酸に変え、最終的にはアミンやアルデヒド、アルコール、酸などに変える。こうした物質には独自の風味があるものが多い。

アミノ酸とアミン

アミノ酸はその種類によって、独特な風味や香りがある。

- トリプトファンは苦味がある。
- アラニンは甘味がある。
- グルタミン酸は、うま味受容体を刺激する、こくのある風味がある。

一部の微生物は、アミノ酸を強烈なにおいがするアミンに分解する。アミンの中には、なじみのあるにおいがするものが多い。

アルデヒド

何カ月かすると、ひどいにおいのするアミンがさまざまな方法で分解されて、アルデヒドやアルコールといった風味化合物になり、ナッツや木、スパイス、草、あるいは焼いたオーツ麦などのようなよい風味を生み出す。微生物は酸も生成して、酸味を与える。

チーズ

完成したチーズ特有の風味や香りは、材料に加えた微生物の種類や、作業中のさまざまな不確定要素を反映している。

スティンキング・ビショップ

脂肪が溶けると、タンパク質をつなぐ。
熟成していないチーズのタンパク質
モッツァレラのようなチーズでは、カゼインが網目状に結合しているが、かたまりになるほどではなく、間に脂肪の分子がある状態なので、つながって長く糸を引く。
脂肪が溶けると、ほぼ一方向に並んだタンパク質が糸を引くようになる。

チーズはなぜ伸びる?

すべてのチーズがピザに向くわけではない

スティルトンやチェダーは、加熱すると油っぽいかたまりに分離する。ハードチーズや熟成が進んだチーズでは、カゼインがしっかりと結合しているので、80℃にならないとやわらかくならない。脂肪はそれよりずっと低い30~40℃で液体となって流れ出てしまう。熟成していないチーズでは、タンパク質がもっと低い温度でやわらかくなるので、均等に溶ける。ただし、リコッタなどの乳を凝固するのに酸を使っているチーズは、酸がカゼインを結合させるため溶けない。

伸びるチーズはどうやってできるか

モッツァレラなどがよく伸びるのは、乳の凝固の仕方や、熟成時間、脂肪と水分のバランスなどにより、カゼインの結合がゆるいからだ。モッツァレラは、レンネットより先に菌を加え、加熱した後、パン生地のようにこねてタンパク質が繊維のように並ぶようにする(この手法を「パスタ・フィラータ」という)。

プロセスチーズは食べないほうがよい?

プロセスチーズは、ナチュラルチーズと原材料が同じだが、本来のチーズとはかなり違う

19世紀中頃、ニューヨークにアメリカ初のチーズ工場ができて、かなり薄味のチェダーチーズを大量生産し始めた。1916年には、起業家のジェームズ・L・クラフトが初めて、チーズの削りかすからプロセスチーズを作った。このチーズを作るには、削りかすのチーズを加熱殺菌してから溶かし、クエン酸やリン酸塩を混ぜていた。リン酸塩がカゼインからカルシウムを切り離すことで、カードが均等にかたまるようになるのだ。現在のプロセスチーズは、さまざまなチーズと、乳清タンパク質、塩、香味料などの混合物に、乳化剤を加えて、成形したもの。「ナチュラルな」食品が好きなら、プロセスチーズは食べないほうがよいかもしれないが、チーズがたっぷりかかったハンバーガーで、大量生産ではないチーズを使っているものを見つけるのはほぼ不可能である。

違いを知ろう

プロセスチーズ

プロセスチーズは、圧搾して、スライスにしてから、プラスチックで包装することが多い。チューブ入りや缶入りのものもある。

- いろいろな種類のチーズを原料にしていて、乳清タンパク質と塩、人工着色料、保存料を含む。つやがあって、ぼろぼろにならない。温めた牛乳のにおいがかすかにする。
- カルシウムが少なく(タンパク質を弱めて、成形しやすくするため)、増粘剤と乳化剤を含む。乳化剤は、材料を加熱したときに、脂肪と水分を混ぜ合わせるはたらきがある。

非プロセスチーズ(ナチュラルチーズ)

ナチュラルチーズは、さまざまな形やサイズのものがあり、必要に応じて、すりおろしたりスライスしたり、切り分けたりして使える。

- 作るときには、乳清は捨てて、カードとレンネット(または酸)、塩を材料とし、一定期間熟成させる。
- 添加物は少ないが、着色料や、熟成をはやめるための酵素を追加する場合がある。ナチュラルチーズの風味は材料の乳やレンネットに由来するもので、熟成中に生まれる。

本格的なソフトチーズを自宅でも作れる？

簡単な方法も、手の込んだ方法もある

市販のチーズ作りキットには、レシピや「種菌」（下準備と厳密な計量が済んだ微生物の胞子を小袋に入れたもの）が入っている。しかし、発酵させないチーズなら、特別な道具や種菌がなくても自宅で作ることができる。チーズ作りで一般的に使われる酵素であるレンネットがなくても大丈夫。

チーズ作りの第１段階は、乳を凝固させることだ。乳に含まれるラクトバチルス菌は、乳を分解して乳酸を生成し、乳を凝固させる。酸に敏感なカゼインの構造がほどけてくっつき合うのだ。微生物に頼らずに、酸を直接加えてもよい。パニールやマスカルポーネでは、酢やレモン汁を温かい乳に加えて、凝固させている。レンネットはタンパク質を壊す酵素で、子牛の内臓からとれる。レンネットを加えると、乳が凝固しやすくなり、カゼインがかたまりを構成する。熟成を促す細菌やカビ、酵母を加えると風味が出る。ハードチーズは圧搾して、数週間から数カ月熟成させる。下記では、酸で凝固させて作る、ソフトチーズの簡単なレシピを紹介する。

非動物性レンネット

ベジタリアン用のレンネットは、子牛からとれるレンネットと同じ酵素を生成するカビを増殖させて作る。

実践編

ソフトチーズを作る

このリコッタ風ソフトチーズの簡単レシピでは、市販品よりはるかに新鮮なチーズが作れる。保存する場合にはラップでゆったりと包む（冷蔵庫に入れる場合は密封容器に入れる）。そして、できれば熟成が進むくらいの温度に戻してから食べたほうがよい。冷たいままだと、風味化合物がすぐに放出されない。

乳を凝固させ、カードを分離する

１ℓの全乳を鍋に入れ、弱火にかける。ゆっくりと温めて、74～90℃になったら火からおろす。塩を小さじ１と１／２杯、白ワインビネガー大さじ２杯またはレモン汁１個分を加えて、カゼインがほどけるようにする。かき混ぜてから10～15分冷まし、牛乳が凝固してカードが分離するのを待つ。

残っている乳清を抜く

穴あきスプーンを使って、かたまったカードを乳清からすくう。このカードをガーゼで作った袋に入れて、ひもで口をしばり、ボウルか流しの上につるして、余分な乳清が流れ出るようにする。とてもやわらかいリコッタにするなら、20～30分つるす。乾いて砕けるような食感にするなら、ひと晩そのままにする。

そのまま食べるか、冷蔵保存する

かたまったカードを袋から出して、出来上がったソフトチーズをそのまま食べる。または密封容器に入れて、冷蔵庫で最長３日間保存できる。

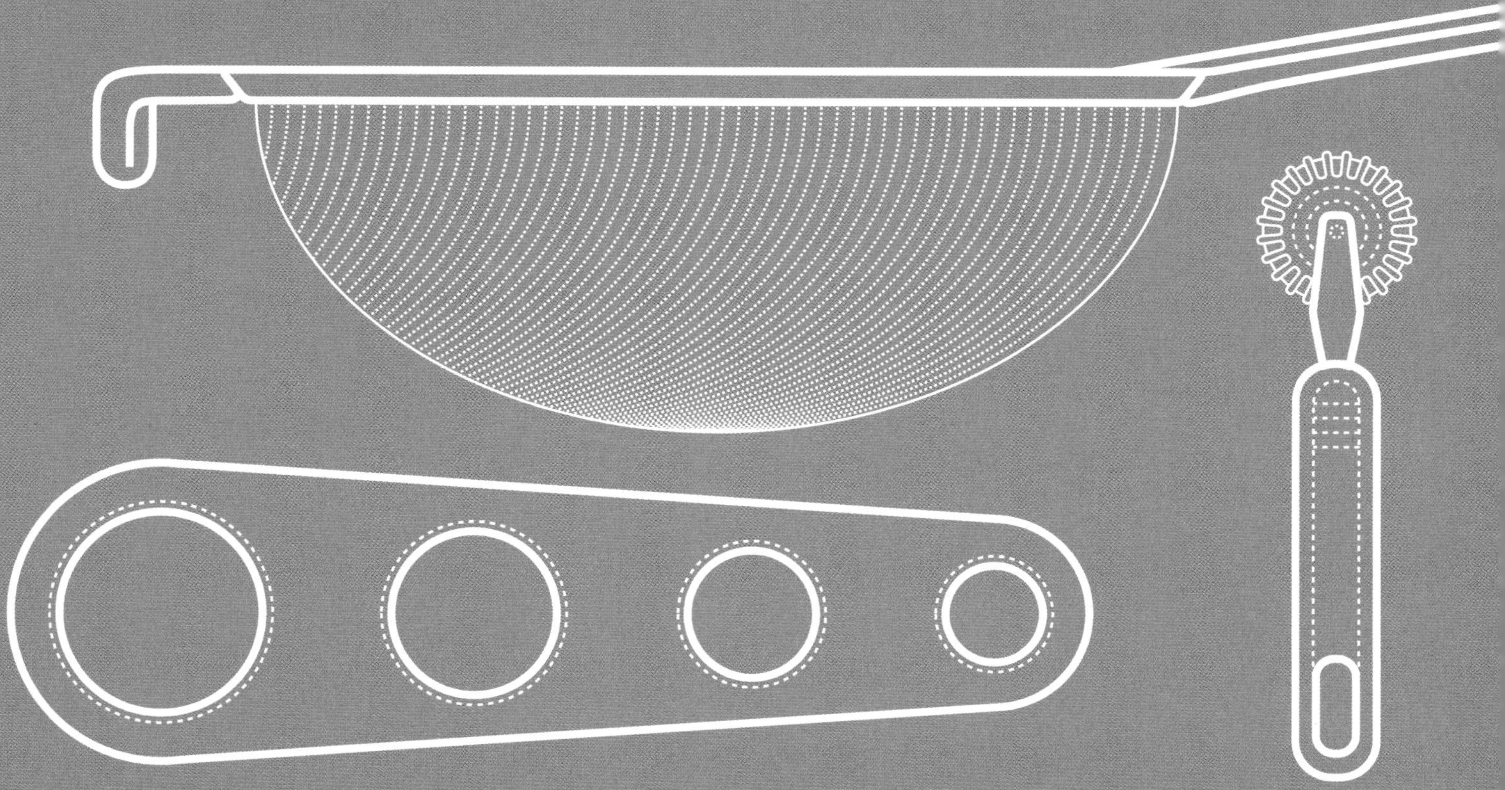

米、穀類、パスタ

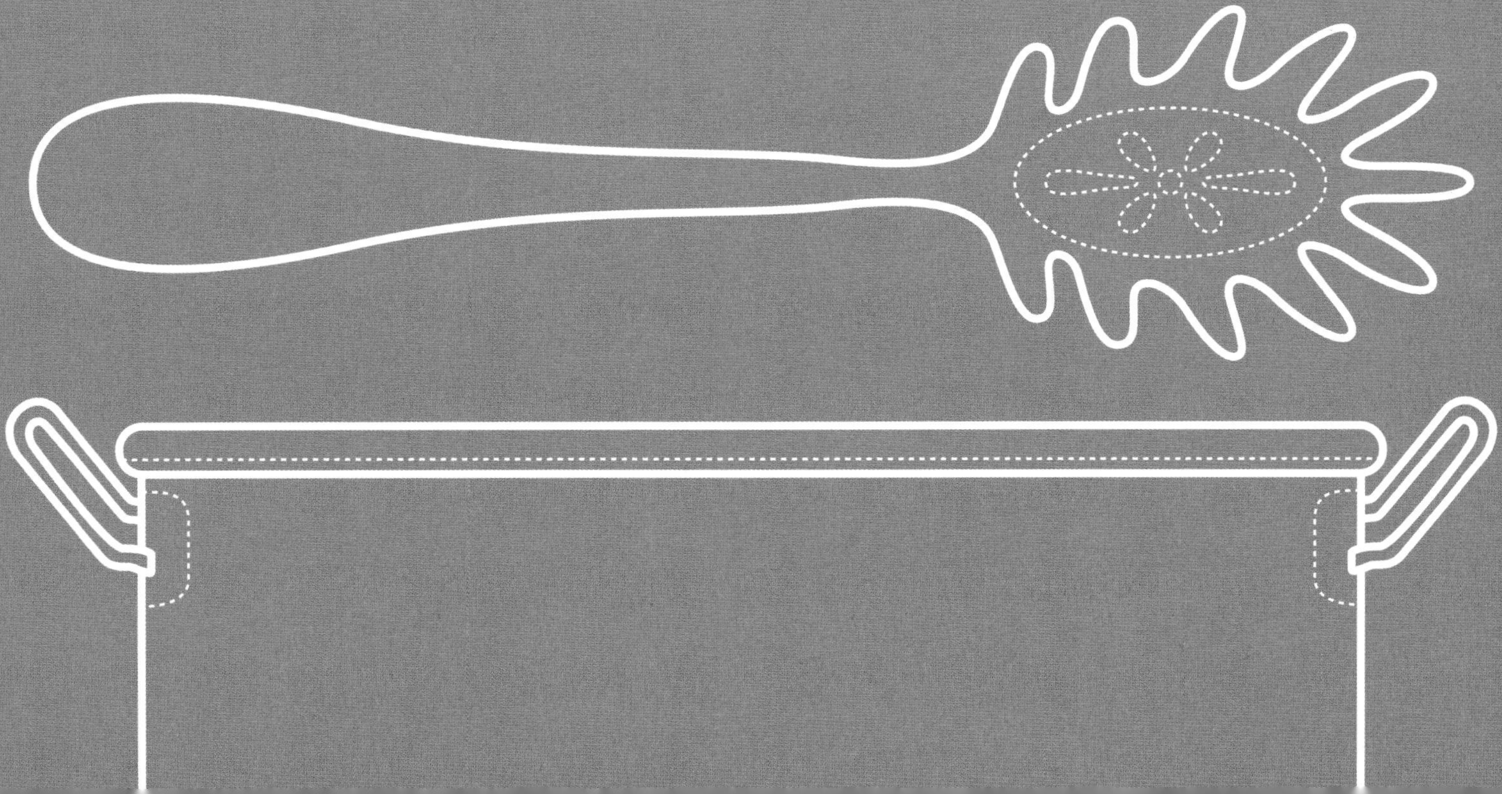

フォーカス：米

小粒だが、米には栄養がぎっしり詰まっている。世界のおよそ半分が米を主食としている

種としての米は、米の苗に栄養を与えるような構造となっている。ちょうど、卵がひなの成長に必要な栄養となるのと同じだ。ひと粒の米は食べられないもみ殻に覆われていて、その中に栄養価の高いぬかで覆われた実がある。これが玄米だ。ぬかに含まれるデリケートな油分は数カ月すると、酸化して悪臭を放つようになる。そこで保存期間を長くするために、米は精製したり、挽いて粉にしたりする。まわりをこすり取られた米は、デンプンを含んだ核（胚乳）のみが残されることになる。これが白米だ。胚乳の中の、デンプンがぎっしり詰め込まれた白い結晶は、調理しなければ食べられない。65℃以上の湯で調理すると、かたいデンプンがほどけ、「糊化」という現象が起きてやわらかくなる。米にはアミロペクチンとアミロースという2種類のデンプンが含まれている。このデンプンの性質を理解すれば、米を選ぶときに役に立つ（下記参照）。

サイエンス

くっつきやすいタイプの米には、やわらかいアミロペクチンがゆるく詰め込まれていて、かたいアミロースの量は少ない。

調理

アミロペクチンは米から水の中に容易に広がっていく。それがくっつきやすいゲル状となり米を包み込む。

くっつきやすい米

アミロペクチンの割合が高いため、米同士がくっつく。

米を知ろう

米は種類によってアミロースとアミロペクチンの割合が異なるが、一般的に粒の長い米のほうがアミロースを多く含んでいるといえる。アミロースの小さな結晶はぎっしりと米の中に詰まっている。そのため、長粒米のほうが短粒米より調理に時間がかかる。

短粒米

ジャポニカ米

「もち米」、「グルテン質の米（glutinous rice）」、「甘味のある米（sweet rice）」と呼ばれることもある（実際には甘味が強いわけでもなく、グルテンも含んでいない）。このタイプの米は調理するとくっついたかたまりとなる。

アミロース：<5%
アミロペクチン：>95%

リゾット米

幅に対して長さが1～2倍しかない。調理するとやわらかくクリーミーになる。アミロペクチンを多く含み、調理するとそれがソースのような役目をし、やわらかでくっつきやすい性質となる。精米したものと玄米がある。玄米はより味わい深いが、調理時間が白米の2～3倍かかる。

アミロース：10%
アミロペクチン：90%

ぬかのコーティング
ぬかに覆われた玄米は茶色く、香ばしい味としっかりしたかみごたえがある。

栄養素
玄米には胚芽、繊維、そしてタンパク質の豊富なぬかが含まれている。

調理時間
玄米の調理には白米の2〜3倍の時間がかかる。それは湯がかたいぬかの層を通過するのに時間がかかるためだ。

長粒米の玄米

このタイプの米はアミロースの割合が高いため、米同士がくっつかず、しっかりと弾力がある。

ふっくらした米

サイエンス
ふっくらしたタイプの米には、くっつきやすい米よりもアミロースが高い割合で含まれている。

調理
アミロースはやわらかくなりにくい。そのため調理をした後も米の粒が原形をとどめている。

中粒米

アミロース：15〜17%
アミロペクチン：83〜85%

パエリア米
幅に対して2〜3倍の長さ。精製して食べる。調理するとしっとり感があり、少しくっつきやすいが、歯ごたえもある。カルロース、バレンシア、ボンバといった種類がある。

長粒米

アミロース：22%
アミロペクチン：78%

白米
長粒の白米はマイルドな風味で、用途が豊富。もっとも一般的に食べられているタイプ。幅に対して4倍の長さ。アミロースの比率が高く、調理するとふっくらとした仕上がりになる。南アジア産のバスマティ米は、香りがよくて香ばしく、しっかりした歯ごたえで人気がある。

アミロース：2%
アミロペクチン：98%

ワイルドライス
「ライス」とついているが、米ではない。ぬかもそのまま残され、しっかりとした歯ごたえがある。いわゆる「米」と比べると、調理時間は非常に長く、最長で1時間かかる。

水加減の科学

説明書きにあることが絶対ではない

短粒米であれ、バスマティ米や玄米やワイルドライスであれ、米はほぼ同じ量の水を吸収する。長粒米や玄米、ワイルドライスなどにたくさんの水を使うのは、調理に時間がかかるため、そのぶん蒸発する水の量が多いからだ。ほとんどの種類が、米自体の量の３倍までの水を吸収するが、あまり水が多すぎるとベタついてしまう。どんな種類の米であれ、完璧（ややしっかりした食感で、ベタつかない）に炊くには、米と水の割合を1：1にし、そこに蒸発分を加える。蒸発分の水の目安は、白米の場合なら米から約2.5cm上まで。ただし、広口の鍋の場合は蒸発の速度もはやいので、水は多めに加える。

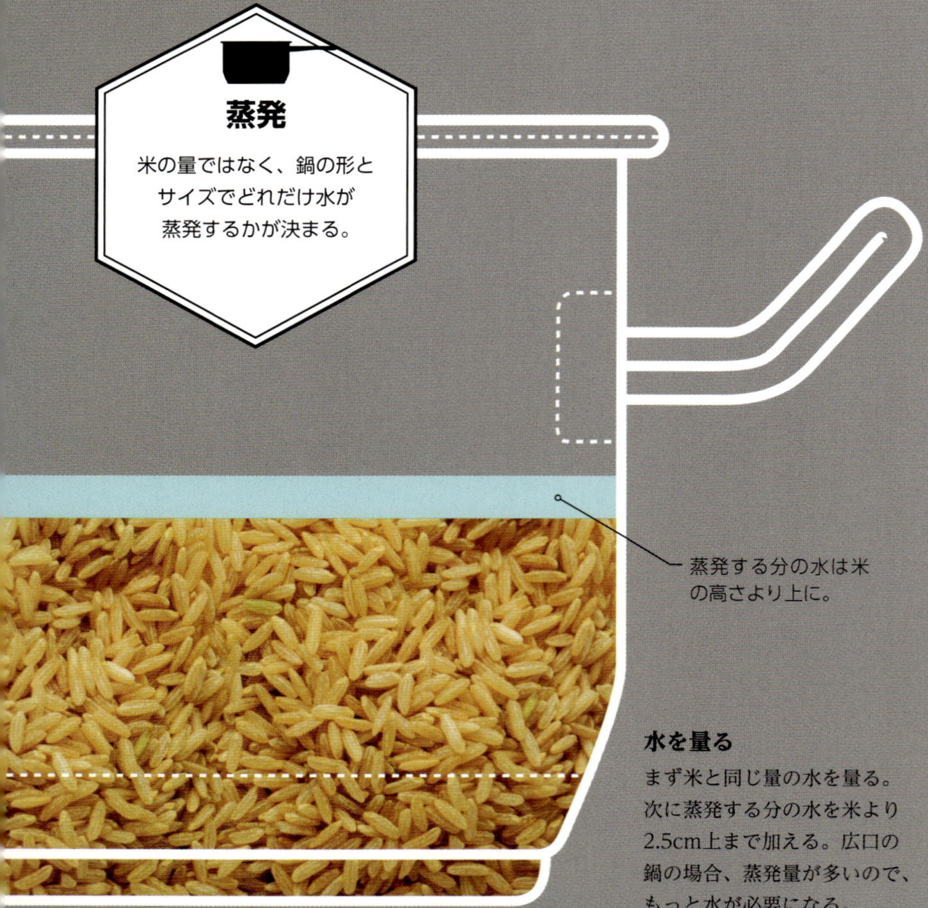
蒸発
米の量ではなく、鍋の形とサイズでどれだけ水が蒸発するかが決まる。
蒸発する分の水は米の高さより上に。

水を量る

まず米と同じ量の水を量る。次に蒸発する分の水を米より2.5cm上まで加える。広口の鍋の場合、蒸発量が多いので、もっと水が必要になる。

実践編

#1

余分なデンプンを落とす

調理する前によく洗って、表面のデンプンを落としベタつかないようにする。450g（約３合）の長粒米をザルに入れ、冷たい流水で水が透明になるまで洗う。米を洗うことでほこりや小さなゴミも取り除くことができるが、何度も水に浸すと香りの分子も取り除いてしまうので気をつける。

どうすれば、米をふっくらと炊ける？

ベタついた仕上がりにしないために、基本を守る

ぬかが保護する

白米はぬかが除かれているため、玄米よりデンプンが多く水に出てしまう。

米は65℃以上の湯で調理しないと、米粒の中のかたいデンプン質の結晶に水分が浸透して、食べやすいやわらかなゲル状にならない。これを「糊化」という。しかしその過程で、白米から多くのデンプンが水の中に出て水が濁る。デンプンをたっぷり含んだ水が冷えると、ベタつく層となって残る。米をふっくら炊くには、調理する前に余分なデンプンを洗い落とさなければならない。何にでも使える長粒米の場合は、調理前にひと晩水につけてはいけない。米が水を含みすぎて、ベタついた仕上がりになってしまう。炊飯の水も適量でなければならない（左ページ参照）。

米を炊く

ふっくらとして、ベタつかずおいしい長粒米を炊くのに必要なのは、ぴったりとふたのできる鍋だけ。最初はデンプンが糊化するように強めの火で炊き、次に残りの水がすべて吸収されるように蒸す。デンプンを含んだ水が米を覆わないようにするためだ。

#2

デンプンが糊化する

洗った米を鍋に入れ、水を入れる。水が蒸発する（左ページ参照）ので、水の位置は米より約2.5cm上にして、鍋のふたを取った状態で沸騰させる。米が65℃に達すると、デンプンが水を含んで膨張し、やわらかくなり、糊化が始まる。

#3

水分を吸収させる

沸騰して水がほとんどなくなり、米がやわらかくなってきたら、軽く蒸して米に残りの水を吸収させる。しっかりとふたをして弱火にし、さらに15分くらい炊く。蒸気が逃げてしまうので、決してふたを取らないこと。炊飯中はかきまわすのも厳禁。

#4

米粒をほぐす

米が水を吸収したら、鍋を火からおろし炊きすぎないようにする。ふたをしたまま、10分以上そのままにしておく。米の温度が少し下がると、やわらかくなったデンプンの結晶がかたまり（「老化」と呼ばれるプロセス）、米の粒がほぐれる。軽くかき混ぜ、ふっくらとさせる。

炊いた米の温め直し方

再加熱には注意が必要

炊いた米の表面には、セレウス菌という、たちの悪い菌が存在している。加熱によって菌のほとんどは死滅するが、かたい芽胞は生き延びることがある。芽胞は、調理後の米の上でも発芽し、食べると腹痛、吐き気、下痢などの症状を引き起こす毒素を生み出すことがある。

ゆっくり冷ますのは危険

炊いた米の温度が４～55℃のとき、セレウス菌は繁殖し毒素を出す。細菌と毒素の量が危険な状態に達しても、米はにおいも見た目も変わらない。米は炊いたらすぐに、５℃以下で保存して細菌の繁殖を抑える。炊いてから冷蔵保存するまでの時間が短ければ短いほど、安全に保存できる。

炊いてからの時間

時間	何が起きるか	何をすべきか
10分～1時間以内	調理された菌の芽胞が、殻を破って細菌になっている可能性がある。細菌は炊いた米が室温になると倍増し、毒素を放つようになる。	●なるべくはやく食べる。 ●保存は、浅い容器に移し、冷蔵庫に入れて冷やす。
1日目	細菌は冷蔵庫ではゆっくりと育つ。炊飯後、１時間以内に冷蔵庫に入れた場合、細菌の数はまだ少なく、再加熱しても安全だろう。	●再加熱する場合は、１日目ですること。 ●しっかり加熱すること。 ●再加熱は１回のみ。
2日目	細菌が増えているので、再加熱をするのは危険。再加熱すると毒素を生み出す引き金となる（下記参照）。	●冷たいまま料理に使う。 ●再加熱しない。
3日目	細菌が増えているので、再加熱をすると増殖し、毒素をさらに生み出す。	●冷たいまま料理に使う。 ●再加熱しない。 ●使わなければ廃棄する。

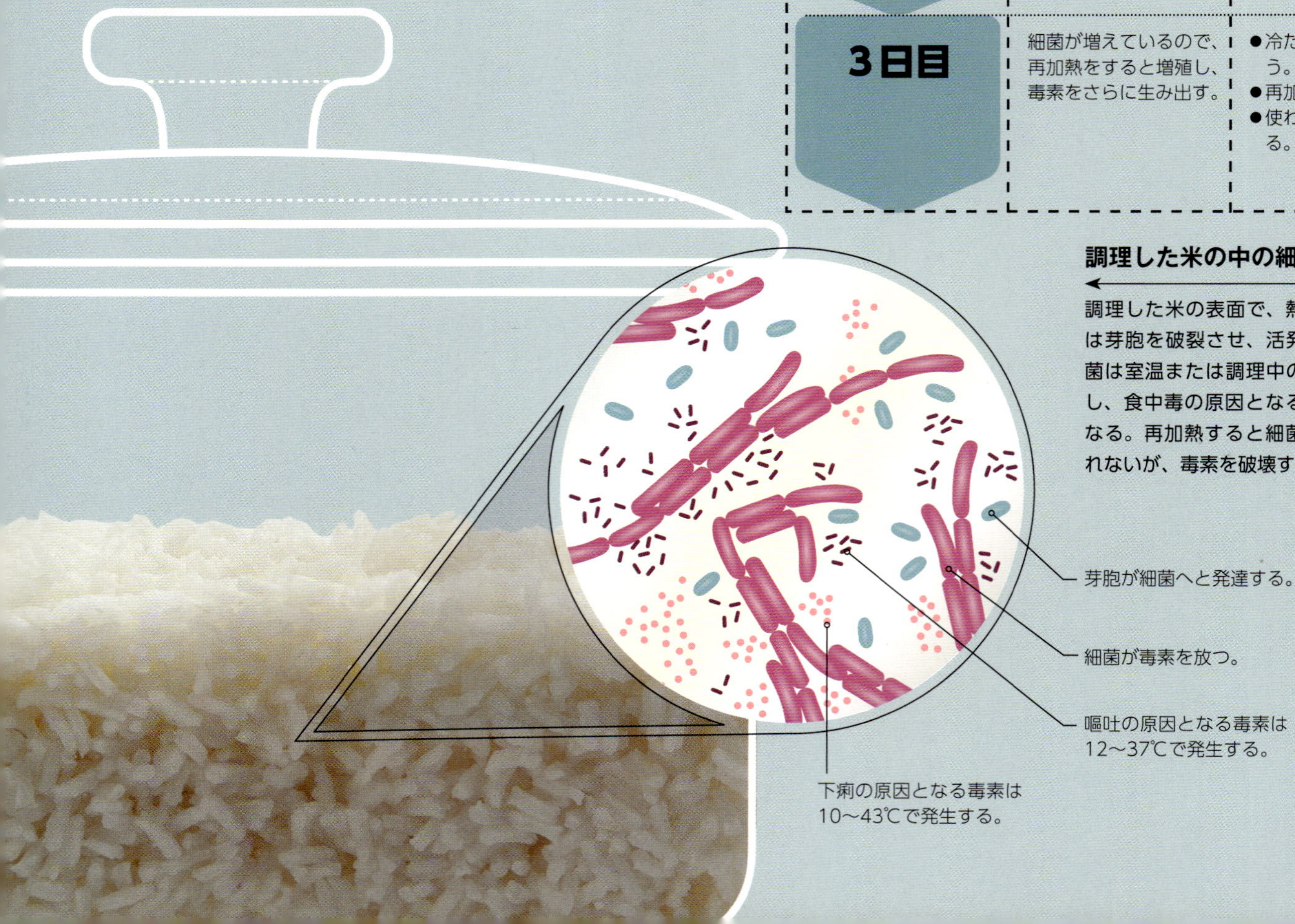

芽胞が細菌へと発達する。
細菌が毒素を放つ。
嘔吐の原因となる毒素は12～37℃で発生する。
下痢の原因となる毒素は10～43℃で発生する。

調理した米の中の細菌

調理した米の表面で、熱に強いセレウス菌は芽胞を破裂させ、活発な細菌となる。細菌は室温または調理中のはやい時点で倍増し、食中毒の原因となる毒素を放つようになる。再加熱すると細菌は死滅するかもしれないが、毒素を破壊することはできない。

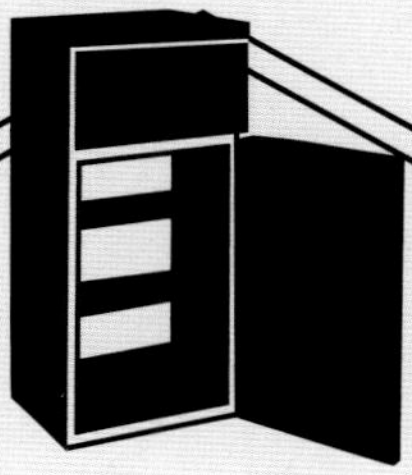

“食べ物を冷蔵庫に入れる前に、
完全に冷ます必要はない。
最近の冷蔵庫は熱が流れ込んでくると
すぐに調整する。室温の状態で食べ物を
置いておくほうが、大きなリスクがある”

データ

しくみ

食材と水またはだし汁を入れ（または食材を液体より上に置く）、圧力をかけた蒸気で通常の沸点より高い温度で調理する。

向いているのは…

穀類、豆類、ストック、シチュー、スープ、大きなかたまり肉など。

気をつけること

スチームバスケットなどを使えば食材を水より上に置くことができる。何種類かの食材を同時に調理することも可能。

圧力鍋調理のしくみ

ぴったりとふたをした鍋の中で、高温に熱せられた蒸気が食材をすばやく調理する

圧力鍋はあまり使われずに、忘れ去られていることが多い。しかし調理の時間を短縮するすばらしい器具だ。ふたがきっちりと閉じられることで、蒸気が外に漏れることがなく、鍋の中の圧力が高まる。これにより水の沸点が上がり、鍋の中は非常に高温の蒸気で調理をする状態となる。そのため、シチュー、スープ、ストック、穀類などの調理時間が圧倒的に短くなる。

33%

一般的な鍋を使った場合と比較して、圧力鍋はおよそ**3分の1**の時間で調理できる。

圧力をかける

蒸気には高い圧力がかかっている。そのため通常より高い温度ですばやく調理できる。

透明なだし汁

圧力鍋はストックを作るのに最適。一定の圧力がかかっているので沸騰せず、汁を透明なまま保つことができる。

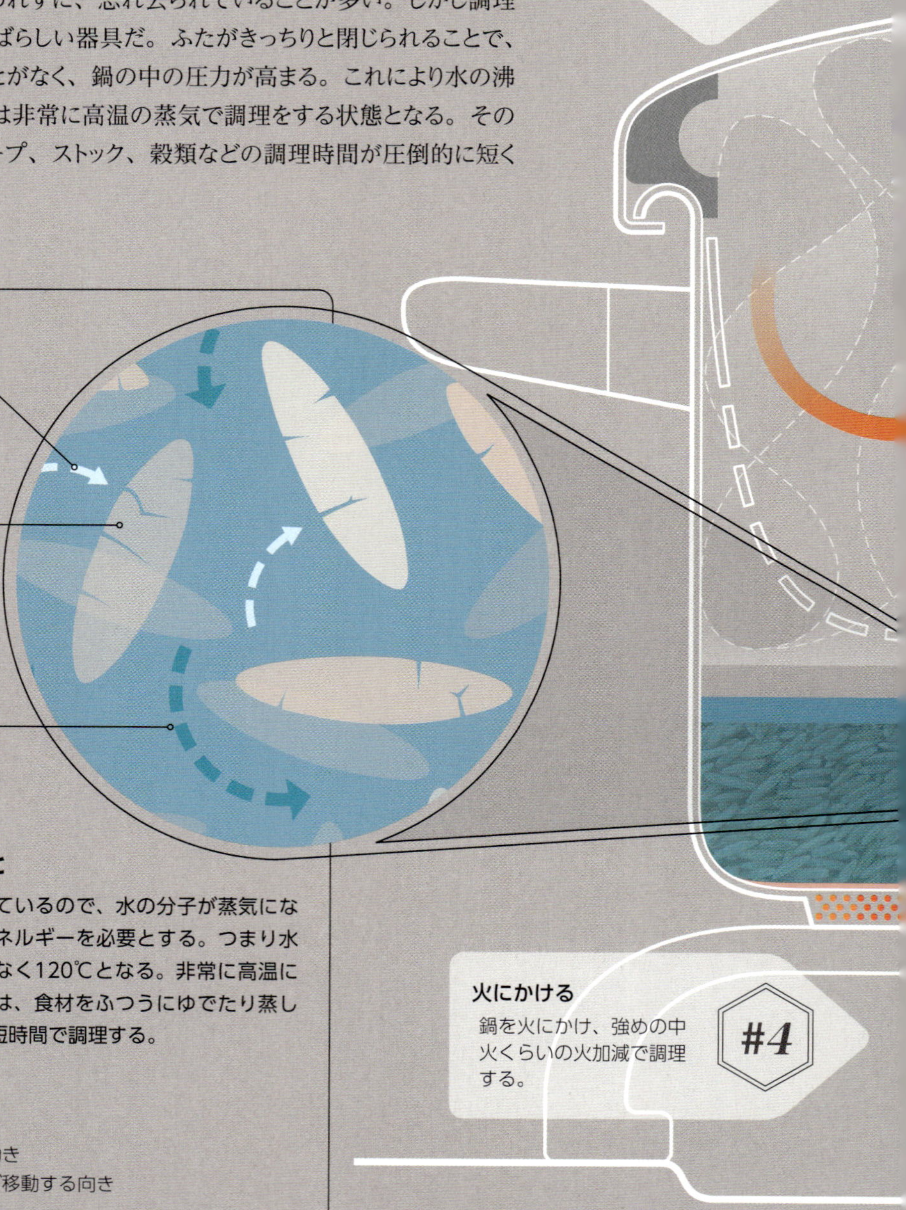

水の分子が穀類に浸透する。
水分がデンプンとつながり、やわらかいゲル状になると、穀類の粒は横に膨らむ。
高温に熱せられた水が穀類をすばやく調理する。
水分子の動き
水から熱が移動する向き
火にかける
鍋を火にかけ、強めの中火くらいの火加減で調理する。
#4

内部を見てみると

鍋の中は高圧になっているので、水の分子が蒸気になるにはさらに高いエネルギーを必要とする。つまり水の沸点は100℃ではなく120℃となる。非常に高温に熱せられた水の分子は、食材をふつうにゆでたり蒸したりするよりずっと短時間で調理する。

圧力を逃がす

食材が調理できたら、説明書にしたがった方法で圧力を逃がす。食材を皿に移し、余分な水分は捨てるか、ソースとして使う。

#6

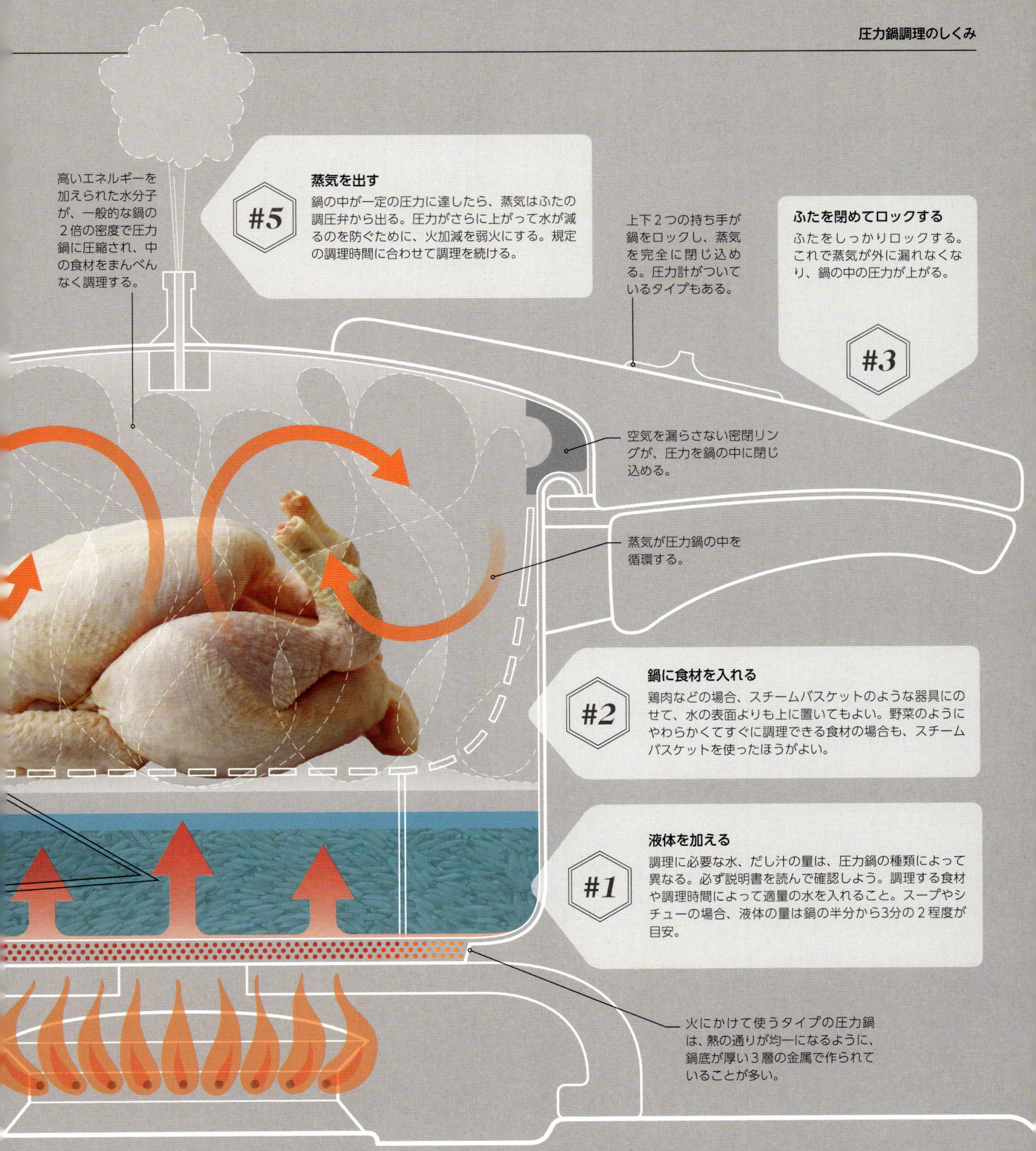
#5
蒸気を出す
鍋の中が一定の圧力に達したら、蒸気はふたの調圧弁から出る。圧力がさらに上がって水が減るのを防ぐために、火加減を弱火にする。規定の調理時間に合わせて調理を続ける。
高いエネルギーを加えられた水分子が、一般的な鍋の２倍の密度で圧力鍋に圧縮され、中の食材をまんべんなく調理する。
上下２つの持ち手が鍋をロックし、蒸気を完全に閉じ込める。圧力計がついているタイプもある。
#3
ふたを閉めてロックする
ふたをしっかりロックする。これで蒸気が外に漏れなくなり、鍋の中の圧力が上がる。
空気を漏らさない密閉リングが、圧力を鍋の中に閉じ込める。
蒸気が圧力鍋の中を循環する。
#2
鍋に食材を入れる
鶏肉などの場合、スチームバスケットのような器具にのせて、水の表面よりも上に置いてもよい。野菜のようにやわらかくてすぐに調理できる食材の場合も、スチームバスケットを使ったほうがよい。
#1
液体を加える
調理に必要な水、だし汁の量は、圧力鍋の種類によって異なる。必ず説明書を読んで確認しよう。調理する食材や調理時間によって適量の水を入れること。スープやシチューの場合、液体の量は鍋の半分から3分の２程度が目安。
火にかけて使うタイプの圧力鍋は、熱の通りが均一になるように、鍋底が厚い３層の金属で作られていることが多い。

全《ぜん》粒《りゅう》粉《ふん》は精製した穀類よりよい？

全粒粉の穀物は、重要な栄養素である「ふすま」を含んでいる

全粒小麦または全粒粉と呼ばれる食品は、ふすまと胚芽をすべて含む穀類でできている。「ブラウン」と表示されている小麦はふすまの量がそれより少ない。「雑穀」「石挽き」または「小麦100%」と表示されている場合は、栄養価の高い胚芽を含んでいるが、ふすまがすべて残っているわけではない。ふすまは香ばしい風味と多くの栄養素をもつ。ふすまの繊維は消化されないが、食べる量が増えるので満腹感がある。繊維のうち、5分の1は「水溶性」で、腸の中で粘着《ねんちゃく》性のあるゲルに変わり、糖分やコレステロールの吸収を遅くする役目をする。

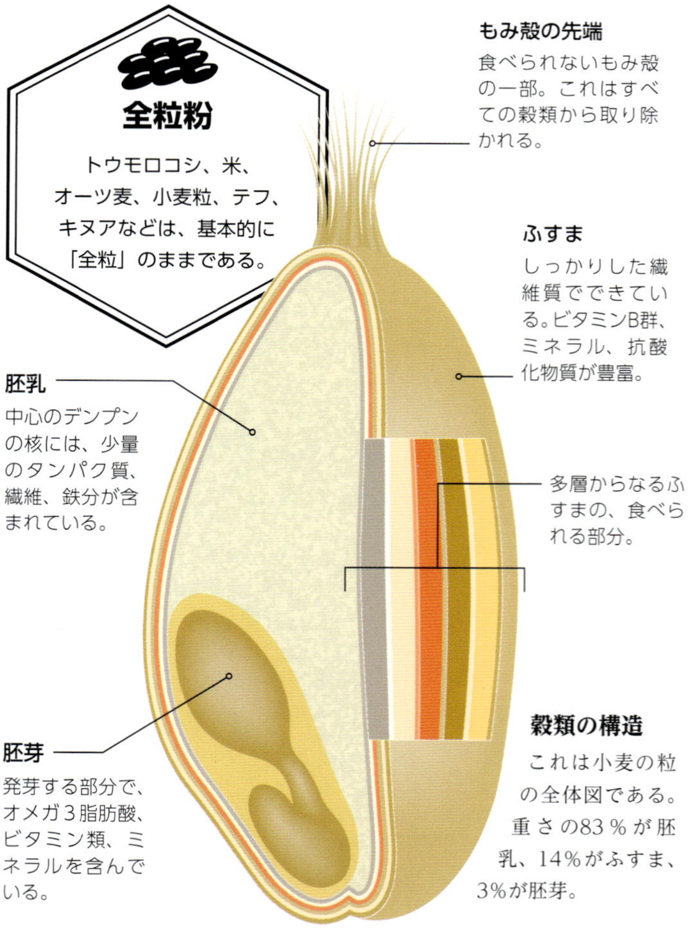
全粒粉
トウモロコシ、米、オーツ麦、小麦粒、テフ、キヌアなどは、基本的に「全粒」のままである。
もみ殻の先端
食べられないもみ殻の一部。これはすべての穀類から取り除かれる。
ふすま
しっかりした繊維質でできている。ビタミンB群、ミネラル、抗酸化物質が豊富。
胚乳
中心のデンプンの核には、少量のタンパク質、繊維、鉄分が含まれている。
多層からなるふすまの、食べられる部分。
胚芽
発芽する部分で、オメガ3脂肪酸、ビタミン類、ミネラルを含んでいる。
穀類の構造
これは小麦の粒の全体図である。重さの83%が胚乳、14%がふすま、3%が胚芽。

乾燥豆類は調理前に水に浸すべき？

水に浸すと調理時間は短くなるが、失うものも大きい

豆類はタンパク質、炭水化物、繊維、ビタミンB群など多くの栄養素を含んでいる。レシピを見るとほとんどが、調理前に水に浸すように書いてある。しかし、それは本当に正しいのだろうか？

乾燥豆類を食べられるようにするには、水分を取り戻さなければならない。これは調理時間を長くすることで解決できる（大きめの豆の場合、最長２時間）。豆を水に浸せば失われた水分を取り戻せるし、調理時間も短くなる。しかし、食感に影響がおよび、豆がくずれておいしさが失われる。次ページを見て、浸水すべきかどうか判断しよう。

“レシピのほとんどが調理前に豆類を浸水するように書いてあるが、この理論が正しいのは一部だけ”

水に塩を入れるべきか？

豆の調理前あるいは調理中に塩を入れるのはよくない、という考えは間違っている。水に塩を入れると（1ℓに対して15g）、風味を高め、豆が煮くずれするのを防ぐ。塩は豆から少量の水分を引き出し、水分が豆の皮に浸透するのを遅くする。塩はやがて豆の中に浸透し、細胞をつないでいる接着剤のようなペクチンを砕く。これにより調理時間が短縮し、豆が均等に調理される。

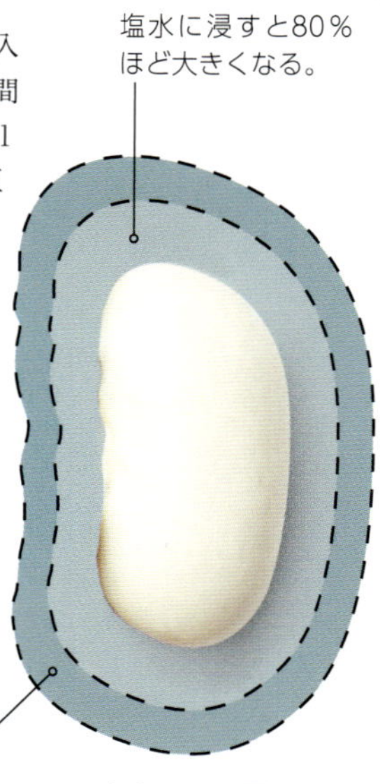
塩水に浸すと80％ほど大きくなる。
真水に浸すと120％ほど大きくなる。
カネリーニ豆

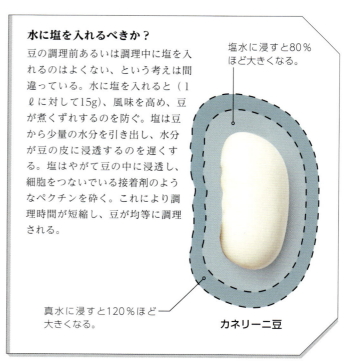

豆の種類	浸水の効果		
	ひと晩浸す	**豆の水分を戻す**	**全体的にすばやく浸水**
豆の大きさによって、調理時間や浸水によって得られる利点が変わってくる。缶詰の豆は高温殺菌の段階ですでに調理されているので、温めるだけでよい。	豆をひと晩、冷たい水に浸しておく（または調理前に８時間ほど浸す）。	調理前に30分〜１時間くらい冷水に浸して、豆の水分が戻りやすいようにする。	豆を１～２分煮て火からおろす。ふたをして、そのまま30分ほど浸してから調理する。
スプリットピー スプリットピーは収穫の後、半分に割られる。そのため核の部分が露出している。 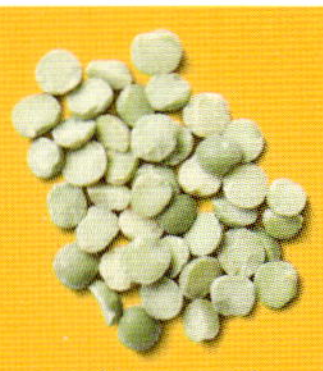 スプリットピー	古くなった豆は別だが、スプリットピーは核が露出していてすぐに水分が浸透するので、長く浸す必要はない。	スプリットピーは調理するとすぐに水分が浸透するので、調理前に浸水の必要はない。	スプリットピーは調理時間がもともと短いので、この方法は必要ない。
小さな豆 ウズラ豆、小豆、黒インゲン豆と同じかそれより小さな豆。  黒インゲン豆	小さな豆はすぐに水分が戻るので、長く浸すと食感と繊細な風味が失われる。	短時間の浸水で調理時間が短縮され、味にも影響が出ない。	調理時間は５分しか短くならないが、風味が増す効果がある。
大きな豆とヒヨコ豆 カネリーニ豆と同じかそれより大きな豆。乾燥したヒヨコ豆は密度が高いので、浸水して戻すのに時間がかかる。  金時豆 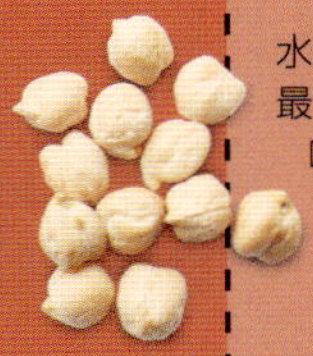 ヒヨコ豆	水に浸すことで調理時間が最大40％短縮されるが、風味への影響もある。	調理時間がわずかに短縮され、味と食感もそのまま保たれる。	大きめの豆はこの方法により水分が戻り風味も保たれる。調理時間は30分ほど短くなる。

古くて乾いた豆

大きさにかかわらず、古い豆ほど乾燥しているので浸水すると調理しやすい。

豆の大きさの比較

この表を参考にして、豆の種類に応じて浸水をするべきか、どのように浸せばいいかを判断しよう。

半分に割った豆	小さな豆	大きな豆
 スプリットピー	 レンズ豆　大豆　黒インゲン豆　ウズラ豆	 ヒヨコ豆　カネリーニ豆　金時豆　ライ豆

“「キノア」という言葉はケチュア語の「kinua」をスペイン語風に発音した言葉だ。スペイン語では「Quinoa」と書くが「Qui」の部分は「クィ」ではなく「キ」と発音する。ケチュア族の人々は「キノア」と発音する”

キヌアのどこがすばらしいの？

インカの人々はキヌアを主食として育て、食べた。そして神聖な食べ物として「母なる穀類」と呼んだ

「スーパーフード」の特徴をすべて備えるキヌア（キノア）は健康食品として人気急上昇中。キヌアはグルテンフリーで栄養価が高い。もとは南米産で長い歴史をもつ。小麦やほかの穀類と比べ目立たない存在だが、タンパク質が非常に豊富で栄養満点（右枠内参照）のキヌアはスーパーフードと呼ぶにふさわしいだろう。

大きさはマスタードシードと同じぐらい。もっとも人気のあるのは白キヌアで、クスクスに似ている。米と同じ方法で調理でき、ふっくらした仕上がりとなる。ポップコーンのように煎《い》ると、カリッとした仕上がりになり、スープのトッピングや朝食のシリアルとしても食べることができる。

栄養価という観点からキヌアは「全粒粉」と考えられているが、実は「穀類」ではない。キヌアはイネ科植物の種ではなく、ビーツやホウレンソウの仲間だ。そのため「擬《ぎ》似《じ》穀類」と呼ばれる。見た目もほかの穀類とは異なり、調理するとひも状の部分が外側に現れる。

栄養の宝庫

タンパク質が豊富なキヌアは、９つの必須アミノ酸、オメガ脂肪酸、ビタミンB群、ミネラルを豊富に含んでいる。

“キヌアはクスクスと見た目が似ていて、米と同じ方法で調理できる”

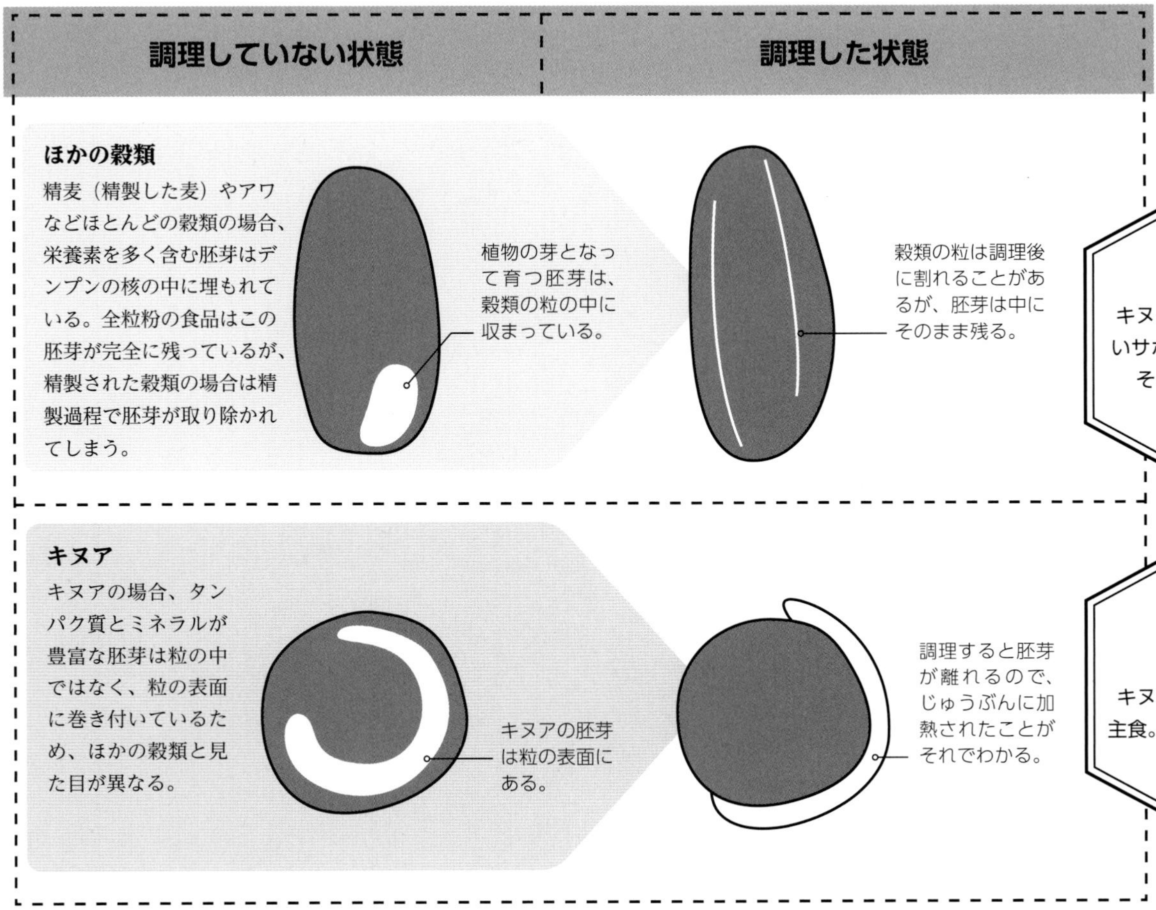
調理していない状態
調理した状態
ほかの穀類
精麦（精製した麦）やアワなどほとんどの穀類の場合、栄養素を多く含む胚芽はデンプンの核の中に埋もれている。全粒粉の食品はこの胚芽が完全に残っているが、精製された穀類の場合は精製過程で胚芽が取り除かれてしまう。
植物の芽となって育つ胚芽は、穀類の粒の中に収まっている。
穀類の粒は調理後に割れることがあるが、胚芽は中にそのまま残る。
キヌア
キヌアの場合、タンパク質とミネラルが豊富な胚芽は粒の中ではなく、粒の表面に巻き付いているため、ほかの穀類と見た目が異なる。
キヌアの胚芽は粒の表面にある。
調理すると胚芽が離れるので、じゅうぶんに加熱されたことがそれでわかる。

苦味

キヌアは虫よけ効果もある苦いサポニンで覆われているが、それは洗い落とすことができる。

時短調理

キヌアは短時間で調理できる主食。15〜20分で調理できる。

豆を食べてもガスがたまらないようにするには?

豆を積極的に食べよう

食物繊維が豊富で、タンパク質や必須栄養素を含む豆類は、健康のために欠かせない食品だ。しかし、繊維質の多い食品をふだん食べていない人が突然豆を食べると、腸の中でガスを生み出す細菌に養分を与え、増殖させてしまう。細菌は、私たちの体が消化できない繊維などを消化し、副産物としてガスを発生させる。乾燥豆を水に浸すことで、ガスの原因とされるオリゴ糖など、水溶性の繊維を除去できると考えられている。しかし溶解しない繊維は残る。よい解決法は、豆類を少しずつ毎日食べること。そうすれば、ガスを発生させる細菌が急激に勢力を強めることがない。

インゲン豆には毒がある?

ほかの多くの植物と同様、毒素がある

インゲン豆は、動物に食べられないように、毒性のある物質を発生させている。インゲン豆の毒素はフィトヘマグルチニンといって、食べると腸にダメージを与え、ひどい嘔吐《おうと》と下痢を引き起こす。たった４粒、生のインゲン豆を食べただけで、ひどい腹痛を起こす。

フィトヘマグルチニンは高熱処理によって破壊することができる。温かい状態では毒素が強くなるため、低温で長く煮たインゲン豆は食中毒を起こしかねない。フィトヘマグルチニンを壊して安全に食べるには、インゲン豆を浸水してやわらかくした後、しっかりと沸騰させた状態で10分間以上煮る必要がある。この作業は調理の始めでも最後でもかまわない。缶詰のインゲン豆はすでに加熱調理されているので、いつでも安全に食べることができる。カネリーニ豆とソラマメにも少量のフィトヘマグルチニンが含まれているので、やはりよく加熱する必要がある。

圧力で破裂させる

ポップコーン用のトウモロコシを熱すると中核部分の温度が上がり、内部の水分が蒸気に変わる。蒸気はトウモロコシのかたい殻の中に閉じ込められ、外に出ることができない。穀粒がさらに熱くなると圧力も高くなる。180℃になると中の圧力は通常の９倍となり、殻は音を立ててはじける。

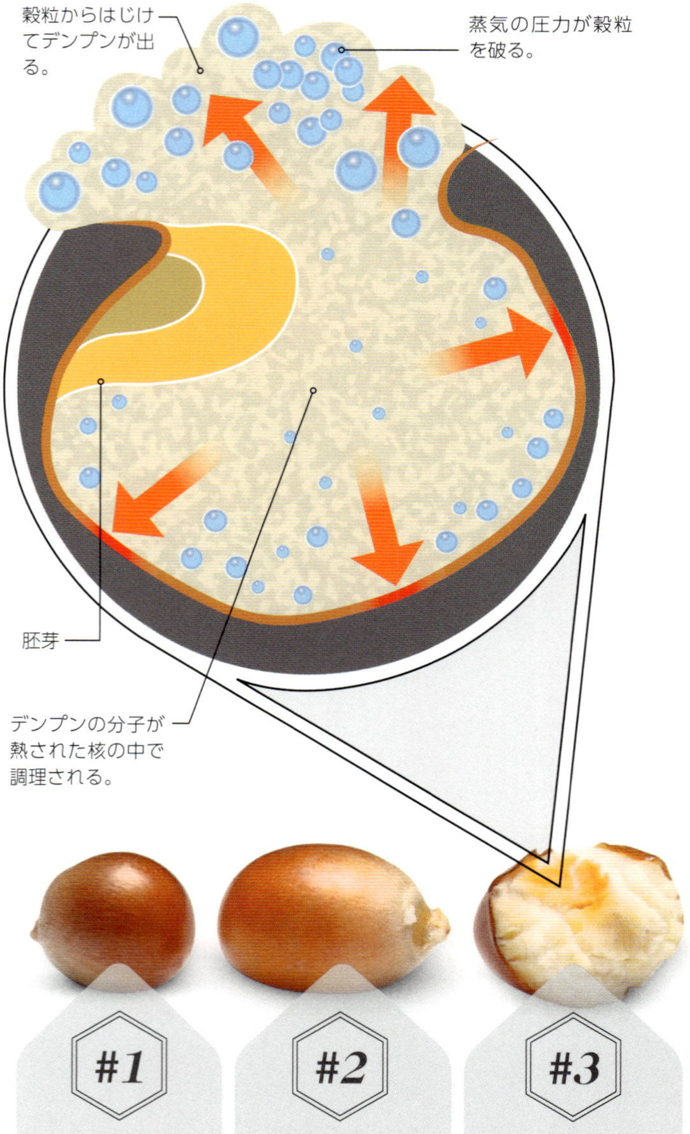
穀粒からはじけてデンプンが出る。
蒸気の圧力が穀粒を破る。
胚芽
デンプンの分子が熱された核の中で調理される。

#1

生の穀粒

生のトウモロコシは、デンプンの核と水分がかたい殻の中に詰まっている。

#2

蒸気の発生

穀粒の中の水分は100℃で蒸気となるが、かたい殻の外に逃げられない。

#3

殻が「ポップ」する

180℃になると中の圧力は通常の９倍となり、「ポンッ」と音を立ててはじける。これはガスが殻から出る音。

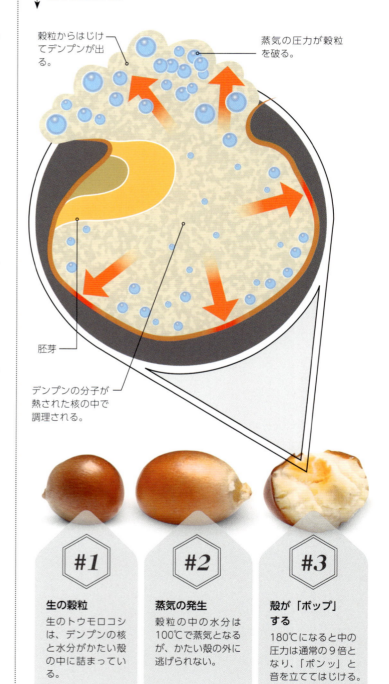

ポップコーンはなぜ「ポップ」するか？

加熱により凄《すさ》まじい破裂が起こり、かたい殻の粒がふっくらした白いポップコーンに変身する

ポップコーン用の品種はトウモロコシの中でも特別だ。乾燥したトウモロコシならどんな種類でもはぜるが、ほとんどが頼りない音を立ててはぜる。ポップコーンの場合、緊密《きんみつ》なセルロース繊維でできたとてもかたく、密度の高い殻に収まっていて、それが音を立てて破裂する。

ポップコーン用のトウモロコシは、スイートコーンと見た目はほぼ同じだが、先端のヒゲがスイートコーンは立っており、ポップコーンは垂れている。穀粒はほとんどデンプンと水分でできていて、乾燥すると手でこするだけで穂軸から取ることができる。収穫時期には核に約14%の水分を含む。この水分が、加熱すると蒸気に変わり、凄まじい破裂が起こる。水分が破裂に必要なエネルギーとなるので、水分が逃げないように密封容器で保存するのがよい。乾燥しすぎたトウモロコシは、はじけないため、焦げて苦い「はぜ損ね」となって鍋の底に残る。

穀類としてのポップコーン用のトウモロコシは繊維質が豊富でカロリーが低い。特にエアポップ（高温の空気を吹きつける方法）させると、オイルで調理したときよりカロリーが低くなる。同じ重さで比べた場合、ほとんどの果実や野菜より、抗酸化物質を多く含み、牛肉より多くの鉄分を含んでいる。

殻が破裂した後、完全に膨れ上がるまでの時間はわずか15分の１秒。
穀粒が回転することでさまざまな方向にはじけ、膨れながら急速に冷える。
蒸気の圧力によって、ぎっしり詰まった殻が破裂する。

#4

推進力

熱がデンプンの核を調理し、殻を破ってデンプンが飛び出るときに、穀粒自体を回転させる。

#5

デンプンが膨らむ

粒が回転する際に、蒸気の力が熱されたデンプンを中から押し出す。

#6

ふっくらする

飛び出した中身の温度が下がり、カリッとしたポップコーンになる。これはもとの40〜50倍の大きさ。

生パスタを作るには

自分で作るのは驚くほど簡単だが、使用する小麦粉ですべてが決まる

パスタ作りのレシピにはよく「00(ゼロゼロ)粉」という小麦粉を使うと書かれている。これはイタリアのもっとも細かく挽いた、パウダー状になった小麦粉のグレード数である。細かい粒子の小麦粉は混ぜやすく、シルキーでなめらかなパスタができる。しかし、これが必ずしも必要なわけではない。中力粉やケーキ用の小麦粉でもじゅうぶんよい仕上がりになるし、00粉と同等のタンパク質（00粉はタンパク質の量が少なく、約７～９％）が含まれている。卵を使った生パスタにはタンパク質の少ない小麦粉を使う。パスタのつなぎに必要なタンパク質は卵から得るので、小麦粉にタンパク質が多く含まれていると、重くてゴムのような仕上がりになってしまう。乾燥パスタに使われるデュラム小麦粉はタンパク質（グルテン）を多く含むため、卵を使う生パスタのレシピには不向きだ。

下の手順はパスタ生地を手で作る方法である。たくさん作るときはフードプロセッサーが便利だが、こねすぎないように注意が必要。こねすぎるとグルテンが増えてかための生地になってしまう。材料を30秒～1分フードプロセッサーにかけ、粗めのクスクス状になったら、調理台の上に広げて手でこねる。

ダマがなければ

小麦粉の中にかたいダマがなければ、生地を混ぜるときにあまり空気を入れないほうがよいので、ふるいにかける必要はない。

実践編

生パスタを作る

パスタマシンを使うのが、生地を伸ばして薄くするのにいちばん楽な方法だ。めん棒を使う場合は、生地を小さなかたまりに分けて、厚さが２mmくらいになるまで伸ばす。ここで使っているのは00粉だが、中力粉や、薄力粉と中力粉を２：１の割合で混ぜて使ってもよい。

#1

卵と小麦粉を混ぜる

165ｇの00粉を清潔で乾いた作業台に盛り、中央に卵を入れてもこぼれないようにくぼみをつける。くぼみに卵２個を割り、塩を小さじ１/２加える。なめらかで扱いやすい生地にするために、オリーブオイルを少々加える。フォークで卵をくぼみの中で軽くかきまわし、小麦粉を少しずつくぼみの中に混ぜていき、卵と混ぜ合わせる。

#2

こねたら生地を休める

残りの小麦粉をすべて中央に集める。10分ほど手でしっかりこねて、グルテンをつなぎ合わせるようにして弾力のある強い生地を作る。もし乾きすぎていたら、水かオリーブオイルを加えて水分を調整する。水気が多すぎる場合は小麦粉を足す。生地ができたらラップに包み、冷蔵庫で１時間寝かせる。これは、デンプンに水分を吸収させ、グルテンの繊維を戻すためである。

#3

生地を伸ばして広げる

生地をラップから出す。作業台に小麦粉をふり、生地を円形に伸ばしていく。そして厚みを最大に設定したパスタマシンに３回通して、グルテンをさらに引き出す。生地を三つ折りにして平らにし、もう一度パスタマシンに通す。これを６回繰り返す。

“卵を使って生パスタを作る場合には、重くてゴムのような生地にならないように、タンパク質の少ない小麦粉を使う”

最終的な薄さに伸ばす

薄さの設定を変えながら何度もパスタマシンに生地を通し、いちばん薄い設定のひとつ前で止める。これがパスタを切るのに最適な薄さだ。中に詰め物をするパスタの場合は、いちばん薄い設定まで生地を伸ばす。

適切なサイズに切る

生地を三つ折りにして折り目が上と下にくるようにする。そして麺状に切る。幅は、パッパルデッレの場合1cm、タリアテッレの場合は6mm。できた麺をアルデンテのかたさにゆでる。

パスタとソースを組み合わせる

パスタにはさまざまな形とサイズがあり、その多くは特定の料理に合わせて考えられている。ソースの濃さやとろみ加減に合わせてパスタを選ぶ。

- **伝統的なスパゲッティ**　ソースがからみやすい。大きめに切った野菜、シーフード、肉などが入ったソースが合う。

- **平たいパスタ**　タリアテッレなどがある。ボロネーゼやラグーなど、ドロッとしたソースによく合う。麺が長く平たいので、チーズソースなど粘り気のあるソースの場合は麺がくっついてしまう。

- **筒型パスタ**　ペンネなどがある。表面積が少なく、粘り気のあるソースでもくっつかない。ドロッとしたソースにも、さらっとしたソースにも合う。

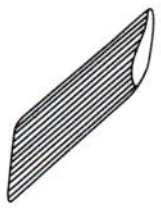

- **溝のあるパスタ**　さらっとしたソース、オイリーなソース、トマトベースのソースにはペンネリガーテのように溝のあるパスタや、スパイラル状のパスタが合う。パスタの曲線や膨らみがソースをからみやすくする。

- **貝殻の形をしたパスタ**　中くらいの濃度のソースがよくからむ。

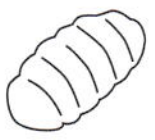

- **団子状のポテトニョッキ**　ドロッとしたチーズソースによく合う。団子状のニョッキはくっついたりかたまったりしない。

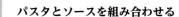

乾燥パスタは生パスタに劣《おと》る?

乾燥パスタは生パスタより安っぽいと思われがちだが、イタリアではそれぞれ別の食材と考えられている

乾燥パスタは一般に生パスタより値段が安いが、質が劣っているわけではない。実際、イタリアでは質の管理がかなりしっかりしている。その反面、大量生産された生パスタの場合、粘っこい食感となっていることがあり、新鮮な生パスタの粗悪なにせものになってしまっている。

イタリアでは乾燥パスタと生パスタは異なる目的で使用されている。卵を使った生パスタは乾燥パスタよりやさしいかみごたえで、バターのようなリッチな風味がある。クリーミーなソースやチーズベースのソースによく合う。乾燥パスタはしっかりしたかみごたえなので、ゆでたときにアルデンテにしやすい。オイリーなソースや肉の入ったソース（ボロネーゼは例外。伝統的に生のタリアテッレを使う）がよく合う。

違いを知ろう

乾燥パスタ

乾燥パスタは形も種類も豊富で、常備するには最適。

デュラム小麦粉と水でできている。生地を練った後はグルテンをしっかりとからみ合わせるために、しばらく寝かせる。何度も伸ばした後でそれぞれのパスタの形に切る。グルテンの強度が強いため、ゆでてもしっかりした食感がある。

デンプンが水分を取り戻す必要があるので、ゆで時間が長い（9～11分）。

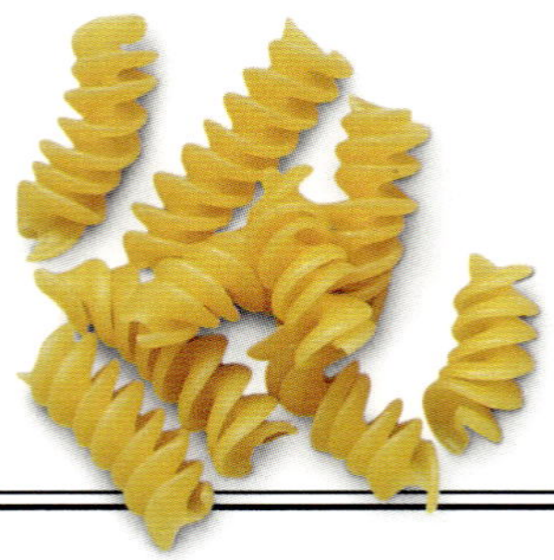

生パスタ

保存期間が短く、冷蔵庫で保存する必要がある。

生パスタは水分として全卵または卵黄を使う。脂肪分がやわらかさを加え、卵のタンパク質がデュラム小麦粉に含まれるグルテンの代わりとなる。そのため生パスタにはデュラム小麦粉を使う必要がない。

すでに水分がじゅうぶんあるのでゆで時間が短い（2～3分）。

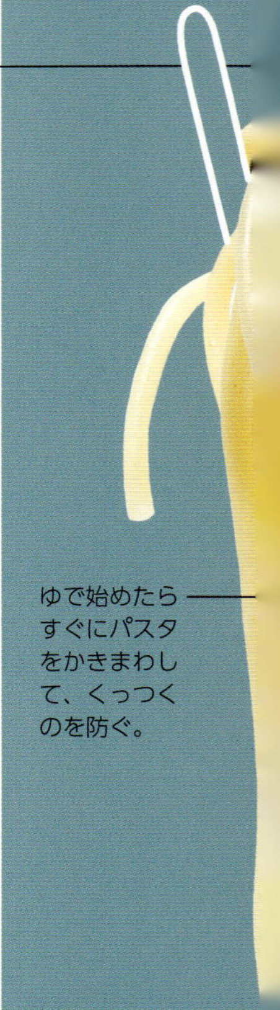

ゆで始めたらすぐにパスタをかきまわして、くっつくのを防ぐ。

ゆでるとき、塩を入れるのはなぜ?

パスタをゆでるときは大きな鍋に水をたっぷり沸《わ》かし、塩を入れる。しかし塩を入れる利点は、意外に誤解されていることが多い

パスタをゆでるとき、水に塩を入れると味がよくなり、しかもアルデンテにしやすくなる。また、粘り気のある余分なデンプンも落としてくれる。塩を入れることで調理時間が短縮されるといわれることもあるが、実際にはその逆である。

沸騰までの時間

沸騰直前の湯に塩を入れると、沸騰したように泡立つがこれは見かけだけだ。塩の粒が水の表面を刺激して泡を出させるだけで、温度は上がらない。塩水は沸騰するのが多少はやいが、ほとんど違いはない。塩の効果はデンプンをいかに熱するかに現れる。乾燥パスタの中では小麦のタンパク質の束（グルテン）でできた網目がデンプンの顆粒を包み込んでいる。パスタをゆでるのはデンプンの粒子を破裂させ、水分を吸収させてゲル状にさせるためだ。小麦のデンプンは55℃でゲル状になる。しかし塩はこの温度をほんの少し高めて、このプロセスの邪魔をする。そのため、パスタのゆで時間はわずかだが長くなる。

塩の効果

1ℓの水の沸点を0.5℃上げるには大さじ4杯の塩が必要。

パスタを鍋からあげたら、くっつかないようにオイルを少しかける。

ゆでる水にオイルを足せばパスタがくっつかない？

パスタをゆでている間にデンプンがどのように作用するかを知ることで、パスタがくっつくのを防ぐことができる

ベタッとくっついたパスタのかたまりは食欲をそそるものではない。パスタがくっつくのを防ぐアドバイスは、オリーブオイルを足すことから鍋をかきまわすことまで、さまざまだ。

なぜかきまわすか？

ゆでる水にオイルを足しても表面に浮くだけでパスタには届かない。それより、パスタの表面のデンプンが、くっつきやすいゲルに変わるゆで始めにかきまわすと効果的。パスタがかたまってくると、それぞれが離れだすのでかきまわすのをやめてもよい。

いつオイルを加えるか？

次にパスタがくっつきやすいのはゆでた後。パスタの温度が下がり、水に含まれたデンプンがのりのような状態になる。ソースを使わない場合、オリーブオイルをパスタにかけるとオイルがパスタをコーティングし、くっつくのを防ぐ。ゆでたパスタを湯で洗う方法も、糊化したデンプンを落とすことができる。

ソースのとろみに

パスタをゆでた後のデンプンを含んだ湯を全部捨てずに、ソースのとろみづけに使うのもよい。

デンプンがパスタにどう作用するか

乾燥パスタはゆでるのに約８分かかる。かきまわすときとオイルをかけるタイミングを知っていると、パスタがくっつくのを防ぐことができる。

ゆでる前
乾燥パスタの中では、タンパク質の網がデンプンの粒を包んでいる。ゆでることでこの粒を破裂させる。

1～2分
パスタは湯の中で膨らみ、デンプンが糊化する過程でくっつきだす。このときにかきまわし続けるとパスタがくっつくのを防ぐことができる。

3～6分
パスタの表面でデンプンはやわらかくなり続ける。ときどき、かきまわしてくっつくのを防ぐ。

7～8分
パスタ表面のデンプンの層がかたまり始め、くっつかなくなり始めたらかきまわすのを止めてもよい。

ゆでた後
オリーブオイルをパスタにかける（ソースを使う場合、オイルは使わない）か、沸騰させた湯でパスタを洗うとパスタがくっつかない。

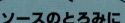

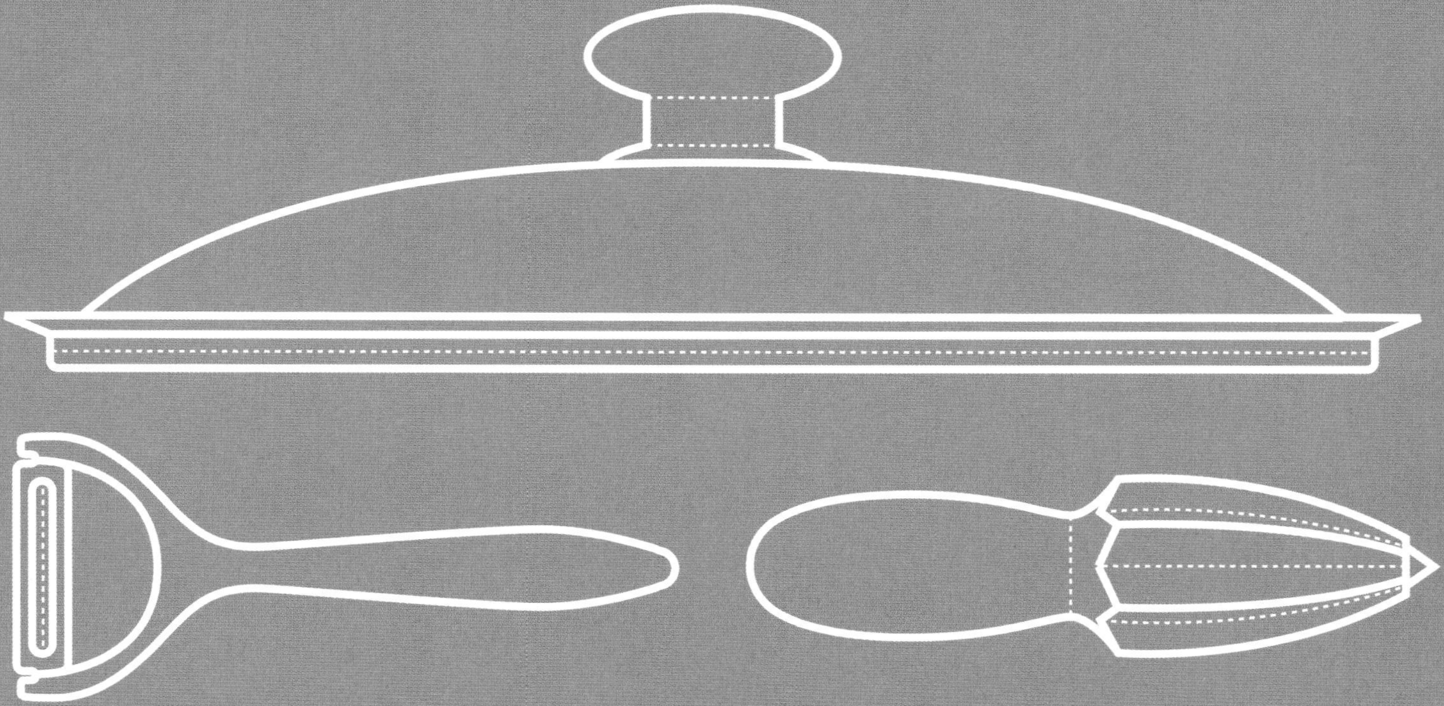

野菜、果物、ナッツと種子類

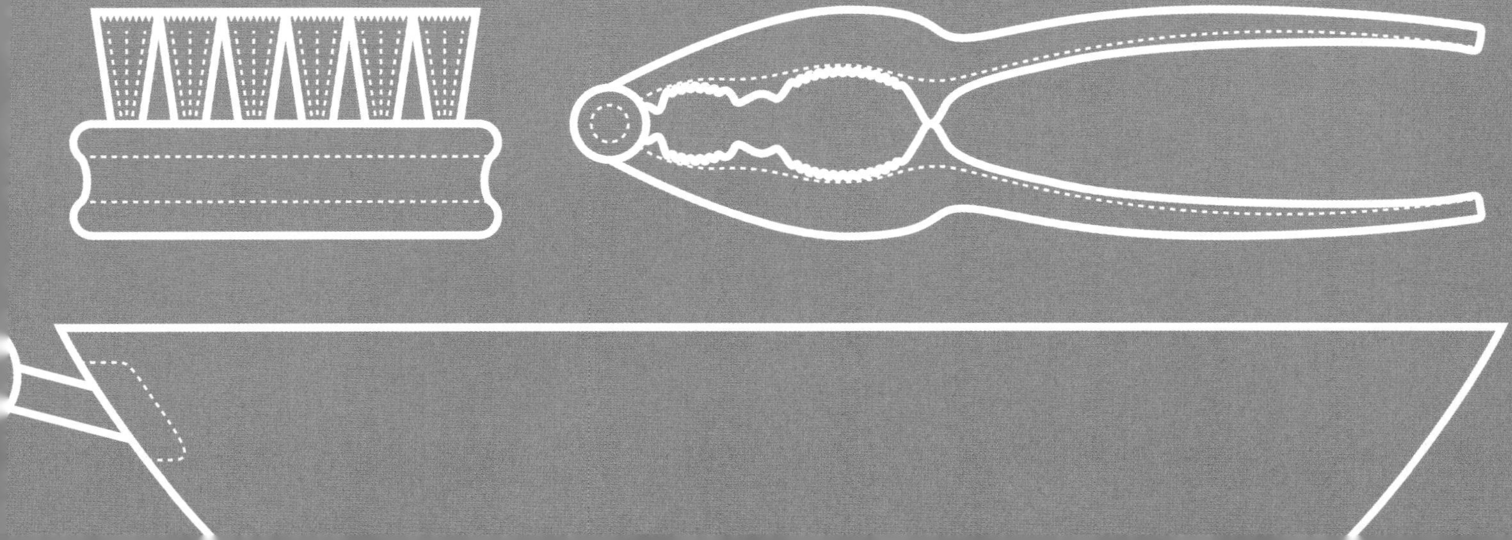

有機栽培の果物と野菜は美味か?

殺虫剤や化学肥料を使わない有機栽培のほうが、よりおいしくて栄養があると思っている人が多い

味は食品の香りや風味分子だけで決まるわけではない。ある調査によると、食べるものに対する信念も、味に影響することがわかっている。信念に基づいて有機栽培で育てられた作物を食べるとき、その満足感も大きな影響を与える。有機栽培の作物の栄養や風味は、必ずしも科学的に実証されているわけではない。栄養レベルの試験では、さまざまな違った結果が出ている。結論としては有機栽培のほうがわずかに優位だが、味の分子はどちらもほとんど変わりない。農法の違いは質に影響する(右表参照)。有機栽培の作物は小規模生産されていることが多い。

土の質

栄養の観点で有機であるかどうかより重要なのが、土と土から得られるミネラルの質である。

違いを知ろう

小規模生産

小規模生産で育てられた作物のほうが味がやや勝っている。

地元の小さな農家から出荷 輸送時間が短いため作物がぶつかり合って質が落ちたり傷んだりが少ない。それが味にも影響する。

小規模農家 大規模生産者より、味わい深いエアルームタイプの作物(下記参照)やブドウなどを栽培することが多い。

大規模生産

大量生産の果物や野菜は味に影響する。

集中的に生産 作物の価格は安くなるが、機械で収穫された場合、傷がつき、味や栄養に影響が出ることがある(次ページ参照)。

大量生産の食品 大味だったりするが、種類によっては渋味のあるエアルームの果物や野菜(下記参照)が甘くおいしくなるよう品種改良されている。

エアルームの果物と野菜

いつも買っている商業的に生産された果物や野菜の品種がほんのひと握りであるのに対し、エアルームの果物と野菜の品種はとても豊富。

エアルームは味わい深い。

渋味があるヨーロッパの野生のリンゴは、甘くてみずみずしいゴールデンデリシャスより、15倍も抗酸化物質を含んでいる。

93% の野菜の品種が、過去1世紀で絶滅したと推測されている。

エアルームの品種の多くは酸味がある。

エアルーム作物は、よりおいしいか?

希《き》少《しょう》種の野菜や果物を栽培することは、植物界の多様性を保つ大きな助けとなっている

エアルームと呼ばれる品種は、大量生産とは違い、品種改良をしない伝統的な種の作物である。これらの作物は風味が強く、より栄養価の高い、伝統的な風味を引き継いでいる。エアルーム種は、ビタミンと抗酸化物質が豊富だが、全体的なミネラルの量は作物の品種ではなく土の質で決まる。

伝統的な品種の果物や野菜は、小さくてかたく、渋味がある。それに対して現在多く生産されている果物や野菜は、大きくてやわらかく、甘味のある種として品種改良されている。どちらがおいしいかは、個人の好みだろう。しかし、現代の作物にはない深い味を求める人は、エアルーム種を試してみる価値は大きい。

野菜は時間が経つと、栄養価が下がる？

新鮮な野菜は、多種にわたるビタミンとミネラルを含んだ栄養の宝庫

野菜が摘み取られ、地面から抜かれ、掘られた瞬間から、時計は回り始める。果物でも野菜でも、収穫時に死ぬわけではない。酸素を吸い続け、何日も何週間も生き続ける。しかし、収穫された果物や野菜は、内部に貯めていたビタミンや栄養分を使いつくすため、私たちが食べる頃には栄養はほとんど残っていない。

栄養がはやく失われる要因にはいくつかある。かんきつ系の果物、パプリカ、トマト、ブロッコリー、葉物の野菜などに豊富に含まれているビタミンB群とビタミンCは、太陽の光に敏感なため、熱と光によって損なわれてしまう。ビタミンAとEはそれほど弱くはない。繊維質とミネラルも長期にわたって保たれる。栄養価が失われる度合いは、野菜のタイプ、収穫の方法、輸送方法、保存方法、土のコンディションによって異なる。土が痩せていると、そこに育つ作物は最初から栄養価が低い。下の表は作物が収穫から消費者の手に届くまでの過程で、栄養価がどれだけ失われるかを示している。

熱によるダメージ

ホウレンソウは、４日間室温の状態で置いておくだけで、葉酸の３分の２が失われる。

野菜	収穫	供給	保存
デリケートな野菜 トマト、アスパラガス、サラダ菜などデリケートな野菜は、手荒く扱うと簡単にダメージを受け、栄養価をはやく失う。 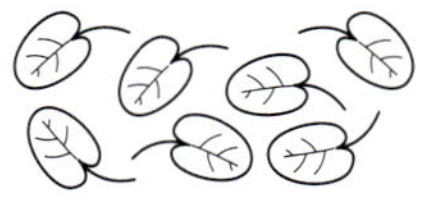	デリケートな野菜は輸送時に手荒く扱われると、傷がついたりへこみができたりする。すると、作物の自己防衛機能がはたらき、栄養を消費してしまう。こうした作物はほとんどの場合、機械ではなく手で収穫される。	**地元** 繊細な野菜は、輸送の距離が短く、しかも収穫から２日以内に食べるともっとも栄養価が高い。 **輸送** デリケートな野菜は輸送時につぶされやすい。そのため、まだじゅうぶん熟していない状態で収穫される。傷がついたりへこんだりすると、細胞が壊れ栄養が逃げてしまう。	**冷蔵庫** ほとんどのデリケートな野菜は冷蔵庫で保存する必要がある。低い温度で保つと細胞内での化学反応が遅くなり、デリケートな野菜に多く含まれているビタミンCなどの壊れやすい栄養素が保護される。 **戸棚または調理台の上** バジルなどのハーブは冷蔵には向かない。カウンターの上など太陽があたる場所に保存しよう。トマトやアボカドは熟させるために太陽のあたる場所においてもよいが、熟したらすぐに食べるか冷蔵庫に移す。
かたい野菜 カブ、ニンジンなどの根菜はダメージがなければ、デリケートな野菜よりビタミン類と抗酸化物質が長持ちする。 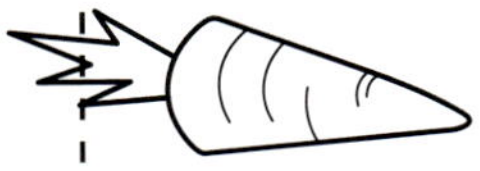	消費量の多い根菜は機械で収穫される。そのため傷がつくリスクが高く、大切な栄養も失われてしまう。	**地元** 地元で供給されるのが最適だが、それほど重要ではない。かたい野菜の場合、傷がつくリスクを減らすだけで栄養は保たれる。 **輸送** かたい野菜は手荒く扱ったり、きつく詰め込んだりすると、表面がこすられてしまう。野菜は収穫された後、呼吸し自らの栄養価を使う。長距離の輸送は栄養価を損なうことになる。	**冷蔵庫** ニンジン、カブ、ケールなどのかための葉物は冷蔵庫に保存するとよい。 **戸棚または調理台の上** 冷蔵庫の冷たい空気は、かたい野菜の味に影響を与えたり、腐敗をはやめたりする。ジャガイモ、サツマイモ、タマネギなどは冷暗所や、風通しのよい場所に保存してもよい。

野菜は生で食べたほうがよい？

野菜の加熱にはメリットとデメリットがある

野菜によっては加熱することでビタミンや抗酸化物質が壊されてしまうものもあるが、その逆の場合もある。例えば、トマトは加熱することで、抗酸化物質のリコピンが出てくる。また、ニンジンは加熱によってさらに多くのβ《ベータ》カロテンを得ることができる。一方で、ビタミンCやビタミンB群、一部の酵素などは熱で壊れてしまう。健康のためには加熱した野菜と生野菜をバランスよく食べる必要がある。下の表は、生のほうが栄養素が保たれる野菜と、加熱することで栄養素が引き出される野菜を示している。

生のほうがよい野菜	加熱したほうがよい野菜
 **ブロッコリー** 加熱すると、体によいはたらきをするミロシナーゼという酵素が壊されてしまう。	 **ニンジン** 加熱したニンジンは、心臓を守ってくれるカロテノイドをたくさん供給してくれる。
 **クレソン** ブロッコリーと同様に、ミロシナーゼが熱で壊される。	 **ホウレンソウ** 加熱すると、βカロテンと鉄分が体に吸収しやすくなる。
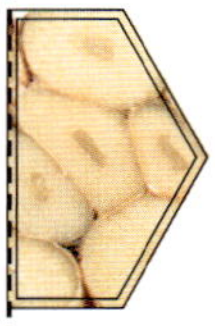 **ニンニク** 健康増進に役立つ酵素、アリシンは熱によって量が減ってしまう。	 **キャベツ** 蒸したりゆでたりすると、カロテノイドをより多く摂取することができる。
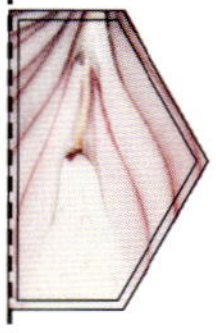 **タマネギ** 抗酸化物質フラボノイドと抗がん作用がある硫黄化合物は、生のほうがよく保たれる。	 **トマト** 加熱すると抗酸化物質のリコピンが出てくる。
 **赤ピーマン** ビタミンCが豊富だが、熱で壊されてしまう。	 **アスパラガス** 調理することで、抗がん効果のあるフェルラ酸が体に吸収しやすくなる。

野菜をむだなく使う

ニンジンの葉など、根菜の葉の部分は捨てられることが多いが（下記参照）、食べられる部分だ。付け合わせやサラダにちょっと辛味のある風味を加えてくれる。

根菜の葉の利用法

以下の野菜の葉をほかの野菜と一緒にサラダやソテーに使えば料理に風味が増す。またスープに入れるとアクセントのきいた味になる。

ニンジン、ダイコン、カブ、ビーツ

ニンジンの葉に含まれるアルカロイドには、コショウのような風味がある。

ニンジンの葉は本体より多くのビタミンCを含む。

ニンジンの葉

根菜の葉は捨てたほうがよい？

多くの人は安全性に疑いをもち、食べるのをためらう

ニンジンの葉のように、根菜を彩る緑の細長い葉っぱの部分は古くからスープなどに使われてきた。しかし、食べても大丈夫なのか心配する人も多い。最近ではニンジンの葉に含まれるアルカロイドの毒素が取りざたされ、食べるのを止めた人もいる。また毒ニンジンに似ているせいで、葉を食べない人もいる。ニンジンの葉のアルカロイドは、苦味のある風味を与える。確かに大量に摂取すれば毒にもなりうるが、ニンジンの葉を食べるくらいは、何の心配もいらない。実際、ルッコラなどサラダに使う苦味のある野菜やハーブは、アルカロイドのおかげで独特の風味がある。ニンジンやその他の根菜の葉も、ハーブと同じように扱えばよい。味の強い薬物全般についていえることだが、入れすぎて料理のなかで味が強くなりすぎないように注意しよう。

皮はこするより むくほうがよい？

泥や苦味を落とすために、野菜の皮はむくようにと教えられてきた

昔から、厚くて苦味があり、泥がついた野菜の皮はむくのが習慣となっている。しかし、現在生産されている野菜は、皮が薄く、皮ごと食べられるものも増えている。

研究によると、野菜の皮には「フィトケミカル」と呼ばれる抗酸化物質など、健康に役立つ栄養素が含まれている。野菜の皮の色を作る色素は、その野菜が抗酸化物質を含んでいることを表している。ニンジンなど、皮と実が同じ色の野菜は、実にも抗酸化物質があるので、皮をむいても栄養素はそれほど損なわれない。しかしほとんどの野菜は、栄養素が皮のすぐ下に集中的に含まれている。

皮をむくほうがこするより、皮に残った殺虫剤などの農薬を除去できるという利点はある。しかし、野菜に残留《ざんりゅう》している殺虫剤の量は微量で、加熱することによって壊される。両方の利点を考えると、野菜は洗うかこすってきれいにするのが、野菜の栄養素を保つ最適の方法といえる。

皮をむくと傷つけられた細胞の自己防衛機能がはたらいて、保存してある栄養素をはやく使ってしまう。
サツマイモの皮のすぐ下には、鉄分、カリウム、カルシウムが含まれている。

サツマイモは栄養の宝庫

野菜の皮にはビタミンCなどの抗酸化物質が含まれている。サツマイモの皮をむくとビタミンCのおよそ35％が失われる。

キノコ類を日光にあてるとビタミンDが増える？

キノコ類の栄養素は特殊で、どちらかというと動物性の食品に近く、重要な栄養素の供給源である

菌類であるキノコには、独特な風味と肉のような食感がある。キノコ類にはほかの野菜や果物よりも豊富にタンパク質が含まれ、うま味のもととなるアミノ酸が含まれている。キノコ類は、通常動物性の食品にしか見られないビタミンDやビタミンB_{12}も含んでいる。しかしビタミンDを作るには太陽光が必要で、一般に室内で栽培されているキノコ類には太陽光によって生まれるビタミンが少ない。しかし、キノコ類は収穫後も生き続けるので、強い日光に最低30分ほどさらせばビタミンDがじゅうぶん作られる（右記参照）。

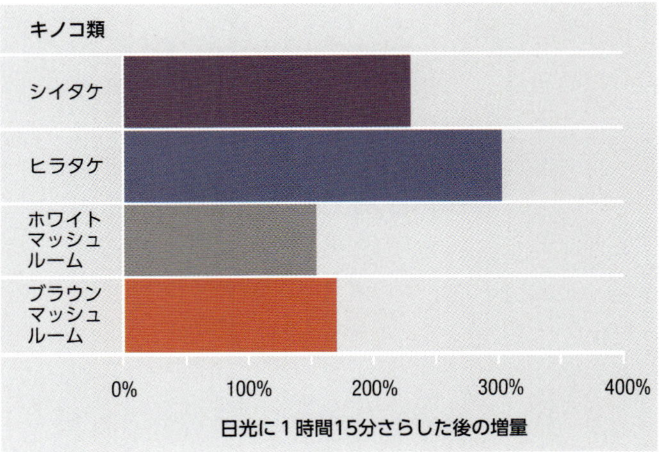
キノコ類
シイタケ
ヒラタケ
ホワイトマッシュルーム
ブラウンマッシュルーム
0%
100%
200%
300%
400%
日光に１時間15分さらした後の増量

キノコ類への日光の影響

このグラフは、キノコを１時間15分日光にさらした後の、ビタミンDの増加量を示している。最初にキノコを切っておくとビタミンDの生産量がさらに増す。

蒸し料理のしくみ

蒸している間、水は沸騰し続け蒸気となる。蒸気は鍋の上のほうへと上がり、上段にある食材を熱する

データ

しくみ

食材は水より上に置かれている。熱は蒸気によって運ばれ食材に届く。

向いているのは…

野菜、魚、ステーキ用の肉、ヒレ肉、骨なしの鶏のむね肉、小さな鳥類、テンダーロイン、鶏などのもも肉。

気をつけること

1段以上ある蒸し器なら、肉や魚は下の段に入れて、ほかの食材に汁が落ちないようにする。

14%

蒸したブロッコリーから失われる**ビタミンC**の量。しかし、ゆでると54%も失われてしまう。

蒸気の循環

蒸すときにミネラルウォーターを使うと、蒸気に含まれるミネラルが水滴となってまた戻ってくる。

潜熱

蒸気は液体の水滴に戻るとき、エネルギー(熱)を中から外へと放つ。

　蒸すのは、もっとも健康的な調理法のひとつだ。食材が水に浸っていないので、水に溶けやすい栄養素もそのまま保たれ、油も使わない。少量の水しか使わないので、エネルギーを節約する調理法でもある。水は蒸気になると膨張する。蒸気には「潜熱《せんねつ》」と呼ばれるエネルギーが含まれていて、蒸気が冷たい食材に触れると、潜熱が外に放たれる。この図は蒸し料理のプロセスで、循環する蒸気の力でどのように食材が調理されるかがわかる。

違いを知ろう

蒸した場合

食材は循環する蒸気によって調理される。

- **調理時間**　食材が凝縮した水の膜によって覆われるため、調理時間はゆでたときよりわずかに長い。
- **風味と食感**　食材の甘味と食感を保つ。
- **栄養素**　ビタミンとミネラルをよく保つ。

ゆでた場合

食材は沸騰した湯によって調理される。

- **調理時間**　水に食材がじかに接触するため、熱伝導がよく調理時間が短縮される。
- **風味と食感**　温度が高いのでデリケートな食材の場合は風味や食感が失われる。
- **栄養素**　水に溶けたり、高温で壊されたりする。

均等に加熱されるように、野菜は同じ大きさに切っておく。
#2
水を沸騰させる。蒸気をじゅうぶんに発生させることで、熱が均等に分散するようにする。水が沸騰すると、水分子は蒸気となるためのエネルギーを得る。
#1
蒸し器の底に2.5cmくらい水を入れて熱する。水が熱せられると水分子の動きがはやくなり、エネルギーが高まる。そして温度が100℃まで上がる。

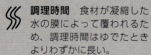

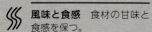

#3

野菜を蒸し器の上の段に入れる。蒸気が食材に触れると、温度が下がり蒸気は水に戻り、大量の潜熱を発生させる。

隙間を作る

蒸気が自由に循環できるように、蒸し器の中の野菜は隙間をあけて置く。

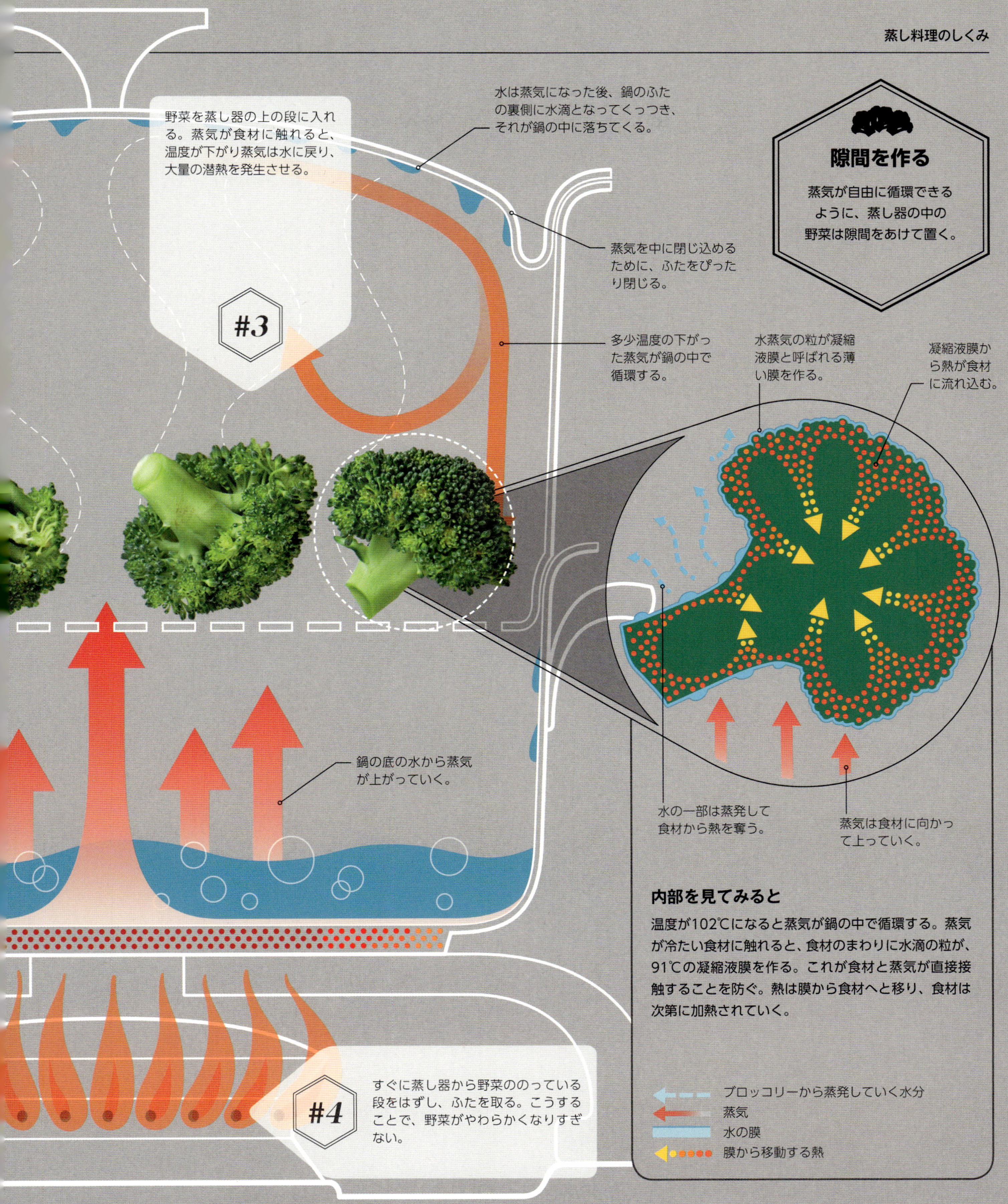

内部を見てみると

温度が102℃になると蒸気が鍋の中で循環する。蒸気が冷たい食材に触れると、食材のまわりに水滴の粒が、91℃の凝縮液膜を作る。これが食材と蒸気が直接接触することを防ぐ。熱は膜から食材へと移り、食材は次第に加熱されていく。

#4

すぐに蒸し器から野菜ののっている段をはずし、ふたを取る。こうすることで、野菜がやわらかくなりすぎない。

タマネギを泣かずに切るには？

タマネギの自己防衛機能と戦う方法を知る

　タマネギの細胞にダメージを与えると、催涙《さいるい》因子という刺激のあるガスが出てくる（下図参照）。これは動物などに食べられないようにするためのもの。このガスが目の表面にかかると、眼球の水分に反応して、硫酸《りゅうさん》やその他の刺激のある成分に変わる。目は痛みを与える酸を洗い流そうとして涙を出す。この刺激のあるガスを防ぐ方法はいくつかあるが（下記参照）、どの方法にしろ、よく切れる包丁を使って細胞に与えるダメージを最小限に抑え、刺激物の発生を最小限にとどめよう。

冷やす
使う30分前に冷蔵庫か冷凍室に入れて冷やす。これで酵素が出にくくなる。

下ゆでする
調理する前に、タマネギを丸ごとさっと湯にくぐらせて、刺激物を発生させる酵素を抑える。

顔を守る
ゴーグルをかけ、鼻は洗濯ばさみで挟んでガスが涙腺に届かないようにする。

水に浸す
水を流しながら、その下でタマネギを切り、刺激のあるガスが顔に届かないようにする。

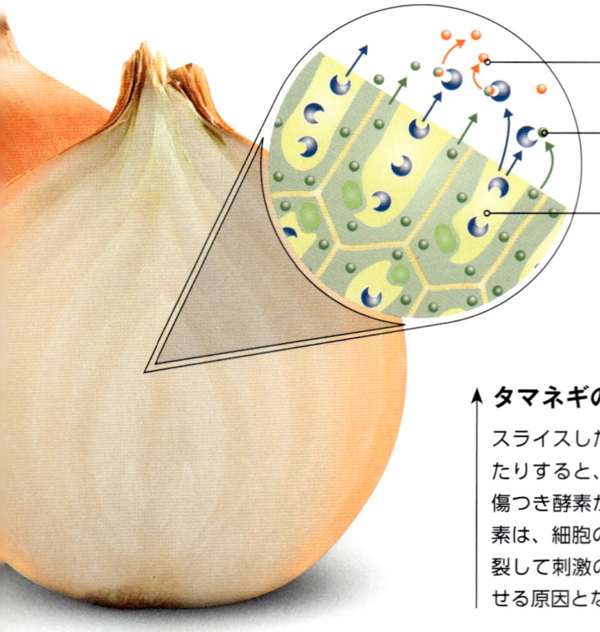
硫黄を含んだ刺激のあるガス
含硫アミノ酸
ダメージを受けた細胞から酵素が出て、アミノ酸と反応して刺激のあるガスを作る。

↑タマネギの細胞の構造
スライスしたりみじん切りにしたりすると、タマネギの細胞が傷つき酵素が発生する。この酵素は、細胞の中の硫黄分子が分裂して刺激のあるガスを発生させる原因となる。

なぜ色の違うパプリカは味も違うのか？

パプリカの風味は見た目よりずっと豊富

　さまざまな色のパプリカの中で緑色のものだけは、ほかと少し違う。緑のパプリカはそれがひとつの種類というわけではなく、熟す前の状態の色なのだ。つまり、緑のパプリカには、日光のパワーを吸収してエネルギーに変える緑の色素、葉緑素がたっぷり含まれている。パプリカが熟すと、葉緑素は栄養を供給する必要がなくなり分解する。そして秋の葉のようにほかの色素が表面に出てくる。色と風味はそれぞれの種類によって異なる（下記参照）。実の質感を保っているペクチンが弱まってくると食感もやわらかくなり、炭水化物が糖に分解され、新たな風味と香りが生まれる。

黄

風味
軽くフルーティな風味。黄色い色はルテインから生まれる。

使い方
自然の甘味があるので、生のままでもグリルで焼いても、バーベキューにしてもおいしい。

オレンジ

風味
鮮やかな色でβカロテンが豊富。マイルドな甘味がある。

使い方
赤いパプリカと同様に、果糖が多く含まれているのでグリルで焼くとすぐにこんがりと色がつく。サラダやディップ、または炒め物にも最適。

緑

風味

葉緑素を含んだ緑の色のまま収穫されるので、しっかりした食感でパプリカの中ではもっとも風味があり、新鮮な「緑」の香りがする。

使い方

刻んでシチューやカレーに入れると、新鮮な風味が加わる。

200%

赤いパプリカは緑のものと比べて**果糖の量**が２倍。

パプリカスパイスの作り方

赤パプリカを乾燥させて粉にすると、パプリカスパイスの出来上がり。

豆知識

家でパプリカを熟させることはできない

果物や野菜の多くは買ってきた後、家で熟させることができるが、パプリカはできない。

収穫と成熟

成熟という点から見ると、食べられる植物の実は２つに分類できる。収穫後も熟し続けるものと、木についている間だけ熟すものだ。パプリカは後者で、自宅の冷蔵庫やボウルに入れておいても成熟しない。買うときによく熟したものを選ぶといい。

“**緑のパプリカ**はそれが**ひとつの種類**というわけではなく、**ほかのパプリカ**が熟す前の状態なのだ”

赤

風味

甘くてジューシー。カプサンチンとカプソルビンという色素により、深い赤色となっている。

使い方

ソースやシチューに入れると、こくと風味を加えることができる。また、穀類、ひき肉、フェタチーズなどを詰め物にしてもいい。

紫

風味

やや甘く、しっかりした食感。バラエティがあり、風味もそれぞれ。

使い方

内側は外側と対照的な緑色なので、サラダや前菜に使うととても華やか。

茶

風味

赤いパプリカの一種。熟すると深い茶色になり、甘味のある風味となる。

使い方

加熱すると色が薄くなるので、生で食べるのが最適。

野菜が水っぽくならないローストの仕方

オーブンで焼いた野菜の魅力は、風味に富んで、まわりがカリッとしていて、中は新鮮な仕上がり

オーブンで焼いた野菜は、ロースト料理を飾る王冠のような存在だが、クタッとして油っぽくなってしまうことが多い。しかし、ほんの少し科学的な知識があれば、毎回確実にカリッとしてしっかりした仕上がりになる。

水分を保つ

野菜には水分がたっぷり含まれている。高温のオーブンでは水分は簡単に失われ、野菜はシワシワになってしまう。軽く蒸すかゆでてからオーブンで焼くと、しっかりしたままで、調理時間も短縮できる。温度が45~65℃の間では、植物の自己防衛酵素であるペクチンメチルエステラーゼが常にはたらいている。これがペクチンのもつ「接着剤」の役目を強化して細胞をつなぎ合わせる。ローストしても、この酵素のはたらきで水分が保たれ、野菜がシワシワにならない。もしくは、ロースト用のトレーをアルミホイルで覆うと、野菜はまず自体がもつ水分で蒸され、その後でオーブンの熱でカリッと仕上がる。

90%

ニンジンの水分。
ジャガイモはおよそ
80%が水分。

実践編

表面はカリッと中はしっとりと野菜をローストする

ニンジン、ジャガイモなどの根菜をローストするときは、それぞれ同じぐらいの大きさに切って、重ならないようにトレーにのせる。これは同じ種類の野菜にも、違う種類の野菜を一緒にローストするときにも使えるテクニック。野菜を重ねずに置けるよう、じゅうぶんな大きさのトレーを用意しよう。

#1

野菜をほぼ同じ大きさに切る

オーブンを200℃で予熱する。いろいろな根菜1kgと大きめの赤タマネギ1個を、それぞれ同じぐらいの大きさに切る。こうすると、野菜に均一に火が通る。オリーブオイル大さじ2を野菜の上にかけ、塩と黒コショウを上からふる。

#2

野菜が重ならないようにトレーに置く

浅く大きめのロースト用トレーに野菜を重ならないように並べる。ローズマリーやタイムのような香りのよいハーブを散らす。野菜を詰め込まないことで、蒸気が均一に回り、カリッとしてこんがりとした色に仕上がる。

#3

蒸気を閉じ込める

トレーをアルミホイルでぴったりと覆い、水分が逃げないようにして、予熱したオーブンに入れる。そのまま10~15分調理し、野菜が水分で蒸され、実を安定させる酵素が出てくるようにする。アルミホイルをはずし、再度オーブンに入れる。

栄養をもっとも吸収できる調理法は？

野菜の栄養価という点で、調理はさまざまな効果をもたらす

野菜の栄養素がもっとも失われるのは炒めたりゆでたりするとき。水分は熱を食材にすばやく伝えるが、栄養素は水の中に出てしまう。栄養素を保つには蒸すのがよいが、野菜によって最適な調理法が異なる。例えば、多くの野菜では、軽く鉄板で焼くのは蒸すより効果が少し劣るが、ブロッコリーやアスパラガス、ズッキーニはこれが最良の調理法だ。また、ニンジンはゆでるほうが、カロテノイドをより多く吸収できる。もっとも栄養素を保存できるのは真空調理法（84~85ページ参照）である。

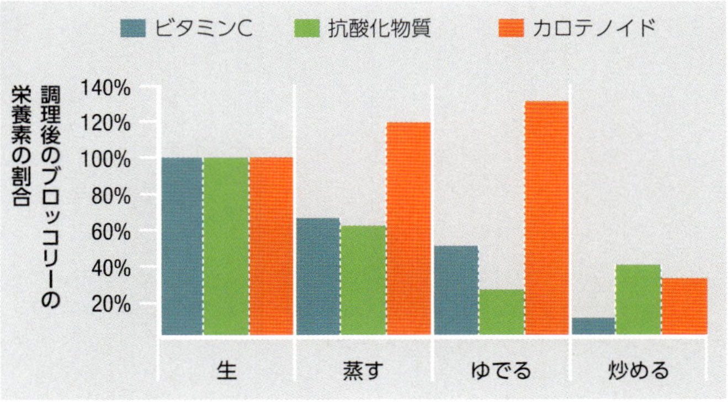

栄養を保つために調理する

調理法によるブロッコリーの栄養価の変化を示している。熱は栄養素のほとんどを損ねてしまうため、温度の低い調理法のほうがよい。しかし、調理法によってはカロテノイドが増すこともある。

水に塩を加えると野菜ははやく調理できる？

塩は沸騰した湯の温度をさらに上げると考えられているが……

塩は沸騰した湯の温度をわずか（1℃未満、144ページ参照）に上げる。しかし、塩を入れるのは、これが理由ではない。ゆでる水の中の塩やその他のミネラルには、とても重要な効果がある。植物の細胞には、植物をまっすぐに保つため、丈夫なリグニンとセルロースの繊維でできたかたい壁がある。調理することでこれらの繊維がやわらかくなり、野菜が食べやすくなる。しかし調理前に、植物の細胞をつなぎ合わせているペクチンとヘミセルロースを溶かさなければならない。水の中の酸、塩、ミネラルは接着剤のようなこれらの成分のはたらきを、強めたり弱めたりする。塩は接着剤のはたらきを強くするペクチンの束を解きほぐす。塩の中のナトリウムがペクチンの分子同士のつながりを壊す。そのため、塩を使うとはやく調理できる。

#4

カリッとさせるためにカバーをはずす

アルミホイルをはずし、さらに35~40分間、または野菜がやわらかくなって端がこんがりするまでローストする。オーブンから取り出して、温かいうちにいただく。

完璧な野菜炒めを作るコツ

簡単にできそうな料理だが、本当においしく炒めるには技術と高い熱が必要

プロの厨房では、シェフが中華鍋をものすごいはやさで振り回している。おいしい炒め物ができるかどうかは、いかにすばやく調理するかにかかっているからだ。それには調理する温度を高くして、材料をすばやく動かす必要がある。

熱を感じる

完璧な炒め物を作るには、中華鍋の中の油を煙が出るほど熱しなければならない。食材が高温の鍋に接触すると、表面の水分が一瞬で蒸発し、メイラード反応（16~17ページ参照）が起こる。高温の鍋の中で調理油の分子が砕かれ、それがより味わいのある分子に変わり、メイラード反応の効果と合わさり、香ばしい炒め物の風味が出来上がる。食材は細く均等に切り、中心に火が通ってやわらかくなる前に外側が焦げてしまわないようにする。

鍋が高温なので、食材を常に放り上げるようにして動かし、均一に加熱することが重要だ。火は強めのままで、材料をひとつずつ入れていき、鍋の表面を常に熱いままにしておく。食材は宙に浮いている間も、鍋から上がる蒸気で調理され続ける。

実践編

野菜炒めを作る

香ばしい風味の本格的な炒め物を作るには、強火にし、材料を入れる前に鍋の油が煙を出すほど熱くしておく。木べらと深い中華鍋を使って、材料がこぼれないようにする。材料を鍋の端に寄せたままにしてはいけない。鍋の中心と比較して端のほうは温度がずっと低く、調理するのに時間がかかってしまうからである。

材料を小さめに切る

野菜数種（ピーマン、ニンジン、キノコ、ブロッコリー、ヤングコーンなど）600gを細切り、または小さめに切る。ショウガ1片をすりおろし、レモングラス1本とニンニク2片を薄切りにする。醤油大さじ6杯、砂糖大さじ1杯、ごま油小さじ1杯を混ぜておく。

煙を立たせる

強火にして、中華鍋に水滴を落としたら2秒で蒸発するくらいの温度に熱する。大さじ1杯のピーナッツ油を鍋に入れ、油が全体に行きわたるようにする。煙が出始めたらニンニク、ショウガ、レモングラスを入れ1～2分炒めて風味を出し、油に風味をつける。

風味をさらに引き出して広げる

中華鍋に野菜を少しずつ加える。かたい野菜など、調理するのに時間がかかるものから入れていく。野菜が炒まったら（少しかためがよい）、用意しておいたタレを入れ、さらに1分ほど炒める。出来上がったら温かいうちにいただく。

“

高い熱はノンスティック加工の鍋を傷める。
使う場合は、中火にして
油を入れニンニクとショウガを炒め、
野菜とタレを加える。
そしてふたをして蒸す

”

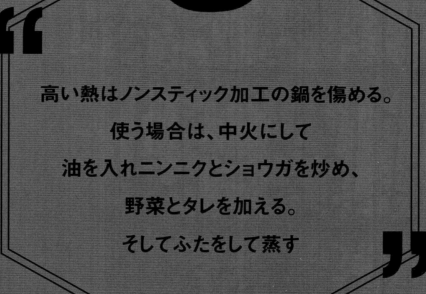

フォーカス：ジャガイモ

タマネギ、トマト、ズッキーニ、インゲン豆を合わせたよりも、ジャガイモのほうが多く栽培されている

ジャガイモは意外なほど変化に富み、栄養価も満点。ジャガイモは植物が冬の間、自身に栄養を与える地面の下のエネルギー保存庫（塊茎《かいけい》）だ。デンプンが豊富なジャガイモは、パスタや米と同じくらいのカロリーがあり、繊維、ミネラル、ビタミン類（特にカリウム、ビタミンCとB群）のすばらしい供給源だ。紫や青など、色のついたジャガイモはその色素（アントシアニン）が、がんや心臓病のリスクを下げる効果があるかもしれないといわれている。ジャガイモは驚くほど種類が多いが、料理に使ううえで、大きく２種類に分けられる。「キメの粗い」タイプと「キメの細かい」タイプ（右記参照）で、これは調理したときの食感で分けている。重要なのは料理に合わせて選ぶこと。「新ジャガ」は種類ではなく、熟す前の状態のジャガイモで、収穫期の初めにとれる。

ジャガイモの皮
繊維質が豊富で「周皮」と呼ばれる層でできている。これは自らで再生し、ジャガイモの実を守っている。

サイエンス
キメの粗いタイプのジャガイモの細胞はデンプンの粒がぎっしり詰まっていて、調理されて膨張するとそれが破裂する。

ふっくらしたマッシュポテト

調理
簡単につぶせるのでマッシュポテトに最適。スープに加えてもいいし、ローストやフライにしてもいい。

キメの粗いタイプ

ジャガイモを知ろう

キメの粗いタイプは繊維の中にデンプン粒がぎっしり詰まっていて、それが調理されると開いてやわらかな食感を生み出す。キメの細かいタイプは、デンプンが少なく繊維が強い。食感はしっかりとしている。

キメの粗いタイプ

デンプン：高
繊維：100gあたり2.4g

マリス・パイパー
比較的デンプンが多い。ローストポテトやフライドポテトに最適。デンプンは簡単にくずれるため、それがふっくらとしたコーティングを作り、外側がこんがりと香ばしくなる。

デンプン：高
繊維：100gあたり2.6g

ヴィテロット
長い形で、濃い紫色。質感は粉っぽく、マイルドなナッツ風味がある。色は調理後も変わらない。ゆでる、オーブンで焼く、揚げるなど。鮮やかな色のマッシュポテトにも。

デンプン：中
繊維：100gあたり2.7g

ユーコンゴールド
ふっくらした質感で、デンプンは中間。黄色味がある。マッシュポテトにもベイクドポテトにも向いている。調理後も黄色い色が残る。

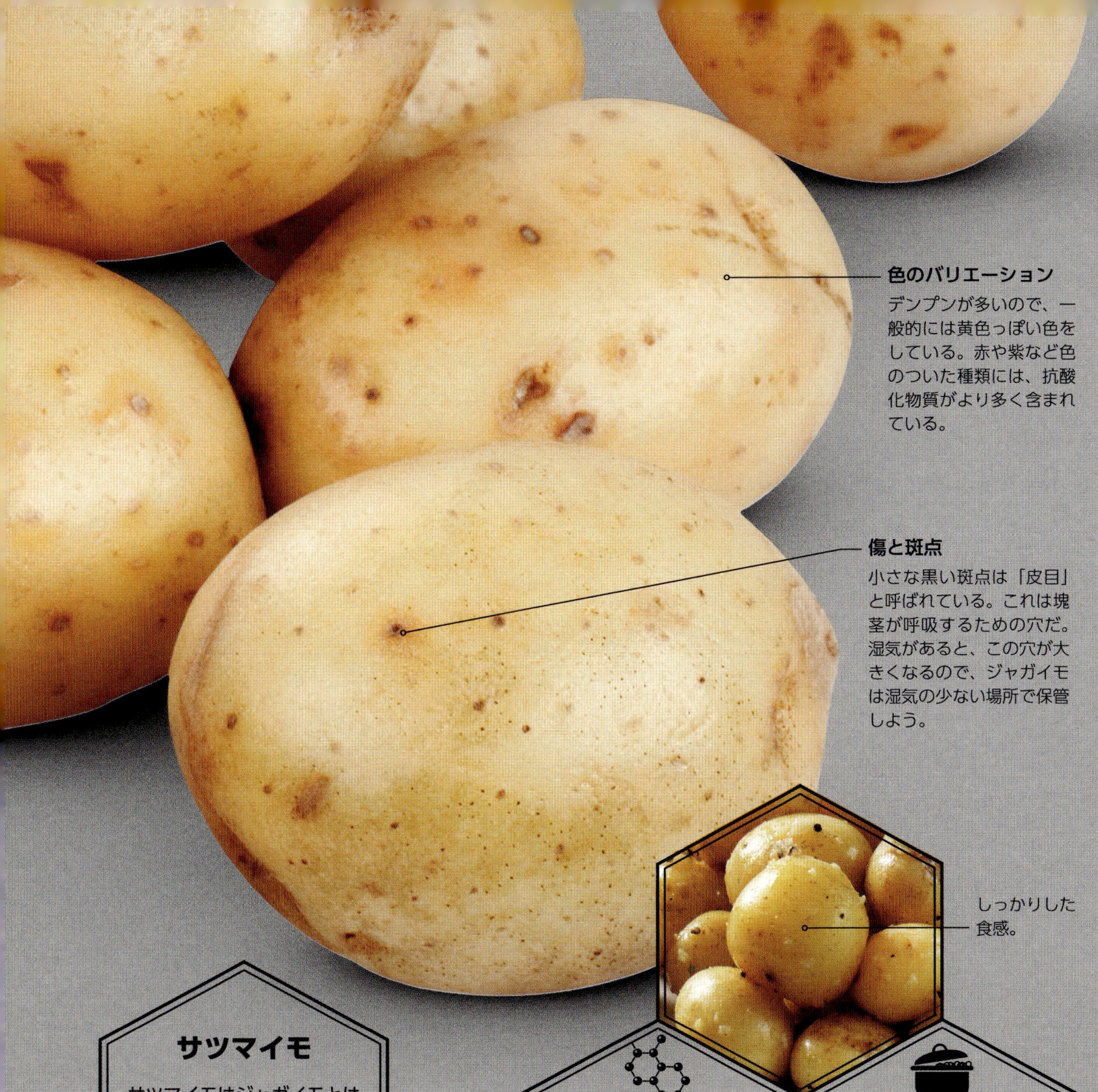
色のバリエーション
デンプンが多いので、一般的には黄色っぽい色をしている。赤や紫など色のついた種類には、抗酸化物質がより多く含まれている。
傷と斑点
小さな黒い斑点は「皮目」と呼ばれている。これは塊茎が呼吸するための穴だ。湿気があると、この穴が大きくなるので、ジャガイモは湿気の少ない場所で保管しよう。
しっかりした食感。

キメの細かいタイプ

サイエンス

キメの細かいタイプは、かたいデンプンのアミロースが比較的少なく、調理しても細胞が破壊されにくい。

調理

形くずれしにくいので、サラダやローストに向いている。また、ゆでても蒸してもおいしく食べられる。

サツマイモ

サツマイモはジャガイモとはまったく違う系統の植物だが、遠い親戚のようなもの。

デンプン質：中
繊維：100gあたり1.6g

ルースター

デンプンを多く含み、なめらかな質感で、中身は黄色っぽい。ベイクドポテト、ローストポテト、マッシュポテトなどさまざまな調理法に適している。ゆでるだけでもよい。

キメの細かいタイプ

デンプン：低
繊維：100gあたり1.0g

シャーロット

キメが細かくなめらか。デンプン粒が少なく、調理をしても形くずれしにくい。サラダやグラタンに最適。

デンプン：中
繊維：100gあたり1.3g

デジレー

人気のある品種で、外側は赤みを帯びている。クリーミーな食感だがしっかりしている。ゆでても煮くずれしにくい。皮付きのフライドポテトにしてもよい。キメが細かくてかたいジャガイモと違って、これはマッシュポテトにも合う。

デンプン質：低
繊維：100gあたり1.0g

ニコラ

明るい黄色で、しっかりしたイモ。バターのような風味がある。キメが細かくサラダに向いている。スライスしてキャセロールやグラタンにしてもおいしい。

デンプン：低
繊維：100gあたり1.2g

アニヤ

しっかりした食感で、ナッツのような風味。サラダにしてもいいし、ほかの野菜と一緒にローストしてもおいしい。

“密度の高いクリーミーな
マッシュポテトには、デジレーのような
キメの細かいジャガイモを使うとよい。
ピューレにするにはよく混ぜ合わせる
必要があり、キメの粗いジャガイモだと
デンプンが多く出て、
「のり」のようになってしまう”

ふわふわのマッシュポテトを作るコツ

混ぜてなめらかな仕上がりにできるピューレもあるが、ジャガイモの場合はもう少し注意深く扱う必要がある

マッシュポテトを作るとき、混ぜすぎるとのりのようになったり、ゴムのようになったりする恐れがある。メレンゲやペイストリーの生地を扱うのと同じくらい注意して扱わなければならない。

ふわふわしたマッシュポテトに仕上げたい場合は、水分をじゅうぶんに吸ってくれるデンプン粒が豊富なキメの粗いジャガイモを使うといい。調理するとデンプンは膨れ上がり、ソフトになる。つまり、ジャガイモの細胞がほぐしやすくなるのだ。しかし混ぜすぎるとデンプンはゴムのようになってしまう。マッシュするとジャガイモの温度が下がり、デンプンはお互いにしっかりとからみ合う。「老化」と呼ばれる現象で、デンプンは引き締まり、かたくなってしまう。そのため、マッシュポテトは出来たての熱いうちに食べるのがいちばんおいしい。

水を加えるとジャガイモのデンプンの糊化が過剰になる。水の代わりにクリームやバター、オイルなどの脂肪分を加えてデンプン細胞がなめらかに混ざるようにしよう。脂肪分がデンプンの老化を阻むので、残ったら冷蔵庫で保存し、後で温め直すことができる。

実践編

なめらかなマッシュポテトを作る

下記では、ポテトマッシャーを使っているが、ポテトライサーもジャガイモを混ぜすぎずにかたまりをなくすことができるので便利。ジャガイモは指定の大きさに切ること。薄すぎると多くの細胞を傷つけることになり、そこから出たカルシウムが、細胞をつなぎ合わせているペクチンを強化するため、つぶすのが難しくなる。

#1

同じ大きさに切る

均一に調理できるように、それぞれ同じくらいの大きさに切る。切ったジャガイモを、冷たい水からゆでる。これで全体が平均的に調理され、煮くずれることがない。やわらかくなったら火からおろし、余分なデンプンを洗い流す。

#2

つぶしてデンプンを戻す

ジャガイモの細胞を壊すためにジャガイモをつぶす。これで糊化したデンプンが流れ出て、なめらかでくっつきやすいゲル状になり、ジャガイモをつないでくれる。最初は脂肪分を加えずにつぶす。

#3

脂肪分で食感をよくする

つぶしたら、バター、クリーム、オイルなどの脂肪分を加える。デンプンはのりのようになっていくので、脂肪分を足すことで薄めて、ベタつくのを防ぐ。なめらかでふわふわになるまで混ぜる。混ぜすぎるとゴムのような食感になってしまうので注意する。

データ

しくみ

食品に含まれている水や脂肪の分子を振動させて、熱を発生させ、その熱で調理する。

向いているのは…

野菜などの調理のほか、バターやチョコレートを溶かす、食品を温め直すのにもよい。

気をつけること

小さくて乾燥した食品は、調理に時間がかかる。また2人分の食品を一度に調理すると、時間が2倍かかる。

ムラのある解凍

水の分子は凍っている状態では液体のときより流動性が少ない。そのため食品を電子レンジで平均的に解凍するのが難しい。

こんがり焼く

電子レンジでは、食品をこんがり焼くことはできない。表面が乾くと、水分がなくなるため、加熱の速度が落ちてしまう。

電磁波

電子レンジは放射能を使っているわけではない。光やラジオ波と同じ、一種の電磁波である。

電子レンジ調理のしくみ

電子レンジはまわりの空気を熱するのではなく、食品に含まれる水や脂肪の分子を熱することによって調理する。非常にはやくて効率のよい調理法

電子レンジは水や脂肪の分子に不思議な効果を与える。まるで軍隊の上官の一声で、兵隊が1列に並ぶように分子を1列に並べてしまう。マイクロ波の方向を変えると、水や脂肪の分子が回転し振動して、熱が発生する（「誘電加熱」という）。そして食品が調理される。

電子レンジを使うと栄養素が非常によく保たれる。調理時間が短く、栄養素が溶けてしまう水もほとんど使わないからである。

金属の壁にマイクロ波が反射し、電子レンジの中を跳ね回る。

料理の常識

《ウワサ》
電子レンジは食品を内側から調理する。

《ホント》
これは半分正しいともいえる。マイクロ波は直火よりも食品の中に深く（2cmくらい）入っていく。その過程で水分を熱していく。しかし、食品のサイズが非常に小さい場合を除き、食品の中心にまで熱が届くわけではない。

内部を見てみると

ガラスの扉の内側には、直径約1mmの穴があいた金属板が付いている。マイクロ波の波長は約12cmなので、隙間から逃げることができない。光の波長は400～700ナノメートルなので隙間から逃げることができる。そのため、外側から電子レンジの中を見ることができる。

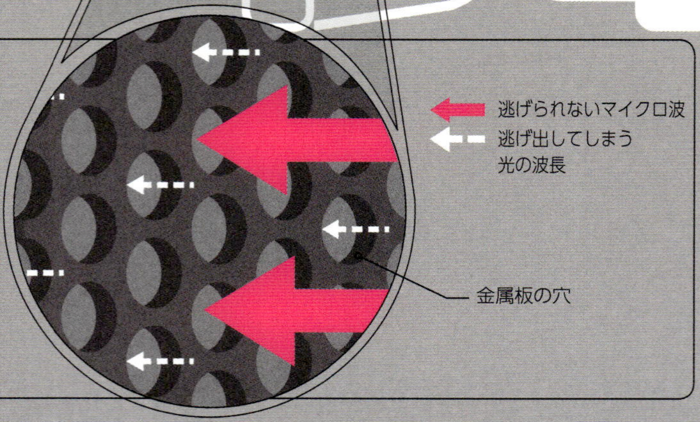
逃げられないマイクロ波
逃げ出してしまう光の波長
金属板の穴

ファンがマイクロ波を散らす
上部にある回転する金属の羽根は、マイクロ波を電子レンジの中で配分して常に方向を変え、食品がなるべく平均的に調理されるようにしている。

#5

ウェイブガイドがマイクロ波を導く
これがマイクロ波をマグネトロンから加熱室へと導く。

#4

マグネトロンがマイクロ波を作る
昔のテレビに付いていた電子管（またはブラウン管）の一種で、高いエネルギーのマイクロ波を生み出す。これが食品に発射されて食品は熱せられる。

#3

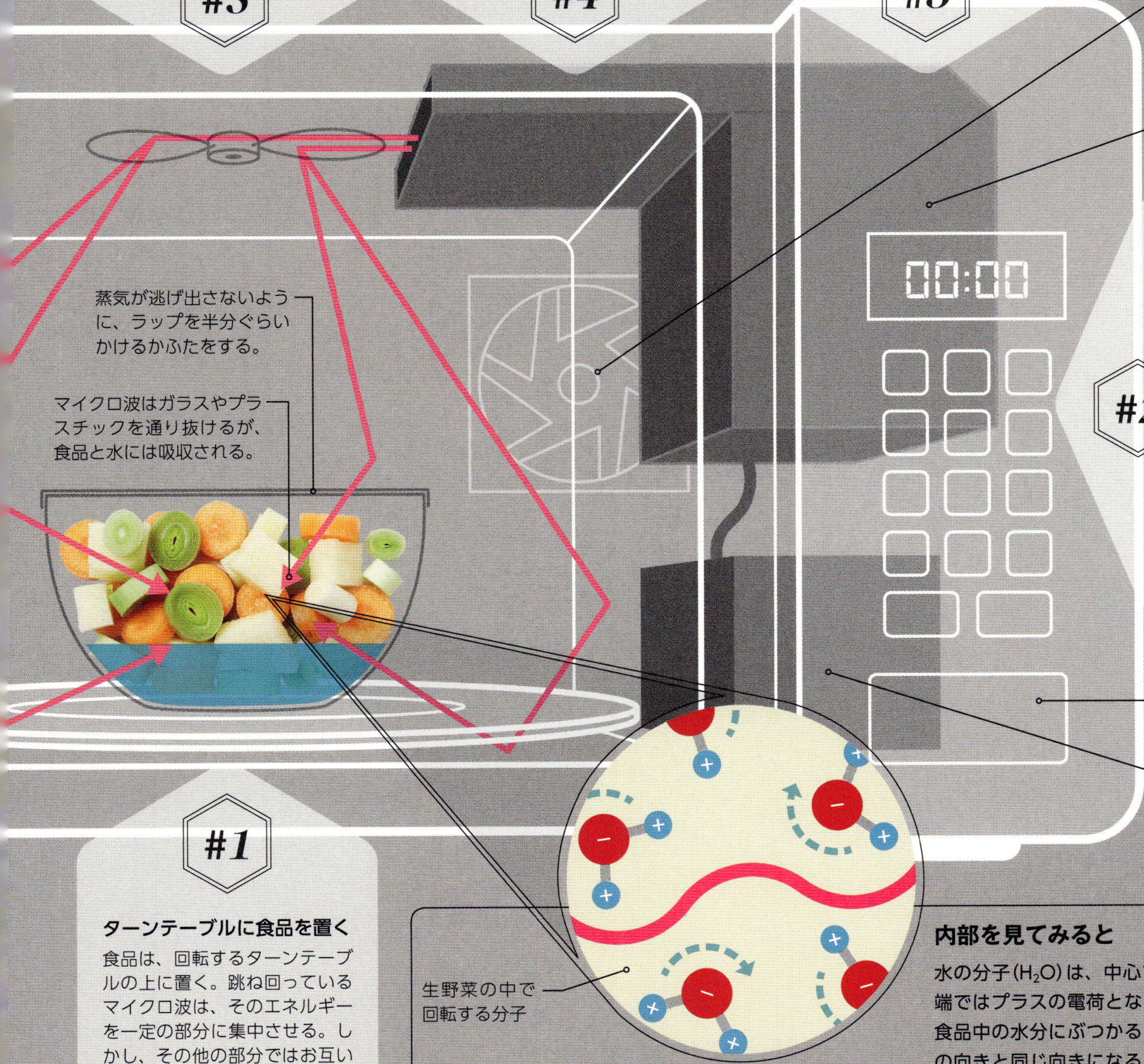
ファンがマグネトロンの温度を低く保つ。
マグネトロンからマイクロ波が出てくる。
00:00
蒸気が逃げ出さないように、ラップを半分ぐらいかけるかふたをする。
マイクロ波はガラスやプラスチックを通り抜けるが、食品と水には吸収される。
扉を開けるとマグネトロンのスイッチが切れる。
マグネトロンに入ってくる電圧を変圧器が2,000〜3,000ボルトに上げる。
生野菜の中で回転する分子
水の分子
水分子の動き
マイクロ波の放射

#2

時間と出力をセットする
食品は熱せられるときにマイクロ波のエネルギーを吸収するので、２人分を一緒に入れると調理時間が長くなる。例えば、ジャガイモ１個を調理する場合５分でできるが、２個の場合９分かかる。

#1

ターンテーブルに食品を置く
食品は、回転するターンテーブルの上に置く。跳ね回っているマイクロ波は、そのエネルギーを一定の部分に集中させる。しかし、その他の部分ではお互いに相殺してしまう。そのため食品は調理の途中でかき混ぜる必要がある。

内部を見てみると
水の分子（H_2O）は、中心ではマイナスの電荷、両端ではプラスの電荷となっている。マイクロ波が食品中の水分にぶつかると、分子が回転して放射の向きと同じ向きになる。電子レンジの中ではマイクロ波が常に方向を変え、水の分子を回転させることで熱が発生し、食品を調理する。脂肪と糖の分子も同じような行動をとる。

果物が茶色くなるのを防ぐには？

多くの果物が、自己防衛的な褐変反応をもつ

果物は、果物の中に含まれている酵素や化学成分が、害虫、寄生虫、細菌から自らを守るために、果肉が露出すると、やわらかく茶色い状態（下記参照）に変えていく。この酵素的褐変を遅らせることはできるが、完全に止めることは調理しない限り難しい（90℃以上で熱すると、褐変させる酵素のはたらきは完全に止まる）。調理以外では、切った野菜や果物にレモン汁をかけるのがもっとも効果的な方法だ。酸も褐変させる酵素のはたらきを止めるからだ。これより効果は劣るが、切った果物や野菜を水またはシロップの中につけて空気に触れさせない、冷蔵庫か冷凍室に入れて冷やす、なども果物の化学反応を遅らせる。

酵素が果物の色を変える

果物の細胞の中には液胞と呼ばれる保存庫がある。この中にはフェノールという物質が入っていて、細胞が壊れると外に飛び出す。傷ついた細胞から出てきた酵素は、無色のフェノールをさびたような茶色に変える。

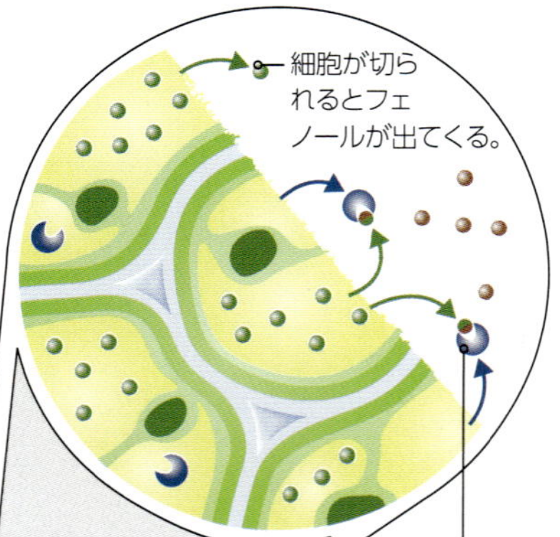
細胞が切られるとフェノールが出てくる。

PPO（ポリフェノールオキシダーゼ）という酵素がフェノールにはたらきかけ、茶色に変える。
いったん切られてしまうと、果物はやわらかくなり始め、風味が損なわれる。

切ったリンゴ

ジュースにしても栄養価は同じ？

１杯のジュースに１日に必要な分の果物と野菜を入れることができる

果物や野菜が形をとどめているのは、何兆個とある細胞ひとつひとつのまわりをしっかりとした構造がかためているからだ。こうした丈夫な細胞壁は、消化できないセルロースとリグニンで強化されている。ジュース推奨派は、果物をジューサーやブレンダー（ミキサー）にかけると、栄養素が吸収されやすいというが、通常のジューサーでは、大切な繊維や栄養素が搾りカスとして捨てられてしまう。ブレンダーの場合、繊維は全部残るが、砕かれた果物や野菜を褐変させる酵素のはたらきによって、栄養価が急激に落ちてしまう。ジュースは果物をそのまま食べるのと同じわけではないが、栄養価は高い。

プロセス

丸ごとの果物と野菜

果物や野菜をそのまま食べると繊維を確実に取り入れることができる。すぐに食べれば、栄養素も損なわれにくい。野菜や果物は調理によって栄養が失われるが、調理法によっては栄養価を高めることもある（157ページ参照）。

ブレンダー

パワーの強いブレンダーは果物、野菜、種などをすばやく砕き、ピューレ状にし、砕かれた果肉は空気と接触する。刃の数を増やすとナッツ類も砕くことができる。果肉はそのままジュースになるので、繊維が保たれる。

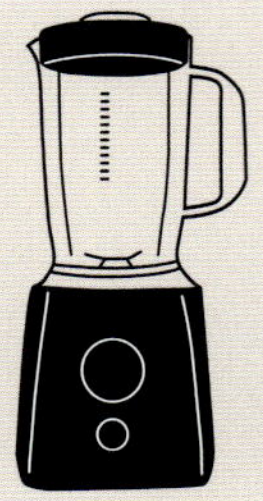

ジューサー

ジューサーの鋭い刃は最高秒速１万5,000回転で、かたい繊維を砕き、細胞を粉々にする。繊維を含んだ果肉は網に残り、液体のみが出てくる。

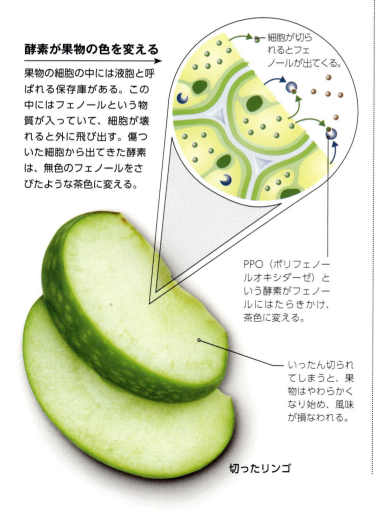

	栄養素への影響	結果		
丸ごと	100% のビタミンが残る 100% の繊維が残る **栄養満点** 栄養価の点では、果物や野菜をそのまま食べるのがいちばんよい。食べる前にビタミンが損なわれないからだ。	体にとって重要な抗酸化物質の多くは、果物や野菜の皮に含まれている。 かんでいるうちに、風味が深まる。		**気をつけること** 果物や野菜を食べると、まず口の中で歯と酵素によって分解され、次に胃の中で消化酵素が分解し栄養素を抽出する。果物や野菜をそのまま食べると時間がかかるので、ジュース１杯に含まれる果物や野菜の量ほどは食べられない。
ブレンダー	90-100% のビタミンが残る 90% の繊維が残る **残る栄養素** 繊維はほとんど残る。果物や野菜が砕け始めると、ビタミンが失われていく。	ジュースにしたらなるべくはやく飲むようにする。果物や野菜は、いったん砕かれると酵素のはたらきによって風味がどんどん落ちていく。 かんきつ類に含まれている酸は、歯のエナメル質にダメージを与えることもある。		**気をつけること** 大量の果物や野菜を摂取することができる。ブレンダーは繊維とビタミンを残すが、ジューサーと同様に、果物に含まれる酵素が空気に触れると防衛機能がはたらき、栄養素を壊し始める。グラスの中に入れたままにしておくと、ビタミンCやその他のデリケートな抗酸化物質はどんどん壊れていく。
ジューサー	70-90% のビタミンが残る 0.1% の繊維が残る **繊維は失われる** ジューサーで作ったジュースには繊維がほとんど残らない。繊維はほかの抗酸化物質と一緒にカスとなる。	繊維がないジュースは糖分が濃縮されているといっていい。250mlのジュースの中には小さじ５杯程度の糖分が含まれている。 中サイズのニンジン９本でグラス１杯分。		**気をつけること** ブレンダーと同様に、果物や野菜をたくさん摂取できるが、皮などに含まれる抗酸化物質は損なわれてしまう。遠心分離タイプ（回転式）のジューサーは空気で液体が泡立ち、酵素の褐変反応をはやめる（前ページ参照）。ジュースのほうが丸ごとの果物より風味が強い。これは、風味が少しずつ舌の上で深まっていくのではなく、一気に広がるからだ。

バナナはどうやってほかの果物を成熟させる？

バナナは、一緒に置いたほかの果物をはやく成熟させる

果物の多くは、ほかの果物と同調して成熟する。種を別の広い土地に運んでくれる動物を引き寄せるチャンスを最大限に生かすためだ。成熟はある化学物質による信号が引き金となって始まる。その物質はエチレンガスで、気候が最適な状態になったとき、または果実が傷つけられたときに植物が出す。果物は熟してくると実がやわらかくなり、糖分が増す。バナナはエチレンを大量に発生させるため、クリマクテリック型の果物（収穫後も熟していく果物）を成熟させるのに利用できる。

“**成熟**は、化学物質による信号が引き金となって始まる。その信号となる物質は**エチレンガス**”

クリマクテリック型果実	エチレンによって成熟するため、バナナの近くに置いておけば成熟をはやめることができる（右記参照）。	**バナナ、メロン、グアバ、マンゴー、パパイヤ、パッションフルーツ、ドリアン、キウイ、イチジク、アンズ、モモ、プラム、リンゴ、ナシ、アボカド、トマト**
非クリマクテリック型果実	母体となる植物になっているときのみ熟すため、収穫後成熟させることができない。	**オレンジ、グレープフルーツ、レモン、ライム、パイナップル、ドラゴンフルーツ、ライチ、パプリカ類、ブドウ、チェリー、ザクロ、イチゴ、ラズベリー、ブラックベリー、ブルーベリー**

バナナの緑色の葉緑素は熟していくうちに破壊され、別の色の色素が現れてくる。
この時点でエチレンのレベルが上がりだし、バナナが完全に熟す手前でピークに達する。

36%

の**炭水化物**が**糖**。これは青いバナナの場合だが、黄色いバナナの場合は83%。

バナナの生産

毎年、1億1,000万tのバナナが栽培され販売されている。世界最大の生産国はインド。

成熟度に合わせたバナナの使い方

黒い斑点《はんてん》ができてやわらかくなったバナナも料理にはまだまだ使える

何かおやつが欲しいときには、熟していてすぐに食べられるバナナを買うかもしれない。しかし、まだ青いバナナを買えば、さまざまな調理法の可能性が広がる。青いバナナが黄色になり、やがて茶色になる過程でバナナはやわらかくなり甘味と風味が増す。熟していないバナナは繊維質とペクチンに支えられたしっかりとした細胞に満ちている。料理に加えれば甘味とボリュームが加わる。やわらかくて甘い、熟したバナナはそのまま食べるのはもちろん、ケーキなどに使うのもよい（右記参照）。バナナはすぐに熟すので、熟したらすぐに使うか、冷凍して成熟を止める。

熟す前

熟す前のバナナは、青いか青みがかった黄色で、皮が厚く果肉がしっかりしている。デンプンがまだ糖になっていない。細胞の壁は丈夫で繊維質。

最適な食べ方

スライスしてオートミールに入れる、油で揚げる、スムージーに入れてボリュームを出す、プランテン（調理用バナナ）の代わりに使う、など。

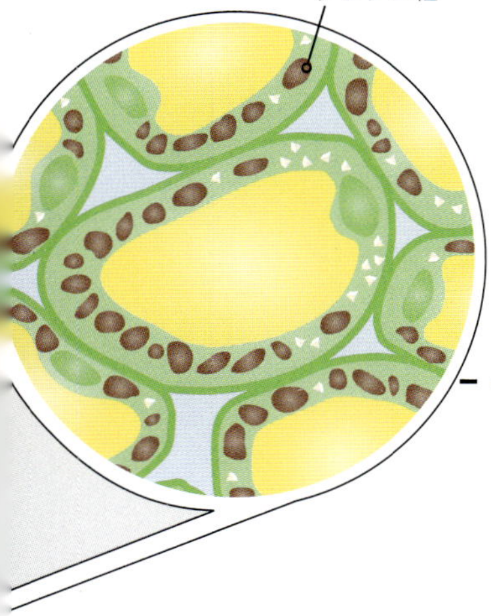
デンプン粒

細胞の構造
熟していないバナナ

大量のデンプンと少量の糖が含まれている。熟していくうちにデンプンは糖へと分解されていく。

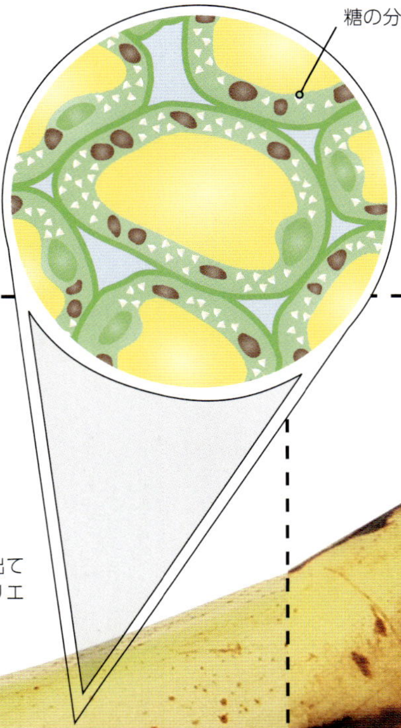
糖の分子

細胞の構造
熟したバナナ

成熟の過程でバナナはエチレンを発生させる（左ページ参照）。エチレンは、果物の細胞の中の酵素がデンプンを糖に変えるきっかけを作り、葉緑素を減らし、香りの高い分子を放出して、細胞壁をやわらかくする。

成熟するとエチレンのレベルは下がっていく。
成熟して黒い斑点の出ているバナナは、あまりエチレンを放出しない。
熟しすぎて茶色になったバナナはエチレンをほとんど出さない。
大きな茶色の部分があるバナナは熟しすぎているので、すぐに使うか冷凍する。

熟した状態

熟したバナナはややしっかりしていて、果肉はクリーミー。皮は黄色で所々に黒い斑点がある。風味の分子と糖分が甘味のあるフルーティな味を醸し出す。調理にも向いている。表面が傷つくと成熟がはやまる。

最適な食べ方

そのまま食べる、スムージーに入れる、タルトやパイ作りに使う、スライスしてカスタードやカラメルソースに入れる。

よく熟した状態

よく熟したバナナはやわらかくて、明るい黄色の皮に黒い斑点がたくさんある。エチレンのレベルはピークを過ぎているので、一緒に置いたほかの果物が成熟するスピードも落ちる。風味があり糖分が多い。

最適な食べ方

ケーキやマフィンを作る、ミキサーにかけ、スムージーに入れて風味と甘味を加える、冷凍してアイスクリームを作る。

熟しすぎた状態

熟しすぎたバナナはやわらかすぎる食感で、濃い黄色の皮には茶色の部分が多くある。自然の糖分に富み、強い風味をもつ。一緒に置いておいてもほかの果物を成熟させることはないが、はやめに使うか、冷凍する。

最適な食べ方

ケーキやマフィンを作る、パンケーキの生地に混ぜる、スムージーやオートミール、またはミルクシェイクに入れて甘味をつける。

冷凍した果物は料理に使える?

冷凍の果物は便利だが、料理に使うときには注意が必要

冷凍果物を使えば、一年中ブルーベリーマフィンを焼くことができ、オーブン料理の可能性を大きく広げてくれる。また新鮮な果物がないときにデザートに使ってもいい。0℃以下の温度が果物をどのように変化させるかを理解しておこう。ほとんどの冷凍食品と同様に、果物も凍ったときに中にできる氷の結晶（右記参照）によって傷つけられる。商品としての冷凍食品は、「瞬時」に少なくとも−20℃まで下げられ、氷の結晶がなるべく大きくならないようにする。しかし、果物は大量の水分を含んでいるため（一般に全体の80%が水分）、果物のもつシャキッとした食感が損なわれる。

こうしたダメージのため、解凍した果物は新鮮な果物よりやわらかく、果肉がつぶれたような食感があり、果汁がにじみ出てくる。ジュース、スムージーなどを作る場合には何の問題もないが、ベーキングに冷凍果物を使うと大きなシミになってしまう場合もある。

> “**商品**としての冷凍食品の場合、食品は**「瞬時」**に冷凍され、氷の結晶がダメージを与えないようにしている”

新鮮な果物のみ

冷凍の果物はタルトには不向き。タルトの果物は、スライスした形と食感がしっかり保たれていることが重要。

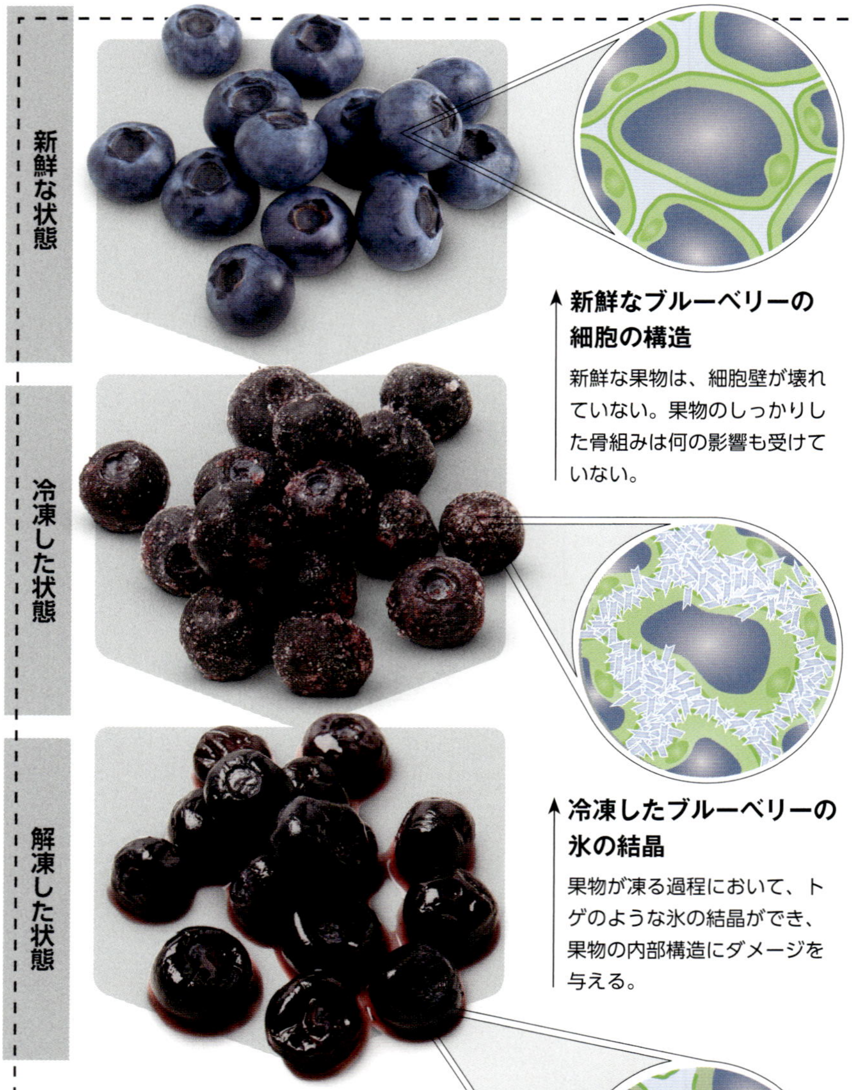

新鮮なブルーベリーの細胞の構造

新鮮な果物は、細胞壁が壊れていない。果物のしっかりした骨組みは何の影響も受けていない。

冷凍したブルーベリーの氷の結晶

果物が凍る過程において、トゲのような氷の結晶ができ、果物の内部構造にダメージを与える。

解凍したブルーベリーのダメージを受けた細胞

氷が溶け出すと、細胞壁が傷つけられてできた微細な穴は、氷のふたがなくなり、果汁が漏れて出てくる。

調理のポイント

- 調理中に果汁が漏れるのを防ぐため、調理前に解凍しない。新鮮な果物と重さは同じなので、同じ量を料理に使う。
- 冷凍のまま調理して、解凍する分だけ少し長く時間をかける。
- ベリー類をベーキングに使う場合、生地に混ぜる前に溶け始めたら、砂糖か小麦粉を上からふりかけて水分を吸い取っておく。
- 冷やされる過程で果物は褐変することがある。砂糖とアスコルビン酸は、果物の酵素のはたらきを抑える役目をする。冷凍の果物を買うとき、こうした成分が入っているものを選ぶのもよい。その場合は、料理の味が少し甘酸っぱくなる。

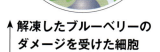

果物の食感を保ったまま調理するには？

果物のもつ自然な甘さは、スイーツにも塩味の料理にも新鮮な風味と多様性をもたらす

果物を使って上手に料理を作るには、適切な種類（下記参照）を選び、適切な成熟度のときに使う。

成熟の過程で何が起きるか

果物が熟してくると酵素がはたらきだす。酵素は、デンプンを糖に分解し、果物の香りを発生させ、緑の色素を破壊して、細胞壁をつないでいる「接着剤」のようなペクチンのはたらきを弱める。調理するとさらにこのペクチンが分解される。果物の形と食感をとどめたい場合は、じゅうぶん甘く熟しているが、形がまだしっかりしている時期の果物を選ぶとよい。ペクチンは、酸と砂糖を一緒に調理すると強められる。砂糖はペクチンから水分を引き離すため、ペクチンは時間をかけて溶けていく。果物をレモン汁かワイン、または甘いシロップを入れた湯でポーチすると、形がしっかりする。ピューレやソースを作るときは、最初に砂糖を入れずに調理して、やわらかくし、後で糖分を加える。低い温度で調理するときは、最初に高温の湯で果物を数分湯がいて、ペクチンメチルエステラーゼというペクチンを分解する酵素のはたらきを止める。これで果物がやわらかくなるのを防ぐ。この酵素は65℃以下の状態では常に活発だが82℃以上になるとはたらきが止まる。

ペクチンの強化

水で調理する場合は、水にカルシウムを加えるとペクチンのはたらきを強化し、果物の形をしっかりと保つことができる。

リンゴの選び方

種類によって調理しても形がくずれないタイプとそうでないタイプがある。ペクチンはカルシウムによってつなぎ合わされ、酸によって強化される。酸味の少ない食用リンゴは渋味が少ないが、調理すると形がくずれる。

調理向き

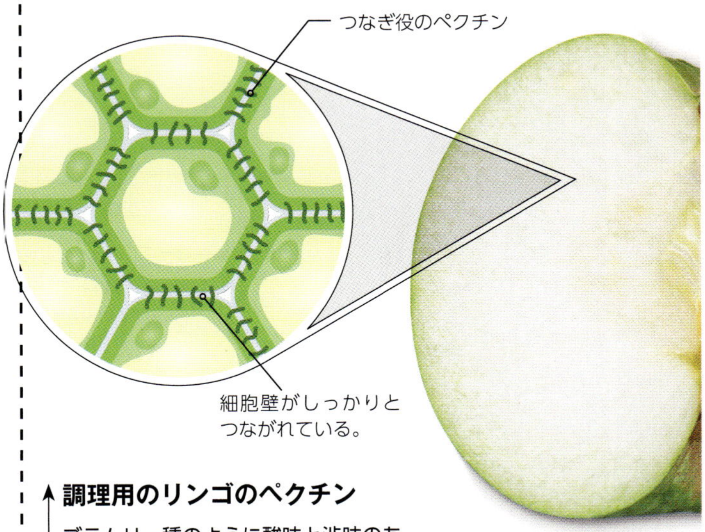

つなぎ役のペクチン
細胞壁がしっかりとつながれている。

調理用のリンゴ

調理用のリンゴのペクチン

ブラムリー種のように酸味と渋味のある種類は、細胞をつなぐペクチンの量が食用リンゴより多いので細胞壁がよりしっかりしている。

生食向き

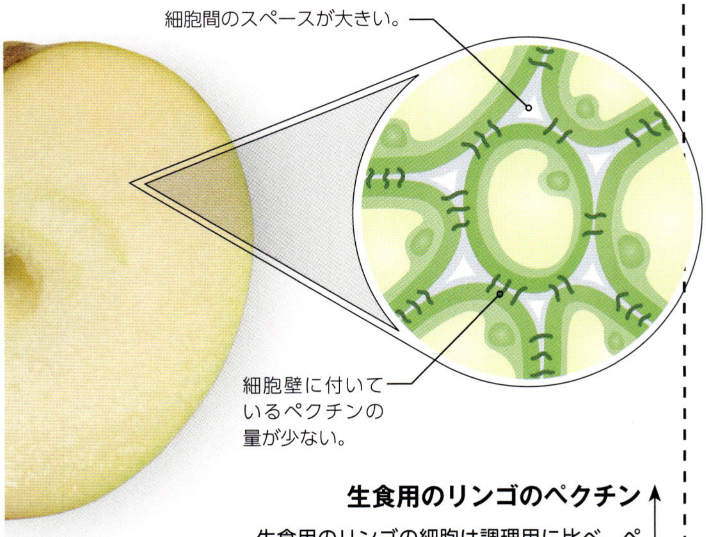

細胞間のスペースが大きい。
細胞壁に付いているペクチンの量が少ない。

生食用のリンゴ

生食用のリンゴのペクチン

生食用のリンゴの細胞は調理用に比べ、ペクチンの量が少ないので、よりゆるくつながれている。酸性度が低いので、ペクチンはさらに弱まり、細胞壁も不安定になる。

なぜオリーブは塩水に漬けてあるの？

生のオリーブは、かたくて渋い

生のオリーブはオレウロペインという物質を含んでいるため、とても渋くて食べられない。オリーブをやわらかくし、オレウロペインを取り除くには、渋抜きして塩漬けにするか、発酵させなければならない。水で何度もすすいでオレウロペインをしっかり洗い落とせば食べられるようになるが、伝統的な方法はシワが寄るまで塩に漬けるか、最低６週間ほど発酵させる。食品メーカーは、１～２時間でオリーブを食べられるようにできる（右記参照）。

オリーブを食べられるようにする

方法	時間	結果
業務用の渋抜き 熟していないオリーブは灰汁または苛性ソーダ（水酸化ナトリウム）の入った巨大なタンクに浸す。渋味のあるオレウロペインの分子が分解され、かたくてつやのある皮はやわらかくなり、細胞壁は壊され細胞をつないでいたペクチンが溶解する。	**1～2時間**	しっかりしたスライスしやすいオリーブが出来上がる。味は淡泊で、少し化学物質の味を感じるかもしれない。ほとんどが瓶詰めされ、ピザのトッピングなどに使われる。
伝統的な渋抜き **洗う** オリーブを真水で２週間かけて何度も洗い、なるべく多くのオレウロペインを洗い落とす。	**1～2週間**	この方法では渋味を完全に落とすことはできないので、後で塩水に漬けることもある。
塩漬け 最低６週間かけて、オリーブを塩水に漬けて発酵させるか塩漬けにする。漬物と同じく、塩耐性菌がオリーブに酸味を加え新たな風味の分子を生み出し、味と香りが深まる。	**6週間以上**	オリーブにシワが寄るかもしれない。風味はオイル、ハーブ、スパイスなどでさらに高められ、味わい深いものとなる。

“オレウロペインという**物質**がオリーブの**渋味**の**原因**となる”

黒いオリーブは染めている？

オリーブの色は明るいグリーンだが、ゆっくり熟していくうちに紫色がかった黒に変わっていく

オリーブが完全に熟すとシワができて、独特の土っぽい風味をもつようになる。黒いオリーブは通が好む味だが、大量生産されている缶詰や瓶詰の「黒オリーブ」の多くは、グリーンのオリーブを完熟させた黒オリーブのように見せかけたものだ。

カリフォルニアの「完熟黒オリーブ」は、グリーンのオリーブを灰汁《あく》などで何度も洗い、オリーブの実に完全に浸透させる。その後オリーブは「人の手によって」黒くされていく。浸している液に空気を泡にして送り込み、オリーブの表面にあるフェノールという色素を酸化させ、黒ずませていく。次にグルコン酸第一鉄という鉄塩を加え、インクのように黒い色にする。こうしてできたオリーブは完熟した黒いオリーブのように見える。しかし食感はグリーンオリーブのようになめらかでしっかりとしている。簡単にスライスでき渋味もないため、ピザのトッピングにもよく使われる。

95%

アメリカ産オリーブはカリフォルニアオリーブだ。約１万1,000ヘクタールの土地で栽培されている。

“ローマ時代の料理人は、
オリーブを浸した水に木の灰を入れると、
はやく渋味を取り除けることを発見した。
木の灰は水をアルカリ性に変え、
渋味のあるオレウロペインの
分子を分解する”

フォーカス：ナッツ

必須栄養素が詰まったナッツは、さまざまな料理に歯ごたえとクリーミーな風味を加える

ナッツにはほかの材料の味を引き立て、スイーツでも塩味の料理でも風味が一段と増す、魅力的な香ばしさがある。

ナッツは栄養のかたまりで油とタンパク質がぎっしり詰まっている。植物は自分の次世代が健やかに育つように、栄養素をナッツや種子にたっぷり送り込む。ナッツや種子類は少なくとも1万2,000年の間、人類の糧となって支え続けてきた。同じ重さで見てみるとほとんどの場合、ほかの食材よりカロリーが高く（料理用オイルとバターは別）、135gでおよそ800kcalある。つまり、食べる量に気をつけないといけない。ナッツはタンパク質のほかに、多くのミネラルとビタミンを含んでいて「スーパーフード」と呼ばれることもある。またオメガ3と不飽和脂肪酸の含有量も高い。

ほとんどのナッツはそのまま食べることができるが、あぶったり煎ったりすると、バターのような風味が一段と増し、外側もカリッとする。ナッツ類は小さいため加熱しすぎることがあるので、調理中は注意すること。

サイエンス
ナッツを砕くと、細胞の中に詰まっている油の小袋が開かれる。
調理
カシューナッツやブラジルナッツをすりつぶすと、ナッツバターやペーストができる。
バター
アーモンドバター

ナッツを知ろう

ナッツには殻があるものとないものがあり、皮は熱湯につけてむく。実が薄い色をしていれば新鮮な証拠。黒っぽくなっている部分は油が酸化し始めているということ。すべてのナッツ類は脂肪を含んでおり、タンパク源ともなるが、種類によって含有量の違いはある。

ナッツ

脂肪：低
タンパク質：高

カシューナッツ
なめらかでバターのような食感がある。ナッツには珍しくデンプンを多く含むので、ソースやスープのとろみづけに使うことができる。

脂肪：低
タンパク質：高

ピスタチオ
甘味がありしっかりした食感をもつ。タンパク質と繊維が豊富で、スイーツにも塩味の料理にもよく合う。細かく刻んで料理の上にふりかければきれいな色合いに。

脂肪：低
タンパク質：高

アーモンド
スイートアーモンドの皮には、ビタミンEなどの抗酸化物質が豊富に含まれ、酸化を防ぎ保存期間を長くする効果がある。丸ごと食べてもいいし、スライスや粉末にすることもできる。

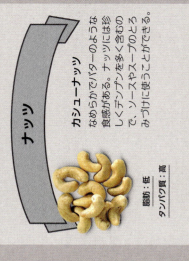

渋味のある皮
ナッツを包んでいる薄皮は抗酸化物質が豊富だが、渋味があるのであまり好まれない。皮はたいていの場合、軽くローストすれば簡単にむける。

ピスタチオ

ナッツの構造
ナッツは、ひとつの種からなるかたい実で、かたい殻の中で育ち、熟していく。

ローストした
カシューナッツ

**あぶる
または煎る**

サイエンス

熱を加えるとメイラード反応（16ページ参照）により、糖とタンパク質がさらに風味のある分子に変わる。

調理

ナッツをあぶったり煎ったりすると、バターのような複雑な風味が出てきて、食感もよりカリッとする。

本当はナッツではない

ピーナッツはマメ科の植物なので、ナッツではなく豆類。

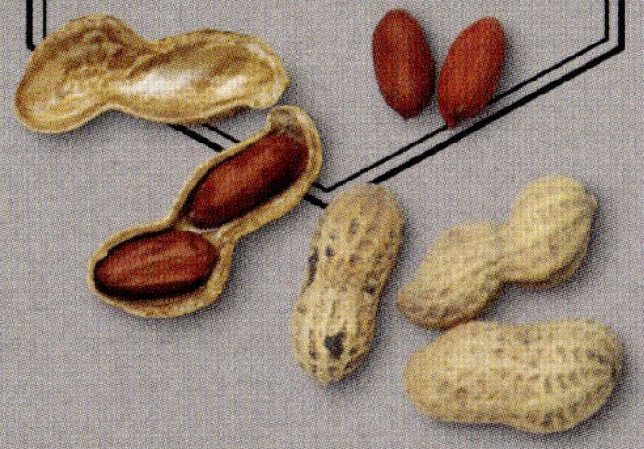

脂肪：中
タンパク質：中

ヘーゼルナッツ
甘味があってカリッとした食感。体によい油分が豊富で、炒めたりゆでたりすれば料理に食感とボリュームを出す。

脂肪：中
タンパク質：中

クルミ
肉厚で大きい。渋味のあるタンニンを多く含んでいるが、甘味のある食材と一緒に使えば風味によいバランスが生まれる。オメガ3が豊富だが、酸化しやすいので保存に注意する必要がある。

脂肪：中
タンパク質：中

ブラジルナッツ
実は大きく、セレニウム（セレン）が豊富。やわらかいが、かみごたえがある。ナッツバターやミルクを作るのに適している。牛乳の中の脂肪のように、ナッツの油が小球を作るからだ。

脂肪：高
タンパク質：低

ピーカンナッツ（ペカン）
甘味があって風味が豊か。デザートやケーキ類にカリッとした歯ごたえを加える。ナイアシンを含み、オリーブやアボカドと同じように体によい脂肪を含んでいる。

脂肪：高
タンパク質：低

マカダミアナッツ
やわらかな食感とクリーミーな風味があり、甘味のある料理や焼き菓子などに最適。木になるナッツの中では脂肪分がもっとも多いが、これはコレステロールを低くする効果のある一価不飽和脂肪酸である。

新鮮なナッツの選び方

ナッツ独特の性質は中に含まれている油分によるところが大きい。しかし、油は保存期間にも影響する

　ナッツに含まれている健康的で香り高い油は不飽和脂肪酸で、私たちの血管に大変よいものだが、ナッツの保存にはあまりよいとはいえない。ナッツのデリケートな脂肪分子は光、熱、湿気によって簡単に分解され酸素に反応する。そして酸化して味を悪くしてしまう。

ナッツを買うときの注意は？

　ナッツは6カ月以上経っていないものを買うようにする。ここに説明するアドバイスを参考に、新鮮でおいしいナッツを選ぼう。市場でナッツを買うなら、売っている人に殻を割って中を見せてもらえば鮮度がわかる。実の色が薄いものがいいが、黒ずんでいたり光っていたりする場合は、傷んでいる可能性がある。ダメージを受けたナッツは、細胞から油がにじみ出て、老化が始まる。高温もナッツの老化をはやめる。殻と皮に何のダメージや変化もなければ、何カ月にもわたって保存できる。買った後も注意して保存しよう（下記参照）。

乾燥したナッツ

ナッツの殻と皮は中に水を入れないようにできている。そのおかげでナッツは収穫された後も保護されている。

ナッツの外側を覆うかたい殻が、光と熱による影響からナッツを守る。

真空パックのナッツ

新鮮なナッツが手に入らない場合、真空パックされたナッツを買おう。

旬に買う

通常ナッツの収穫は夏の終わりから初秋にかけて。初夏にナッツを買うのは避けたい。

殻付きのナッツ

殻と皮がナッツを保護するので、この状態がいちばん新鮮でおいしい。

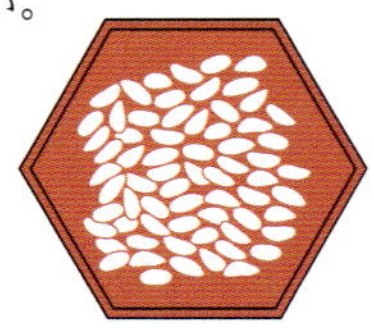

自分で煎る

煎ってあるナッツを買わないで、自宅で煎ってみよう（次ページ参照）。

ナッツの保存方法は？

新鮮さを保つために、密封容器に入れ冷暗所に保存しよう。光はデリケートな脂肪分子にダメージを与え、熱と空気は分解反応をはやめる。ナッツを少量に分けて冷凍保存すればさらによい。ナッツにはもともと水分が少ないので、ほかの食品のように冷凍することで氷の結晶からダメージを受けることがない。

調理したほうがおいしい？

油と繊細な細胞壁で構成されたナッツと種子類は、食感がよく繊細な風味をもっている

ナッツや種子類を140℃以上で熱すると、メイラード反応（16～17ページ参照）が起きて、外側はこんがりとして香ばしくなり、煎ったナッツとバターが混ざったような複雑な風味が生まれる。煎る過程でナッツから水分が失われていくが、乾燥するのではなく、よりクリーミーになっていく。ナッツの細胞の中には油を含む微細な袋（オレオソームという）があり、それが破裂すると、中の油分が漏れてくる。煎ったナッツは温かいうちがもっともやわらかく、油もかたまっていないので、スライスする場合、煎った直後がよい。

炒め物に使う場合は調理の初めの段階で入れ、こんがりとさせる。ただし180℃になると焦げてしまう。これは熱分解と呼ばれる現象で、焦げると料理の色が悪くなり味も渋く、苦味も出てしまう。

やわらかいナッツ

クリはほかのナッツと違い水分とデンプンが多い。そのため調理するとキメの粗い食感になる。

ナッツや種子類を煎る

ナッツや種子類を煎るのは簡単だが、小さいので焦げやすい。左右に揺らしたり、かき混ぜたり上下に動かしたりすると、平均的に煎ることができる。メイラード反応で引き出された風味と香りを目安にして仕上がり具合を判断し、こんがりしたところで熱から離す。そうしないと、火からおろしても余熱でそのまま調理され続けてしまう。

フライパン

ナッツや種子類を煎るのにいちばん簡単なのはフライパンを使う方法だ。煎るのにオイルは必要ではないが、オイルを引くと、熱をナッツや種子に平均して伝えてくれるので、調理がしやすくなる。

用具
底の厚いフライパン

温度
中火から強火（180℃）

加熱時間
1～2分

利点
はやくできる

欠点
全体をまんべんなく煎るために、常に注意を払う必要がある。ナッツや種子類は焦げることがよくある。

オーブン

オーブンで煎る場合は、少しオイルを付けたナッツや種子類を天板に平らに敷き詰め、予熱したオーブンで調理する。こんがりした色になるまで2～3分ごとにチェックして揺らす。

用具
ロースト用の天板

温度
余熱する（180℃）

加熱時間
5～10分

利点
フライパンや電子レンジを使うより、注意がいらない。

欠点
エネルギーを多く使う。焦がしやすい。

電子レンジ

電子レンジを使うと電気代を節約できる。研究によると、電子レンジのほうがほかの調理器具で煎るよりナッツの香りがよく出る。皿の上にナッツや種子類を広げて、1分ごとにチェックしてかき混ぜる。

用具
電子レンジ対応の皿

温度
中～高くらいの出力に設定する

加熱時間
3～8分（1分ごとに確認）

利点
はやくて効果的（しかも洗い物が少ない）

欠点
表面がこんがりした色にならない。最初にオイルを塗っておくと多少色がつく。

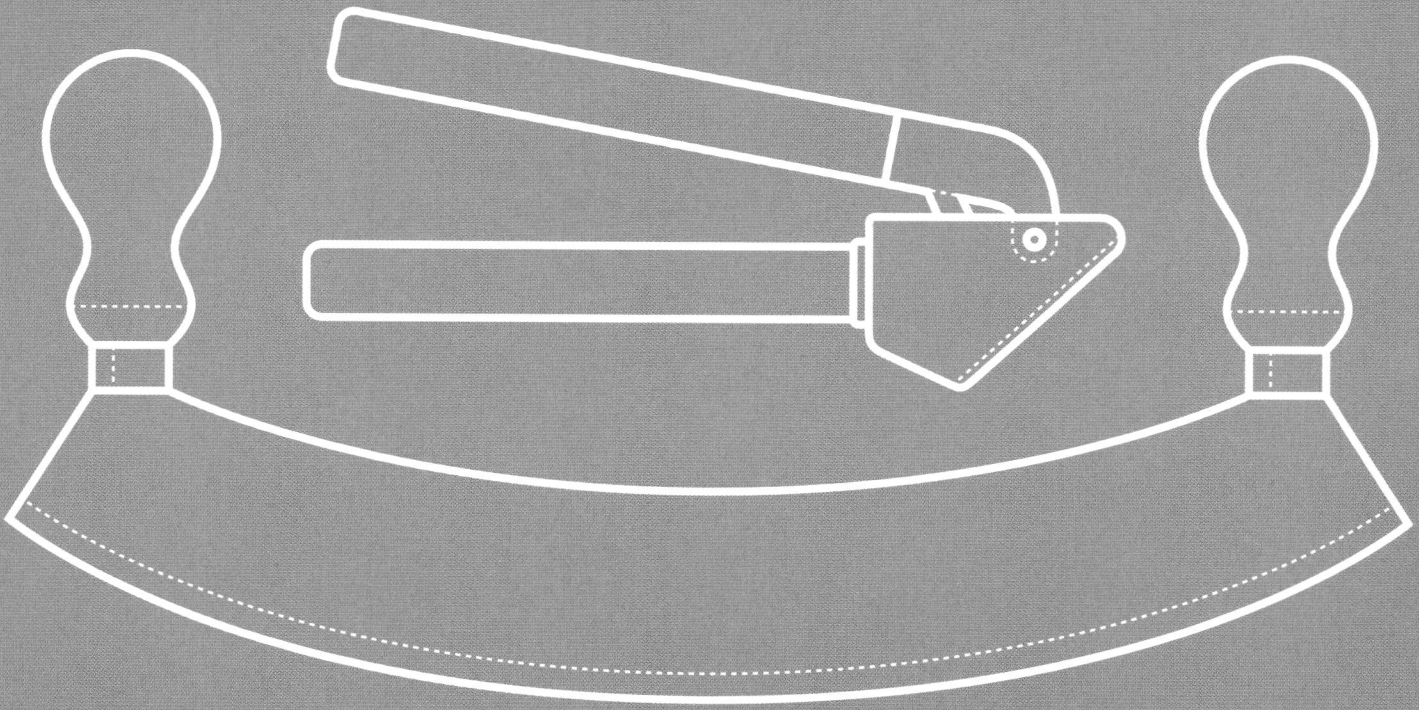

ハーブ、スパイス、オイル、調味料

フォーカス：ハーブ

ハーブは料理に香りと命を吹き込む。人間は風味をにおいで感じとる。それはハーブの香り高い精油がもたらしてくれる

ハーブの香りとはつまり風味を加える化合物で、ハーブの重量の1％でしかない。それは葉の中に入り込んでいる微量のオイルである。この精油はハーブを食べてしまう動物を寄せつけないようにするためのもので、大量に食べれば毒となる。ハーブを微量しか使わないのはそうした理由からだ。ハーブに含まれる精油は、ほとんどの場合オイルによく溶けるが、水には溶けにくい。調理にオイルや脂肪分（クリームなど）を使うと、ハーブの風味がいっそう料理の中に引き出される。ハーブの風味は水よりアルコールの中のほうが、威力を発揮する。ハーブは、かたい葉とやわらかい葉の2グループに分かれ、それぞれ使い方も異なる。

サイエンス

丈夫なハーブの葉は、やわらかいタイプの葉より、もっとゆっくりと風味の分子を出す。

しっかりしていて、茎も丈夫。

かたいハーブ

調理

脂肪分と一緒に調理し、はやい段階で入れると葉がやわらかくなり風味を含んだオイルがよく出てくる。

脂肪に溶けやすい

ハーブの風味分子のほとんどは、オイルと脂肪によく溶ける。そのため、オイルにハーブの風味を簡単につけられる。

オイルの袋

ハーブにはオイルの袋（油胞）があり、風味の分子をふんだんに含んだオイルが詰まっている。

ハーブを知ろう

かたいタイプのハーブは、一般に風味を出すために加熱調理される。乾燥ハーブにも向いている（183ページ参照）。やわらかいタイプのハーブは、生のまま料理に添えてもいいし加熱してもいい。両方ともオイルや脂肪分を加えると風味がよく出てくる。

かたいタイプ

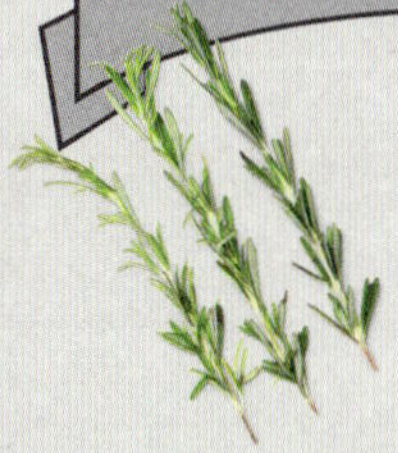

新鮮なまま保てる期間：3週間

最適な使用法：生または乾燥

ローズマリー

葉がかたく、そのままでは使いにくいので、オイルや脂肪分と一緒に調理して風味を引き出す。葉を刻んで、ベーキングに使うほか、鍋で料理する場合ははやい時点で入れるとよい。

新鮮なまま保てる期間：2週間

最適な使用法：生または乾燥

タイム

葉は小さいが香りが強い。葉を摘んで調理に使う。もし茎がやわらかければ、細かく切って葉と一緒に使える。

新鮮なまま保てる期間：2週間

最適な使用法：生または乾燥

セージ

生で食べるには香りが強すぎるが、バターで炒めるとおいしい付け合わせになる。刻んで脂肪分の多い肉と一緒に調理してもおいしい。

風味を放つ

ハーブを刻んだりつぶしたりすると、油胞が壊され、中から風味の分子が解き放たれる。

かたいタイプのハーブを保存する

ハーブをキッチンペーパーでくるみ、余分な水分を取る。密封容器に入れて冷蔵庫で保存する。

やわらかいタイプのハーブを保存する

生花を花瓶に生けるように、少量の水を容器に入れ、茎をその中に立てて保存する。

ハーブの束

サイエンス

やわらかいハーブは摘んだり刻んだりすると、すぐに風味の分子が拡散されてしまう。

調理

刻んで付け合わせにする。または風味をそのまま生かすために調理の最後に加える。

葉がデリケートで茎もやわらかい。

やわらかいハーブ

新鮮なまま保てる期間：2週間

最適な使用法：乾燥

ローレル（ローリエ）

とてもかたい葉で、風味が出てくるのもゆっくり。生の葉は少し渋味があるので乾燥させて使うのがよい。乾燥させた葉を調理の初めの段階でオイルに入れる。

やわらかいタイプ

新鮮なまま保てる期間：2週間

最適な使用法：生

ミント

葉を刻んだりつぶしたりすると、ミントのオイルがさらに強い風味を出す。茎は調理に使わない。

新鮮なまま保てる期間：2週間

最適な使用法：生

バジル

葉を葉巻のように巻いて、細切りにすると変色しにくい。ほかのハーブと違って冷やすとしおれてしまうので、室温で保存すること。

新鮮なまま保てる期間：3週間

最適な使用法：生

イタリアンパセリ

いろいろな使い道のあるハーブ。生で付け合わせに使ったり、調理の最後に加えたりするとおいしい。乾燥パセリは風味がないので生がよい。

新鮮なまま保てる期間：3週間

最適な使用法：生

パクチー（コリアンダー）

高い温度で熱し続けると、風味の分子が損なわれる。調理の最後に加えるとよい。乾燥しているものや黄色く変色している葉は、風味を失っているので使わない。

生のハーブの適切な下準備

準備の仕方で、ハーブが香りを放つ量やタイミングが変わる

ハーブの風味の分子は、葉の中あるいは表面にある油胞の中に含まれている（下記参照）。ハーブが傷つけられると油胞が壊れ、香り豊かな精油が解き放たれる。

ハーブの準備の方法はさまざまなので、かたいタイプかやわらかいタイプかを念頭において準備するとよいだろう。ローズマリーやローレルのように葉のかたいハーブは、一般に乾燥した気候の土地に育つ。かたくて丈夫な葉は水分と油分をよく保存するため風味も保存される。バジルやパクチーなどのやわらかいタイプのハーブの場合、葉が繊細で花のような香りがするが、風味はすぐに蒸発してしまう。やわらかいタイプのハーブは変色しやすく、特にバジルやミントは注意したい。これらのハーブは茶色になる酵素、ポリフェノールオキシダーゼ（PPO）の含有量が高く、細胞が壊れるとこの酵素が活性化する。下の表はかたいハーブとやわらかいハーブの風味を最適に保つために、それぞれ準備の仕方を示している。

種類による違い

種類によっては、バジル・ナポレターノのようにあまり変色しないタイプもある。

新鮮な生のバジル

ハーブの油胞

かたいタイプもやわらかいタイプも、ハーブの風味は葉の上にある油胞に収められた、オイルから出てくる。葉がダメージを受けると油胞が破裂して、中から香りと風味が放出される。

葉の細胞
空気が気孔を通って葉の中に入る。
葉の両側に、風味を含んだ２つのタイプの油胞がある。
葉の下側

ハーブ	準備の方法
やわらかいタイプ このタイプのハーブは風味が長持ちしないので、料理に加える前になるべく傷つけたりダメージを与えたりしないようにする。そうしないと、料理が出来上がる前に、ハーブの風味を失ってしまう。 **バジル、チャイブ、パクチー、ディル、ミント、パセリ、タラゴン（エストラゴン）**	●変色を防ぐため、最初に90℃の湯で５～15秒ほど湯通ししてから刻むとよい。これで茶色に変色する原因となる酵素を壊すことができる。しかし湯通しが長すぎるとしおれてしまうので注意。 ●刻む前にハーブを乾かす。余分なダメージを与えずに油胞を砕けるように、よく切れるナイフを使う。 ●刻んだハーブをオイルに漬ける。または、刻んだハーブをレモン汁に漬けるのも、ハーブを茶色に変える酵素のはたらきを抑える（166ページ参照）。
かたいタイプ 乾燥した環境に順応してきた、かたいタイプのハーブは、ゆっくりと風味を出していき、料理が多彩になる。 **ローレル、オレガノ、ローズマリー、セージ、タイム**	●マイルドな風味をつけたい場合は、ローズマリーやタイムなどのかたいハーブを丸ごとシチューや煮込み料理などに入れて調理し、器に盛る前にハーブを取り出す。 ●すばやく強い風味を出したいときは、葉を細かく刻めば油胞をもっと砕くことができる。

乾燥ハーブの上手な使い方

ローレル以外のハーブは、乾燥させると香りの成分がすぐに飛んでしまう

ハーブを乾燥させると香りの分子のほとんどが失われる。それは香りを含むオイルが蒸発してしまうからだ。また、それぞれのハーブの香りの成分は独特の構成をしていて、それぞれの成分が違う段階で蒸発していく。そのため乾燥ハーブは生のハーブとはかなり味が違う。

暖かい土地で育つかたいハーブは、丈夫な葉と茎が日中の熱い太陽にさらされても水分を保持できるように発達したため、やわらかいハーブに比べて乾燥に耐えることができる。葉の中にしっかり収まっている風味の分子は、乾燥しても保たれ、高い香りを料理に与えてくれる。

乾燥ハーブも、やはり時が経つと風味が損なわれていく。新鮮なハーブと同様、扱い方により乾燥ハーブの風味を最大限に生かすことができる（右記参照）。

的確な量を使う
乾燥ハーブを使うときは生のハーブの３分の１くらいの量を使う。

すりつぶす
使う前にすりつぶすと風味のオイルを中から出すことができる。

オイルを使って調理
オイルを使って調理することで、脂肪と相性のよい風味の分子を乾燥ハーブから引き出す。

保存は注意深く
光と熱は風味を落とす。密封容器に入れ、冷暗所に保管する。

自家製
もっとも風味のよい乾燥ハーブは、生のハーブを自宅のオーブンで乾燥させたもの。

乾燥ローズマリー

ハーブは調理のどの段階で入れる？

やわらかいハーブとかたいハーブ、それぞれ適切なタイミングが風味を最大限に引き出すコツ

準備と同様に、調理法もやわらかいタイプかかたいタイプかで決まる。かたいハーブはフルーティな香りのやわらかいハーブに比べて、肉料理に合うような力強い風味を持つ。葉はしっかりと丈夫で、中に含まれている油分は風味が強い。調理し始めに入れて、風味の分子がしっかりと食材の中に入っていく時間をとる。やわらかいタイプのハーブは風味がはやく消えてしまう。そのため、最後の仕上げの時点で加えるといい。または飾りのように上からふりかけてもおいしい。はやく入れすぎるとフライパンや鍋の熱で風味が壊され、お皿に盛りつけたときには香りは飛んでしまっている。

最初に入れる
ローレル、オレガノ、ローズマリー、セージ、タイム

最後に入れる
バジル、チャイブ、パクチー、ディル、ミント、パセリ、タラゴン（エストラゴン）

準備の仕方でニンニクの辛さは変わる?

ニンニクはタマネギやポロネギと同じアリウム属の仲間で、刺激のある硫黄分をたっぷり含んでいる

タマネギなどと同様に、ニンニクの細胞も傷つけられると風味を放つ。ニンニクの自己防衛機能が、硫黄を含むタンパク質を強いにおいとパンチのきいた風味の分子に変換する。ニンニクの強烈な風味をもつ物質はアリシンといって、トウガラシのカプサイシン（190~191ページ参照）と同様に、舌の熱センサーを覚醒させる。

ニンニクの辛さ

ニンニクは傷つけられたりつぶされたりするほど、多くのアリシンが出てきて、刺激がさらに強くなる。つぶしたニンニクを使う前に1分ほどそのままにしておくと、自己防衛酵素がアリシンを出し続けるため風味が増す。室温の場合、ダメージを受けたニンニクのアリシンの量は約60秒でピークに達し、その後アリシンやほかの分子はもっと複雑な風味に分解されていくため、風味は穏やかになっていく。温度が60℃以上になると、アリシンを生み出す酵素のはたらきが止まる。

口臭

ニンニクの中のアリシンは消化された後、独特のにおいのする硫黄系物質を生み出す。これが「口臭」の原因。分子が血流の中に吸収されてしまうため、このにおいを消すのは難しい。しかし、緩和させる方法はいくつかある。

こうすれば大丈夫

- 植物系の食品にはアリシンを分解する酵素をもっているものがある。例えばキノコ類、ゴボウ、バジル、ミント、ホウレンソウ、ナスなど。
- リンゴやサラダ菜は、においの分子を分解する酵素をもつ。
- 牛乳の中の脂肪はニンニクのにおいの分子を包み込む。
- 果汁の中の酸は、風味を生み出す酵素のはたらきを抑える。

ミント

長持ちする

ニンニクパウダーを密封容器に入れ、乾燥した涼しい場所に保管すれば、アリシンは何カ月も安定して保たれる。

準備による違い

準備の仕方によって、ニンニクは繊細にも強烈にもなりうる。

みじん切り

みじん切りにした場合、ダメージは最小にとどめられるので、中から出てくる汁も少ない。

- **生**　マイルドな風味なので、細かくみじん切りにしてあれば、サラダのドレッシングに最適。
- **調理したとき**　熱してもマイルドな風味のまま。デンプンが糖へと分解されるので甘味もある。

プレスする

ガーリックプレスを使えば、細長い形にニンニクを押し出すことができる。細胞へのダメージは多い。

- **生**　風味が強く、甘味もある。プレスした状態だと、料理の中にもよく広がっていく。
- **調理したとき**　ほどほどの刺激がある。水分のある状態だと焦げやすいので、オイルで軽く炒めてから液体を加えよう。

すりおろす

プレスしたときよりもっと細胞を壊すことができる。

- **生**　プレスしたときより、多少風味が強い。料理の中でよく広がる。
- **調理したとき**　加熱するとマイルドな辛さと甘味、そして強い複雑な香りが生まれる。

ピューレ

なめらかなペースト状にすると、細胞へのダメージは最大になる。

- **生**　細胞へのダメージが著しく、アリシンも増加して強い風味と辛さを生む。
- **調理したとき**　加熱すると強力な風味が一気に収まる。甘味が料理全体に広がる。

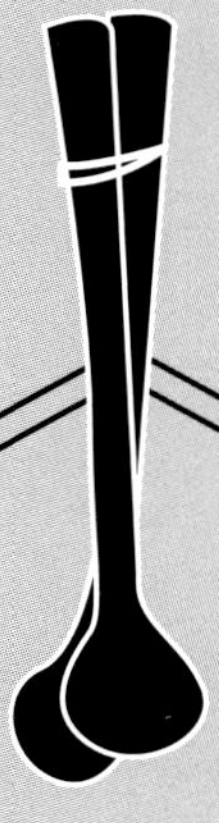

昔ながらのニンニクの保存方法は、
丸ごとのニンニクをつなげて2週間干す。
糖分と風味を含む成分は
茎から実へと移っていき、
その強い風味がいっそう増す

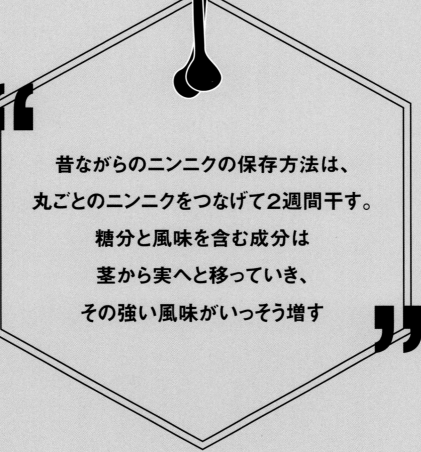

スパイスから風味を最大限に引き出す方法

ほとんどのスパイスはかたい材質でできていて、その中には香り高い風味をもつ成分が詰まっている

植物の葉を除いたほとんどの部分がスパイスになる。例えば根、木の皮、種などが、そのままでもすりつぶした状態でもスパイスとして使える。丸ごと使うスパイスは、ほとんどの場合すでに乾燥させてあり、かなりの高温で処理されていることが多い。しかし、ハーブと違って乾燥させるのはスパイスにとってよい。乾燥すると風味がさらに深まる。

植物が自らを自然から守るために頑丈《がんじょう》にした部分がスパイスとして使われるわけなので、スパイスというのはもともと丈夫な性質をもっている。ニンニクと同じように、スパイスもダメージを受けると自己防衛酵素が風味の連鎖反応を起こす。スパイスを丸ごと長時間調理するのも、細胞を分解するよい方法。高温がメイラード反応を引き起こし（16ページ参照）、深く香ばしい、ナッツのような香りを生み出してくれる。

すりつぶしたスパイスは、すでに風味の連鎖反応が始まっているので、さらに注意して扱わなければならない。下のアドバイスを参考にして、丸ごとでもすりつぶしたスパイスでも、その風味を最大限に引き出そう。

よく浸す

乾燥したマスタードシードは、水分を取り戻すと強い香りを放つ。使う前に３～４時間水に漬けるとよい。

丸ごとのスパイス

繊維質の植物組織の中に収められた風味を引き出さなければならない。

割って、砕いて、すりつぶす。これが、丸ごとのスパイスの風味を出すための、最初の仕事。

時間をかけて調理するのも、丸ごとのスパイスの風味を得るよい方法。調理の初めのほうで加えよう。

高い温度は風味を解き放ち、深める。

カルダモンシード ▶

すりつぶしたスパイス

つぶしたスパイスからは、風味がはやく逃げていく。

すりつぶしたスパイスは密封容器に保管すること。

冷暗所に保管して、風味を保持しよう。

すりつぶしたスパイスの風味反応はすでに始まっている。スパイスが調理される時間を短くするために、調理の後半で加えよう。

すりつぶしたスパイスは焦げやすいので、高温で調理するのは避けよう。

◀ すりつぶしたカルダモン

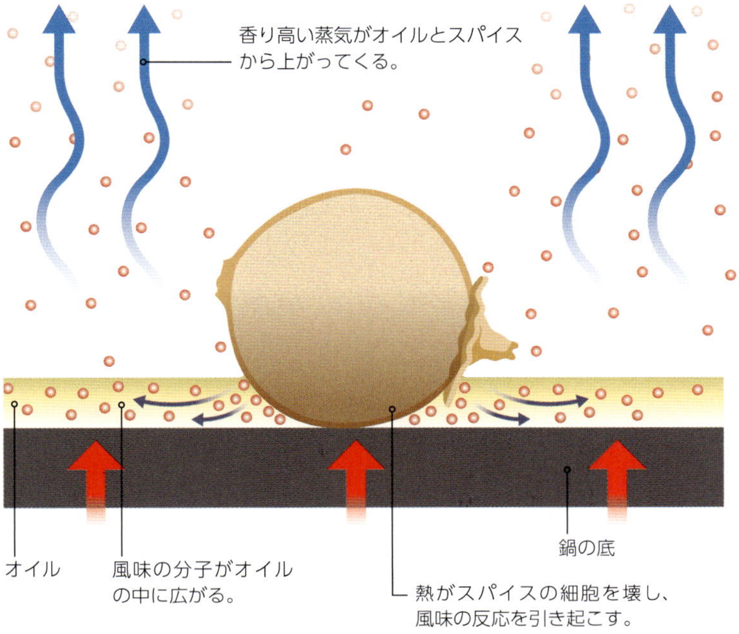
香り高い蒸気がオイルとスパイスから上がってくる。
オイル
風味の分子がオイルの中に広がる。
熱がスパイスの細胞を壊し、風味の反応を引き起こす。
鍋の底

スパイスが「風味の花」を咲かせる

最初にオイルにスパイスを入れるのはなぜ?

オイルを使うと風味が料理の中で広がる

スパイスをほかの材料を入れる前にオイルの中に入れると、熱がスパイスに平均的に伝わりやすくなるので、焦げにくくなる。しかも、スパイスがオイルの中で「風味の花」を咲かせる。風味の分子が熱の中で生まれ、オイルに溶けていく。それがオイルとスパイス両方の風味を引き立たせる（左記参照）。

ハーブと同様に、ほとんどのスパイスもその独特の風味を含んでいる成分は水よりオイルに溶けやすい。例えば、乾燥トウガラシを93℃のオイルの中で20分間熱すると、水の中で調理したときの2倍もカプサイシンが放出される。

サフランはなぜあんなに高価なのか?

本物のサフランは干し草のような香りの中に、シナモンとジャスミンがほのかに漂うスパイス

細くて濃い赤色をしたサフランの糸は、サフランの花柱である。手で１本ずつ摘み取られるのだが、ひとつの花からわずか３本しかとれない。450gを得るためには10万～25万本の花が必要で、200時間もの労働時間を要する。

サフランには、風味を含む成分が150種類以上も入っている。ふつうの調理にはターメリックを使えば黄色の代用になるが、風味がやや渋いのでスイーツには使えない。スパイスにしては珍しく、サフランの風味分子はオイルより水のほうが溶けやすい。サフランを20分ぐらい水に浸して水分を取り戻してやると、風味が高まる。

“**サフラン**には、風味を含む成分が**150**種類以上も入っている。それがサフランを**特別**なスパイスにしている”

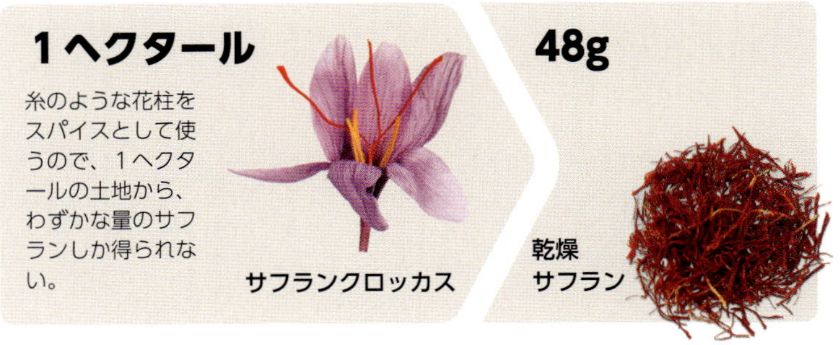
１ヘクタール
糸のような花柱をスパイスとして使うので、１ヘクタールの土地から、わずかな量のサフランしか得られない。
サフランクロッカス
48g
乾燥サフラン

１ヘクタール
ターメリックは根茎を乾燥させ、すりおろしてスパイスにする。１ヘクタールの土地からかなりの量が得られる。
ターメリックの根茎
2～3 t
乾燥ターメリック

フォーカス：トウガラシ

トウガラシの主成分はカプサイシンという毒性のある物質で、これに触れると焼けるような感覚がする。しかし、少量を使えばおいしい辛味を出してくれる

カプサイシンはトウガラシ属の植物が自分を守るために発達させた成分で、ほとんどの哺乳類を撃退することができる。しかし、人類は少なくとも過去6,000年にわたってトウガラシを料理に取り入れてきた。カプサイシン自体は何の味もにおいもないが、口の中に入ったとき、口と舌の神経に直接付着して、痛みを発生させる。そのはたらきに脳がだまされて「熱い」と感じる（190ページ参照）。それにもかかわらず、トウガラシは人気のあるスパイスだ。

トウガラシは種がいちばん辛いと思われているが実は間違いで、種にはほとんど辛さはない。トウガラシの実の部分もそれほど辛くはない。カプサイシンは実の中心にある、クリーム色のやわらかい胎座と呼ばれる部分（右ページ参照）で作られている。調理時に種を取り除くと辛さが減ると考えられているが、種と一緒に胎座を取り除くことで辛さが抑えられている。

サイエンス

辛さの成分であるカプサイシンは、オイルによく溶けるが、水には溶けにくい。

調理

トウガラシをオイルか脂肪分を含むソースで調理すると、風味が料理によく広がる。

渋い味

種を取り除いても辛さを軽減することはできないが、種は渋みのある成分を含んでいる。

トウガラシとタマネギで風味をつける。
生のトウガラシ
柄
皮
皮にはほとんど風味はない。ローストするとすぐに茶色になり、焦げやすい。

トウガラシを知ろう

トウガラシの辛さの度合いを測る方法でもっともよく知られているのは、SHUという単位を使って測るスコヴィル値である。種類によって、その辛さの度合いはさまざま。下記は、世界中で好まれているトウガラシの種類。

スコヴィル値

10万〜35万SHU
直径2〜3㎝

スコッチボンネット

非常に辛いが、風味には甘味もある。シチューやカレーに丸ごと入れて使うとよい。実をつぶすと辛すぎるので注意。

10万〜35万SHU
長さ4〜8㎝

バーズアイ

小さいがとても辛い。微妙な風味がかんきつ系の果物やココナッツに合うので、タイ料理によく使われる。

5万〜10万SHU
長さ8〜10㎝

ピリピリ

現在はアフリカ産が主流だが、もとは南米が原産地。ピリピリソースはポルトガルが発祥の地。

果肉
少し水分を含むトウガラシの果肉の部分は、カリッとした食感。
種
白くて風味がない。種にはカプサイシンがほとんどない。
胎座
火のように辛いカプサイシンは、白い胎座の中に、小さな小滴の形で作られ保存される。
バーズアイ
「チポトレ」はハラペーニョを燻製にして乾燥させたもの。

乾燥させたトウガラシ

サイエンス

トウガラシを乾燥させると風味が濃縮し、土の香りや木の実の香りのする複雑な風味をもたらす。

調理

柄と種を取り除き、皮が膨らんでくるまで焼く。その後、ソースに浸したり混ぜたりする。

3万～5万SHU
長さ5～8㎝

アヒ・リモ

このペルー産のトウガラシはかんきつ系のような味がするため、レモンドロップと呼ばれることもある。肉料理やシチューによく合う。

1万～2万5,000SHU
長さ3～5㎝

セラーノ

鮮烈で新鮮な風味なので、生のまま食べたり冷やして食べる料理に入れたりすることが多い。燻製にしたりローストしたりすると風味がいっそう高まる。メキシコ料理の重要な材料。

3,500～1万SHU
長さ5～8㎝

ハラペーニョ

温度の違いで風味に多様性が出る。メキシコ料理ではこれを燻製にし、乾燥させた「チポトレ」と呼ばれる香辛料にして使う。

1,500～2,500SHU
直径2～3㎝

カスカベル

丸くて小さく、木の実のような風味と甘さをもつ。牛、豚、鶏、魚によく合い、焼いてソースやシチューに使われることが多い。

100～500SHU
長さ8～10㎝

ピミエント（ピメント）

ほかのトウガラシよりマイルドなピミエントは、スペインで人気がある。甘くて肉厚で、香りが高い。中に詰め物をした料理によく使われる。

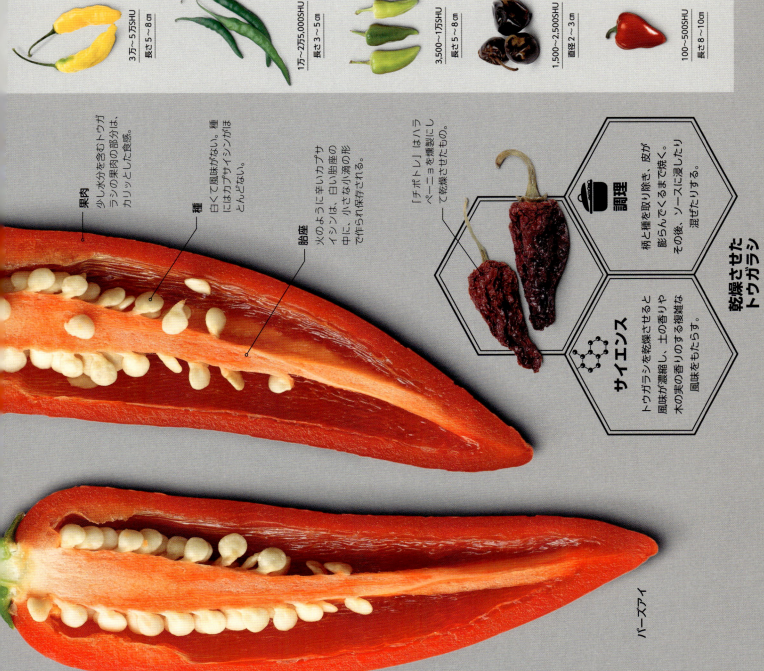

料理の辛味を抑えるには？

調理中にトウガラシの辛味を抑えるのは難しいが、方法はいくつかある

カプサイシンの分子が作り出す燃えるような辛さを、トウガラシから取り除くのは難しい。入れすぎないようにしよう。生でも乾燥させたものでも、丸ごとでも刻んだものでも、一回に入れる量を少なくし、味見をしてみる。必要であれば、また少し足すようにする（料理が冷めると辛さはやわらぐ）。もし調理中にトウガラシを入れすぎてしまった場合、辛さを抑えたり、辛さを紛らわせることができる材料がたくさんある（下記参照）。トウガラシの辛さはほかの味より効き目を出し始めるのが遅いため、舌が辛さを感じるまでに、多少の時間がかかる。

水または野菜

水か野菜をソースに足すと、カプサイシンの分子が広い範囲に広がり、辛さを分散させることができる。

クリームまたはヨーグルト

乳化剤のようなカゼインタンパク質で覆われている乳製品の脂肪球は、カプサイシンの分子を吸収してくれる。

塩を抑える

塩には舌の辛さに対する感度を高めるはたらきがあるので、トウガラシの辛さが増してしまう。

ハチミツまたは砂糖

ハチミツや砂糖のように甘い材料は、舌の辛さに対する感度を弱めるため、トウガラシの辛さのバランスをとることができる。

酸を避ける

酢やかんきつ系の果汁などの酸性食品は、舌の辛さに対する感覚を覚醒させる。アルカリ性のベーキングソーダ（重曹）を足して辛さを軽減させよう。

辛味をやわらげる方法は？

科学に基づいた方法でトウガラシの辛味を軽減させる

トウガラシから感じる「辛い」という感覚はカプサイシンによるもので、痛みを感じる神経の、熱を感知する部分に付着するというタチの悪い物質だ。脳にとって実際の熱を感じることと、トウガラシの「辛さ」はまったく同じ感覚である。辛さ対策にアルコール類や炭酸飲料を飲むのは、逆効果。辛くてどうしようもない場合、それをやわらげる方法がいくつかある（下記参照）。いちばんよいのは時間が経つのを待つこと。ほとんどの場合、辛味や熱は３分経てば緩和し、15分後には完全になくなる。

トウガラシの辛さをやわらげる方法

氷

トウガラシを食べすぎた場合は、氷を１個か２個口の中に入れると、氷の冷たさが脳を混乱させ、トウガラシが起こす熱のような感覚を忘れさせてくれる。

牛乳やヨーグルト

牛乳やヨーグルトの脂肪とカゼインタンパク質はカプサイシンを吸収して、痛み受容器官に辛味の分子がそれ以上付着することを防ぐ。さらに冷蔵庫で冷やしてあればその冷たさとなめらかな食感も、舌を癒やしてくれる。

ミント

カプサイシンが口の中の熱感知器官を刺激するように、ミントの中のメンソールは冷たさの感知器官を刺激する。ミントの葉をかむか、ミントをヨーグルトサラダの中に入れると、トウガラシの辛さに対抗できる。

効果なし

炭酸飲料とビールは舌を余計に刺激するので、トウガラシの辛さを軽減するのには役に立たない。

42℃

舌の熱と**痛みの感知器官**がはたらきだす温度。

“脳にとって**実際の熱**を感じることと、**トウガラシの辛さ**はまったく同じ感覚である”

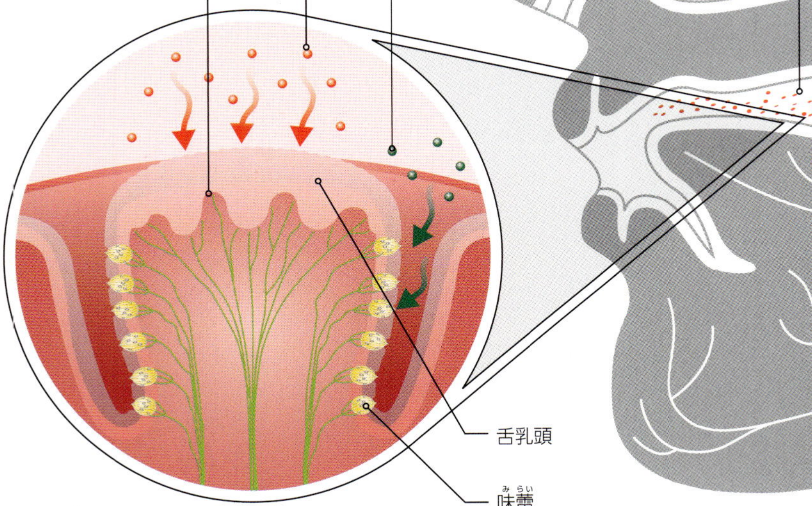

#1 舌の上のカプサイシンの効果

トウガラシの辛味を作るカプサイシンは、舌の中の痛みを感じる神経の上にある、熱感知器官に付着して辛味を感じさせる。このセンサーは通常、温度が42℃以上ではたらき始めるので、神経と脳はカプサイシンを高温の熱として察知する。

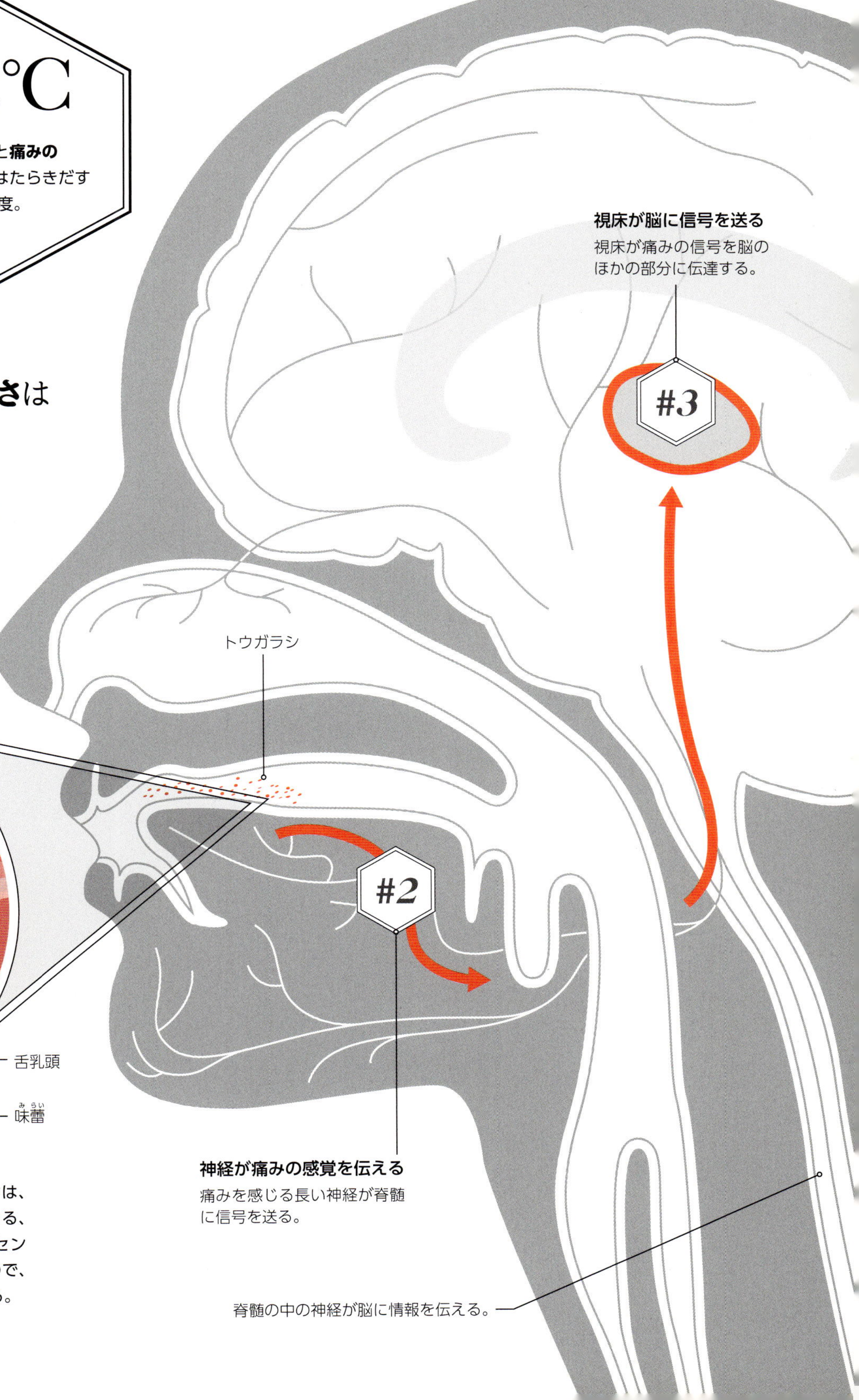

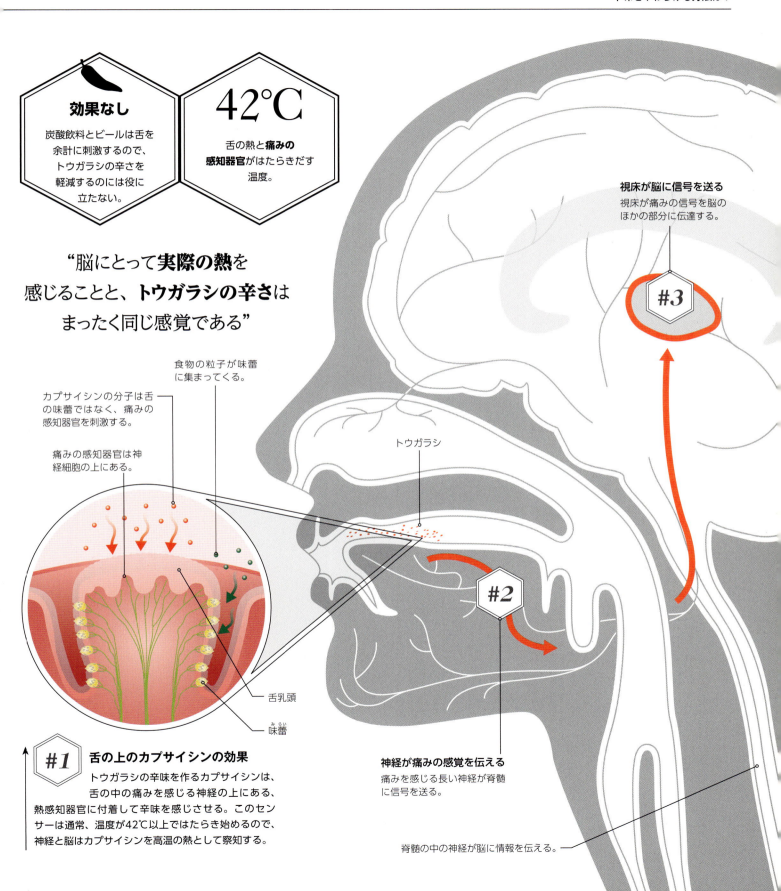

フォーカス：オイルと脂肪

オイルと脂肪はほかの材料からの風味を取り込むとともに、それ自身の風味ももっている。それだけでひとつの材料である

オイルは基本的に植物性で、室温のときには液体だ。脂肪は動物性で、室温のときには固体だ。オイルには通常、オメガ３とオメガ６の不飽和脂肪酸が含まれている。一方、動物性の飽和脂肪酸はコレステロールを上げることがある。両方とも食材の風味と食感を引き立たせてくれる。ハーブやスパイスの風味分子はオイルに容易に溶けるので、風味が料理全体に広がっていく。オイルは香りを放つ成分と相性がよく、トウガラシ、レモン、ローズマリー、バジルなどの香りがオイルに溶け込んでいく。さらなる利点は、水と違ってオイルと脂肪は高温で食材を調理できるということだが、注意も必要。沸点に達する前に、分子が引き裂かれ、オイルや脂肪は分解されて黒ずんでしまう。これは「発煙点」と呼ばれ（右記参照）、いやなにおいを放ち、ひどい味になる。薄い青っぽい煙が出てきたら、すぐにフライパンを火からおろそう。

サイエンス
オイルは食材の表面に
風味の分子を運び、
熱を効率的に伝達する。
調理
オイルは食材と金属の間の
潤滑油となり、食材がフライ
パンや鍋の底にくっついて
形がくずれるのを
防ぐ。
オイル
風味の溶解
オイルは熱くなると食材に含まれる
風味の分子を溶け込ませる。そして
風味が料理全体に広がっていく。

オイルと脂肪を知ろう

未精製のオイルにはミネラル、酵素、風味に富んだ不純物が含まれ、焦げやすい性質がある。すべてのオイルと脂肪はそれぞれ違う温度で焦げ、それを「発煙点」という。好みの調理方法に合わせてオイルや脂肪を選べるように、それぞれの発煙点を知っておこう。

オイル類

発煙点：160℃
脂肪分：100g中91.5g

エクストラバージンオリーブオイル

濃厚で風味の豊かなオイルで、発煙点は低い。炒め物には向かないが、食材の上からかけたり、ドレッシングのベースにするのに最適。

発煙点：200℃
脂肪分：100g中91.5g

オリーブオイル

バージンオリーブオイルより、使い方に幅がある。調理用のオリーブオイル（バージンオイルと精製したオイルを混ぜたもの）は発煙点が高いので、炒め物などに使って食材にマイルドなオリーブの風味をつけることができる。

発煙点：205℃
脂肪分：100g中91.7g

キャノーラ油（菜種油）

何にでも使えるオイルで、土とナッツのような風味。しかし、精製度が高いキャノーラ油は風味に欠ける。発煙点が高いので、炒め物やローストに向いている。

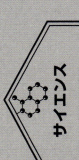

風味を高める
質のよいオリーブオイルは、フルーティでコショウのような、草や花の香りのする複雑な風味をもたらす。

最適な保存法
オリーブオイルはグリーンか暗い色のガラス瓶に入れておくと、紫外線を避けることができ、脂肪分子の分解による味の劣化を防ぐことができる。

エクストラバージン
オリーブオイル

バター

サイエンス

脂肪の中のタンパク質とその他の物質は、熱に反応してすばやくこんがりした色になり、新たな香りを生み出す。

バターを加える
バターは風味と食感を高める。ペイストリーの生地はさくっとした食感になる。

調理

ソース、ペイストリー、ケーキなどの風味と食感を豊かにするために加えるのが、飽和脂肪酸の最適な使い方。

ピーナッツオイル

発煙点：230℃
脂肪分：100g中91.4g

発煙点が高いので、高温で炒め物をするのに最適。ナッツ類のオイルにしては珍しく、マイルドなナッツの香りが持続し、調理後にも残っている。

ココナッツオイル

発煙点：175℃
脂肪分：100g中97.3g

最近人気の重厚なオイル。低い温度のときは固体だが、室温より少し高い温度で液体に戻る。未精製のココナッツオイルは、炒め物に使うと煙がかなり出ることもある。

飽和脂肪酸

バター

発煙点：175℃
脂肪分：100g中82.9g

ソースや、ケーキ、ペイストリーなどに使えば、ほかと比べものにならないほどの風味が生まれる。水分が最大で16％あり、発煙点が低いため高温での炒め物には向かない。

ギー

発煙点：230℃
脂肪分：100g中100g

ナッツのような風味をもつギーは、インド料理に広く使われている。「澄んだ」バターを作るために、水分を除いてある。発煙点が高いので炒め物に適している。

ラードとヘット

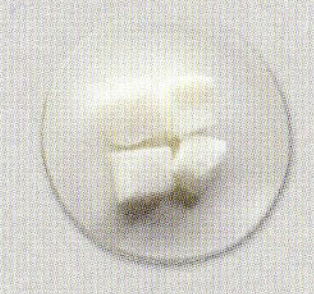

ラード185℃
ヘット205℃
脂肪分：100g中98.8g

豚の脂肪であるラードと、牛の脂肪であるヘットは、室温で固形の状態。とても安定していて、揚げ物用に繰り返し使用可能。

オリーブオイルの品質の違い

「エクストラバージン」とは高い品質を意味するが、「コールドプレス」や「初搾《はつしぼ》り」とは何なのだろうか

オリーブは収穫されると、すりつぶされて黄褐色のペースト状になる。昔ながらの製法では、麻のマットをペーストに浸し、マットを圧搾してオイルを搾り出した。現在ではほとんどの場合、ペーストを遠心分離機に入れて搾油している。はやく、しかも空気との接触が少ないので、一般的に品質がよい。ペーストを温めると搾油がしやすくなるが、香りが熱で蒸発して風味が損なわれ、劣化もはやくなる。「コールドプレス」または「コールド搾油」というラベルが貼ってあれば、オイルが27℃以上に熱せられていないという意味で、評価が高い。また、確かな質を求める場合は「バージン」と表記されているものを選ぼう。これはオリーブを圧搾するか遠心分離機に入れて搾油した「初搾り」のオイルで、最高の質である。損傷によって、もしくは処理方法がよくなかったために脂肪分子が脂肪酸に分解されてしまった場合、その度合いは酸性度でわかる。最高品質のバージンオイルは、酸性度が低い（下記参照）。

エクストラバージン
オリーブオイル
すばらしい風味をもったオリーブオイル。「エクストラ」と呼ばれるには、酸性度が0.8%以下でなければいけない。

バージン
オリーブオイル
国際的な基本的味覚基準を満たさなければならない。酸性度は1.5%以下のものが良質。

オリーブオイル
「バージン」より下の品質のオイル。精製されたものが多い。精製されたオイルは風味に欠けるが高い温度に耐えることができる。

“**バージンオリーブオイル**とは、
オリーブを圧搾するか
遠心分離機に入れて最高の
質のオイルを**搾油**した、
初搾りオイルのこと。
同じオリーブから２度目に
搾油したオイルは
バージンオイルとは言えない”

もっとも風味の高い
バージンオイルを見分けるには？

風味があって、新鮮で、フルーティな最高のオイルを見分けるのは簡単なことではない。深緑や金色のような色がよいかというと、そうでもない。最高品質のオイルの中には明るい色のものもある。収穫日が過去12カ月以内のものなら新鮮だ。賞味期限が２年以内のものもよい。フィルターにかけられていないオイルには沈殿物があるかもしれないが、だからといって風味がよいわけでもなく、劣化するのがはやいかもしれない。

オリーブオイルの最適な保存方法

未精製のオイルは風味がデリケートなので、ワインのように、注意深く保存しないと劣化し、カビ臭くなる

熱、光、空気によりオイルの風味は損なわれる。全体的な数は少ないが、オイルの香り分子は嗅覚に強い影響力をもつ。このオイルの香りは搾った果実、種、ナッツに由来する。オイルの風味は新鮮な状態がベストで、年月を経ることで深まったり向上したりするものではない。オイルを保存するときには、その香りをどれだけ長く保存できるかがカギとなる。

酸素はオイルの大敵なので、オイルは常に密封容器に保存しよう。熱は風味の衰えをはやめ、光は未精製のオイルの中の繊細な分子を壊してしまう。魅力的な緑色のオリーブオイルは葉緑素をたっぷり含んでいる。葉緑素は太陽のエネルギーを吸収する力が強く、そのため緑色のオリーブオイルは劣化がはやい傾向にある。密封容器に入れて涼しい場所に保管していても、強い紫外線などの太陽光線によって、酸化を引き起こしてしまう（下記参照）。

アドバイス

窒素やアルゴンなどの、不活性ガスの気泡がボトルの上部に充てんされた製品は、長く保存できる。

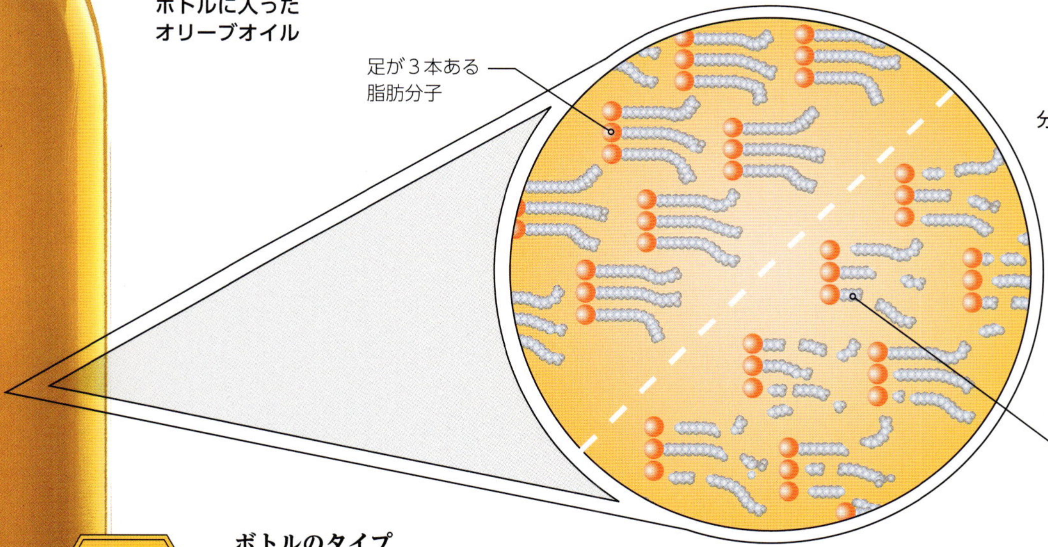
ボトルに入った
オリーブオイル
足が３本ある
脂肪分子
酸化すると３本の足
は分解して劣化した
風味を作り出す。

オイルの分子構造

分子レベルにおいてオイルはほとんど、３本足の脂肪分子トリアシルグリセロールでできている。酸素、光、熱はこの足を折り、それぞれの足は敏感な脂肪酸に変化して、連鎖反応を起こす。それが劣化した風味を作り出す。これを酸化と呼ぶ。

ボトルのタイプ

ボトルは暗い色ほどよい。濃い茶色は緑色のボトルより光をよく遮る。プラスチックは少しずつ空気を通してしまうので、ガラス製のほうがよい。

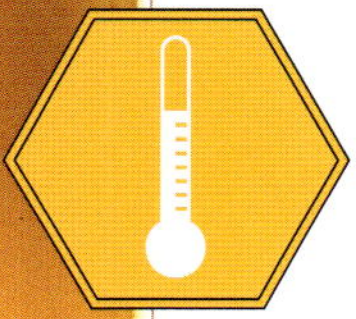

温度

熱は風味を損なう反応をはやめる。オイルは熱と日光を避けて保存しよう。

空気に触れる

酸素はオイルの風味を損ねる。オイルは常に密封容器に入れよう。

豆知識

冷やすと長持ちするオイルもある

高温はオイルの品質にとって大敵だ。しかし、オイルのタイプによっては温度が低ければばいいというわけではない。

- 未精製のオイル（バージンオイルとエクストラバージン）を保存するのに最適な温度は14〜15℃。室温より低いが冷蔵庫より高い。オリーブオイルは冷やしたほうがいいというわけではない。温度が低くなると、光に耐性のある安定した脂肪がかたまり、より繊細で壊れやすいトリアシルグリセロールの分子が液体となって残るからだ。
- 精製された調理用オイルはフィルターにかけられた時点で、不純物とともに風味もほとんど取り除かれている。保存期間は長い。ほかのオイルと違い、ナッツオイルとシードオイルは冷蔵庫に入れると濁ってかたまるが、保存期間は長くなる。

油で揚げるとはやく調理できるわけ

揚げ物は時間のないときには重宝な調理法

揚げ物は、もっともはやい調理法の部類に含まれる。オイルは水よりはやく高い温度に達するので、水を使う調理法よりもはやく調理できる。水が100℃で沸騰するのに対し、揚げ物では、温度が平均175~230℃に達する。オイルは水より効果的に熱を食材に伝達できるので、オーブンより効率的。

風味を求める

オイルの中で調理するのは、はやさと熱のためだけではない。衣があってもなくても、揚げている材料の表面温度が140℃に達すると、メイラード反応が起こり、こんがりとした色がつく。そして風味が生まれ、表面もカリッとしてくる。165℃に達すると、食材の中の糖分がカラメル化し、さらに複雑な風味を生み出す。オイル自身も微妙な風味を食材に加える。バターはもっとも風味のある脂肪だが、揚げ物には発煙点の高いオイルを使うとよい。そのほうがメイラード反応に必要な温度にオイルが達しやすく、焦げつくことなく、こんがりさせたり、カラメル化させることができる。

二度揚げする

ポテトフライは通常、160℃で揚げた後、190℃でもう一度揚げる。そうすると表面がカラッと仕上がる。

調理時間の比較

これは鶏1羽を調理したときのそれぞれの時間を示している。温度が100℃以上になる前に鶏肉の表面から水分が蒸発し、焼き色がついてくる。

鶏1羽の調理時間
25分
40分
90分
90~120分
揚げた場合
圧力鍋使用
ゆでた場合
オーブン使用

なぜ揚げ物は健康によくないか?

揚げ物のとりすぎは体によくないことは知られている。しかし健康へのリスクを減らす方法がある

間違いなく、揚げ物はほかの方法で調理した場合よりもカロリーが高くなる。それは調理中、オイルが食品の表面にとどまり、それが食品の中へと浸透していくからだ。脂肪が悪いというわけではないが、とりすぎれば確実にウエストのサイズに影響する。脂肪が含むカロリーはタンパク質や炭水化物の2倍である。高温で熱された蒸気は、食材が熱いオイルの中で調理されている間にすばやく出ていくので（76~77ページ参照）、調理中に食材の中へと浸透するオイルの量は限られている。食材に浸透するオイルの80%は、食材を揚げ物の鍋から出した後に浸透していく。キッチンペーパーなどを使って、すぐに余分なオイルを取り除くのは、よい方法だ。カロリーのことは別としても、オイルが熱すぎるとやはり体によくない。もしオイルが青っぽい煙を出し始めたら、それは発煙点に達したということで、有害な劣化した風味を生み出す成分が作られ始めているということ。揚げ物には発煙点の高いオイル（192~193ページ参照）を選ぼう。なるべく健康的なオイルを選び、注意して熱するようにしよう。

カロリーの計算

大さじ1杯のオイルは120kcal。なるべく少ないオイルで熱しすぎないように調理しよう。

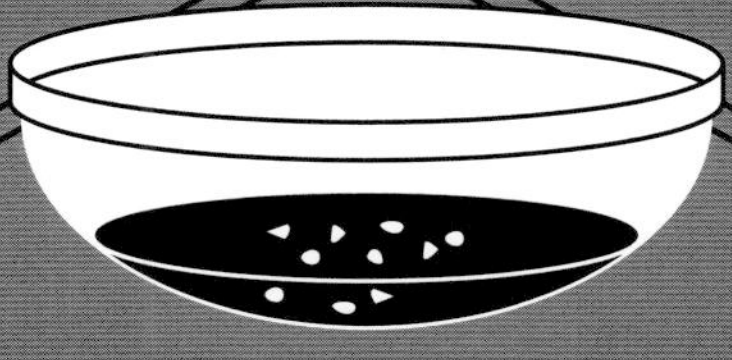

一度使ったオイルは
マイルドになり、風味が増す。
揚げ物の味も風味豊かになる。
脂肪が酸化しすぎるとオイルは
劣化するので、その場合は
破棄する

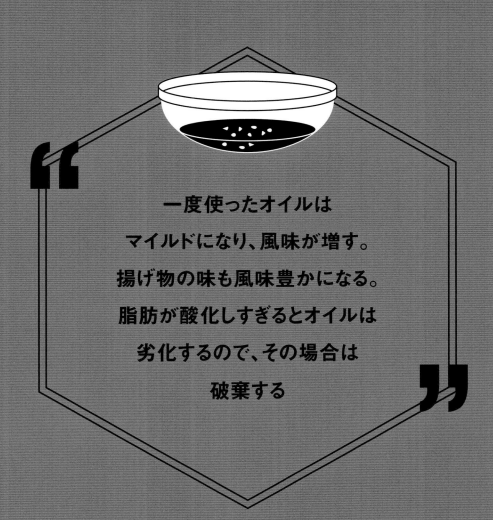

アルコールは食材の味を高める？

アルコールには人を酔わせる効果はもちろんだが、食材に風味を加えるという重要な役目がある

ワイン、ビール、シードルはシチュー、ソース、デザートの風味を高めるが、これはアルコールの影響だけではない。糖分からは甘味が、酸からは刺激が、そして食材と反応し合うことによって生まれるアミノ酸からはうま味が出てくる。

注意深く調理する

アルコール飲料はゆっくりと煮ていかないと、繊細な香りの分子がすぐに蒸発してしまい、あまりおいしくない味が凝縮して酸味の強い部分だけが残ることになる。ワインを長く煮すぎると、タンニンから苦味が出てくる。タンニンとは寄生虫を避けるために果物が作り出す物質。そのためビンテージワインを調理に使うのはやめよう。独特な味は、ほかの材料の中に蒸発してしまう。右の表を見て、アルコールと食材の組み合わせを考えてみよう。

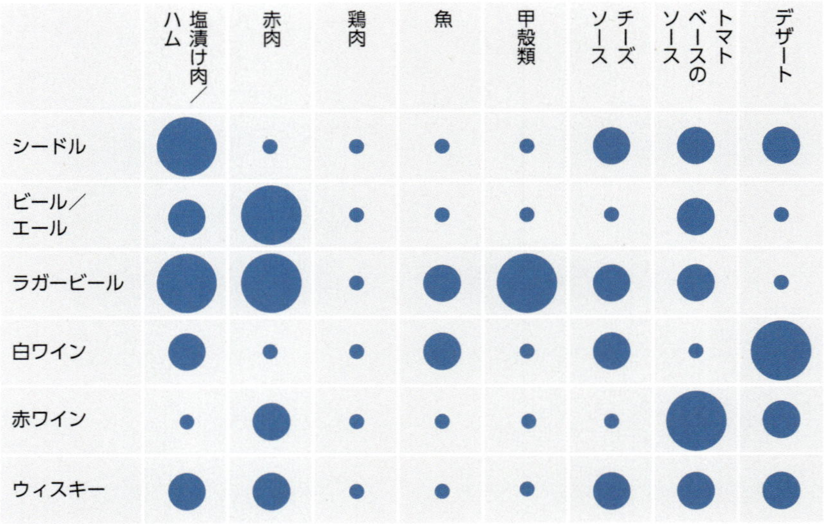

塩漬け肉／ハム
赤肉
鶏肉
魚
甲殻類
チーズソース
トマトベースのソース
デザート
シードル
ビール／エール
ラガービール
白ワイン
赤ワイン
ウィスキー

アルコールを使って調理する

上の表は、どの食品とどのアルコールを組み合わせて調理するとよいかを示している。円が大きいほど相性がいい。

30%

食材をフランベするのに最低限必要なアルコール度数。

燃えない

ワインとビールは、燃焼させるのにじゅうぶんなアルコール分を気体として発しないので、フランベできない。

フランベをすると何が起きるの？

フランベは料理を華やかに盛り上げる方法だ

フランベは見た目に派手だが、やり方は意外に簡単。常温または温かい高アルコール度の酒類を入れたフライパンを、調理器具の火のほうに傾けるか、あるいは点火器具を使って火をつける。燃えるのは液体ではなく、蒸発するアルコールの蒸気だ。青っぽい炎の先が煙を吸い込むようにして、料理の上に浮かぶ。

フライパンの中のソースは、アルコールを加える前になるべく減らしておこう。アルコール度数が30%以下だと火がつきにくい。アルコールの蒸気はすぐに上昇するので、髪の毛や衣類の袖に引火しないように気をつけよう。炎が燃え上がったときのために、大きめの金属製のふたを用意しておこう。

味への影響は？

味の点では、フランベをしてもあまり変わらない。炎の温度は260℃に達することがあり、これは食材の表面に焼き色をつけ風味を加えるのにじゅうぶんな温度だが、実際には熱のほとんどは食材の表面より上に行ってしまう。ブラインドテストをしてみると、炎が味を向上させることはまったくないということがわかった。多くのシェフはフランベを調理というより、ショーのような感覚で行っていて、それによって食欲をさらにそそり、人々の目を楽しませている。

調理するとアルコールは蒸発する？

調理すればするほど、アルコールは蒸発するが、ずっと残る分もある

アルコールは簡単に香りの分子を溶かし、それを解き放って風味を高める。しかしアルコールが強すぎる場合（料理の割合に対し１％以上）、煮込んだり水を加えたりする必要がある。アルコールの苦味が味覚に強く影響し、ほかの風味を封じてしまうからだ。また、アルコールは痛みを感知する器官も目覚めさせてしまうので、じゅうぶん注意して使おう。

残っているアルコールの量は？

調理はアルコールを蒸発させるが、長時間にわたって調理してもなおアルコールは料理に残っている。

アルコールを料理から取り除くには忍耐《にんたい》が必要。２時間調理しても、まだソースの中には10％ほどのアルコールが残っている。調理にアルコールを使うときにはこのことに注意しよう。

“**調理**はアルコールを
蒸発させるが、
長時間にわたって調理しても
なお**アルコール**は料理に
残っている”

料理の常識

《ウワサ》
フランベはアルコール分をすべて飛ばす

《ホント》
フランベではアルコール分をすべて飛ばすことはない。フライパンの上の空気中に濃縮されたアルコール分が３％以下に落ちると、火は消えてしまう。このとき、３分の２以上のアルコール分がフライパンの中にまだ残っている。

調理中に残るアルコール分

下の図は、一定の時間、焼いたり煮込んだりした後に、料理に残されたアルコールの割合を示している。15分間の調理後には約60％のアルコールが蒸発し、１時間後には25％が残っている。２時間半調理した後でも、まだ少しアルコールは残っている。

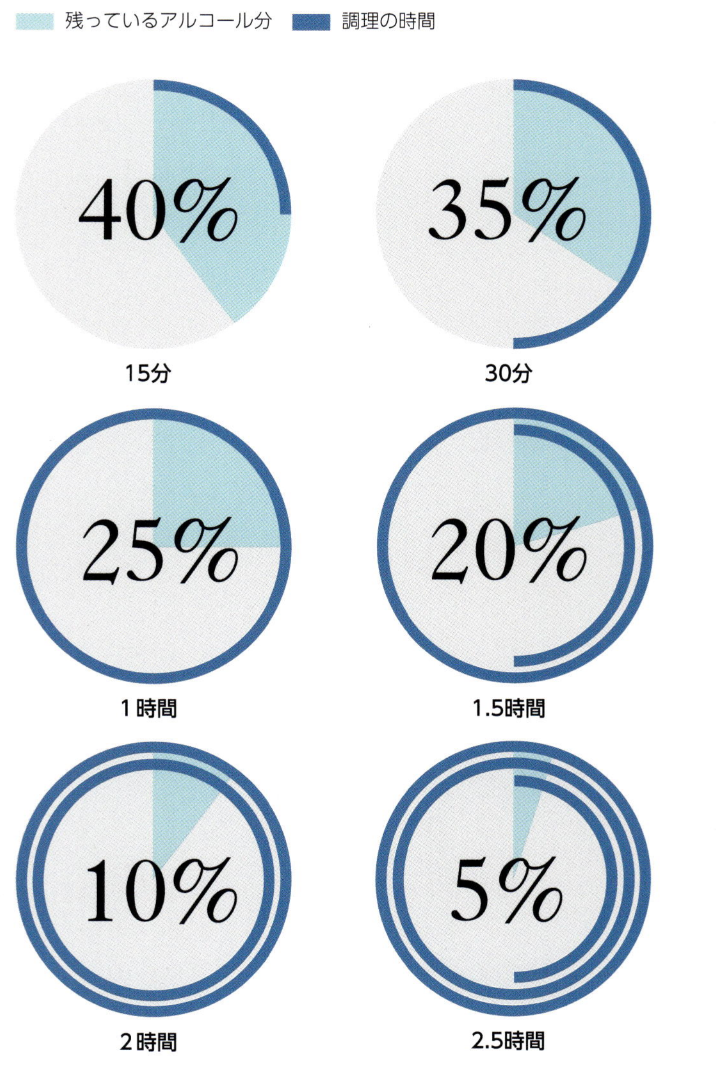
残っているアルコール分
調理の時間
40%
15分
35%
30分
25%
１時間
20%
1.5時間
10%
２時間
5%
2.5時間

ドレッシングの分離を防ぐには？

オイルと酢の分子はどうしても分離してしまう。この2つをつなぐには、もうひとつの要素が必要になる

オリーブオイルとバルサミコ酢を混ぜると、濁った小さな液体の粒が集まった泡ができ、数分はそのままでいるが、すぐにオイルが分離してしまう。分子レベルで見ると水分子には極がある。水には不均衡な電荷があるからだ。ブーメランのような形をしている水分子は両端に小さな正《せい》電《でん》荷《か》があり、真ん中には負《ふ》電《でん》荷《か》がある。水分子は負電荷が近くの分子の正電荷に近づくので、お互いにくっつき合う。オイルのように極のない物質は、引きつけ合う力がないので、表面に浮いてくる。乳化剤を加えることで、脂肪と水がつながれ、この２つの要素がひとつとなる。マスタードシードは、ドロッとした粘液状の乳化剤を含んでいる。240mlのヴィネグレット（オイルと酢を３：１の割合で混ぜたもの）の中に、大さじ１杯のマスタードを入れるだけでじゅうぶんにドレッシングのつなぎとなり、サラダの葉にしっかりからむ。

おまけに

乳化剤を混ぜると、オイルがサラダの葉に浸透するのを防ぎ、葉の色が暗い色に変わらず、新鮮に保たれる。

バルサミコ酢のグレードの違い

千年の歳月をかけてバルサミコ酢は、黒くて甘い、リッチな調味料として作り上げられてきた

バルサミコ酢は、特別な製造法を用いてブドウ液から作られる。白ワインなどを使った酢は、アルコール飲料とアルコールを消化して酸を作り出すバクテリアを混ぜて作られる。酸性化というプロセスだ。バルサミコ酢の場合は、ブドウ液を発酵させると同時に酸性化させて作っていくので、ほかの酢とはまったく違う調味料に仕上がる。本当のバルサミコ酢は北イタリアのエミリア・ロマーニャ産だが、なかには違うものもある。安い種類のバルサミコ酢は、風味に欠ける。トップの品質のバルサミコ酢にはDOP(Denominazione di Origine Protetta)のスタンプが押されている。IGP(Indicazione Geografica Protetta)とConsorzio di Balsamico Condimentoも、イタリアのバルサミコ酢の規制組織が与えている認証ラベルである。

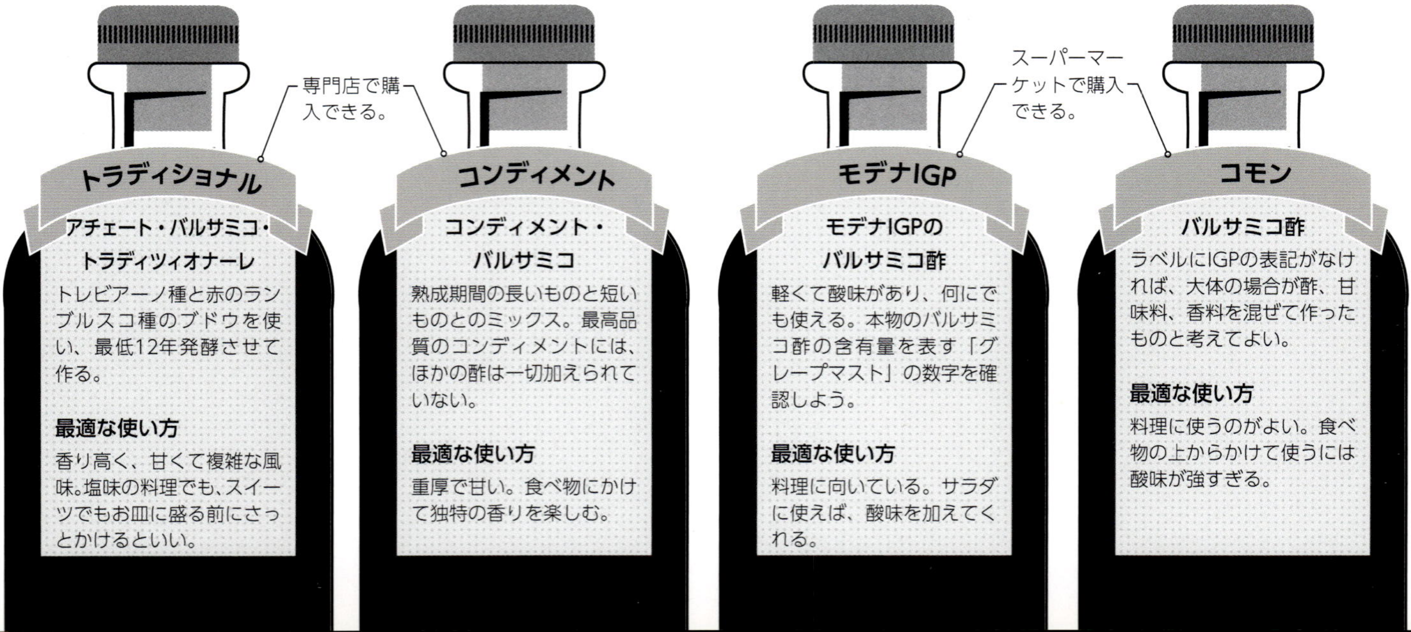

伝統的なバルサミコ酢を作るには、
ブドウ果汁をカラメル状のシロップにして、
樽の中で寝かせた酢の中に注いでいく。
樽の内側は焼いてあるため、
そこから香ばしさと黒っぽい
色がにじみ出てくる

フォーカス：塩

調味料の中で、塩ほど重要なものはない。ひとつまみの塩が風味を高め、料理を変身させる

人間の体は塩分を求める。それは体の機能を維持するために、塩分が必要不可欠だからだ。しかし、塩分をとりすぎると高血圧症につながるので、塩分の摂取量をコントロールすることが重要。塩には独特の味がある。そして、塩は苦味を消したり、甘味やうま味を強調したりして、ほかの味に対しても影響を与える。実際、デザートを作るときに甘味をより強く感じさせるため、塩を入れることがよくある。風味を強調する役目のほかにも、調理上の特別な役目がある。パンの生地に塩を足すとグルテンの形成を助け、強い生地になり、焼けたときにふっくらと大きくなる。肉や魚の表面の水分を出すことで乾燥させカリッと仕上げる。塩水に漬けることで肉をジューシーに仕上げる。あらゆる種類の食品を保存する。精製塩と未精製塩の違いは、その質感である（右記参照）。

塩を知ろう

塩はナトリウムと塩素という２つの構成要素からなる、塩化ナトリウムというミネラルである。塩は海または大地から採取され、さまざまな種類がある。精製塩は細かな粒状で、かたまるのを防ぐために、凝固防止剤が加えられることもある。未精製塩は粒が大きくて、粗い結晶である。ほとんどの塩は何にでも使えるが、中には肉にすり込むなど、特定の用途に適しているタイプもある。

精製塩

結晶の大きさ：細かい（0.3mm）

顆粒状の食卓塩

小粒で密度が高いので、食品の上に均等にふりかけることができる。調理の前やオーブン料理のときなど、肉にすり込むのに適している。凝固防止剤が入っているため、ソースが濁ることがある。

結晶の大きさ：細かい（0.3mm）

ヨウ素添加塩

国によっては甲状腺疾患を防ぐためや脳の発達を促すために、ヨウ素が添加されているものがある（日本ではヨウ素は添加物として認められていない）。

塩の形

未精製の粗い塩は結晶の形が不揃いだが、精製塩の場合は立方体の形に整えられている。

サイエンス

細かくて、形の整えられている精製塩は、水に溶けやすく広がりやすい。

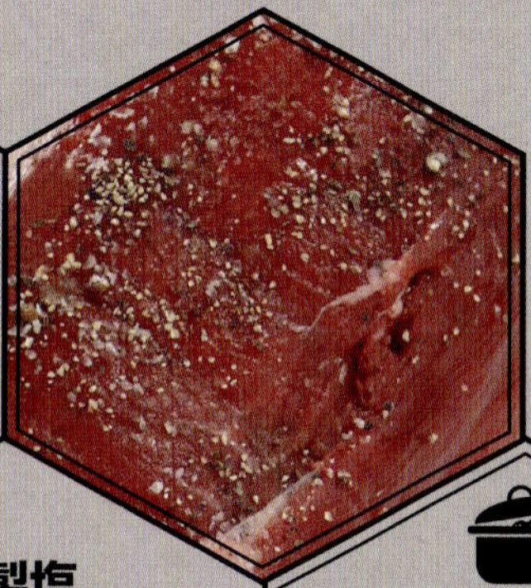

精製塩

調理

よく使われている精製塩は、調理での味付けはもちろんだが、食塩水を作ったり食品にすり込んだりするのにも適している。

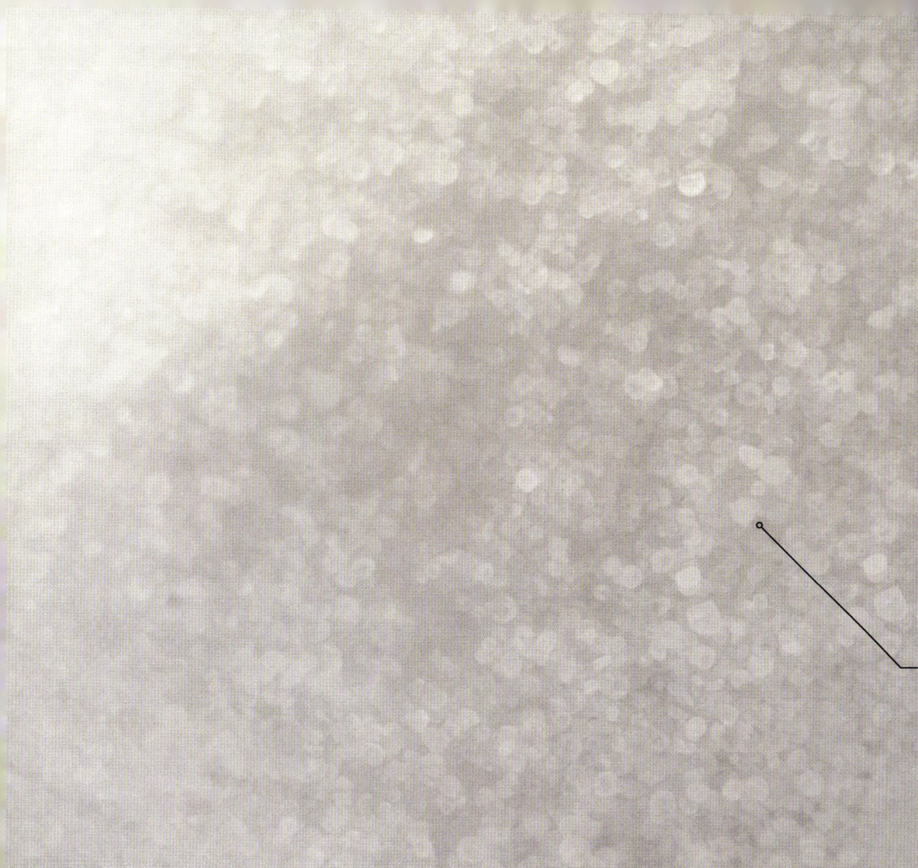

粗い岩塩

塩の色

ほとんどの場合、塩は白色で透き通っているが、微量のミネラルによって薄い色がついていることもある。

サイエンス

食べ物の上にのった塩をかみ砕くと、風味が一気に広がる。

調理

繊細な風味の未精製塩を調理の最後に加えると、料理の苦味が消える。

未精製塩

塩蔵用の塩

食品の保存に使われる塩は、食卓塩と亜硝酸ナトリウムの混合物。これはボツリヌス中毒症というひどい食中毒を起こす細菌の増殖を抑えるはたらきがある。

結晶の大きさ：
細かい（0.3mm）

未精製塩

粗塩

「岩塩」と呼ばれる粒が大きくて粗いタイプの塩。角張った形が料理に食感を加える。調理中に風味づけとして加えてもいいし、食べる直前にふりかけてもいい。結晶が大きいので、加えた量がよくわかる。

結晶の大きさ：
大きくて不揃い

海塩

ほとんど加工されていない。塩化マグネシウムなど微量のミネラルを含む。海塩はどんな調理法にも使え、味は粗塩と似ている。

結晶の大きさ：
粗い、またはフレーク状。
細かいものもある。

色付きの塩

さまざまなグルメソルトがある。ヒマラヤピンクソルトなど、食べる直前にふりかけると、マイルドな塩の風味がよく味わえる。繊細だが歯ごたえのある食感が料理に加わる。

結晶の大きさ：
大きくて不揃い

塩を入れすぎたときは、どうする？

調理で塩を使うのは、修業のようなもの

残念ながら、料理にいったん塩を入れたら、それを取り出すことは不可能だ（下記参照）。砂糖、脂肪、またはレモン汁などの酸味のある食材を入れると、過剰な塩分を隠すことができるかもしれないが、舌は塩味を敏感に感じとるので、あまり効果的ではない。ジャガイモを加えて塩を吸わせ、料理を皿に盛る前にジャガイモを取り出す、というシェフもいるらしいが、科学では役に立たないことが証明されている。ジャガイモをゆでると、料理の中の水分を吸うが、塩分だけ吸うわけではない。ジャガイモを取り出しても、料理中の塩分濃度は変わらない。塩を入れすぎた料理を救うための、唯一の方法は水を足すことだ。食材を足してもいい。そうすれば、ひと口分の塩分量が少なくなる。

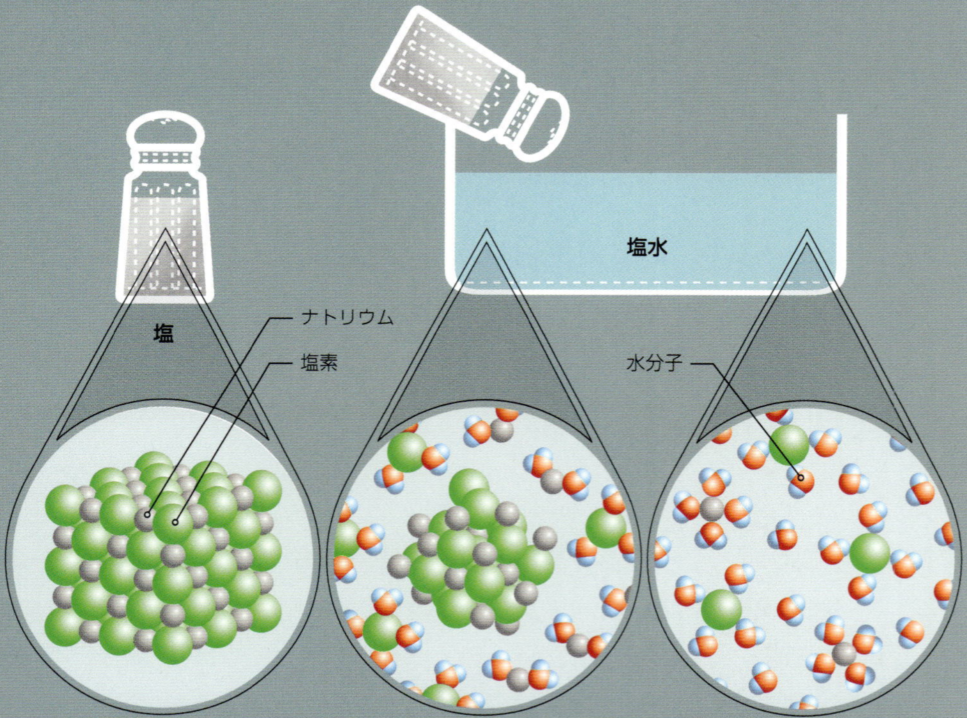

塩の構造
塩はナトリウムと塩素の原子でできている。原子がぶつかるとお互いに結束し、格子のような結晶を作る。

塩の反応
塩をソースの中に入れると、水分子が塩の結晶のまわりに集まって、ナトリウムと塩素を引き離す。

塩分子の分離
水の分子に取り囲まれて、ナトリウムと塩素は離れる。塩のみを取り出すことはできない。

「化学薬品」を使った醤油？

小さなビニールの袋に入った醤油は、酵母を使っていないものも多い。油を搾った後に残った大豆のカスに強い塩酸を加える。これがデンプンとタンパク質を糖とアミノ酸に分解する。そして強い酸は炭酸ナトリウムで緩和する。コーンシロップで色と風味をつけるが、あまりおいしくないので、本物の醤油を混ぜることが多い

小袋に入った醤油

色の薄い醤油の風味と使い方

色の薄い醤油は、塩分の強い風味がある。

毎日の食生活で塩気や風味を加えたいときに何にでも使える。

炒め物に軽くさっと加えよう。

鶏肉など色の薄い肉にあまり濃い色がつかないように、醤油は風味づけ程度に。

寿司に繊細な風味を加える。

冷やして食べる料理にさっとかけたり、餃子などのタレに。

色の薄い醤《しょう》油《ゆ》と濃い醤油の違い

**豊かなうま味に溢れ、酸味、甘味、ちょうどいい塩味のある醤油は、
何の変哲もない料理に命を吹き込んでくれる**

色の薄い醤油は、醤油を薄めたものだと思っている人が多いが、そうではない。色の薄い醤油と色の濃い醤油は（日本の薄口醤油、濃口醤油とは異なる）原材料が違い、用法もそれぞれ違う（下記参照）。

醤油を作るときにはまず大豆を煮て、それに煎った小麦を加える。そして２回発酵させる。１回目にアスペルギルスという麹《こうじ》菌を加えて３日間発酵させる。菌はデンプンを糖に分解する。次に塩、酵母、そして乳酸菌を加える。その後およそ６カ月間で乳酸菌は糖分を食べつくし、鼻にツンとくるような乳酸を作る。

色の濃い醤油はもっと長く発酵されるので、味も濃くなる。発酵している間、ほかのさまざまな微生物が、大豆に含まれている成分を風味分子に分解し、よく知られた醤油の味を作り上げていく。発酵した大豆は２％のアルコール分を含んでおり、タンパク質はアミノ酸とグルタミン酸に分解され、これが醤油のうま味を生み出す。

ラベルに注意

加水分解した植物性
タンパク質を含む
醤油は避けよう。
これはにせもの。

色の薄い醤油 ▲

▲ 色の濃い醤油

色の濃い醤油の風味と使い方

発酵時間が長いので、色の濃い醤油は風味が
強くしっかりしている。

**麺類の料理に使うといい。
料理に味がつきすぎないように、
注意して使う。**

砂糖や糖蜜が加えられているものもあり、
甘味がある。

**濃厚で塩気が少ないので、
マリネや蒸し煮、
煮込み料理に向いている。**

**甘味があるので、温かい料理でも
冷たい料理でも、
つけダレとして使える。**

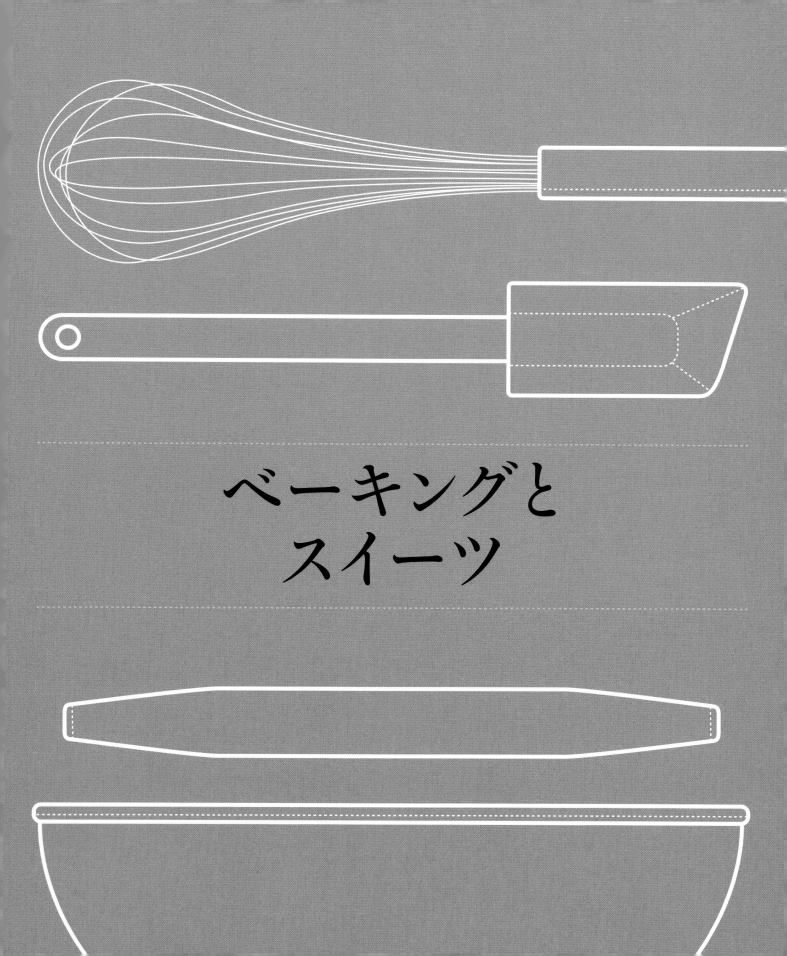

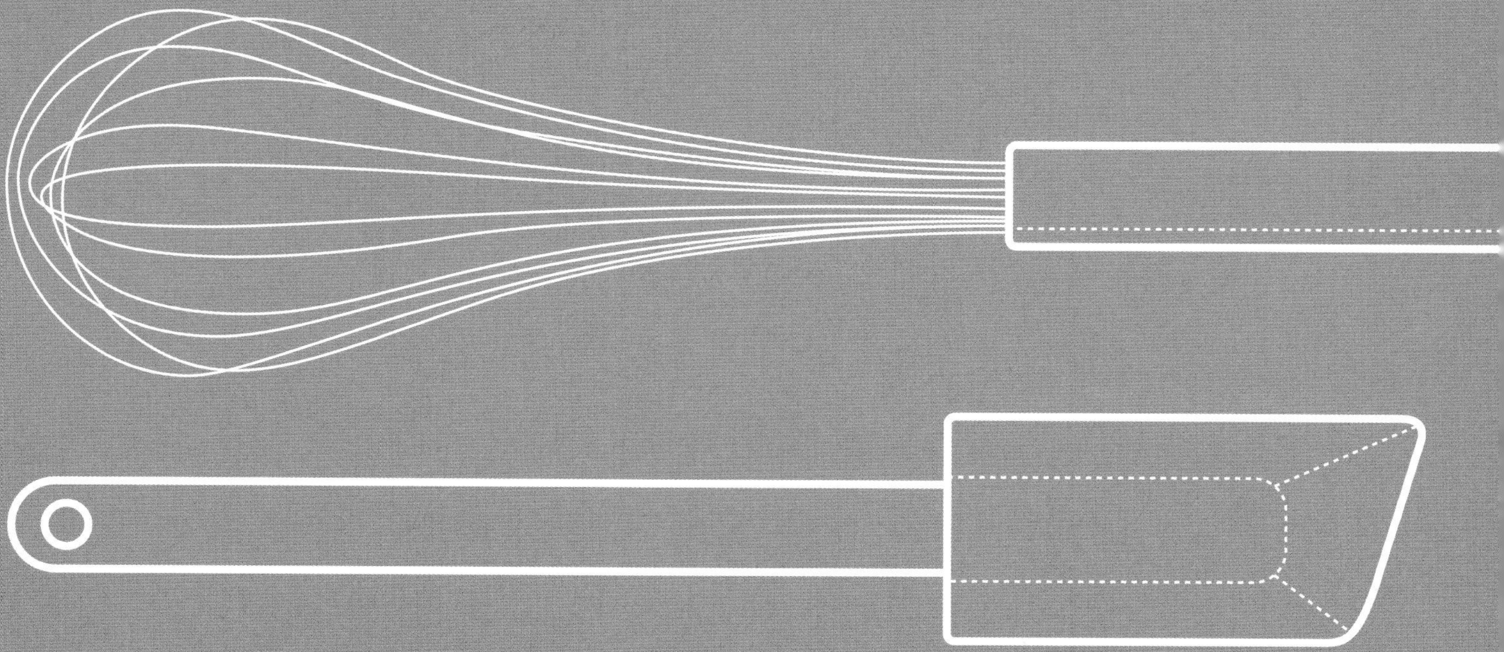

ベーキングとスイーツ

フォーカス：小麦粉

キッチンに欠かせない小麦粉は、スイーツと料理の両方に、とろみづけやつなぎとして使われている

小麦粉は、キッチンの棚に必ずといっていいほどある。小麦粉は乾燥させた麦を臼で挽《ひ》く、あるいは機械を使って製粉したものである。挽いた後、穀粒のそれぞれの部分、例えばデンプンを多く含む胚乳、繊維質のふすま、栄養たっぷりの胚（胚芽）はふるいにかけて分けられる。茶色で風味のあるふすまと胚は、その油分によって劣化しやすく、ほとんどあるいは全部が廃棄されてしまうことが多い。すべての穀類はデンプンを含んでいる。小麦粉を水と混ぜてこねると、例えばパン作りのときなどは２種類のタンパク質がグルテンを形成する。グルテンは非常に強くて伸びがあり、これがガスの気泡を捉えてパンがオーブンの中で膨らむのを助ける。小麦粉の中にはタンパク質の量が多いものや少ないものがあり、パン生地の中にどれくらいグルテンが含まれるかはこれで決まる。調理の目的に合わせて、最適なタンパク質の量の小麦粉を選ぼう（右記参照）。

サイエンス
粉を挽いたばかりの状態は、まだグルテンが弱い。空気に触れることで酸素がタンパク質に反応して、グルテンの強度が増す。
調理
生地を練って休ませると、グルテンが強くなっていく。酵母を混ぜ合わせると、グルテンはガスの気泡を捉える。
グルテン
気泡が大きく膨らみボリュームが増す。

栄養たっぷり
全粒粉はもともとのふすまと胚芽をそのまま含み、繊維質やタンパク質のほか、鉄分、ビタミンB群も多く含んでいる。

小麦粉を知ろう

小麦粉にはさまざまなタイプと色があり、精製度で変わってくる。白い小麦粉がもっとも精製度が高い。タンパク質の量も違い、グルテンの量はこれで決まる。パン作りには粘り気のあるグルテンを作る、タンパク質の多いタイプ。ケーキやペイストリー作りには、グルテンが多すぎるとあまりに密な質感になってしまうため、タンパク質の少ないタイプ。パスタには柔軟性が必要なので、ほどよいグルテンを含むタイプが適している。

タンパク質を多く含むタイプ

タンパク質：12～13%
デンプン質：100gあたり66.8g

強力粉
パン作り用の小麦粉としてよく知られている。タンパク質の含有量が多い、かたい小麦で作られた小麦粉だ。密度の高い伸びのあるグルテンが形成され、それが気泡を捉える。オーブンの中でよく膨らむパンを作るには、伸びのある生地が必要。

タンパク質：11～15%
デンプン質：100gあたり61.8g

全粒粉
ふすまと胚芽が残っている、全粒粉あるいは全粒小麦粉と呼ばれるタイプ。茶色の小麦粉にはふすまが含まれていて、「雑穀」タイプには数種類の穀類を砕いたものが含まれている。このタイプは、より風味があって栄養価の高いパンを作るときに用いる。

全粒粉

ふるいにかけて分ける
全粒粉は穀粒のすべてを一緒に挽くので、精製粉より色が濃くて粗く見える。

保管は注意深く
全粒粉は精製粉より保存期間が短く、冷暗所に保管する必要がある。

デンプン

デンプンが、ケーキミックスの中の気泡をサポート。

サイエンス
ケーキミックスに足すと、デンプン質が気泡の壁を強化し、焼いても形が保たれる。

調理
タンパク質が少ない小麦粉は、グルテンの影響をあまり受けずにデンプンが構造と食感を作る。

タンパク質の含有量が中～低タイプ

タンパク質：7～11%
デンプン質：100gあたり68.9g

00(ゼロゼロ)粉

パスタ用小麦粉とも呼ばれる。00粉はイタリアで使われている小麦粉の基準で、とても細かく挽かれている小麦粉。中くらいの強さのグルテンがコシのあるパスタを作る。ペイストリー、ケーキ、ビスケットにも使用できる。

タンパク質：7～10%
デンプン質：100gあたり76.2g

ふつうの小麦粉

ふすまと胚芽を取り除いて精製された白い小麦粉は、その分、失われた栄養価を添加している場合が多い。このタイプは何にでも使え、菓子類を焼くときにはデリケートな食感を加え、ソースにとろみをつけることができる。

タンパク質：7～8%
デンプン質：100gあたり74.3g

セルフレイジングフラワー

ベーキングパウダーが添加されている。水と混ぜるとベーキングパウダーの中の重曹が反応して二酸化炭素を発生させ、ケーキを膨らませる。

小麦粉はなぜふるいにかける？

伝統的に、粉を挽いた後さらに細かくするためにふるいが用いられてきた

小麦粉の粒子は、すでに１mmの４分の１の大きさになっている。しかし、ケーキ作りのときはふるいにかける作業が重要。それはデンプン質を砕くためではなく、袋の中で圧縮され、くっついてしまった粒子をバラバラにして通気をよくするためだ。粉状の材料をふるいにかけてケーキミックスに入れると、粉は拡散されボリュームが増える。ふるいにかけないと、粉のかたまりは互いにくっついてさらに大きな重いかたまりとなり、かき混ぜたり泡立てたりしてもなかなかほぐすことはできない。こうしたかたまりは、生地を泡立てるときに小さな気泡の壁を厚く重くし、スポンジ生地が重たくなる。

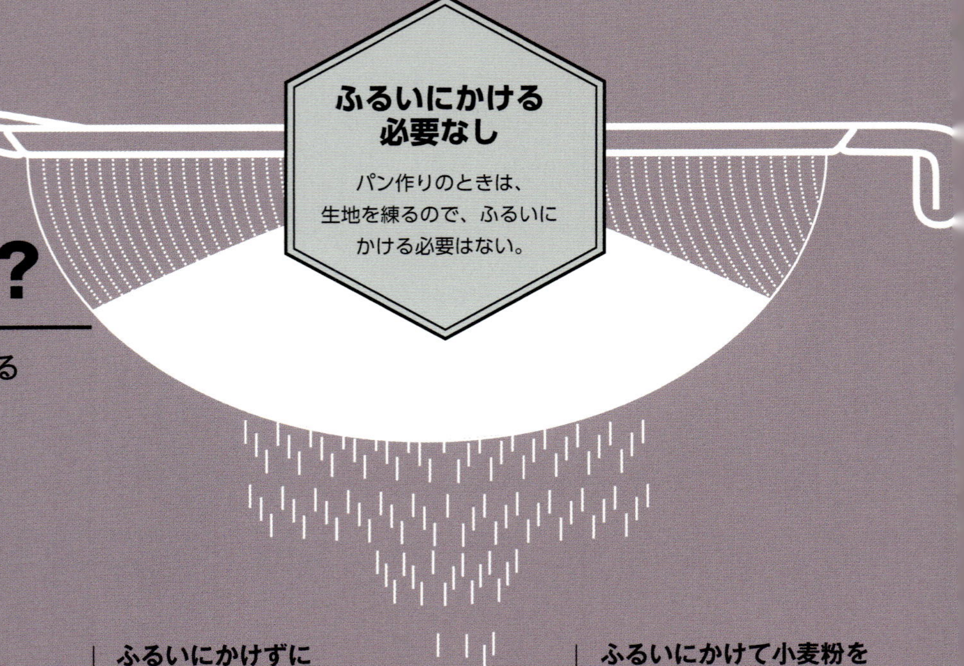

ふるいにかける必要なし

パン作りのときは、生地を練るので、ふるいにかける必要はない。

ふるいにかけずに小麦粉を加えた場合

ふるいにかけずに袋から直接容器にあけた場合、粒子がぎっしり詰まっていて、重くて凝縮度の高い状態。

ふるいにかけて小麦粉を加えた場合

細かい目のふるいにかけると、粒子が分散されるのでふるいにかけないときより、ボリュームが50%ほど増す。

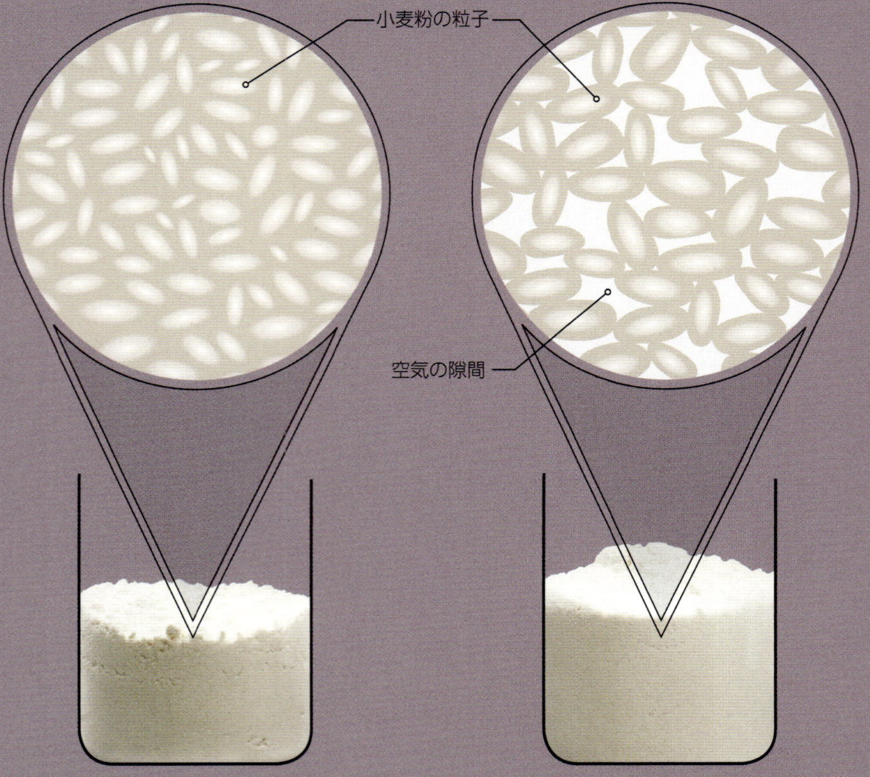

ふるいにかけていない小麦粉１kg

ふるいにかけた小麦粉１kg

高速で混ぜる

フードプロセッサーを使えば小麦粉が拡散されるが、それでもふるいにかけるのは重要。

“袋に詰められて圧縮された小麦粉を、ふるいにかける
ことでかたまりを砕き
通気をよくすることができる”

なぜベーキングのレシピは塩を加える？

人間の体は塩を必要としているため、舌の味蕾は塩をおいしいと感じるようにできている

塩はほとんどの食べ物の味を引き立たせる。塩の味を感じることでうま味、甘味、酸味を感じる感覚がさらに敏感になる。苦味はその度合いが低くなる。塩が多いと味が強すぎてしまうが、少量なら甘味にも効果をおよぼす。小さじ１杯の砂糖を加えた紅茶に、ひとつまみの塩を入れると小さじ３杯の砂糖を入れたような甘味になる。

ケーキ生地に砂糖を入れすぎると、やわらかくなってしまう。砂糖は水分を保持し、ケーキの構造を作り上げるタンパク質がほどけて再形成するのを阻害するので、不安定な形になる。塩を加えると、質感を損ねることなく簡単に甘味を増すことができる。

軽いパン

塩はパン作りに重要。塩はグルテンの形成を助け、生地を練るときに、より弾力が出る。

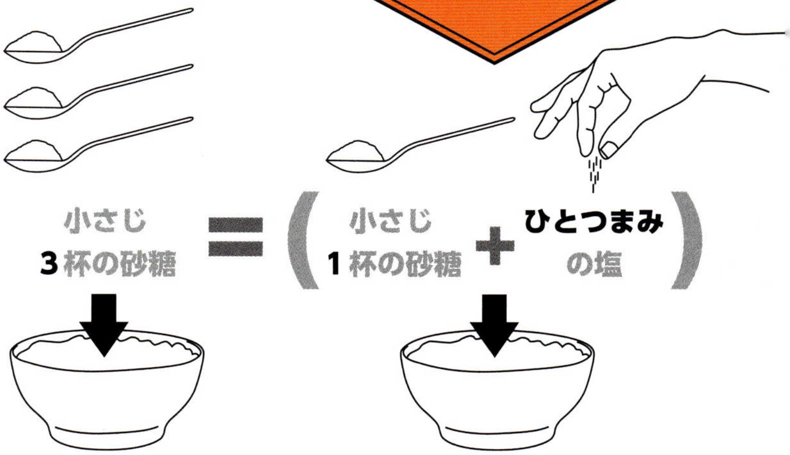

ベーキングパウダーは重曹の代わりになる？

両方とも膨張剤《ぼうちょうざい》だが、ある重要な要素がこの2つの材料の使い方を分ける

膨張剤が発明される前は、激しい力でたたいて空気をケーキの生地の中に送り込まなければならなかった。

重曹（ベーキングソーダ）とベーキングパウダーはケーキの生地にガスを加える。しかし成分の構成が使い方に影響を与える。重曹を使ってケーキを膨らませるには、酸を加えなければならないが（右記参照）、ベーキングパウダーはすでに酸を含んでいる。ベーキングパウダーの代わりに重曹を使う場合、小さじ１杯のベーキングパウダーに対して、小さじ４分の１の重曹とクリームタータのような酸を小さじ半分使う必要がある。逆の場合は、小さじ１杯の重曹に対して小さじ３～４杯のベーキングパウダーを使い、クリームタータは使わない。レシピによっては、ほかの材料に含まれる酸とのバランスで重曹を使うことがあるので注意すること。

違いを知ろう

重曹

「ベーキングソーダ」とも呼ばれる。アルカリ性の膨張剤。

はたらき　酸と反応して互いに中和し、ケーキを膨らませる二酸化炭素を出す。クリームタータ、発酵したバターミルク、ヨーグルト、果汁、ココア、ブラウンシュガー、糖蜜などを使って酸を得ることができる。

最適な使い方　後の膨張（右記参照）がないので、ビスケットに使うとケーキのようにふっくらした質感ではなく、かみ心地のよい食感となる。

ベーキングパウダー

重曹と粉状の酸が混合されたもの。

はたらき　酸が混合されていて、膨張剤としてすぐに使える状態になっている。水と混ぜると気泡ができ始め、オーブンの中でも持続する。ベーキングパウダーには２種類の酸が混合しているタイプもある。１種類はすぐに反応し、もう１種類は少し後でガスを作り始め、2回膨張する。

最適な使い方　2回の膨張でより大きく膨らむので、ケーキ作りに向いている。

ベーキングにはどの脂肪が最適か？

脂肪のタイプによってそれぞれ、便利な点と不便な点がある

　ベーキングにおいて脂肪はケーキをほろほろとした質感にしたり、パイ生地を薄片状にしたりして、かたくならないようにする効果がある。また、脂肪は小麦粉が水と混ざるのを防ぎ、グルテンの形成が遅くなる。脂肪分子はグルテンが互いにしっかり結びつくのを防ぎ、一方でタンパク質の線維を弱くし、ケーキが重くなったりペイストリーの皮がかたくなったりするのを防いでくれる。脂肪の中の水分によってベーキングするものの質感が決まってくる。

　また、ガスの気泡を捉える効果や使いやすさ、風味、食感なども考える必要がある。マーガリンと植物性ショートニングを使うと軽いケーキになり、バターより使いやすい。しかし、ペイストリーやビスケット作りにおいて、バターは風味の点で勝る（右表参照）。

質感

フルーツを使ったマフィンなどは、生地に空気を混ぜ込まない。液体オイルなどの純粋な脂肪を使うと軽さが出る。

脂肪の種類	水分の量	✓ 便利な点
 バター	15–20%	風味がある。融点が人間の体温より低いため、「口の中でとろける」感覚を生む。クリーム状にしたり、ホイップしたりして空気を取り込む。
 植物性ショートニング	0%	空気をよく保持できる（すでに空気を含んでいるタイプもある）。水分がないので軽いケーキに仕上がる。融点が46〜49℃で、しっかりとしているため、ペイストリーの生地作りに使いやすい。歯ごたえのある食感を生む。
 ラード	2%	水分が少なく融点が30℃なので、伸ばしたりペイストリーの生地を折り込んだりするのにバターより扱いやすい。風味はバターよりもある。以前は健康に悪いと考えられていたが、調査によるとそれほど悪くはない。
 ベーキング用マーガリン	20–25%	オイルの分子はホイップすると動物性脂肪より、もっと細かくすることができる。ケーキの中に空気を取り込むのも簡単。融点が高いので、ペイストリー作りに向いている。薄片状のサクサクした生地になる。
 液体オイル	0%	液体オイルには水分がないので、バターほどケーキが重くならず、軽さが得られる。
 低脂肪スプレッド	最高90%	便利な点は何もない。水分が非常に多いので、ベーキングには低脂肪スプレッドや低脂肪マーガリンは使わないようにしよう。

焼きたてのマフィン

X 不便な点	最適な使用法
ペイストリー作りには扱いにくい。冷えているときは混ぜにくく、20℃で溶けるので水分が小麦粉にしみ込み、ペイストリーの生地をかたくする。スポンジケーキの場合は、やや重くなる。	ペイストリーとビスケット作りに、バターは最高の風味と食感を与えてくれる。ケーキの場合は風味が少し穏やかになり、食感にはそれほど影響はない。
風味がない。人間の体温では溶けないので「口の中でとろける」感じがしない。脂肪の味のするペイストリーになってしまう。これは人工脂肪だが、もし水素添加してある場合（トランス脂肪酸と呼ばれる）は、健康に悪い。	スポンジケーキを高く膨らませ、空気を含んだ繊細な生地になる。薄片状のもろいペイストリーができるが、食感と風味はあまりよくない。
バターと違い、わずかに塩味があるため、菓子類のベーキングには向いていない。保存期間を長くするために水素添加しているものもあり、健康に害のあるトランス脂肪酸が入っている。	塩味の料理とペイストリーのベーキングに向いている。
植物性ショートニングと似た方法で作られているので、風味がなくペイストリーに使うと、油っぽい食感になる。ショートニングより水分が多い。	軽くて高く膨らんだ、ほろほろともろいケーキに仕上がる。軽いスポンジケーキなら、味はバターと変わらない。とても軽いケーキを作る場合は、脂肪分が80%以上のベーキング用マーガリンを選ぶといい。
クリーム状にして空気を捉えておくことができないので、膨張剤のみでボリュームをもたせる場合にしか、ケーキ作りには使えない。グルテンを層にすることができないので、パイ状のペイストリー生地はできない。	クリーム状にしなくてもいいケーキを作る場合には、液体オイルを使うととても軽くて、しっとりした質感のケーキに仕上がる。サクサクしたペイストリーを作るときに使ってもよい。
クリーム状にして空気を捉えておけない。水分が非常に多く、もったりとした重い質感のケーキになり、パイ状のペイストリーを作ることも不可能。	適切な使用法はない。低脂肪スプレッドと同様に、低脂肪マーガリンも水分が多すぎるために、ベーキングには適さない。

オーブンの予熱は必要？

予熱にじゅうぶん時間をかける価値はある

オーブンをしっかり予熱するのは、温度が落ちてしまったときのための保険のようなものだ。内部の空気と金属の壁が目的の温度に達するまでじゅうぶん時間をかける必要がある。熱くなった金属は「放熱板」となり、熱を内側に放ちオーブンの温度を一定に保つ。オーブンのドアが開くたびに、熱い空気が外に出てしまう。もし中の壁が冷たいと、オーブンの小さな発熱体がオーブンを再加熱しようとして一生懸命はたらかなければならない。しかし壁が熱ければ、適切な温度にすぐ戻すことができる。

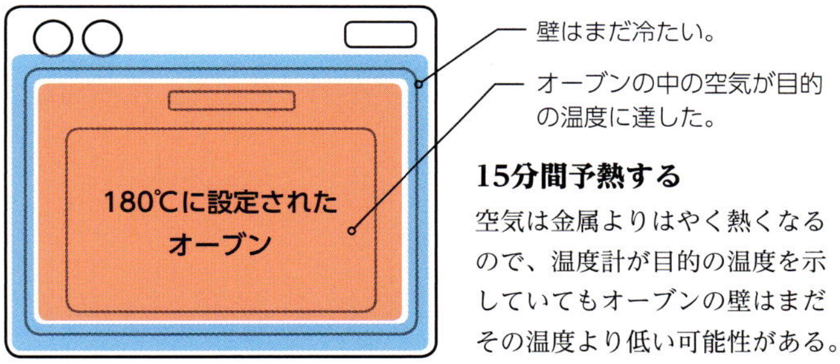
180℃に設定された
オーブン
壁はまだ冷たい。
オーブンの中の空気が目的の温度に達した。

15分間予熱する

空気は金属よりはやく熱くなるので、温度計が目的の温度を示していてもオーブンの壁はまだその温度より低い可能性がある。

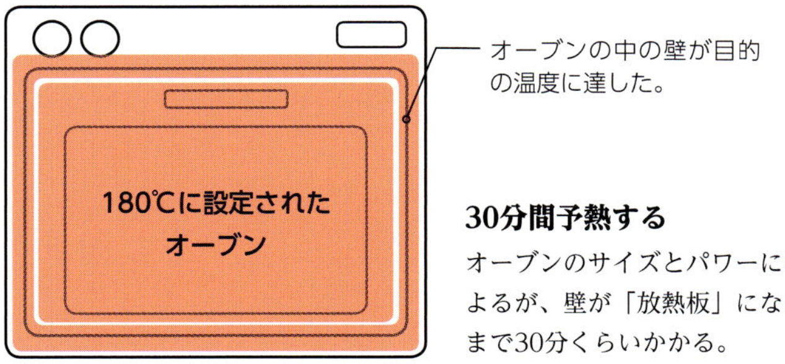
180℃に設定された
オーブン
オーブンの中の壁が目的の温度に達した。

30分間予熱する

オーブンのサイズとパワーにもよるが、壁が「放熱板」になるまで30分くらいかかる。

料理の常識

《ウワサ》
オーブンのドアを開けるとケーキがしぼむ。

《ホント》
ケーキが膨らむ過程でオーブンのドアを開けると、中の温度が下がってケーキがしぼむことがある。オーブンをしっかりと予熱しておけば、温度が下がる時間を最短にとどめ、ケーキ作りの失敗を防ぐことができる。ドアを開けたときはすばやく、静かに閉めよう。

ケーキが膨らまないのはなぜ?

ケーキ作りの化学を理解すれば、何が間違っていたのかわかる

ケーキを焼くときには3つの段階を経る。最初は膨張する段階で、生地が膨らんでいく。2番目の段階で生地はかたまり始め、膨らんだ気泡を固定する。3番目の焼き色がつく段階で焼き上がる。

生地の混ぜ方、材料の分量、オーブンの温度、これらすべてが、ケーキの膨らみ具合を決める。通常ケーキを焼くときのオーブンの温度は175~190℃だが、家庭用オーブンの温度計はあてにならないことがあり、25℃ぐらいの差がある場合もある。予熱をすれば、オーブンのドアが開いて温度が下がっても、すぐに温度を取り戻すことができる（213ページ参照）。下の表はケーキが焼き上がるまでの進行状態を表し、各段階で失敗の原因になりそうな理由を挙げている。

軽い生地

フードプロセッサーを使う場合、バターと砂糖を最低2分間混ぜてクリーム状にすると軽い生地になる。

ケーキを焼くときの3段階

第1段階：膨張

0～80℃

何が起きているか?

気泡が膨らむ

ベーキングパウダーが反応を起こし始める。クリーム状に混ぜられた生地の中の気泡が膨張し、温度が上がるにつれ二酸化炭素を作り出す化学反応が加速する。

2回膨張させる

2回膨張させる効果のあるベーキングパウダーでは（211ページ参照）、50℃のときに第2の酸がはたらき始め、膨張に必要なガスをさらに作り出す。

さらに大きな気泡

70℃になると蒸気が急激に出てくる。蒸気はかたまりつつある生地の中の気泡をさらに大きくし、気泡は膨張し続ける。

第2段階：かたまる

80～140℃

タンパク質がほどける

80℃に達すると卵のタンパク質がほどけ、しっかりとしたゲルを作る。グルテンがないので卵のタンパク質が分子をつなぐ役目となり、ケーキに質感と食感が出る。ケーキには適量の卵を使うことが重要。

デンプンが水分を吸収

ケーキがかたまり始めると、小麦粉の中のデンプンが水分を吸収し、糊化が始まる。そしてケーキのやわらかな生地となっていく。砂糖はデンプンがかたまるのを遅らせるので、甘さの強いケーキはかたまるのに時間がかかる。

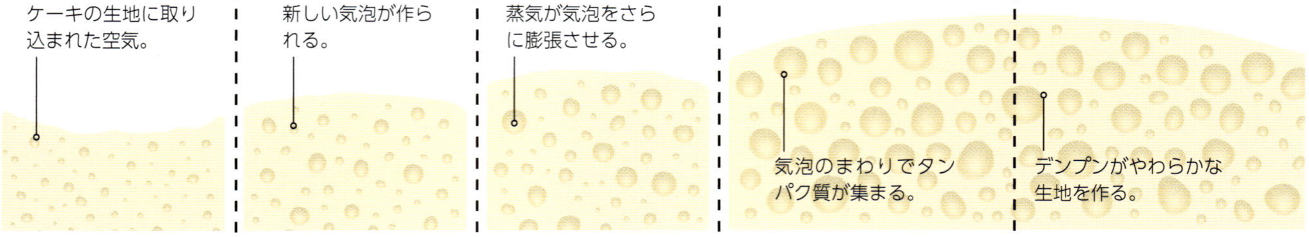
ケーキの生地に取り込まれた空気。
新しい気泡が作られる。
蒸気が気泡をさらに膨張させる。
気泡のまわりでタンパク質が集まる。
デンプンがやわらかな生地を作る。

どこで失敗したか?

混ぜ方が足りない

バターと砂糖をしっかりとクリーム状に混ぜないと、空気を中に閉じ込めることができない。クリーム状になったバターと砂糖は、ふわっと軽く、ボウルにくっつかない。

分量が間違っている

膨張剤が少なすぎると、膨らむのにじゅうぶんなガスが得られない。膨張剤が多すぎると、生地が過度に膨らみ、その後しぼんでしまう。

生地が重い

小麦粉や液体が多すぎたり、混ぜすぎたりした場合、グルテン繊維が密になり生地が重くなることがある。小麦粉をふるいにかけてかたまりが残らないようにしよう。

温度が間違っている

オーブンの温度が高すぎると、ガスが膨張するよりもはやく生地の表面がかたまりだし、ケーキが膨らまない。中に残った気泡はケーキの上部から出て、ケーキが割れてしまう。オーブンの温度が低いと、ケーキがかたまるのが遅くなり膨張する気泡を捉えることができず、気泡がより集まって大きな穴となり、ケーキはくずれてしまう。

なぜケーキはかたくなり、ビスケットはやわらかくなる？

使われている材料を考えると理解できる

　ケーキは時間が経つと乾燥してかたくなる。それはスポンジ生地から水分が蒸発し、デンプンがかたい「結晶」となってかたまるからだ。これは「老化」と呼ばれる現象だ（下記参照）。老化は温度が低くなるとはやくなるので、ケーキは常温で保管しよう。しかしビスケットは、湿気を保つ砂糖をふんだんに含んでいる。砂糖の分子は水を引き寄せる。つまり吸湿性（下記参照）があるため、時間が経つとビスケットは湿気てくる。ハチミツやブラウンシュガー（糖蜜を含んでいる）はグラニュー糖よりさらに吸湿性があるので、しっとりしたビスケットやブラウニーを作るときに使うといい。

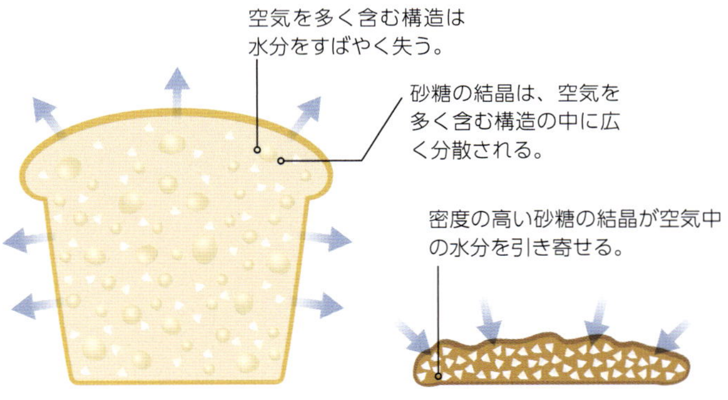

老化
水分がデンプン質で蜂の巣状のスポンジ生地から蒸発し、ゲル状のデンプンは乾燥した結晶となっていく。これを老化という。

吸湿性
砂糖には吸湿性があるので、時間が経つとビスケットの中の糖分は空気中の水分を吸収し、ビスケットが湿気てしまう。

> “**ハチミツとブラウンシュガー**は
> 特に吸湿性があり、
> 水分をよく吸収する。
> **やわらかなビスケット**に最適”

第３段階：焼き色がつく

140℃以上

✓ 完璧な膨らみ方

表面に焼き色がつく
表面が乾いてきて、温度が140℃になると、砂糖とタンパク質が互いに反応してメイラード反応（16〜17ページ参照）を引き起こし、黄金色のケーキが出来上がる。そして家中に焼きたてのケーキの香りが広がる。水分がなくなり、卵のタンパク質が縮むのでケーキは型から離れる。

ケーキ型のサイズ
ケーキ型が大きすぎると、熱い空気にさらされる面積が広くなり、ケーキは高く膨らまず、はやく乾燥してしまう。

X 完全な失敗

焼きすぎ
長く焼きすぎるとケーキは乾燥してしまう。温度が160〜170℃で表面の砂糖はカラメル化し、香ばしいバターの風味を醸し出すが、180℃になると表面が焦げ出す。タイミングは非常に重要になる。

サワードウのパン種って何？

何千年もの間、パン職人は次にパンを焼くときのために、生地をとり分けてきた

精製された乾燥酵母（ドライイースト）がある現在、パン職人は次のパンを焼くときのパン種となる酵母を保存するために、発酵したパン生地をとり分けておく必要はない。しかしこの習慣が、伝統的な食品の人気とともに復活しつつある。サワードウとは、培養された天然酵母を含むパン種のことで、精製された酵母より複雑な風味のパンができる。パン種の中には数種の酵母が混合しており、小麦についていたバクテリアも小麦を挽いたときに一緒に入ってくるからだ。自然のバクテリアはさまざまな種類があるため、それぞれのパン種が少しずつ違う風味のパンを作る。乳酸菌とパン種の中で酸を発生させるバクテリアが乳酸と酢酸を作り、パンに独特の酸味をもたらす。

オンラインショップで、伝統的なサワードウのパン種から抽出したドライイーストを含む、顆粒のパン種を購入することもできるが、自分で作るのもそれほど難しくない。

サワードウのパン種を作る

時間	作業
1日目	●200gの強力粉と200mlのぬるま湯を、大きなガラス製の容器の中で、ペースト状になるまでこねる。容器を通気性のある素材で覆い、輪ゴムでしっかりととめる。 ●ガラス容器を暖かい場所に置く。強力粉の中の酵母とバクテリアが増えてくる。
3～6日目	●3～4日目に、パン種が泡立ってきたら、半分（200g程度）ほど捨てる。100gの強力粉と100mlの水を加えて混ぜる。酵母がはやいスピードで増え続けるためには、常に新鮮なエサを必要とする。エサがないと酵母は死んでしまうので、この作業を毎日続ける。 ●表面にビールのような泡ができることもあるが、捨てるか混ぜてしまおう。
7～10日目	●パン種は泡立ち、ビールのような酸性のにおいがしてくる。 ●この段階でパン作りに使うことができる。半分をパン種として生地作りに使い、残りの半分には強力粉と水を足す。パン作りでは、強力粉とパン種の割合を2：1にする。 ●10日経っても泡が立たない場合は、最初からやり直す。

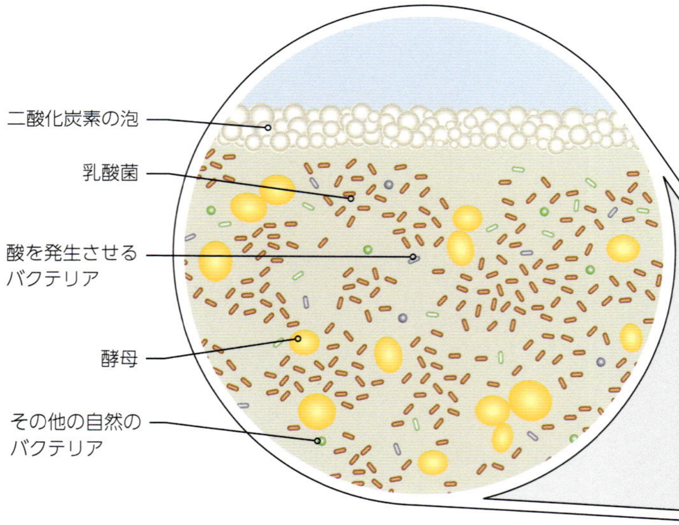

サワードウを顕微鏡で見てみると

サワードウのパン種はさまざまな微生物を含んでいて、それがパンの味と質感を作る。化学肥料や殺虫剤は、強力粉の中のバクテリアや酵母の量に大きな影響をおよぼすので、有機栽培の小麦か、野生種の小麦で作った強力粉を使うようにしよう。

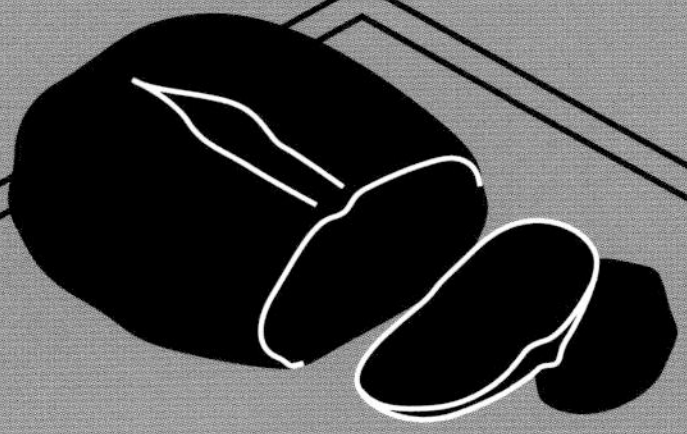

パン種は何も加えない状態で、
2週間まで冷蔵庫で保存できる。
パンを焼くときは24時間前に
冷蔵庫から出して、
水と強力粉を加え、暖かい
場所に置こう

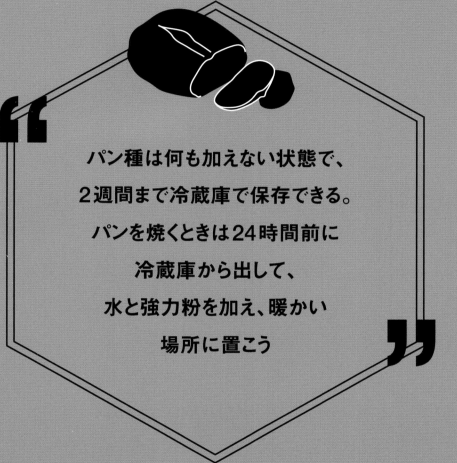

よいパン生地の基本とは？

グルテンの形成について理解すれば、シンプルなパン生地作りは簡単にマスターできる

パン作りにはこれが絶対というひとつの方法があるわけではない。12人のパン職人にパンの作り方を尋ねたら、12通りの答えが返ってくるだろう。シンプルなパン生地に必要なのは強力粉と水だけだ。

生地を作る

強力粉と水を混ぜると、タンパク質、デンプン、水分子がお互いにつながった生地ができる。強力粉に含まれている２種類のタンパク質、グルテニンとグリアジンが混ざり、グルテンという伸縮性のあるタンパク質を作る。混ぜてよくこねることによりタンパク質が結合して強いグルテンの網（下記参照）ができる。温まるとグルテンの網はガスの気泡を中に取り込み、それがかたまってパンの質感と構造を作る（220～221ページ参照）。

27°C

酵母を入れた**生地が膨らむ**最適な温度。これより高いと、酵母の味が強すぎるパンになる。

パンを膨らませる

酵母、ベーキングパウダー、ベーキングソーダが、平らな重い質感のパン生地をふっくらとしたパンに仕上げる。この３つはどれも熱するとガスを発して、パン生地の中で膨張してパンを膨らませる。もっともよく使われる膨張剤は酵母で、パンに風味を加え、ふっくらとしたパンに仕上げる（下記参照）。

実践編

パン生地を用意する

おいしいパンを作るには、パン生地作りの最初が肝心。弾力があって、かつやわらかく風味のあるパンにするために、酵母に水分を吸収させ、強いグルテンの構造を作らなければならない。これは酵母を使った白いパンのレシピだが、サワードウのパン種（216ページ参照）や全粒粉（208～209ページ参照）を使うときにも応用できる。

強力粉に空気を入れる

大きめのボウルに750gの強力粉を入れる。インスタントドライイースト15gと小さじ２杯の塩を入れて、よく混ぜる。酵母は強力粉の中のデンプンを糖に変え、それをエサとして二酸化炭素とエタノールを発生させ、パンを膨張させる。塩は生地に風味を加え、グルテンの網を強くする。また、酵母がはやく成長しすぎるのを抑え「酵母が強い」味になるのを防ぐ。

ぬるま湯で酵母に水分を与える

材料の中央にくぼみを作り、450mlのぬるま湯を注ぐ。強力粉の中のデンプンが水分子を吸収し、膨張して生地に厚みが出る。水分があると、グルテニンとグリアジンが結合してグルテンを形成する。ぬるま湯を注ぐとドライイーストは増え始める。

混ぜ合わせてグルテンを作る

徐々に強力粉を中央の水の部分に入れていき、完全に混ざるまで木べらで混ぜていく。よく混ぜていくとタンパク質がよりしっかり結合して、グルテンを網状にする。それがパンの構造と質感を作る。生地がやわらかく粘り気をもつようになり、ボウルから離れてくるまで混ぜる。

#4

こねてグルテンを強くする

調理台に軽く小麦粉をふり、その上で生地をこねる。手前に向かって生地をたたみ、手首で下に押しながら、自分から遠ざけるように押さえつける。もしベタついてこねにくいときは、1～2分待つと強力粉の中のデンプンが水分を吸ってくれる。

#5

なめらかで弾力が出るまでこねる

さらに5～10分こね続けると、生地の中のタンパク質が結合し、伸びのあるグルテンの網を作っていく。オーブンで焼くと、酵母から出てきたガスの気泡をこの網が捉えてかたまり、ふっくらしたパンに仕上がる。ダマがなくなり、なめらかで伸びのある生地になるまでよくこねる。

#6

膨らむまで待つ

こねた生地を丸い形に整えて、薄く油を引いた大きめのボウルに入れる。生地がくっつかないように油を塗ったラップでカバーして、室温で1～2時間おく（220ページ参照)。この間に強力粉の中の酵素が炭水化物を分解して糖を作る。酵母はこの糖をエサとして吸収し、エタノールと二酸化炭素を発生させて生地を膨らませる。

焼く前に生地を発酵させるのはなぜ?

発酵させると、風味と質感に違いが出る

酵母はパンを膨らませる。そして長時間発酵させると、その効果をいっそう増す。酵母は二酸化炭素のガスを出して、パンに高さとボリュームを出すだけでなく、複雑な風味を生む成分も放出する。

2度目の膨張

最初に時間をかけて生地を膨らませた後（218～219ページ参照）、膨らんだパン生地からガスを全部抜いて、もう一度膨張させる「二次発酵」の時間をとることが重要。酵母が作ったガスをいったん出してしまうと、生地がさらになめらかな質感となって再形成される。小さな酵母の細胞がデンプンを分解して糖を吸収すると、酵母は成長してエタノールなど、その他の成分を放出する。それらが合わさってパンの構造や風味を生み出す。

焼く前に

酵母の反応を遅くして風味を育てるために、ひと晩、冷蔵庫で二次発酵させてもよい。

熱いオーブンで焼く

よく膨らんで表面がカリッとしたパンを焼き上げるために、260℃以上の温度でパンを焼く。家でパンを焼く場合は、オーブンを予熱しておこう（下記参照）。

実践編

二次発酵と焼成《しょうせい》

これは、酵母を使って発酵させた白いパン生地（218～219ページ参照）のレシピで、この方法なら酵母が発酵する時間がじゅうぶんあり、風味豊かな、誰もが好むパンに仕上がる。＃１の後、生地を小さく分けるか、ロールパンのサイズにしてもよい。また、風味を増すために、生地をひと晩冷蔵庫で二次発酵させるのもよい方法。

膨れた生地をへこませる

1～２時間後には、酵母が出す二酸化炭素の気泡のため、生地は倍ほどの大きさに膨れ上がる。生地を押しても元に戻らなければ準備完了。グルテンがよく伸びているということだ。軽く小麦粉をふった調理台に生地をひっくり返してのせ、押して空気を抜いてから１～２分こねる。こうすると小さな気泡ができて、生地がさらになめらかになる。

パン型の中で二次発酵させる

生地をだ円形にする。油を塗った１kg用のパン型に生地を入れる。パン型を湿らせた布で覆い、生地から水分が抜けないようにする。暖かい場所に１時間半から２時間、または生地が倍に膨らむまでおく。この「二次発酵」と呼ばれる２度目の膨張により、酵母はさらに発酵によって化合物を出し、風味が増してくる。

焼いてデンプンとグルテンを固定する

オーブンは230℃に予熱しておく。布をはずして、生地に軽く小麦粉をふりかけ、熱いオーブンの中に入れる。パン生地はオーブンの中で酵母が熱され、さらにガスを放出する。60℃で最後のガスを出し、高温のため死んでしまう。生地はやわらかくなり、エタノールと水分が蒸発する。この蒸気が生地の中の気泡をさらに大きくする。

ふっくらと輝く

最後の膨張は「オーブンスプリング」（釜伸び）と呼ばれ、まだ表面はかたまっていない、最初の10分間で起きる。

#4

水分が平均的に広がるようにする

30〜40分くらい、あるいはパンがよく膨らむまで焼く。生地の中の糖とタンパク質によってメイラード反応が起き、表面はしっかりとして黄金色になる。パンをワイヤーラックの上に出し、熱を逃がす。切る前に冷まして、生地が均質になり、水分が平均して行き渡るようにする。

オーブン調理のしくみ

比較的時間のかかる調理法。オーブンの庫内を熱し、その乾燥した高温の空気を使って調理する

データ

しくみ

小さな発熱体がオーブン内の金属壁と空気を温め、壁と空気両方の熱で食品を調理する。

向いているのは…

パン、ケーキ類、ビスケット、ジャガイモ、大きな肉のかたまりや魚などの調理。

気をつけること

上手に調理するには、金属壁が目的の温度に達するまでしっかりと予熱しておくこと。

オーブンの乾燥した高温の空気は、調理するのに時間がかかるし、オーブンの発熱体は一般に小さくてパワーが弱い。オーブンを予熱すると、オーブン内の壁が空気を温め、食品に直接熱を放射する。壁が厚い部分がもっとも多く熱を放射する。ファン付きのほうが従来のオーブンよりはやく調理できる。ファンが中の空気を循環させ、食品の上と下の温度差を縮めるからだ。オーブンのドアを開けると熱い空気はすぐに逃げてしまうので、予熱は必須。

もっと熱を

下の段にピザストーンを入れて、本物の石窯のようにしてみよう。下からかなりの熱が上がり、その熱を保持してくれる。

水分のコントロール

オーブンの中に水をスプレーするか、氷を置くと湿度が上がり、調理時間が短くなる。

掃除も重要

オーブンの壁やドアに汚れがこびりついていると、熱の放射量を少なくする。

内部を見てみると

パンをオーブンで焼くと、生地の水分と酵母により生成したアルコール分が蒸発する。そしてパンの中の気泡も蒸気も膨張する。この膨らみを「オーブンスプリング」（釜伸び）と呼ぶ。グルテンはかたまり、デンプンが残りの水分を吸収する。そしてデンプンとグルテンの構造がしっかりと固定される。

気泡を取り囲む液体

デンプンとグルテンが作る基礎構造

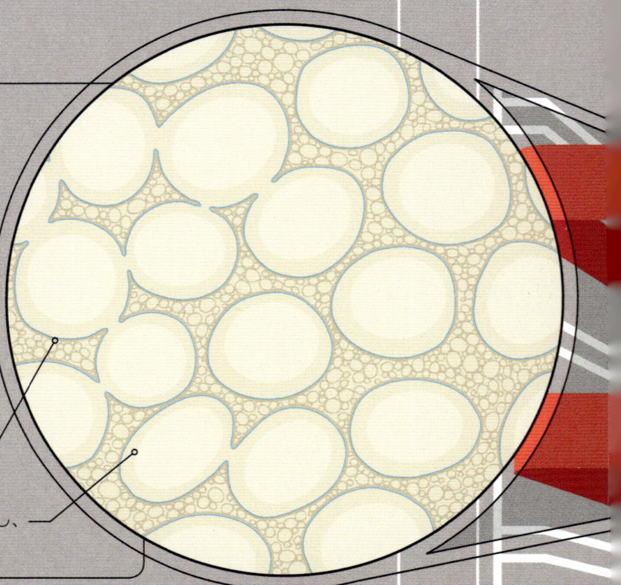

気泡のまわりを液体の膜が覆い、パンが焼けるにつれ乾燥していく。

高温の中で、蒸気と酵母が出す二酸化炭素が膨張し、気泡も大きくなる。

違いを知ろう

ベーキング

材料を混ぜ合わせた固形状でないものを、かたまるまでオーブンで焼くこと。ジャガイモのような食材はそのまま焼く。

調理の温度　パンは通常、最後まで一定の高い温度で焼く。

風味と質感　質感は著しく変わる。ケーキ、パン、スフレなどは、中にできるガスの気泡により、ふっくらした質感となる。調理にオイルは使わず、また食品を液体で覆うこともない。

ロースト

肉など固形の食材を焼き目がつくまで完全に熱を通すこと。

調理の温度　肉は中まで完全に火が通るように、低めの温度でじっくりと調理する。表面に焼き色がつくように、最初か最後に温度を上げる。

風味と質感　オーブンの乾燥した熱が肉や野菜から水分を奪ってしまうが、通常、表面に焼き色がよくつくようにオイルか脂肪を塗る。

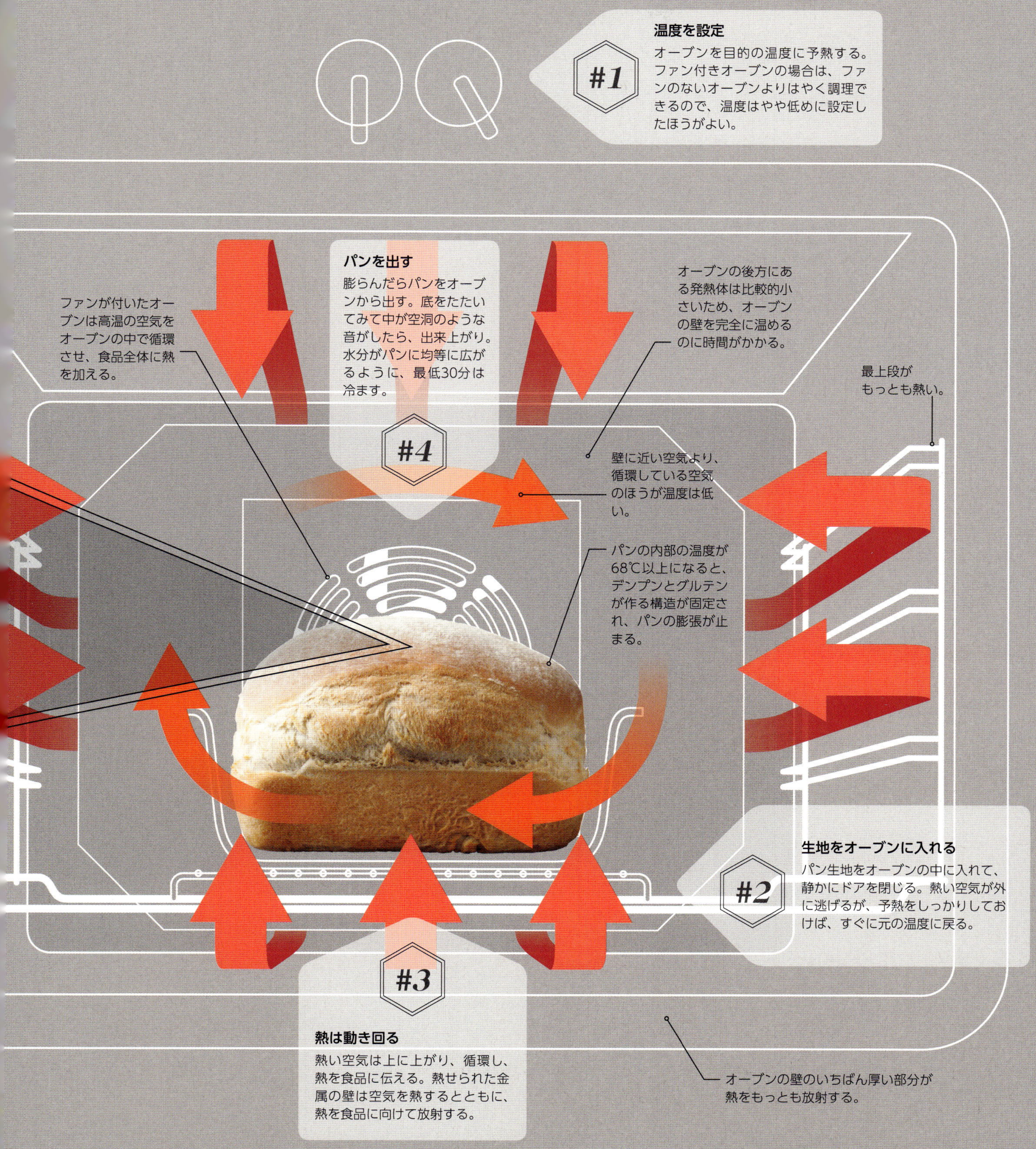
#1
温度を設定
オーブンを目的の温度に予熱する。ファン付きオーブンの場合は、ファンのないオーブンよりはやく調理できるので、温度はやや低めに設定したほうがよい。
#2
生地をオーブンに入れる
パン生地をオーブンの中に入れて、静かにドアを閉じる。熱い空気が外に逃げるが、予熱をしっかりしておけば、すぐに元の温度に戻る。
#3
熱は動き回る
熱い空気は上に上がり、循環し、熱を食品に伝える。熱せられた金属の壁は空気を熱するとともに、熱を食品に向けて放射する。
#4
パンを出す
膨らんだらパンをオーブンから出す。底をたたいてみて中が空洞のような音がしたら、出来上がり。水分がパンに均等に広がるように、最低30分は冷ます。
ファンが付いたオーブンは高温の空気をオーブンの中で循環させ、食品全体に熱を加える。
オーブンの後方にある発熱体は比較的小さいため、オーブンの壁を完全に温めるのに時間がかかる。
最上段がもっとも熱い。
壁に近い空気より、循環している空気のほうが温度は低い。
パンの内部の温度が68℃以上になると、デンプンとグルテンが作る構造が固定され、パンの膨張が止まる。
オーブンの壁のいちばん厚い部分が熱をもっとも放射する。

グルテンフリーのパンが膨らまないのはなぜ？

グルテンはパンを膨らませるだけでなく、パンの質感がボソボソになりすぎないように、デンプン質の食材を結合させる

小麦はとても便利な食材だ。水と混ぜると、小麦の中の２種類のタンパク質が結合してグルテンを作る（右記参照）。グルテンは弾力性があり、パン生地の中の気泡を捉えてパンを膨張させる。小麦以外の粉はグルテンを形成しないので、膨らまない。これを改善するために、粘り気のあるキサンタンガムなどの増粘剤《ぞうねんざい》が加えられる。キサンタンガムは水と混ぜると、とろみのある濃いゲルになり、生地中の気泡を捉える。脂肪と水を混合させる乳化剤も、ガスの気泡のまわりに集まる性質をもっているため、パン生地に使われる。栄養価の点でも質感の点でも、小麦と同様のデンプンはなく、グルテンフリーの粉は通常、栄養素の種類を増やし小麦粉に近づけるため、数種のデンプンを混合させている。

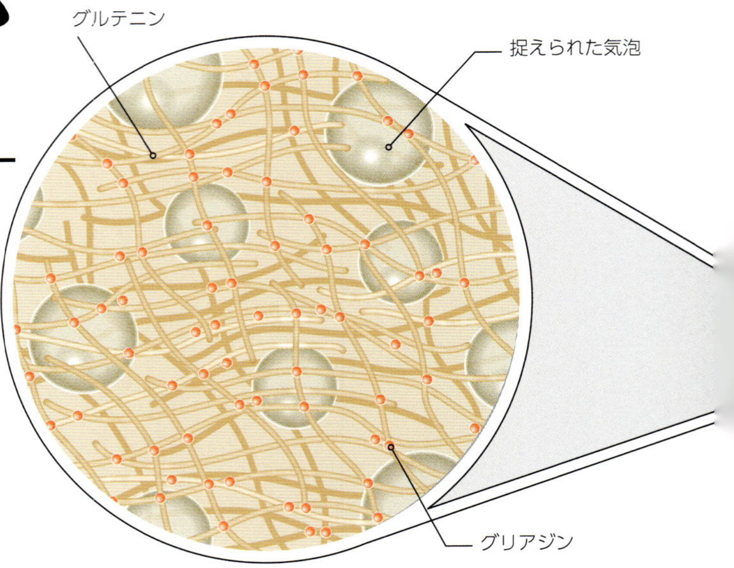

グルテンはどう形成され、パンを膨らませるか

よくこねたパン生地には繊維状のグルテンが豊富に含まれている。グルテンはグルテニンとグリアジンという、２種類の小麦のタンパク質が結合して作られる。グルテンは酵母のガスの気泡を捉え、パンを膨らませる。

家で作るパンは、なぜ市販のパンのように軽くないの？

現代のパンは、空気のように軽いパンを作ろうと改良を重ねてきた結果

多くの食品が昔は時間をかけた手作業で作られていた。同様にパンも、人口増加に伴う需要に安く供給しようとするあまり、時間をかけて手でパン生地をこねることをやめ、機械を使ってこれまでにないスピードで作るようになった。業務用ミキサーを使い、原材料を数種類増やし、４時間未満で大量に作ることもできる（右記参照）。強力なミキサーでかき混ぜてグルテンをすばやく作り、化学成分を加えれば生地を休めたり二次発酵させる必要もない。しかも低タンパク質の小麦粉で作ることもできる。こんなに便利な市販のパンが、どうやって作られるのか知っておこう。

カビない理由

市販のパンが１週間経ってもカビが生えないのは、酢酸などの防腐剤が入っているから。

時間

生地を作る、こねる、発酵させる、焼く、という作業は６時間以上かかる。

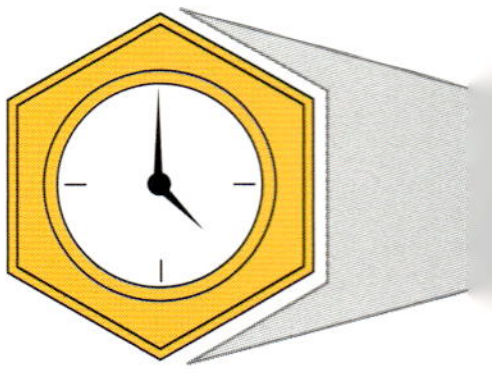

色と質感

使う小麦粉によって変わる。精白パンは真っ白ではなく少し黄色みがかる。小麦粉が多いほどグルテンが強くなり、密度とかみごたえが増す。

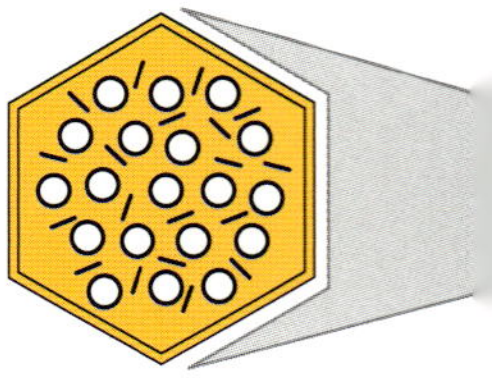

味

発酵にじゅうぶんな時間をかけているホームメイドのパンは、酵母をより強く感じる風味となる。市販のパンよりずっしりとしていて、小麦の風味も強い。

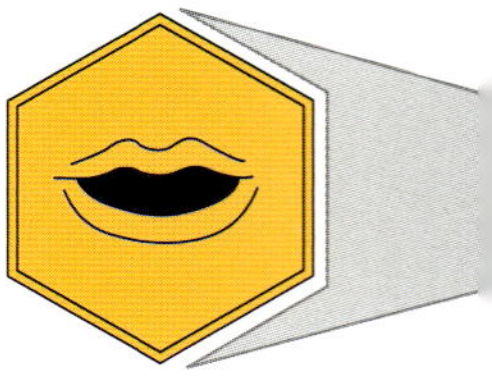

グルテンの入ったパン

増粘剤を加
えて気泡を
捉える。

グルテンフリーのパン

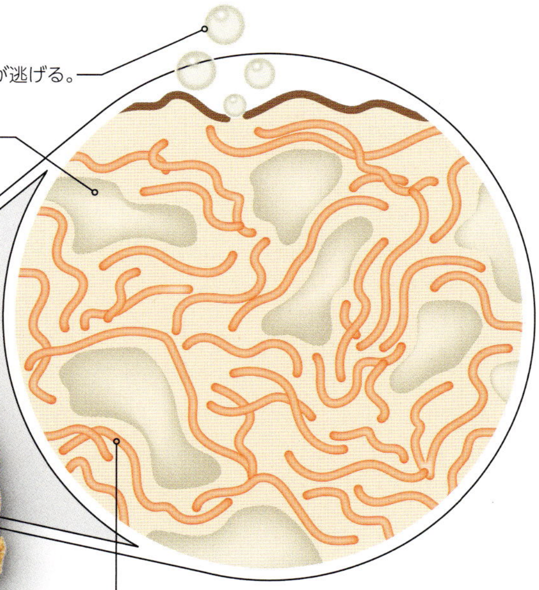
ガスの気泡が逃げる。
ガスの気泡が構造が
弱いところに集まる。

グルテンフリーのパンはどう反応するか

グルテン繊維のネットワークがないと、酵母やベーキングパウダーが出す気泡を保つことができない。気泡は集まり、まだかたまっていないパン生地の表面に出てしまう。気泡を捉えるためには増粘剤を加える必要がある。

ホームメイドのパン

酵母がもっとガスを出す
ように、酵素を加える。
パンは明るい白色

市販のパン

時間

添加物（下記参照）を加え、酵母も追加して、さらに強力なミキサーを使えば、小麦粉の状態からパンが焼き上がるまで、4時間未満というはやさでできる。

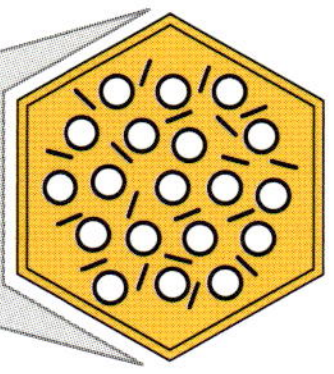

色と質感

乳白色にするために、大豆粉を加えることもある。添加物としてアスコルビン酸（ビタミンC）を加えると、グルテニンとグリアジンの結合をはやめる。酵母も追加してはやく膨らむようにする。

味

大規模なパン作りでは脂肪と乳化剤を多く入れ、ガスの気泡を捉えやすくする。オイルと脂肪を加え、「口の中でとろける」スポンジのような味わいと食感を作る。

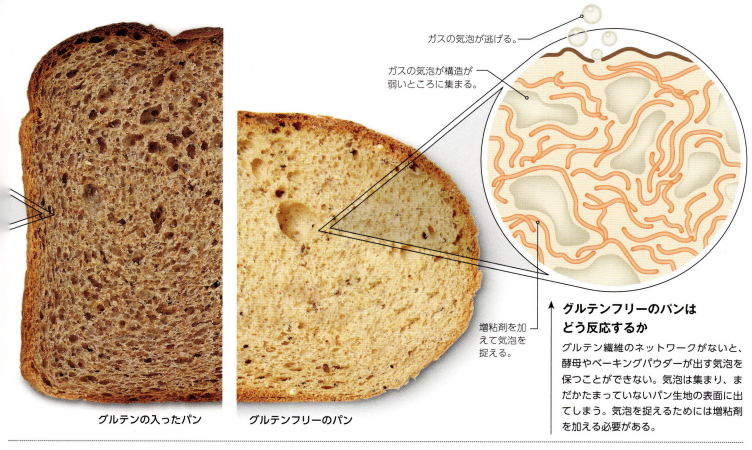

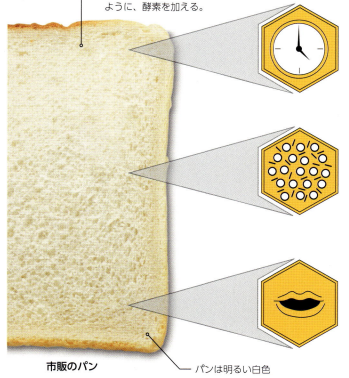

ペイストリーには「こねすぎ」はダメ？

軽くてさくっとしたペイストリーを作るには、パン作りのレッスンをすべて忘れよう

グルテンは小麦粉が水分を含んでいるときのみ形成される。そのため、折りたためる生地を作るにはじゅうぶんな水分が必要。しかし、グルテンが多すぎるとかたくなってしまう。冷やしたバターと小麦粉を混ぜて、繊細な生地を作り、100gの小麦粉に対して大さじ３～４杯の冷水を加える。水を加えた後は、グルテンができすぎるのを防ぐために生地をこねすぎないこと。生地を伸ばしてもすぐにちぢむようなら、こねすぎの状態。その場合は小麦粉と脂肪を足して、グルテンの繊維を拡散させるとよい。

違いを知ろう

ペイストリーの生地

なるべくグルテンの形成を抑えるため、冷たい手で慎重に扱う。

質感　強くて伸びのあるグルテンが多すぎると、かみごたえの強すぎる生地になり、軽くてさくっとしたペイストリーにならない。

パンの生地

パン作りでは、なるべく多くのグルテンを作るために生地をしっかりこねる。

質感　グルテンがたくさんあると、やわらかくて伸縮性のあるパン生地となり、ガスの気泡をよく捉えて、オーブンで焼いたときにパンがよく膨らむ。

パフペイストリーの中のバター

冷たい脂肪がシート状の生地を薄く分ける。脂肪がまだかたまっている状態で生地を熱いオーブンに入れると、水分が蒸気になり、グルテンを多く含んだシートの層を分離し、４倍の高さに膨らませる。

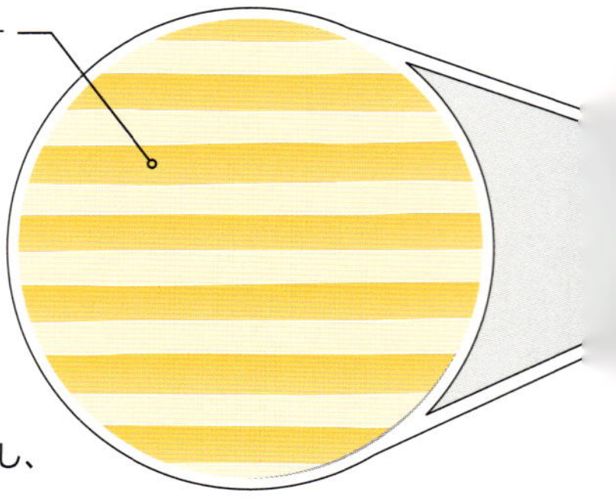
層になったバター

フレーキーペイストリーの中のバター

これはパフペイストリーの「特急」バージョン。バターは小さなかたまりとなって生地の中で広がる。生地は層にはならず、くずれやすい。

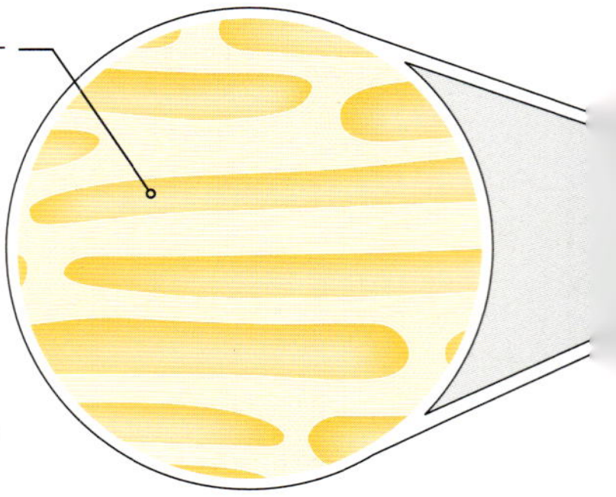
かたまりになったバター

ショートクラストペイストリーの中のバター

脂肪が生地の粒子を囲んで分離する。この小さな脂肪の粒は小麦粉で覆われ、ほろほろした質感を作る。

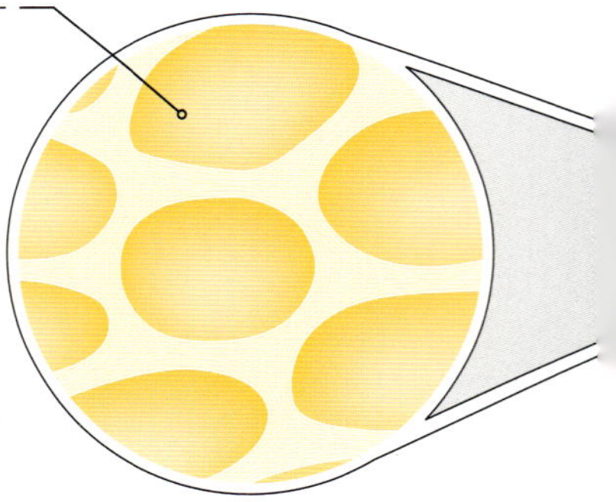
袋状になったバター

生地を冷やしてから伸ばす理由

冷蔵庫で生地を休ませると、一度伸びたグルテンを元の形に戻すことができる

ペイストリーの生地は、伸ばす前に（パフペイストリーの場合は伸ばすたびに）最低15分は冷やさなければならない。ラップまたはクッキングシートに包んで、冷蔵庫に入れよう。これにはいくつかの理由がある。温度を下げることで、グルテンが形成されるスピードを抑え、脂肪が溶けて水分が小麦粉に浸透する（バターは最大20%が水分）のを防ぐ。生地を休ませている間に、水分は生地全体に平均して分散され、グルテンは元の長さに戻り、伸ばしたり、成形したりするのが容易になる。生地を伸ばした後、もう一度、10～20分ほど休ませると、焼いている間に生地が縮まない。

木製のめん棒は乾いた小麦粉を扱いやすく、手の温度を生地に伝えにくい。
持ち手がなく、先が細いタイプのめん棒は、回転させたり斜めにするのに便利。

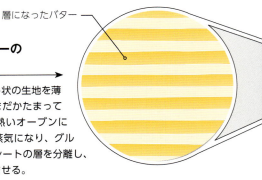

パフペイストリー

フレーキーペイストリー

ショートクラストペイストリー

パフペイストリー作りの極意は？

パフペイストリーの何層もの薄い生地が、口の中でさくっと割れる

パフペイストリー（折り込みパイ）を手作りするのは非常に時間がかかるし、とても難しい。材料を混ぜて伸ばした生地を冷やし、その上に冷やして伸ばしたバターをのせる。再度生地をたたんで、もう一度伸ばす（下記参照）。これを合計６回繰り返すのが典型的な作り方。層は多くなるほど薄くなる。生地は必ず冷やす必要がある。伸ばしている途中にバターが溶けると、デンプンが膨らみ生地がやわらかくなってしまい、バターの層も溶け込んでしまう。焼く前に生地を1時間冷蔵庫で冷やすのがコツ。

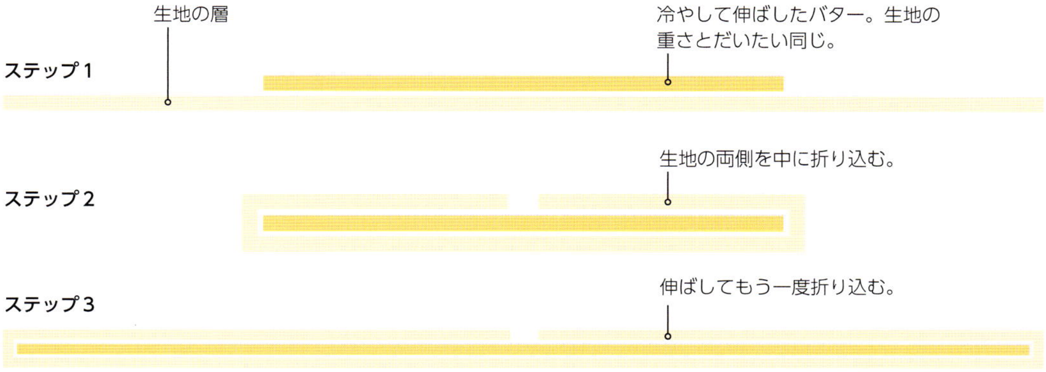
生地の層
冷やして伸ばしたバター。生地の重さとだいたい同じ。
ステップ１
生地の両側を中に折り込む。
ステップ２
伸ばしてもう一度折り込む。
ステップ３

パフペイストリーを作る

バターをペイストリーの生地の中央に置く。生地の両側を折ってバターを覆う。これを合計6回繰り返すと、729の層ができる。

冷たい台の上で生地を伸ばすと、生地を冷たいまま保てる。

焼く準備

オーブンを予熱しておくと、ペイストリーの生地が高温に触れたとき、バターの水分が生地に吸収されず蒸発する。

冷たく保つ

熱を生地に伝えにくい台とめん棒を選ぶ。理想的なのは大理石の板と木製のめん棒。

パイの底を湿らせない方法

しっかりとした、しかもさくっとした食感でバターの風味たっぷりのペイストリーは、食品を入れるケースとして最高だ

ペイストリーの生地は、少なくとも50%が水を吸収しやすいデンプン質の小麦粉でできている。表面はさくっとしていても、底が重く湿ってしまったら台なしだ。

オーブンで焼いている間、デンプンの微細な結晶は水を吸収して糊化し、デンプンはなめらかでやわらかなゲルに変わる。弾力のあるグルテンは乾き、脂肪の中の水分は蒸発して蒸気となる。完全に乾くと表面はメイラード反応により茶色く焼き色がつき、カラメルのような香りがしてくる。しかし、詰め物入りのパイの場合、水分が蒸発できず、生地が詰め物の水分を吸収してしまうことがよくある。

脂肪分が多い生地の場合、脂肪が小麦粉を詰め物から出てくる水分から守るので、それほど水分を吸収することなくしっかりと焼き上がることもあるが、詰め物に火が通ったときに底はまだ焼き上がっていないこともある。下のアドバイスを参考に、底がさくっとしたおいしいペイストリーを作ろう。

黄金色の表面

ペイストリーの表面にハケで溶き卵を塗ると、タンパク質を加えることになり、焼き色と風味がさらによくなる。

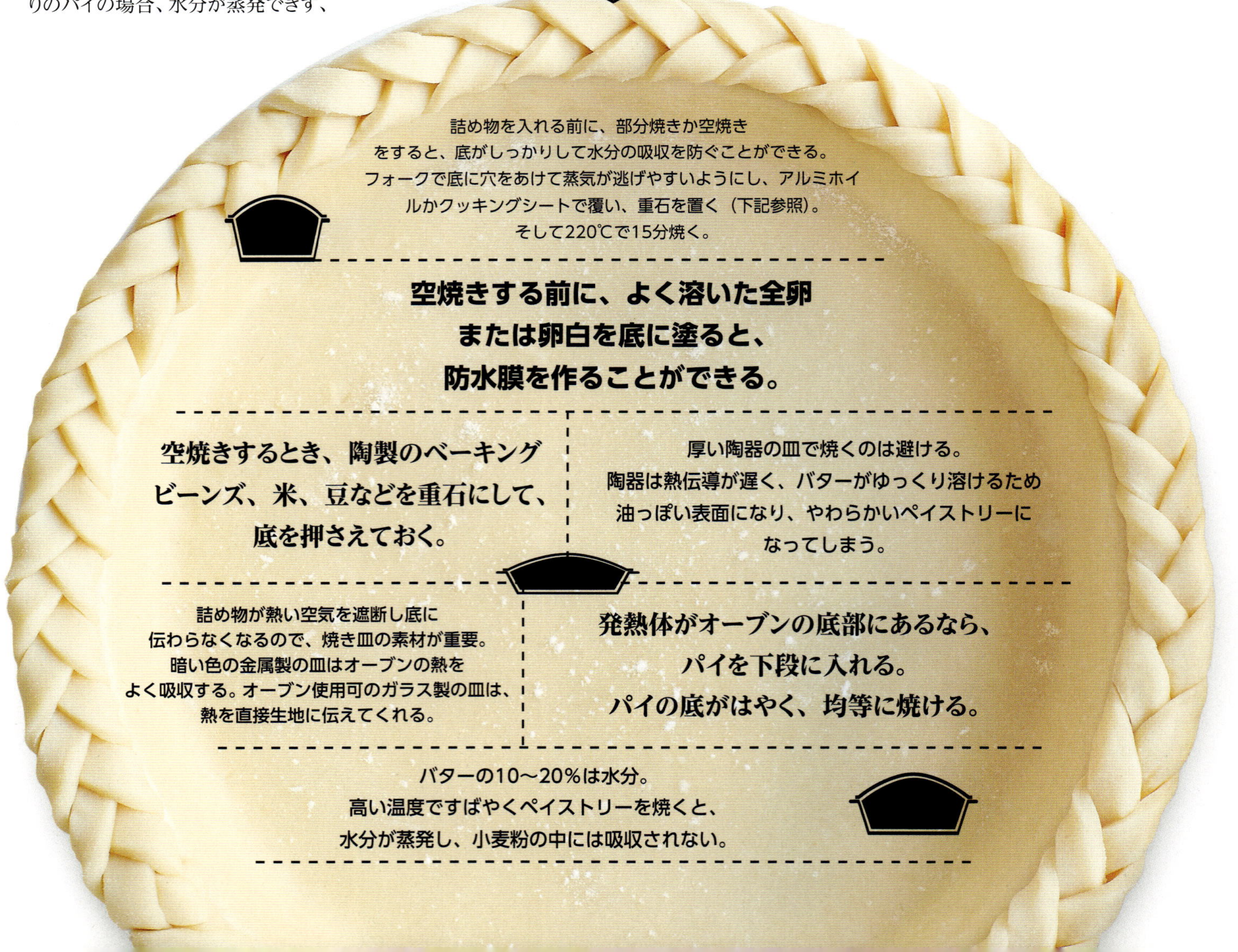
詰め物を入れる前に、部分焼きか空焼きをすると、底がしっかりして水分の吸収を防ぐことができる。フォークで底に穴をあけて蒸気が逃げやすいようにし、アルミホイルかクッキングシートで覆い、重石を置く（下記参照）。そして220℃で15分焼く。
空焼きする前に、よく溶いた全卵または卵白を底に塗ると、防水膜を作ることができる。
空焼きするとき、陶製のベーキングビーンズ、米、豆などを重石にして、底を押さえておく。
厚い陶器の皿で焼くのは避ける。陶器は熱伝導が遅く、バターがゆっくり溶けるため油っぽい表面になり、やわらかいペイストリーになってしまう。
詰め物が熱い空気を遮断し底に伝わらなくなるので、焼き皿の素材が重要。暗い色の金属製の皿はオーブンの熱をよく吸収する。オーブン使用可のガラス製の皿は、熱を直接生地に伝えてくれる。
発熱体がオーブンの底部にあるなら、パイを下段に入れる。パイの底がはやく、均等に焼ける。
バターの10～20%は水分。高い温度ですばやくペイストリーを焼くと、水分が蒸発し、小麦粉の中には吸収されない。

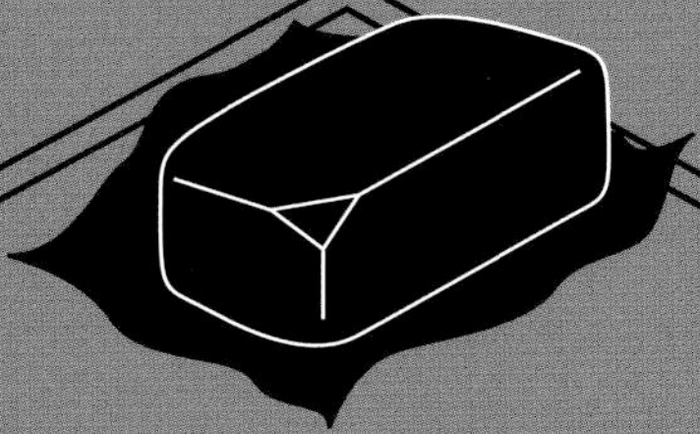

“風味を高め、さくっとした繊細な食感にするためには、適切な脂肪を選ぶことが重要。バターは体温より多少低い32～35℃で溶けて液体となり、口の中でとろける感覚を生み出す”

フォーカス：砂糖

私たちに喜びをもたらす砂糖はケーキや菓子に使うだけではない

現在、食品の甘味として使っている砂糖類のほとんどは、サトウキビまたはテンサイから抽出している。砂糖はただの甘味づけではない。ほかにもさまざまな用途がある。パン生地や乳製品に加えれば、タンパク質がきつく結びつくのを防ぐので、パンはふっくらとなり、カスタードクリームはなめらかになる。アイスクリームの場合は、砂糖が水の凝固温度を下げるため、大きな氷の結晶ができにくくなり、ざらっとした食感がなくなる。また、砂糖はオーブンで焼く食品の質感に影響する。空気中から水分を引き出して、食べ物をより長い間、やわらかく保ってくれる。砂糖を熱すると、分解してカラメル化し、風味豊かなシロップになる。それを冷やすと、いろいろな形にかためることができる。

“地球上の人間一人あたりが毎年消費する砂糖の量は平均23kg”

サイエンス

砂糖が一定の温度に熱されると、砂糖の分子が分解し、互いにぶつかり合い、さまざまな形に変わる。

調理

砂糖をカラメル状にすると、バター、ナッツ、ラムのような深い風味が加わる。

カラメル

カラメル化のプロセスは砂糖の分子を分解し、風味いっぱいの細かい断片にしていく。

砂糖を知ろう

過去20万年の人類の歴史の大部分において、糖分はハチミツと乾燥果実からとってきた。現在、大量生産されている砂糖は白い粉としてのイメージが強いが、実際には白砂糖、ブラウンシュガー、シロップなどがありバラエティに富んでいる。

白砂糖

粒のサイズ：中
精製されている

テーブルシュガー（グラニュー糖）

これはテンサイまたはサトウキビからとったショ糖。家庭で料理によく使われ、どんな用途にも使える便利な砂糖。

粒のサイズ：細かい
精製されている

カスターシュガー（細粒グラニュー糖）

ふつうのグラニュー糖より粒子が細かいため、はやく溶ける。卵白と混ぜてホイップしたり、シロップを作るのに最適。

粒のサイズ：非常に細かい
精製されている

粉砂糖

砂糖の中ではもっとも細かい粒なので、すばやく溶ける。ホイップしてなめらかなクリーム状にしてアイシングに使ったり、デザートの上からふりかけたりできる。

粗糖の茶色い色は、サトウキビの汁に含まれる糖蜜の色。

ベーキングに転化糖を使うと、シロップのようなやわらかい質感になる。

サイエンス

ブドウ糖と果糖をミックスした転化糖は甘味料として使われ、テーブルシュガーよりもよく湿気を吸収する。

転化糖

調理

糖蜜、ブラウンシュガー、ハチミツには転化糖が含まれるので、やわらかく粘度の高い菓子作りに向いている。

ブラウンシュガー

粒のサイズ：小〜大まで

部分的に精製されている

ブラウンシュガー

糖蜜で白砂糖をコーティングし、表面を茶色にしてほろ苦い風味を加えたもの。風味づけやデコレーションに最適。

粒のサイズ：粗い

最小限に精製されている

粗糖

マスコバドなどの粗糖はサトウキビの汁を含んでいる。風味が強いのでデザートや飲み物に使う。

シロップ

形状：液体

部分的に精製されている

糖蜜

ほろ苦くて濃いシロップ。サトウキビの汁を煮詰めたもの。バーベキューソース、ジンジャーブレッド、ルートビアなどに使われる。

形状：液体

未精製

コーンシロップ

コーンスターチに酵素を混ぜると、トロッとした甘いシロップになる。食品産業で甘味料としてよく使われている。

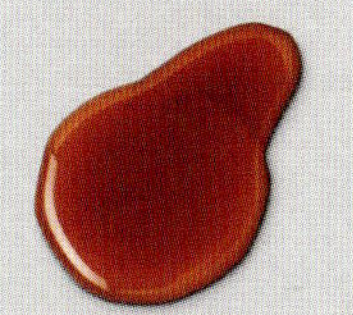

形状：液体

未精製

麦芽シロップ

大麦麦芽と大麦で作る。焼き菓子類やビールに使われる。粉末のものもある。

“1900年代初頭、マシュマロを
直火で焼くと表面はカラメルのように、
中心は液体のようになって、
とろける中身とクレームブリュレの
ような表面ができることが
発見された”

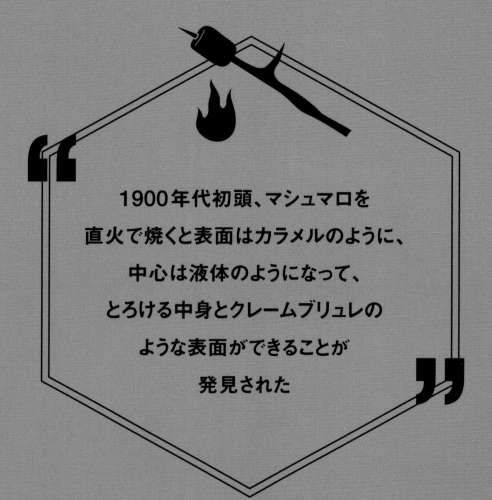

ふっくらした マシュマロを 自宅で作る

この甘くて白い「枕」のような菓子には長い歴史がある

マシュマロという植物の根から取れる、粘り気のある汁を初めて食べたのは古代エジプト人だ。根から取れるのりのような液は、数種類の糖の分子が互いにからみ合ってゴムのような質感を作り、ふわふわした菓子作りに最適だ。

1800年代、フランス人はこのゴムのような液状の抽出物に甘味を加えてホイップし、スポンジ状にした。そしてレシピをさらに改善して、マシュマロ生地を作った。卵白を加え、卵白のタンパク質によってゲルのような強さの生地にした。粘液は、やがてより安価な動物性ゼラチンによって代用されるようになった。現在、マシュマロを作るときは砂糖を煮詰めて濃いシロップにし、ゼラチンパウダーか卵白、またはその両方を加えて、半固形にしたものを冷まして出来上がり。

おもな材料

マシュマロは煮詰めた砂糖、ゼラチン、水をホイップして、空気を含んだスポンジにした菓子。

砂糖の役割

濃厚で甘いシロップは、マシュマロの中の気泡の壁を強化する。

家でマシュマロを作るときのコツ

マシュマロを作るときには、このアドバイスを参考にしよう。

生地はホイップが足りなくてもいけないが、メレンゲを作るようにホイップするのはやりすぎだ。混ぜ合わせた材料は密度があってソフトなツノが立ち、軽くてふわっとした質感でなければいけない。

弾力のあるマシュマロにするためのポイントは、砂糖を121℃で熱して濃いシロップにすること。

ハチミツやブドウ糖などの糖類を混ぜると砂糖の結晶ができにくく、ざらっとした食感になりにくい。

ホイップするときになるべく多くの気泡を中に入れるようにすると、砂糖の分子がはやく舌に触れ、より甘く感じる。

砂糖の量を減らすと質感に影響が出て、ムースのようになってしまう。

「ゴールデンシロップ」には数種類の糖が含まれていて、しっかりとした食感を生む。

180〜190℃まで熱したら、ナッツの上にかけておいしいスイーツに。

カラメル化の秘密とは?

熱が砂糖の分子を砕き、金色のバターのようなカラメルを作る

調理法の中でもカラメル化は劇的だ。白い砂糖をリッチなカラメルに変えるのは、純粋に熱の力だけである。

糖がどのように熱に反応するか

カラメル化とは砂糖を溶かすことではなく、砂糖の構造を「熱分解」し、まったく新しいものを作ること。熱がじゅうぶんな温度に達すると、砂糖の分子はすごい勢いでぶつかり合って互いを砕いてしまう。そして大量の新しいタイプの分子が生まれる。その風味は刺激的で苦味があったり、繊細でバターのようであったりとさまざまである。カラメル作りには水を使う方法と使わない方法の2つがある。水を使う方法は下に示したように、調理の選択肢を広げてくれる。水を使わない方法は、用途がもっと限られるが、砂糖を底の厚い鍋で熱するだけなので簡単にできる。砂糖はまず溶けて琥珀《こはく》色になり、そして茶色になり、分子が分解して甘さが消えていく。

濃い琥珀色の状態が最高においしい状態で、ナッツにかけてスイーツを作ったり、ソースのベースにしたりする。

実践編

「水を使った」カラメルの作り方

砂糖水を熱していくと、糖分が次第に濃縮されていき沸点を高くする。温度が高くなるとカラメル化が始まり、色が濃くなっていく。冷やす過程で結晶がかたまり、濃度により質感がやわらかいゲル状からパリッとしたかたさまで、いろいろな質感になっていく（右ページ表参照）。

砂糖を水に溶かす

底の厚い鍋に水150ml、グラニュー糖330g、液状ブドウ糖120g（もしあれば）を入れる。木べらかゴムべらでかき混ぜる。火は中火にしておく。湿らせたハケで鍋の内側をふき、砂糖の粒が付着しないようにする。砂糖の粒ができるとシロップの結晶化がはやく始まってしまうので、ファッジなどのやわらかい菓子類を作るときにはこの手順が特に重要。

回すだけでかき混ぜない

温度を注意深く確認しながら熱していく。砂糖の濃度が高くなるにつれ、沸点も高くなる。好みの段階（表参照）で止める。完全にカラメル化したい場合は、明るい金色になるまで続ける。砂糖が水に溶け、色が変わりだしたらかき混ぜてはいけない。やさしく液体を回すだけにする。スプーンが結晶化を促し、集まってかたまる恐れがあるからだ。

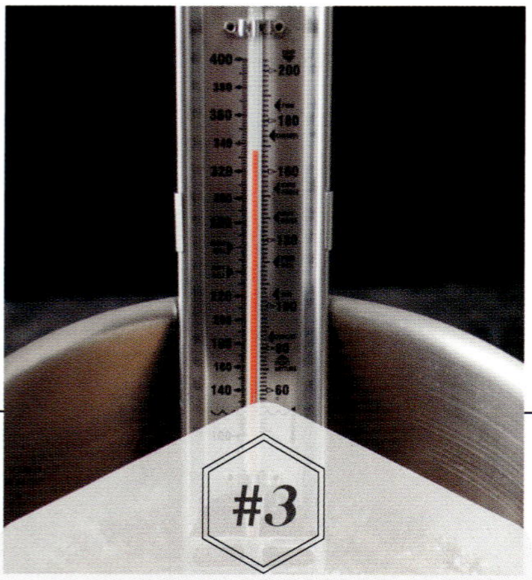

適切な温度

シロップの濃度が高まってきたら温度に注意する。糖分の濃度が高くなるにつれ温度の上昇がはやまる。濃い茶色になったら火からおろして冷ますと、かたくてパリッとした質感になる。温かいシロップはいろいろなスイーツ、トフィー、ファッジのベースになる。ミルク、クリーム、バターを加えれば糖とタンパク質が茶色になり、バタースコッチやトフィーの風味が生まれる。

水を使ったカラメル作りの温度

糖液の沸点と糖分の濃度	室温での状態と見た目
112～115℃ 濃度：85%	やわらかなかたまりになる。ファッジやプラリネに向く。
116～120℃ 濃度：87%	しっかりした質感のかたまりになる。キャラメル菓子に向く。
121～131℃ 濃度：92%	かたいかたまりになる。ヌガーやトフィーに向く。
132～143℃ 濃度：95%	かたいが曲げることはできる。かたいトフィーに向く。
165℃以上 濃度：99%	カラメル化し、琥珀色から茶色になる。205℃になる前に加熱をやめる。

#4

加熱をやめる

好みの温度に達したら、すぐに加熱をやめる。もし色が濃くなりすぎていたら、氷水の入ったボウルに鍋をつけると加熱が進むのを止めることができる。なめらかなカラメルにしたいときは、鍋を動かさないことが重要。数種類の糖（例えばショ糖とブドウ糖など）を使うと、大きな結晶ができにくくなり、なめらかな質感を得ることができる。

ゆるくないジャムを作るには？

調理用の凝固剤のはたらきをよく理解して、ジャム作りのテクニックを磨く

ジャム作りとは、簡単にいえば果実と砂糖を水で煮ること。果物の中のペクチン（下記参照）が魔法の凝固剤（親水コロイド）となって、果物のシロップが冷めたときにかたまる。

果物を煮ることでのりのような役割のペクチンを抽出する。ほとんどの果物はペクチンの量が少ないので、その濃度を高め、ゲル状にしなければならない。広口の鍋に半分ほどの量を入れて、数分間、果物がやわらかくなるまで煮ていくと、果物の繊維が分解され、ペクチンの多くが外に出てきて水に溶ける。果物との割合が1：1になるように砂糖を加えると、ペクチンの分子から水分が抜け出し、ペクチンの束がからみ合い、甘さととろみが加わる。火を強くして、5～20分沸騰させると、泡が激しく出てくる。この間にシロップの濃度が高くなり、ペクチンはゲル状の構造となって、ジャムがきちんとかたまる。

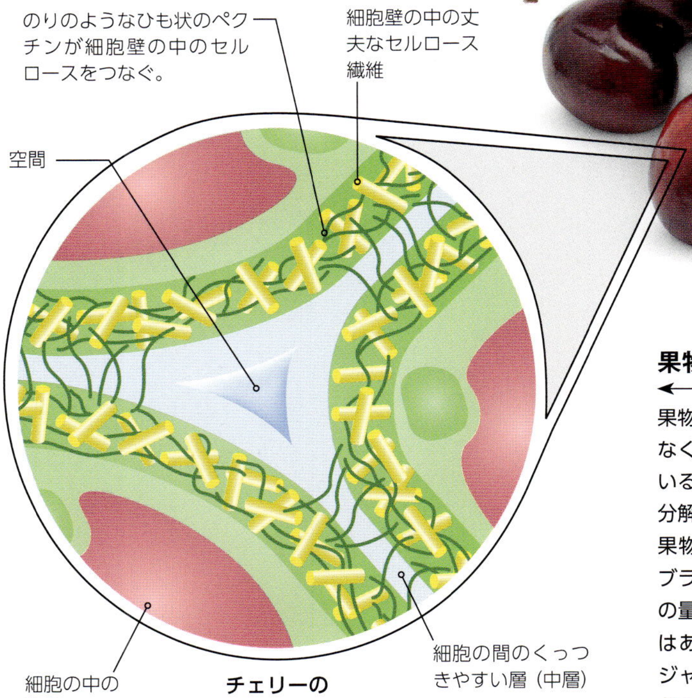
のりのようなひも状のペクチンが細胞壁の中のセルロースをつなぐ。
細胞壁の中の丈夫なセルロース繊維
空間
細胞の中の液胞
細胞の間のくっつきやすい層（中層）

チェリーの皮の細胞

果物細胞の中のペクチン

果物の中のペクチンは1％しかなく、芯、種、皮に凝縮されている。果物が成熟するにつれて分解していくので、熟しすぎた果物はジャム作りに向かない。ブラックベリーなどはペクチンの量が豊富。チェリーやナシにはあまり含まれていないので、ジャムにする場合には添加する必要がある。

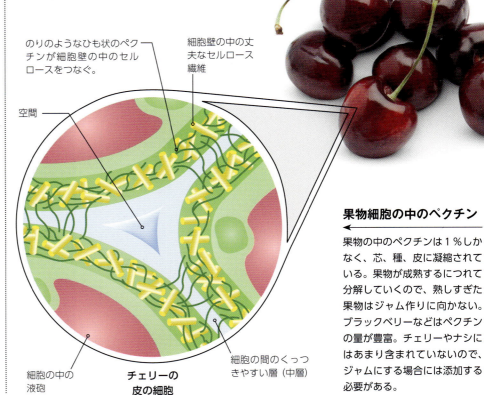

フォーカス：チョコレート

広く愛されている食べ物であるチョコレート。いつの時代にも大切な宝とされてきた。アステカの人々はカカオ豆を通貨として用い、カカオの木は天国と地上の架け橋だと信じていた

さまざまなチョコレート製品が出回っているので、チョコレートを作るのは簡単だろうと思うかもしれない。しかし、それは大きな間違いである。

カカオ豆は白くてぬるぬるしており、かたい木質の殻に入っていて、チョコレートの味はまったくしない。殻から取り出し、風味を出すために発酵させる。その後、乾燥させてチョコレート工場に出荷する。工場でカカオ豆は焙煎され、土とナッツのような風味が加わる。殻は砕かれて取り除かれ、カカオの実（種子）は細かく砕き、すりつぶされ、カカオバターと砕かれた固形分が混ざったペースト状になる。この段階で砂糖と風味づけの材料が添加される。温めてなめらかにテンパリング（右ページ参照）した後、成形され、店頭に並ぶおなじみのつややかなチョコレートになっていく。

上質なチョコレートは、なめらかで光沢のある表面をしている。きれいにテンパリングされ、保存状態もよい。

割ったときにパキッとよい音がするのは、そのチョコレートの結晶構造がよいというしるし。口の中で均等に溶けていく。

チョコレートを知ろう

チョコレートの中に含まれている、砕いてつぶされたカカオの固形分、カカオ脂肪（バターと呼ばれる）、砂糖、粉乳の量は、チョコレートのタイプによって異なり、それぞれの個性を出している。材料はペースト状のときに混ぜ合わされ、その後、テンパリングされる。

カカオの固形分を含む

カカオマス：100%
砂糖：0%
粉乳：0%

100%のカカオチョコレート

カカオ豆のみを使い砂糖は入っていない。カカオバターを加えることもある。強い風味と苦味がある。濃厚なシチューやローストした肉などに少量使うとよい。

カカオマス：35～99%
砂糖：1～65%
粉乳：12%未満

ダークチョコレート

カカオの苦味ときつい風味を抑えるために、砂糖が加えられている。固形カカオの量が多いほど、風味は強くなる。ブラウニー、ケーキ、ムースなどに使う。またはクリームと混ぜてガナッシュやチョコレート作りに。

カカオの割合が高いチョコレートをレシピに使うと、スイーツにも料理にもほろ苦さを加えることができる。

カカオ豆の種類と焙煎方法によって、ダークチョコレートに独特の風味が加わる。

テンパリングするには、まずチョコレートを45℃まで温め、その後注意深く冷まし、再度温める。

テンパリング

サイエンス

チョコレートのテンパリングとは、サイズの異なる結晶を分解して、統一した構造に作り直すこと。

調理

テンパリングしたチョコレートで菓子をコーティングすると、光沢が出て、割るとパリッとして、口の中で均等に溶けていく。

カカオマス：35〜60%
砂糖：20〜45%
粉乳：20〜25%

ダークミルクチョコレート

ミルクがチョコレートの融点を下げ、クリーミーな食感を生み、ダークチョコレートの強い風味をはやく引き出し、繊細でバランスのとれた風味を作り出す。そのまま食べても、削って料理にかけてもよい。

カカオマス：20〜35%
砂糖：25〜55%
粉乳：25〜35%

ミルクチョコレート

もっとも広く食べられているチョコレート。ドライフルーツ、ナッツ、スパイスなどの香味材料と乳化剤が添加されていることが多い。質の低いミルクチョコレートには、カカオバターの代わりに植物油が使われている。ダークチョコレートより融点が低いのでベーキングに便利。

カカオの固形分なし

カカオマス：30%（バター）
砂糖：40%
粉乳：30%

ホワイトチョコレート

ホワイトチョコレートに含まれるカカオ成分は、カカオバターのみだ。ほかのチョコレートのような茶色をしていないし、カカオがもつチョコレートの風味がない。カカオバターはとてもマイルドな風味なので、感じるのはほとんどが砂糖や粉乳、バニラの味。

国によってチョコレートの味が違う？

チョコレート好きな人には、地域によるチョコレートの味の違いがすぐわかる

外国製のチョコレートの味は、自国のチョコレートと全然違う。その理由のひとつは、法で定められているラベルの表示規定の違いだ。国によって「チョコレート」と表示するために含んでいなければならないカカオの量は大きく異なる。

チョコレートは種類によってカカオの含有量がかなり違う。「ダーク」や「ミルク」という表示にとらわれないで、原材料をチェックしよう。なめらかなカカオバターの代わりに、植物油を使っている製品は避けたい。カカオのタイプと原産国の違いもチョコレートの味に影響する。

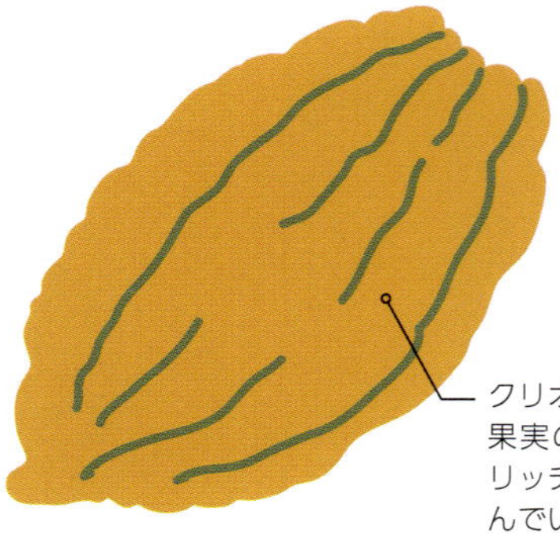
クリオロ種は花や果実の香りなど、リッチな風味に富んでいる。
クリオロ種

フォラステロ種
フォラステロ種は大量生産用にはやく成長させるため、深い風味に欠ける。

カカオの産地

マダガスカルは、独特の風味をもつチョコレートの産地として知られている。甘く、かんきつ類やベリーの風味がある。

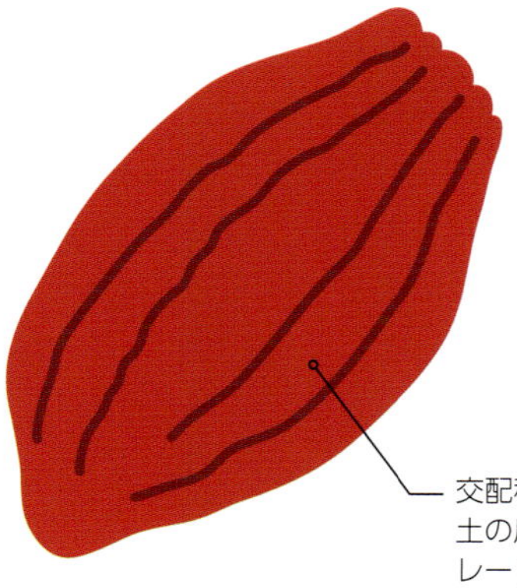
交配種。スパイシーで、土の風味のするチョコレートを作る。
トリニタリオ種

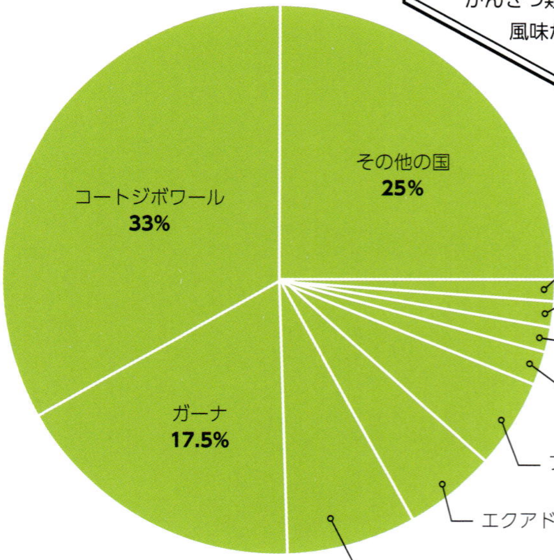
その他の国
25%
コートジボワール
33%
ガーナ
17.5%
コロンビア1.1%
ドミニカ共和国
1.4%
メキシコ1.66%
ペルー1.8%
ブラジル5.3%
エクアドル5.6%
インドネシア7.45%

カカオの原産国

大手のチョコレートメーカーは、世界の主要カカオ原産国からカカオを仕入れ、数カ所のものをブレンドして常に味を一定に保っている。南米のカカオは果実と花の香りがし、風味高いチョコレートを作る。

カカオの品種

チョコレートは、カカオの実の殻から取り出したカカオ豆で作られる。カカオにはたくさんの種類があり、そのすべてが独特の風味をもっている。ここに挙げた３種類はもっとも多く使われている。

豆知識

チョコレートは脳で味わう

チョコレートのやめられなくなるほどのおいしさは、風味、脂肪、カカオ豆に含まれる自然の化学成分、そして砂糖によるものである。

カカオの化学成分

カカオには、600種類以上の化学成分と、脂肪（カカオバター）が含まれる。チョコレートには、カカオと砂糖が、脳の快楽中枢を刺激するのに最適な割合でブレンドされている。また、カカオには興奮剤であるカフェインとテオブロミンが含まれており、これがチョコレートで「ハイ」になる理由。

チョコレートを溶かすこととテンパリングの違い

完璧なチョコレート菓子を作るには、ショコラティエの職人技、テンパリングをマスターすること

デザートやオーブンで焼いた温かい菓子の場合は、溶かしたチョコレートを使うのが適しているが、室温で食べる菓子の場合はチョコレートをテンパリングして使うのがよい。テンパリングとは、チョコレートを温め、冷まし、また温めて脂肪の結晶の形を整え、チョコレートがかたまったときの食感をよくする作業だ（下記参照）。テンパリングをするとカカオバターの中の脂肪が整列し、出来上がったチョコレートはつやがあって、パキッと割れ、口の中で溶けるときには油っこさがない。

カカオバターの中の脂肪は、かたまったときに6タイプの結晶になる。I、II、III、IV、V、VIはそれぞれ密度も融点も異なる。溶けたチョコレートをそのまま自然に冷ますと、こうした違うタイプの結晶（VI型は例外で、チョコレートがかたまってから数カ月後にできる）が混ざったままかたまり、食感はやわらかくてもろく、後味が油っぽい。V型のみが完璧なチョコレートを作るので、ここで重要なのは、I～IV型までの結晶ができないようにすること。

#1

チョコレートを温める

テンパリングを上手にやらないと、さまざまな脂肪の結晶ができてしまう。2度目に溶かすときは、注意深く温めて冷まし、脂肪がすべてV型の結晶になるようにしよう。

#2

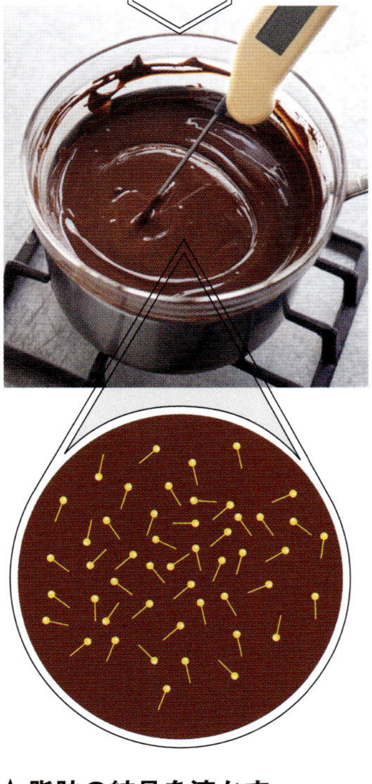

脂肪の結晶を溶かす

チョコレートは30～32℃で溶けるが、脂肪の結晶をすべて完全に溶かすため、45℃まで温めなければならない。常にかき混ぜ続け、温度もしっかりと管理しよう。

#3

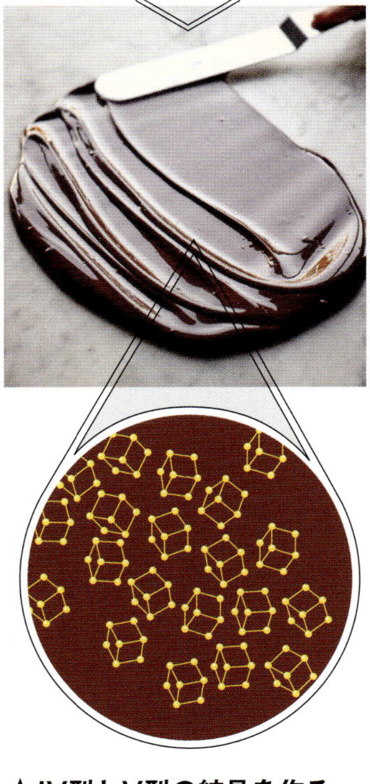

IV型とV型の結晶を作る

チョコレートの温度を28℃まで下げると、V型の結晶が大量にでき、IV型も多少できる。冷水をボウルに入れ、チョコレートの入った容器をその上に浮かせて冷ます。

#4

V型の結晶を残す

チョコレートを冷ました後、再び注意深く、31℃に温め直す。これでIV型だけが溶け、V型の結晶が残る。これがテンパリングをしたチョコレートである。

チョコレートの「ブルーム現象」

ファットブルームはチョコレートの中の脂肪が溶けた後、大きなかたまりとなってかたまるとできる。シュガーブルームは砂糖が表面の水分で溶け、水分が蒸発した後、薄い砂糖の膜が残るとできる。

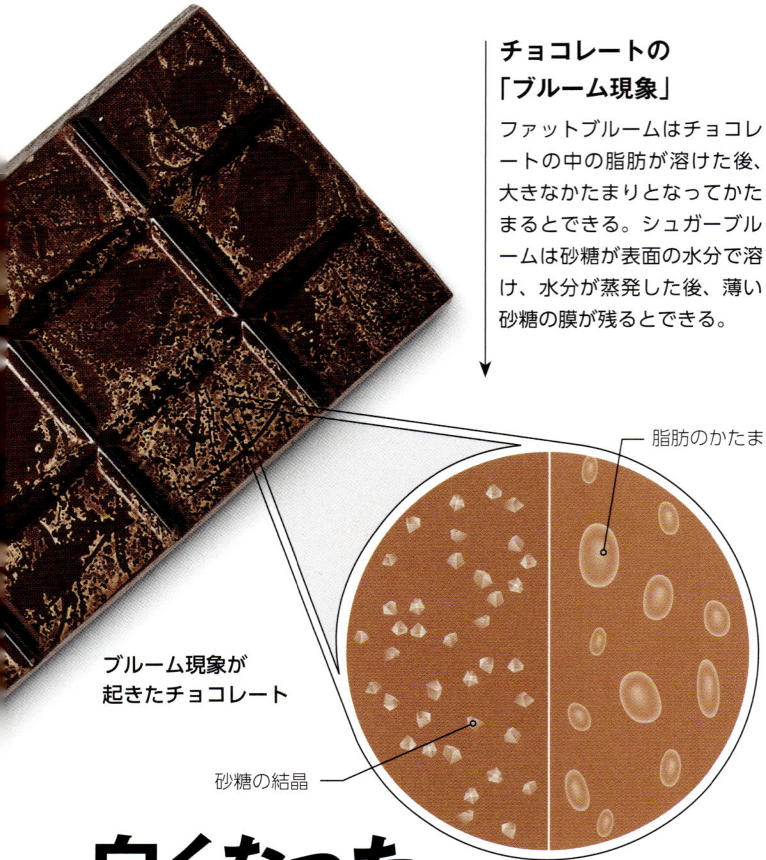

ブルーム現象が起きたチョコレート

白くなったチョコレートはまだ使える?

チョコレートの主要材料が、白い粉をふいたような「ブルーム現象」を起こす

板チョコ、チョコレートコーティング、チョコレート菓子など、すべてのタイプのチョコレートに、白い斑点のようなものが出てくることがある。こうしたチョコレートは食べても、料理に使っても、ベーキングに使っても問題ない。理由は2つある。ひとつは、チョコレートは糖分が高い割に、水分が少ないので微生物が繁殖しにくい。もうひとつは、カカオには自然の抗酸化物質が豊富に含まれていて、脂肪が酸化して劣化するのを防いでくれる。粉のような斑点は、正しくテンパリングがされていないか、または保存場所の温度と湿度が高い場合に起きる自然現象だ。「ブルーム」と呼ばれる、この粉がふいたような現象は、チョコレートの表面の脂肪または砂糖によって起きる（上記参照）。

チョコレートがダマになったら?

チョコレートの成分を理解すれば、失敗しても救える

チョコレートを溶かしたときにダマになってしまうのは、たいていの場合、水か蒸気に触れたからだ。水滴が1粒か2粒落ちただけで、チョコレートは凝固してしまう。これを「シージング」と呼ぶが、原因は砂糖。通常、微細な砂糖の粒子はカカオバターの中に平均的に散らばっている。水が入ると砂糖はすばやく溶けて、水滴のまわりに集まり、シロップのようになる。味は変わらないが、ダマのある食感になってしまう。チョコレートを溶かすときには、水分に触れないように注意すること。シージングが起きてしまったら下記を参考にしよう。

水に要注意

たった小さじ半分（約3ml）の水でも、100gのチョコレートにシージングを起こすのにじゅうぶんの量だ。

チョコレートを足す

ほんの少しの水が入っただけなら、チョコレートを足して水の割合を少なくする。

クリームを足す

クリームを足すとチョコレートがなめらかなソース状になる。クリームは水と乳脂肪の粒が混ざったものなので、なめらかになる。

水を足す

水分が20%ぐらいになると、ソースは「逆転」してシロップになる。カカオと脂肪の粒子がとろみをつけてくれる。

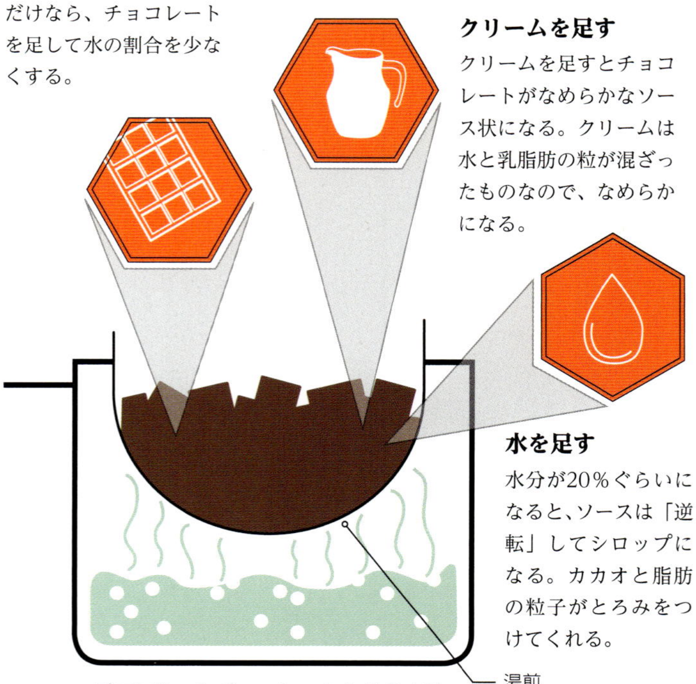

ダマになったチョコレートを救う方法

チョコレートガナッシュはどうやって作る？

ガナッシュといえばプロのパティシエを想像するが、作り方はそれほど難しくない

ガナッシュはクリームとチョコレートだけ、という驚くほどシンプルな組み合わせだ。トリュフチョコレートの中身やケーキのアイシングの風味づけなどにも使える。また、そのままでも贅沢なデザートになる。

脂肪分と水を合わせる

科学的には、ガナッシュはチョコレート風味のクリームであり、「乳濁液《にゅうだくえき》」かつ「懸濁液《けんだくえき》」である。クリームは乳脂肪の粒が水分の中に浮いている乳濁液で、その中にカカオバター、カカオ固形分の粒子、砂糖（その他、ミルクパウダーやチョコレートに含まれるオイル）といったチョコレートの成分が入ってくる。カカオバターの粒は乳脂肪の粒と一緒に液体の中に散らばっている。砂糖は水に溶け、液体を甘いシロップに変えていく。一方カカオの粒子は水を含んで膨らみ、液体中に拡散する。チョコレートとダブルクリームの割合を同じにすれば、なめらかなガナッシュになる。チョコレート、またはカカオの量を増やせば濃厚な質感になり、風味も高まる。

注意点

ガナッシュは33℃以上に熱すると、オイルが分離してしまうので要注意。

実践編

チョコレートガナッシュを作る

シンプルなガナッシュは簡単にでき、自由に応用できる。低脂肪のクリームを使えば、薄くあっさりとしたガナッシュになり、菓子にかけたり、つや出しに使うことができる。チョコレートを足して濃いガナッシュにすれば、簡単に丸められるのでトリュフの中身などに使える。フルーツパウダーやアルコール、オイルベースの風味を加えてもいい。

乳タンパクを熱する

ダークチョコレート200gを、同じくらいの大きさに細かく刻む。ダブルクリーム200mlを鍋に入れ、少し泡立ってくるまで弱火で温める。これで牛乳のタンパク質が熱され、クリームの風味が深まる。沸騰させると脂肪の粒が不安定になり、分離してしまうので、沸騰させないようにする。

脂肪と水の分子を混ぜる

鍋を火からおろす。細かく刻んだチョコレートをクリームの中に入れ、30秒かき混ぜる。チョコレートが細かいほどはやく溶ける。大きさが揃っていると、同じペースで溶けていくので、ダマになりにくい。

乳化するようによく混ぜる

液体化したカカオバター、カカオ、砂糖が熱いクリームによく混ざるよう、木べらでかき混ぜる。脂肪と水分が完璧に結びつき、なめらかなガナッシュになる。熱いうちにソースとして使うか、浅いボウルに移して冷まし、菓子やタルトの中身に使うこともできる。

アイスクリームの上でかたまるチョコソースの秘密

このトリックに隠されている科学は意外に簡単

アイスクリームの上にソースをかけた途端、かたまる秘密は、ココナッツオイルだ。ほかの植物油と違い、ココナッツオイルは飽和脂肪酸が多く、室温でもかたまる。ココナッツオイルの中の脂肪は動物性脂肪ほど変化しないので、急激に溶け、急激にかたまる。砂糖と混ぜてチョコレートソースにすると、脂肪分子がかたまりにくくなり、ココナッツオイルの融点は室温以下になる。

家でチョコレートソースを作る場合は、精製されたココナッツオイル大さじ４杯、刻んだダークチョコレート85g、塩ひとつまみを混ぜ合わせて電子レンジで２～４分加熱する。よくかき混ぜ、室温に冷ましてアイスクリームにかけてみよう。

ココナッツオイルは室温ですぐにかたまる。

おまけに

チョコレートソースがアイスクリームを暖かい外気から守るので、溶けにくい。

固形のオイル

ココナッツオイルは、あっという間にかたまってしまう。

スフレが膨らむ理由

オーブンで焼くと、半固形状の白身の泡の中に閉じ込められていた空気が膨張し、水分が蒸発する。すると、空気のポケットがさらに膨張する。卵黄は卵白の気泡との間に壁を作る。

小さな気泡が膨張する。
タンパク質が気泡を保つ。

事前の準備

卵白の泡は時間が経つにつれ、ゆっくりとしぼみ出すので、泡立て始める前に生地を準備しておこう。

生のスフレミックス

チョコレートスフレを上手に作るには？

甘くても塩味でもスフレの基本は同じ。卵白のメレンゲを脂肪分たっぷりの生地と注意深く合わせること

スフレができる過程

スフレが膨らむにつれ、卵白と卵黄の中のタンパク質がかたまりだし、中はやわらかくてねっとりした食感となり、まわりには焼き色がついてカリッとしてくる。

泡立てた卵白が、あらゆるスフレの基本だ。しっかりツノが立つまで泡立てると、メレンゲ状の泡の中の気泡がオーブンの熱で膨張し、ふっくらしたスフレとなる。風味は卵黄と脂肪分たっぷりの生地からくる。しかし、卵白の泡と卵黄の生地を混ぜ合わせるのは難しい。卵白の泡に含まれる気泡は脂肪に触れると破裂してしまう。卵黄の倍の量の卵白を使い、ゴムべらを使って２～３回に分けて注意深く合わせよう。カカオと砂糖が入ると濃い生地となり気泡の壁を安定させる。しかし、生地の密度が高すぎると、気泡や蒸気がじゅうぶん膨らむことができない。

膨張した気泡が生地を膨らませる。
タンパク質がかたまる。
表面はかたまり、メイラード反応が起きて焼き色がついてくる。

“**卵白**はツノが立つまで泡立て、
卵黄と**混ぜ合わせる**”

すぐに食べよう

スフレは、膨らんだ後しぼんでしまう。熱い空気は収縮し、デンプンの少ない弱い壁ではそれを支えられない。

出来上がったスフレ

豆知識

しぼんだスフレをもう一度オーブンで焼くことができる

食べる前にスフレがしぼんでも大丈夫。

２回膨らむ

スフレをもう一度オーブンに入れると中の空気が再び膨らみ、スフレが元の形を取り戻す。一度焼いたスフレをビニール袋に入れて冷蔵庫にひと晩入れておいたり、冷凍することもできる。再度焼いたスフレはやや膨らみが少なく、どちらかというとケーキのような感じになる。

しぼんだスフレ

さくいん

く

け

こ

す

せ

て

と

な

に

ね

は

ひ

ふ

謝辞

Author's acknowledgments

Special thanks go to Chris Sannito, Seafood Technology Specialist at the Alaska Sea Grant Marine Advisory Program, who kindly taught me the finer points of salmon fishing, smoking, and storing; and Merrielle Macleod, Program Officer at World Wildlife Fund, who explained the reality of fish aquaculture in the world today, sinking some popular internet scare stories along the way. Thanks go to Mary Vickers, Senior Beef & Sheep Scientist at the UK's Agriculture & Horticulture Development Board for her expertise in cattle breeds across the world and the various factors that affect meat quality; and thanks to Kevin Coles of British Egg Information Service for his freshly laid stats. Louise and Matt Macdonald of New MacDonald Farm, Wiltshire, allowed me to get up close to their flock of egg-laying hens and I am indebted to Geoff Bowles for satisfying my curiosity about the minutia of milk, cream, and butter production and for taking me on a lengthy tour of Ivy House Farm Dairy, a dairy that I later learnt provides milk to royalty. Kevin Jones, butcher at Hartley Farm, Wiltshire, UK, graciously took time away from his cadavers to show me everything I need to know about knives and butchery, while Will Brown taught me how to select and age meat; head chef Gary Says and cookery lecturer Steve Lloyd opened their kitchen doors to me to reveal how the 'pros' practise their art, while Nathan Olive and Angie Brown, of The Oven Bakery let me poke their sourdough and probe their ovens, answering my queries about the nuances of baking bread. No doubt there are many people whose contributions I have forgotten

to mention, but I offer my thanks to Nathan Myhrvold, author of Modernist Cuisine, and Jim Davies, of UCL, London, who let me put various types of chocolate and biscuits in his electron microscope so that I could study them in minute detail (insect parts and all).

I thank Dawn Henderson and the team at DK Books for inviting me to take part in this exciting project. Editors Claire Cross and Bob Bridle have been remarkably patient with my particular attention to scientific details, I am in awe of the beautiful imagery crafted by the artists and designers, while Claire has worked tirelessly to pare my work into a digestible tome. My literary agent Jonathan Pegg has been supportive from start to finish and it would be wholly remiss of me not to offer my heartfelt thanks and love to my wife, family and friends who have supported me and kept me sane, despite the late nights and antisocial hours.

著者について

スチュアート・ファリモンド博士 Dr. Stuart Farrimond

食品科学を専門とし、科学と健康についてさまざまな著作がある。コミュニケーターとしても活躍し、テレビやラジオ、イベントなどにも出演している。医師であり、また教師でもある博士は、『ニュー・サイエンティスト』誌、『インデペンデント』紙、『ワシントン・ポスト』紙など、国内外の専門誌や新聞に記事を執筆している。毎週ラジオの科学番組にも出演。博士の食品に関する研究の多くが出版されており、一般の人々向けに幅広い内容を取り上げている。

料理の科学大図鑑

2018年10月30日　初版発行
2021年６月30日　６刷発行

著者
スチュアート・ファリモンド

日本語版監修
辻静雄料理教育研究所

翻訳
熊谷玲美＋渥美興子

装丁・扉・もくじデザイン
中西要介＋中澤耕平（STUDIO PT.）

日本語版編集
株式会社ぷれす

本文組版
ニシ工芸株式会社

発行者
小野寺優

発行所
株式会社河出書房新社
〒151-0051　東京都渋谷区千駄ヶ谷2-32-2
電話: 03-3404-1201（営業）03-3404-8611（編集）
http://www.kawade.co.jp/

Printed and bound in China
ISBN978-4-309-25382-4

The publisher would like to thank the following for their kind permission to reproduce their photographs:

(Key: a-above; b-below/bottom; c-centre; f-far; l-left; r-right; t-top)
22 Dreamstime.com: Alina Yudina (ca); Demarco (ca/Stainless steel); Yurok Aleksandrovich (c). **24 Dreamstime.com**: Demarco (cr); Fotoschab (cr/Copper); James Steidl (crb). **25 Dreamstime.com**: Alina Yudina (cl); Liubomirt (clb). **27 123RF.com**: tobi (bl). **33 123RF.com**: Reinis Bigacs / bigacis (crb); Kyoungil Jeon (cla). **Dreamstime.com**: Erik Lam (c); Kingjon (c/Raw t-bone). **39 123RF.com**: Mr.Smith Chetanachan (br). **117 Alamy Stock Photo**: Huw Jones (tc). **124 Dreamstime.com**: Charlieaja (tl). **140-141 Dreamstime.com**: Coffeemill (cb). **145 Dreamstime.com**: Eyewave (l). **150 Depositphotos Inc**: Maks Narodenko (tr). **154 Dreamstime.com**: Buriy (bl). **188 Dreamstime.com**: Viovita (crb). **212 123RF.com**: foodandmore (bl). **233 123RF.com**: Oleksandr Prokopenko (cb)

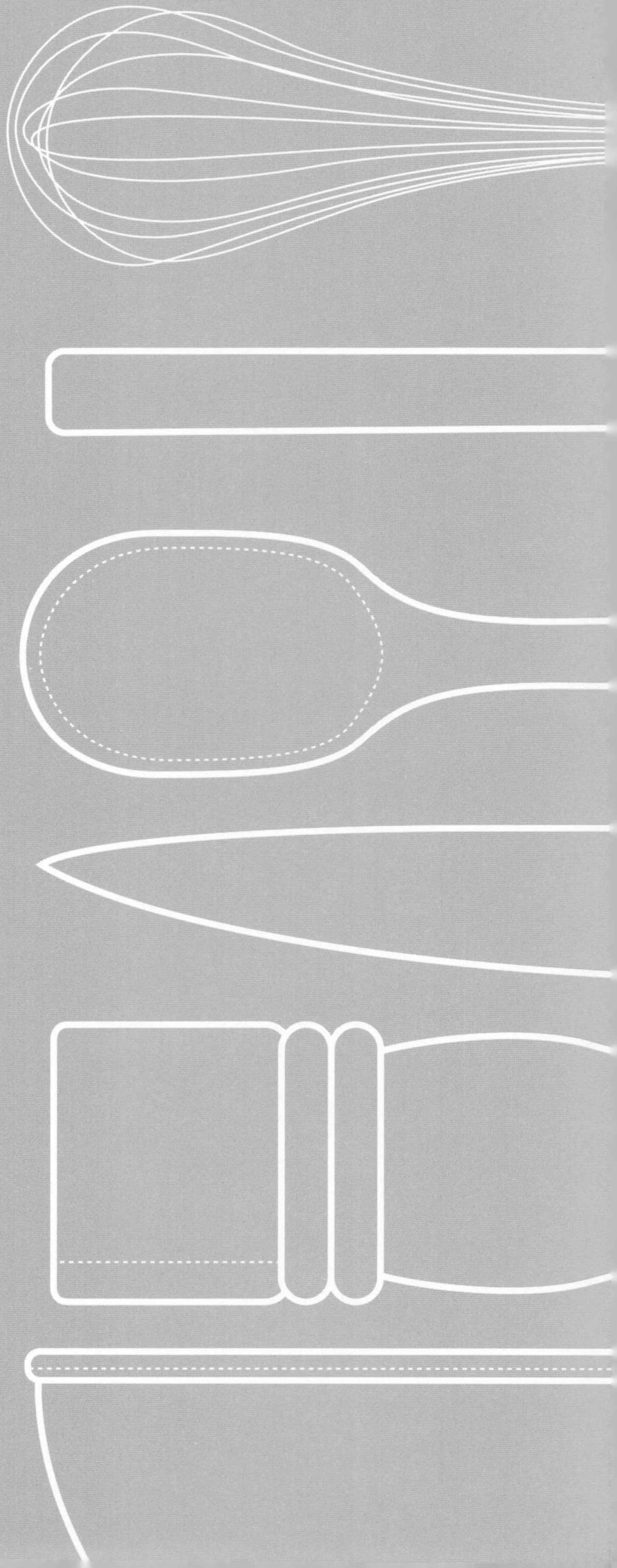